UTB 5049

Eine Arbeitsgemeinschaft der Verlage

W. Bertelsmann Verlag · Bielefeld
Böhlau Verlag · Wien · Köln · Weimar
Verlag Barbara Budrich · Opladen · Toronto
facultas · Wien
Wilhelm Fink · Paderborn
A. Francke Verlag · Tübingen
Haupt Verlag · Bern
Verlag Julius Klinkhardt · Bad Heilbrunn
Mohr Siebeck · Tübingen
Ernst Reinhardt Verlag · München
Ferdinand Schöningh · Paderborn
Eugen Ulmer Verlag · Stuttgart
UVK Verlagsgesellschaft · Konstanz, mit UVK/Lucius · München
Vandenhoeck & Ruprecht · Göttingen
Waxmann · Münster · New York

Prof. Dr. Christoph Barmeyer ist Inhaber des Lehrstuhls für Interkulturelle Kommunikation an der Universität Passau und regelmäßiger Gastprofessor für Interkulturelles Management an französischen Hochschulen.

Christoph Barmeyer

Konstruktives Interkulturelles Management

Mit 29 Abbildungen und 87 Tabellen

Vandenhoeck & Ruprecht

Online-Angebote oder elektronische Ausgaben sind erhältlich unter **www.utb-shop.de**

Bibliografische Information der Deutschen Nationalbibliothek:
Die Deutsche Nationalbibliothek verzeichnet diese Publikation in der Deutschen Nationalbibliografie; detaillierte bibliografische Daten sind im Internet über http://dnb.de abrufbar.

Umschlaggestaltung: Atelier Reichert, Stuttgart
Umschlagabbildung: Ulrike Haupt, Starnberg
Satz: SchwabScantechnik, Göttingen
Druck und Bindung: Friedrich Pustet, Regensburg
Printed in the EU

Vandenhoeck & Ruprecht Verlage | www.vandenhoeck-ruprecht-verlage.com

UTB-Band-Nr. 5049
ISBN 978-3-8252-5049-2

Inhalt

Worum es in diesem Buch geht und warum es lesenswert ist

Was Organisationen mit Interkulturalität zu tun haben

Organisationen sind zunehmend von Interkulturalität betroffen und ihre Akteure wirken und handeln zunehmend *interkulturell*. Schließlich sind kulturelle Unterschiedlichkeit von Organisationen und Interkulturalität in Arbeitskontexten trotz globaler Harmonisierungs- und Standardisierungsprozesse in gesellschaftlichen, kulturellen und wirtschaftlichen Bereichen immer noch gegeben. Diese können weder verneint noch minimiert werden, wie es jahrzehntelange Debatten zu *Culture Bound* und *Culture Free* (Hickson/McMillan 1981; Maurice/Sorge 2000) oder zu Konvergenz und Divergenz von Praktiken und Werten (D'Iribarne et al. 1998; Inglehart/Welzel 2005; Adler 2008) illustrieren. Insofern bleibt Interkulturalität, die durch (kulturelle) Unterschiedlichkeit und damit einhergehende divergierende Bedeutungs- und Interpretationsspielräume der Akteure entsteht, ein zentrales und relevantes Thema internationaler Arbeit: Interkulturelle Arbeitssituationen sind aufgrund divergierender Erwartungen, Normen und Interpretationsweisen der Handelnden oft irritierend und konfliktbehaftet. So thematisieren es zahlreiche *Critical Incidents,* die in Organisationen Ressourcen wie Energie, Zeit und Geld beanspruchen. Problematische Interkulturalität kann also dazu führen, dass angestrebte Ziele aufgrund von Missverständnissen nicht erreicht werden.

Interkulturalität bietet auf der Basis umfangreicher empirischer Erfahrungen und zahlreicher konzeptioneller Bezugsrahmen aber auch Erklärungen und Hinweise, wie diese Missverständnisse verringert oder gar vermieden werden können. Neben dem problematisierenden Ansatz existiert auch der *konstruktive* Ansatz, der Interkulturalität und damit das Aufeinandertreffen kultureller Unterschiedlichkeit in einer *konstruktiven,* produktiven Weise als *Ressource* versteht (Barmeyer/Franklin 2016). In der konstruktiven Interkulturalität wird angenommen, dass kulturelle Unterschiede bereichernd und komplementär wirken, sodass sie beispielsweise in die gemeinsame Aushandlung von Management- und Organisationspraktiken münden. Diese Annahme ist die zentrale Grundidee vorliegenden Buches und findet sich in den meisten Kapiteln als Leitmotiv wieder.

Die Entwicklung und das Fortbestehen sozialer Systeme im Allgemeinen und Organisationen wie Unternehmen im Besonderen hängt davon ab, wie es diesen Systemen gelingt, wirkungsvolle und bewährte Praktiken der Problembewältigung zu generieren, anzuwenden und zu etablieren. Diese Herausforderung betrifft in einem besonderen Maße international und interkulturell agierende Organisationen, deren Akteure unterschiedliche Arten der Problembewältigung zu kombinieren und zu integrieren haben. Andere Erfahrungshintergründe sowie sinn- und orientierungsgebende Referenzsysteme (D'Iribarne 2009a; Primecz et al. 2011), die durch spezifische Sozialisation entstanden sind, manifestieren sich in unterschiedlichen Denk- und Arbeitsstilen. Diese wirken sich konkret auf die interkulturelle Zusammenarbeit in der täglichen Arbeitspraxis aus: Gerade die von Interkulturalität besonders betroffenen Abteilungen oder Arbeitsgruppen etc. haben ein hohes Interesse daran, Arbeitsprozesse wirkungsvoll, konstruktiv, effektiv und zielführend zu gestalten.

Umso mehr überrascht, wie wenig bisher in Richtung konstruktiver Interkulturalität *theoretisch-konzeptionell* und *praktisch-empirisch* geforscht und publiziert wurde – und wenn doch, wie dominant dann dennoch die problematischen und negativen Aspekte von Interkulturalität hervorgehoben werden (Stahl/Tung 2015; Chanlat/Pierre 2018). So plausibel und erstrebenswert interkulturelle Synergie als positives Ergebnis interkultureller Interaktion für Konstruktives Interkulturelles Management ist – umso erstaunlicher ist es, dass konstruktive Interkulturalität bislang eher nicht im Fokus des Erkenntnisinteresses stand. In vielen grundlegenden Werken des *Cross-Cultural Management* oder *Intercultural Management* wird Synergie nicht einmal thematisiert: Weder in Hofstedes Werk *Culture's consequences* (1980, 2001), noch in dem von Peterson und Søndergaard (2008) herausgegebenen vierbändigen Werk *Foundations of Cross-Cultural Management,* das Beiträge der »Klassiker« aus fünf Jahrzehnten der Forschung versammelt, gibt es außer dem Beitrag von Adler (1980) keinen Eintrag zur Synergie. Ähnliches gilt für das von Gannon und Newmann (2002) herausgegebene *Blackwell Handbook of Cross-Cultural Management.* Synergie wird erneut nur durch einen Beitrag von Adler thematisiert. Im *Handbook of Cross-Cultural Management Research* von Smith, Peterson und Thomas (2008) finden sich keine Beiträge zu positiven Effekten von Interkulturalität, auch nicht im *Cambridge*-Handbuch *Culture, Organizations, and Work* von Bhagat und Steers (2009), ebenso wenig in Jack und Westwoods (2009) *International and Cross-Cultural Management Studies. A Postcolonial Reading.* Weder der Sammelband *Cross-Cultural Management. Culture and Management Across the World* von Chanlat, Davel und Dupuis (2013) noch die Lehrbücher *Managing across cultures* von Schneider, Barsoux und Stahl (2014) und *Cross-Cultural Management* von Thomas und Peterson (2015) thematisieren Synergie – und ebenso wenig das von Holden, Michailova und Tietze (2015a) herausgegebene *Routledge Companion to Cross-Cultural Management* sowie *Cross-Cultural Management* von Mahadevan (2017) oder *Le management interculturel. Evolutions, tendances et critiques* von Chanlat und Pierre (2018).

Jedoch existieren auch einige Ausnahmen, wie die Veröffentlichungen von Adler (1980, 2002), von Chevrier (2003a), von Hampden-Turner/Trompenaars (2000) oder von Primecz et al. (2011), die sich explizit mit dynamischer, meist komplementärer, interkultureller Aushandlung und Lösungsfindung im Management beschäftigen. Aktuell thematisiert ebenso ein Fallstudienbuch von Barmeyer und Franklin (2016) Konstruktives Interkulturelles Management.

Interkulturelle Synergie in der Praxis interkulturellen Arbeitens ist ebenfalls kaum *empirisches* Forschungsthema: Die wenigen empirischen Studien beziehen sich vor allem auf kleine soziale Entitäten wie Arbeitsgruppen (Zeutschel 1999; Barmeyer 2000; Tjitra 2001; Stumpf 2005; Köppel 2007; Adler 2008; Stahl et al. 2010), selten außer bei Mergers & Acquistions (Brock 2005) auf miteinander agierende Unternehmen, nicht jedoch auf einzelne Organisationen im Ganzen. Gründe hierfür sind zum einen die problematische Übertragung auf komplexe soziale Systeme (Selbstorganisation der Elemente und begrenzte Prognostizierbarkeit über Prozessverläufe) und zum anderen der Mangel an systemischen und interkulturellen Kenntnissen und Methoden. Ebenso hängt die Ermöglichung interkultureller Synergien nicht nur entscheidend von spezifischen Kontexten (kollektive Strukturen und Prozesse), individuellen Vorerfahrungen, Interessen, Motivationen und Kompetenzen ab, sondern auch vom Zusammenspiel der kulturellen Akteure. Interaktionen beeinflussende Elemente wie Machtasymmetrien, wie sie in den postkolonialen Studien (Jack/Westwood 2009), den *Critical Management* Studies (Alvesson/Willmott 1992; Mahadevan 2017) oder Studien der Organisationssoziologie (Crozier/Friedberg 1977) im Zentrum stehen und sich in der Praxis in Dominanz, Mikropolitik oder *Hidden Agendas* zeigen, erschweren auch die Herausbildung interkultureller Komplementarität und Synergie.

Vorliegendes Buch wählt bewusst die Ausrichtung der *konstruktiven Interkulturalität:* Interkulturalität in Organisationen wird aus Theorie und Praxis beleuchtet, in denen komplementäre und synergetische Aspekte von Interkulturalität verdeutlicht werden. Dieses Buch eignet sich nicht nur zur theoretischen Analyse, sondern trägt auch als Impuls- und Ideengeber im Transfer auf die Praxis zur zukünftigen Gestaltung von Interkulturalität und Synergie in Arbeitssituationen bei.

Warum dieses Buch anders ist

Dieses Buch hebt sich von vielen anderen Lehrbüchern zum Interkulturellen Management ab: Das zentrale Anliegen dieses Buches ist die Gestaltung *konstruktiver Interkulturalität* und *Komplementarität* in Organisationen. Zwar sind Erklären und Verstehen von Interkulturalität samt der dazugehörigen Probleme wichtige Grundlagen, aber nur in der problemorientierten Ausrichtung bringen sie weder die betroffenen Akteure in der Praxis noch die Interkulturelle Managementforschung weiter. Dieses Buch thematisiert deshalb auch komplementäre Aspekte von Interkulturalität durch eine *Ressourcen- und Lösungsorientierung.* Dahinter steht die humanistische, idealistische und normative Überzeugung, dass Menschen, sei es in ihren Funktionen und Rollen als interne Fach- und Führungskräfte oder als externe Berater und Experten, lern- und entwicklungsfähig sind und aktiv als Akteure konstruktiv-gestaltend auf ihr soziales Umfeld in Organisationen wie Arbeitsgruppen oder Abteilungen einwirken können. Interkultureller Kompetenz kommt hier eine besondere Bedeutung zu. Konstruktive Interkulturalität lässt sich somit auch als Haltung verstehen, die in allen Lebens- und Arbeitsbereichen und somit auch in den Bereichen des Interkulturellen Managements wirkungsvoll sein kann, insbesondere um Unterschiede und Gegensätze komplementär zu verbinden. Dies wird in diesem Buch illustriert.

Weiterhin legt das Buch stärker als andere Publikationen zum Interkulturellen Management einen Fokus auf *Organisationen,* insbesondere Unternehmen, als Kontexte: Organisationen sind eine bedeutende und verbreitete Form sozialer Systeme, die der Internationalisierung unterliegen. Sie sind nicht nur Orte strategischer Zielerreichung, arbeitsteiliger Aufgabenerfüllung und ökonomischer Wertschöpfung, sondern auch Kristallisationspunkte, verdichtete Räume und Felder beruflicher Sozialisation, Sinngebung und Identitätsstiftung. Organisationen sind somit exemplarisch Orte, an denen internationale Interaktivität stattfindet.

Ebenso wird immer wieder der *dynamische* Aspekt von Interkulturalität in Organisationen hervorgehoben. Interkulturalität ist ein meist nicht vorhersehbarer Prozess gegenseitiger Annäherung, Aushandlung und Entwicklung. Akteure in interkulturellen Situationen sind keine »Roboter« mit vorgegebenen kulturellen Denk- und Verhaltensweisen, sondern werden zum einen ihr Verhalten graduell an Kontexte und Interaktionspartner anpassen, zum anderen können sie Verlauf und Ergebnis von Situationen aktiv beeinflussen und gestalten. Interkulturelle Dynamiken finden sich überall in Organisationen, so etwa in der Führung von Mitarbeitern und Teams oder dem internationalen Transfer von Organisationspraktiken.

Im Sinne eines kulturellen Pluralismus und eines differenzierten modernen Kulturverständnisses werden neben der Nationalkultur auch andere *multiple Kulturen* wie Regional-, Branchen-, Organisations- und Professionskulturen berücksichtigt, ebenso Gender- und Generationsthemen. Trotzdem wird ein Betrachtungsschwerpunkt auf nationalen Kulturen liegen, entsprechend der Kulturraumstudien-Tradition der Universität Passau, wo der Autor Interkulturelle Kommunikation erforscht und lehrt.

Das Buch bildet durch Einbringung *internationaler Ergebnisse* der Forschung aktuelle und innovative Themen und Theorieansätze ab. Um einem Ethnozentrismus von Paradigmen, Kontexten und Themen entgegenzuwirken, werden zusätzlich zum deutschsprachigen und zum anglo-amerikanischen Diskurs interessante und relevante, hierzulande eher unbekannte Publikationen aus anderen Ländern und Kontinenten integriert. So wird sichergestellt, dass auch auf Ansätze der Interkulturalitätsforschung eingegangen wird, die nicht *Mainstream* sind. Der *Länderfokus* des Buches ist bewusst – in Abgrenzung zu vielen US-amerikanischen Lehrwerken und in der Tradition des Passauer Studiengangs Kulturwirtschaft – eher europäisch und westlich ausgerichtet, auch wenn Bezüge zu asiatischen, lateinamerikanischen oder afrikanischen Ländern hergestellt werden.

Das Buch lässt Interkulturalität nicht im abstrakten Raum stehen, sondern *kontextualisiert* sie, d. h. es erfolgt eine konkrete Einordnung interkultureller Situationen sowohl funktionaler, akteurspezifischer als auch kultureller Art, die auch – in der Interkulturellen Managementforschung häufig vernachlässigte – Einflussfaktoren wie Macht und Interessensgegensätze berücksichtigt. Gesamtzusammenhänge, die sich auch aus institutionellen Besonderheiten und sozialhistorischen Strukturen und Traditionen ergeben, werden ebenso berücksichtigt wie Wirkungsketten.

Hiermit verbunden ist der *systemische Ansatz* des Lehrbuchs. Immer wieder wird die Perspektive einer *Metaebene* eingenommen, um in der Wahrnehmung und Analyse eine gewisse Objektivität und Neutralität zu erreichen. Es geht um eine ganzheitliche Betrachtung von Phänomenen in kulturell-sozialen Systemen unter Betrachtung der Kontexte, Akteure und ihrer wechselseitigen Beziehungen. Systemisch bedeutet auch, dass nicht nur der Zustand von Systemen analysiert wird, sondern dass auch die Gestaltung von Systemen Betrachtungsobjekt wird.

Die Ausrichtung des Buches ist – entsprechend der Tradition der Universität Passau – *interdisziplinär,* was bedeutet, dass Phänomene der Interkulturalität anhand verschiedener Wissenschaftsdisziplinen wie Kulturanthropologie, Psychologie, Soziologie, Organisations- und Managementforschung und der Kommunikationswissenschaft analysiert und interpretiert werden. Diese Disziplinenvielfalt ermöglicht ein multiperspektivisches Verständnis interkultureller Wirklichkeiten.

Da Interkulturalität und auch Management einen starken sozialen empirischen Wirklichkeitsbezug aufweisen, stellt das Buch eine *Kombination von Forschung und Praxis* dar: Theoretische Fundierungen in Form von Erkenntnissen und Ergebnissen der Wissenschaft werden bereichert durch Erfahrungen der Praxis. So dienen Beispiele aus dem Arbeits- und Organisationsalltag zur Illustration und Anwendung von Konzepten und Modellen. Im Sinne des Konstruktiven Interkulturellen Managements finden sich im Buch *Gestaltungsempfehlungen.*

Insgesamt integriert das Buch viele Ideen, Erfahrungen und Erkenntnisse meiner Publikationen der letzten beiden Jahrzehnte zum Interkulturellen Management und hat damit einen *programmatischen* Charakter.

Wie Konstruktives Interkulturelles Management entwickelt wird

Dieses Buch gibt einen umfassenden Einblick in die Vielfalt Interkultureller Managementansätze, Modelle und Praktiken in unterschiedlichen Handlungskontexten und zeigt systemische Zusammenhänge auf. Nancy Adler, eine der Pionierinnen des Forschungs- und Praxisfeldes, die sich seit den 1980er Jahren mit Interkulturellem Management beschäftigt, gibt folgende Definition:

»Cross-Cultural Management studies the behavior of people in organizations around the world and trains people to work in organizations with employees and client populations from several cultures. It *describes* organizational behavior within countries and cultures; *compares* organizational behavior across countries and cultures; and, perhaps most importantly, seeks to *understand* and *improve* the interaction of co-workers, clients, suppliers, and alliance partners from different countries and cultures.« (Adler 2008, 13)

Ganz im Sinne der Definition Adlers wird Interkulturelles Management als Gestaltungsoption interkultureller Zusammenarbeit zum einen als Interaktion von Individuen verstanden, zum anderen steht der evolutionäre Entwicklungsaspekt von sozialen Systemen im Vordergrund. Es geht also um die *konstruktive* Gestaltung von Interkulturalität in ihrer vielschichtigen Dynamik. Sie umfasst drei Schritte (Tab. 1), die auch die Struktur des Buches darstellen und sich in der Gliederung des Buches wiederfinden.

Schritt	Funktion/Ziel	Konkretisierung	Instrumente
1. Bewusstwerden und Verstehen	*Theoretisierung und Wissen über interkulturelle Wirklichkeit sowie ihre Interpretationen*	Kulturelle Unterschiede und Besonderheiten werden bewusst wahrgenommen, reflektiert und verstanden	Theoretische Modelle und Konzepte zur Strukturierung und kritischen Einordnung
2. Erfahren und Begreifen	*Illustration und Erleben interkultureller Wirklichkeit*	Funktionen und Rollen in der Organisation werden gelebt	Studienergebnisse und Praxisbeispiele zur Illustration und Kontextualisierung
3. Gestalten und Handeln	*Fähigkeiten, um interkulturelle Wirklichkeit zu beeinflussen*	Handlungsoptionen und Strategien werden entwickelt und ausgeführt	Konzepte, Praktiken, Instrumente und Methoden zur Entwicklung konstruktiver Interkulturalität

Tab. 1: Gesamtrahmen konstruktiver Interkulturalität in Organisationen

In diesem Sinne wird Konstruktives Interkulturelles Management (KIM) definiert als der bewusste Umgang mit Kulturspezifika und kultureller Vielfalt in organisationalen Kontexten, bei dem es durch gegenseitige Anpassungs- und Entwicklungsprozesse gelingt, Spezifika als bereichernde und sich ergänzende Ressourcen konstruktiv so zu nutzen, dass ein Mehrwert für die Organisationen und ihre Akteure entsteht.

Aus Gründen der Lesbarkeit dieses Buches wird im Text durchgehend die männliche Form verwendet, was jedoch nicht auf eine Diskriminierungsabsicht von Frauen durch männliche Dominanz schließen lassen soll.

Wem Dank gebührt

Dieses Buch basiert neben einer Fülle aus Literatur unterschiedlichster Disziplinen, Zeiten sowie Sprach- und Kulturräumen auch auf zahlreichen Gesprächen und Aktivitäten mit Studierenden aus vielen Ländern, allen voran den Kulturwirtschaft-Studierenden der Universität Passau, aber auch Kollegen, die zu Interkulturalität, Internationalität und Organisationen forschen, Beratern und Trainern, die zu interkultureller Kompetenzentwicklung in Organisationen beitragen, und vielen Freunden, die biografisch oder beruflich von Interkulturalität betroffen und fasziniert sind. Diesen Akteuren sei ganz herzlich gedankt!

Besonders danken möchte ich an dieser Stelle vier Personen: Vor allem Volker Stein, Inhaber des Lehrstuhls für Personalmanagement und Organisation an der Universität Siegen, dem dieses Buch viele zentrale Anregungen und Ratschläge, Ermunterungen, redaktionelle Verbesserung und nötige Kürzungen verdankt und der die Fertigstellung des Buches bei einem abschließenden »Power-Buch-Workshop« an der Universität Passau mit meinen Lehrstuhlmitarbeitern und Studierenden koordinierte. Eric Davoine, Inhaber des Lehrstuhls für Personalmanagement und Organisation an der Université Fribourg, mit dem ich in langjähriger und intensiver Zusammenarbeit viele empirische Studien in bikulturellen Organisationen durchführte und der meine Forschungsperspektiven immer wieder erweiterte. Madeleine Bausch, Mitarbeiterin und Doktorandin an meinem Lehrstuhl, die in der Endphase des Buches meine Manuskripte mit Ausdauer, Geduld und Geschick bearbeitet hat. Ulrike Haupt, die als Interkulturalistin und kritische Gesprächspartnerin immer wieder wertvolle Beiträge geliefert hat und die unter dem mehrjährigen Buchschreiben ihres Gattens gelitten hat.

Auch die seit 20 Jahren wiederholt stattfindenden Begegnungen und Diskussionen mit Interkulturalitäts- und Organisationsforschern in Nordamerika und Westeuropa haben diesem Buch viele Impulse gegeben. Fasziniert von diesen Personen und ihren Ideen möchte ich nennen: Nancy Adler, Milton Bennett, Jürgen Bolten, Jean-François Chanlat, Sylvie Chevrier, Jacques Demorgon, Edoardo Ghidelli, Peter Franklin, Martin Heidenreich, Geert Hofstede, Philippe D'Iribarne, Elias Jammal, Allain Joly, André Laurent, Ulrike Mayrhofer, Vincent Merk, Alois Moosmüller, Bernd Müller-Jacquier, Hannes Piber, Laurence Romani, Eberhard Schenk, Stefan Schmid, Jean-Pierre Segal, Alexander Thomas, Sabine Urban, Jean-Claude Usunier.

Meinen Mitarbeitern am Lehrstuhl, die die Hoch- und Tiefphasen dieses Buches geduldig und konstruktiv begleiteten und kritisch das Manuskript durchgearbeitet oder zu den Kapiteln beigetragen haben, möchte ich herzlich danken: Ulrike Buchheit, Bruno Gandlgruber, Sina Großkopf, Andreas Landes, Sybille Maier, Martina Maletzky, Sebastian Öttl und Stephanie Smolik ebenso wie den studentischen Hilfskräften Susanne Dierl, Jenny Eberhardt, Theresa Hümmer, Constanze Rath, Lena Schindler, Maria Wilhelm und Sabine Wiesmüller, die mich bei Recherchen tatkräftig unterstützt haben. Auch einige Masterstudierende haben direkt oder indirekt an dem Buch mitgewirkt: Anas Alhashmi, Rebecca Gramlich, Friederike Hacke, Tatjana

Horch, Philipp Krug, Madita Mielenhausen und Carina Stumpf. Günter Presting und Johanna Mohrmann vom Verlag Vandenhoeck & Ruprecht danke ich für ihre Geduld und die durchgehend angenehme und professionelle Zusammenarbeit. Verena Simon danke ich für ihre Reaktivität und die professionelle Endredaktion des Buchs. Allen weiteren Personen, die ich hätte erwähnen müssen, es aber nicht getan habe – sie mögen mir dies verzeihen! – sei herzlich gedankt.

Internationalisierung von Organisationen als Kontext der Interkulturalität

Makrokontext: Internationalisierung und Globalisierung

Der Kontext jeglicher Interkultureller Managementforschung ist das Phänomen, das mit Internationalisierung und Globalisierung bezeichnet wird: das Zusammenrücken verschiedener Kontinente und Länder, das Miteinanderumgehen von Personen unterschiedlicher Herkunft, die bewusste Nutzung der gesamten Welt als politisches, gesellschaftliches und wirtschaftliches Tätigkeitsfeld. Dass diese Internationalisierung und Globalisierung ein Ergebnis der technologischen Entwicklung von der Mobilität bis hin zur Kommunikation ist, liegt auf der Hand. Beide Begriffe, die sich auch synonym verwenden lassen, verweisen auf die Gleichzeitigkeit von Passivität und Aktivität (Tab. 2):

- *Passivität* betrifft die Verwischung von Grenzen, denen Akteure weltweit ausgesetzt sind. So tragen der Anstieg internationaler Migration oder die Möglichkeiten der kommunikativen Erreichbarkeit von Menschen untereinander zur Internationalisierung ihrer Kontexte bei.
- *Aktivität* hingegen betrifft die gezielte Verwischung von Grenzen, die durch Akteure absichtsvoll betrieben wird. Immer mehr Organisationen weiten ihre ökonomischen Aktivitäten (Unternehmen) und nicht-ökonomischen Aktivitäten (Non-Profit-Organisationen) auf immer weitere Regionen der Welt aus.

Beispiel Passivität: Zuwanderung	Beispiel Aktivität: Export
»Deutschland schrumpft, heißt es in allen Prognosen. In Wahrheit aber nimmt die Bevölkerung in den letzten Jahren zu. Der Grund: Nicht die Zahl der Geburten, wohl aber die Zahl der Zuwanderer entwickelt sich im Saldo positiv: plus 430.000 Menschen im Jahr 2013, plus 500.000 Menschen 2014.« (Handelsblatt, 4. August 2014)	»Nichts scheint die hiesige Exportindustrie stoppen zu können. 2014 haben deutsche Unternehmen so viele Waren in alle Welt geliefert wie nie zuvor. Wie das Statistische Bundesamt gestern mitteilte, setzten die Firmen Produkte im Wert von 1,13 Billionen Euro im Ausland ab – ein Plus von 3,7 Prozent zum Vorjahr.« (Handelsblatt, 10. Februar 2015)

Tab. 2: Beispiele zu Passivität und Aktivität von Internationalisierung und Globalisierung

In der Konsequenz intensivieren sich mit Internationalisierung und Globalisierung grenzüberschreitende Kontakte, soziokulturelle Diversität in Gesellschaften und soziokulturelle Diversität innerhalb von Organisationen: »Immer wieder bestätigt auch der triviale Kern, der sich im Inneren des Begriffs verbirgt: die Welt wird zusehends ›kleiner‹ und Entferntes wird immer stärker miteinander verknüpft. Zugleich wird sie ›größer‹, weil wir noch niemals weitere Horizonte überschauen konnten« (Osterhammel/Petersson 2012, 8). Der Kontakt zwischen Nationen und ihren Gesellschaften intensiviert sich kontinuierlich durch komplexe Transfer- und Diffusionsprozesse sowie durch Migration. Die Nationen reagieren darauf, indem sie aktiv mitgestalten – etwa durch die Einrichtung von Regeln und Institutionen, die auf einer dem Nationalstaat übergeordneten Ebene angesiedelt sind, der Supranationalisierung (Sorge 2009, 10).

Die Forschung zu Internationalisierung und Globalisierung befasst sich mit internationalen Verflechtungen, und zwar häufig in kritischer Weise mit deren politischen, wirtschaftlichen, kulturellen und gesellschaftlichen Ursachen und Effekten. Hierzu gehört vor allem die Kritik an globalen Machtstrukturen, ausgelöst, entwickelt und aufrechterhalten durch bestimmte Nationalstaaten oder durch multinationale Unternehmen, die zu gesellschaftlicher Ungleichheit und ökonomischen Asymmetrien beitragen: »Globale Verflechtungen werden von Staaten, Firmen, Gruppen, Individuen aufgebaut, erhalten, umgeformt und zerstört. Sie sind Gegenstand von Interessenkonflikten und Politik. Sie produzieren Gewinner und Verlierer – gleiches gilt allerdings auch für die Zerstörung globaler Strukturen« (Osterhammel/Petersson 2012, 112). Es kommen Dynamiken der Entnationalisierung oder Denationalisierung in Gang, die zu Macht- und Bedeutungsverlust von Nationalstaaten führen können, wie es etwa der Soziologe Ulrich Beck betont: »Globalisierung ermöglicht, was vielleicht im Kapitalismus latent immer galt, aber im Stadium einer sozialstaatlich-demokratischen Bändigung verdeckt blieb: dass die Unternehmen, insbesondere die global agierenden, nicht nur eine Schlüsselrolle in der Gestaltung der Wirtschaft, sondern der Gesellschaft insgesamt innehaben […]. Die global agierende Wirtschaft untergräbt die Grundlagen der Nationalökonomie und der Nationalstaaten« (Beck 1997, 14).

Globalisierung ist dabei kein neues Phänomen – in der Vergangenheit trug bereits der europäische Kolonialismus Züge der Globalisierung –, sondern hat durch die Modernisierung ein neues Ausmaß angenommen: »Globalisierung hängt mit Modernisierung eng zusammen. Strukturbildende Fernverpflichtungen gab es schon in vormoderner Zeit. Aber erst die kulturelle Kreativität der europäischen Moderne – Stichworte wären Rationalität, Organisationen, Industrie, Kommunikationstechnologie – ermöglichte Verflechtungen von neuartiger Reichweite und Intensität. Umgekehrt spielte sich die Entfaltung der europäischen Modernen von Anfang an in einem globalen Rahmen ab. Asien, China und die islamische Welt, später die beiden Amerikas, Afrika und die Südsee – sie alle lieferten Bezugspunkte für den Selbstentwurf Europas als einer universalen Zivilisation« (Osterhammel/Petersson 2012, 112).

Eine zentrale Forschungsfrage der Internationalisierung betrifft »Konvergenz versus Divergenz«: Nähern sich die Wege, wie internationale Organisationen und ihre Akteure mit kultureller Vielfalt umgehen, durch Diffusions- und Transferprozesse einander an (Konvergenz), oder bilden sich kulturspezifisch unterschiedliche Wege der Bewältigung kultureller Vielfalt heraus (Divergenz)? Die Konvergenzthese geht von einer Angleichung kultureller und institutioneller Merkmale aus und besagt, dass Organisationen und Management rationale Muster zur Lösung betrieblicher Probleme aufweisen und dass das Streben nach Effizienz keinen Spielraum für unterschiedliche kulturelle Lösungen zulässt. Die Divergenzthese dagegen unterstellt eine Zunahme kultureller und institutioneller Merkmale; deshalb müssen Organisationen und Management den nationalen kulturellen Gegebenheiten Rechnung tragen, um erfolgreich zu sein (Tab. 3). Seit Jahrzehnten findet diese Diskussion statt (Albert 1991; Whitley 1999; D'Iribarne 2001; Kieser/Walgenbach 2010; Adler 2008; Sorge 2009; Barmeyer/Öttl 2011; Scholz 2014a). So herrschte lange Zeit in der Managementlehre und Organisationsforschung die Annahme, Managementmodelle und -praktiken seien universell, was sich in den Debatten zwischen den Positionen *Culture Free* (Hickson/McMillan 1981; Maurice/Sorge 2000) und *Culture Bound* (Hofstede 1980; D'Iribarne 1989) niederschlug.

	Konvergenz	Divergenz
Aussage	Abnahme bzw. Angleichung kultureller Unterschiede	Zunahme bzw. Beständigkeit kultureller Unterschiede
Konsequenz	kulturelle Homogenität	kulturelle Heterogenität
Vertreter	»Universalisten«	»Kulturalisten«
Management	Management existiert unabhängig vom kulturellen Umfeld	Management ist geprägt vom kulturellen Umfeld
Gefahren	Negierung des Einflussfaktors Kultur kann zu interkulturellen Missverständnissen und Problemen führen	Überbewertung des Einflussfaktors Kultur kann zu einseitigen, nachträglich vorgeschobenen Erklärungsmustern führen

Tab. 3: Konvergenz und Divergenz im Interkulturellen Management (Barmeyer 2000, 38)

Die ethnozentrische Haltung, Kulturunterschiede im Management zu unterschätzen, basiert auf einer der Konvergenzthese entsprechenden »Ähnlichkeitsannahme« (Barmeyer 2012a). Diese trifft vor allem auf Gesellschaften zu, die geografisch oder kulturell nah erscheinen. Je intensiver aber die Beschäftigung mit einer anderen Kultur ist, desto größer kann das Bewusstsein der Unterschiedlichkeit werden, was die Divergenzthese stützt: »Many cultures that appear quite similar on the surface, frequently prove to be extraordinarily different on closer examination« (Hall 1983, 7).

Verschiedene weltweit vergleichende Länder-Studien und Indizes wie *Corruption Perception Index, Doing Business, Global Innovation Index, Global Creativity Index* oder *Global Gender Gap Report* weisen auf ausgeprägte kulturelle und institutionelle Divergenzen hin, die Auswirkungen auf internationale Organisationen haben können: Während angelsächsische und nordwesteuropäische Unternehmen beispielsweise strenge Compliance-Vorschriften bezüglich Korruption aufweisen, werden in anderen Ländern durch sogenanntes »korruptes« Verhalten (Geschenke, Einladungen, »Schmiergeld«) Geschäfte überhaupt erst möglich. Ebenso schränken administrative Barrieren die Tätigkeit von Organisationen ein oder können sie sogar behindern. Auch Kreativität und Innovation sind in den Ländern sehr unterschiedlich ausgeprägt. Diese Unterschiedlichkeit trifft auch auf Geschlechterverhältnisse, insbesondere Rollenerwartungen und Karrierechancen, von Frauen und Männern in Organisationen zu.

Sicherlich weisen diese weltweiten Länderindizes, die übrigens meist von westlichen Organisationen erstellt werden, auch eine kulturelle Abweichung auf: Dazu gehört die Grundannahme der Transparenz und Vergleichbarkeit von gesammelten Daten auf Grundlage eines positivistischen Paradigmas, samt dem Glauben an die Erstellung etischer Vergleichskategorien. Trotz aller Kritik geben diese Länder-Indizes eine gewisse Orientierung und zeigen die bestehende kulturelle Divergenz auf, mit der sich international agierende Organisationen beschäftigen müssen.

Mesokontext: Internationale Organisation

Als soziale Gebilde (Mayntz 1963; Chanlat 1990) sind Organisationen zentrale Orte zwischenmenschlichen, beruflichen und auch interkulturellen Handelns. Eine Organisation wird verstanden als soziales System von Akteuren, die Ressourcen und Kompetenzen aufweisen und unter bestimmten strukturellen und strategischen Voraussetzungen zur Erreichung von Zielen beitragen (March/Simon 1958; Mayntz 1963; Schreyögg 2012). Der Stellenwert von Organisationen im menschlichen Leben ist prägend:

> »Wir leben in einer Organisationsgesellschaft. Die meisten von uns sind in einer Organisation auf die Welt gekommen, und die meisten von uns werden in einer sterben. Zwischen diesen Ereignissen haben wir sehr viel mit Organisationen zu tun. In Organisationen werden wir erzogen und ausgebildet. Fast alle Produkte und Dienstleistungen, die wir erwerben, stammen von Organisationen. Organisationen sind unausweichlich. Organisationen bestimmen weitgehend, welche Leistungen uns zur Verfügung stehen, und sie legen auch fest, zu welchen Bedingungen wir diese Leistungen in Anspruch nehmen können. Dies hat sowohl ganz konkrete, unmittelbare Konsequenzen für unser persönliches Verhalten als auch weitreichende gesamtgesellschaftliche Implikationen.« (Kieser/Walgenbach 2010, 24–25)

Insofern umschließt das Konzept Organisation nicht nur Unternehmen, die eine Gewinnabsicht verfolgen, sondern auch andere soziale Systeme wie Schulen und Hochschulen, Krankenhäuser, Behörden und Verwaltungen oder internationale Organisationen.

In diesem Buch stehen vor allem erwerbswirtschaftliche Organisationen, Unternehmen, im Vordergrund. Dies hat zum einen mit der Tradition des Interkulturellen Managements zu tun, das sich in der Vergangenheit vor allem auf Unternehmen bezogen hat (Smith et al. 2008). Zum anderen sind die meisten empirischen Arbeiten in Unternehmenskontexten entstanden; wenn auch zunehmend Forschungen zur Interkulturalität in Behörden (wie etwa Polizei oder Bundeswehr), in öffentlichen Betrieben und auch in NGOs (nicht-staatliche Organisationen) entstehen. Viele Merkmale von Organisationen, wie Ziele, Strategien, Strukturen, Prozesse und Kulturen, die sich in sozialen Systemen generell finden, gelten für erwerbswirtschaftliche und andere Formen von Organisationen.

Internationalisierung und Globalisierung haben in vielerlei Hinsicht das traditionelle Weltbild der kohärenten, kontinuierlich gewachsenen und relativ stabilen Organisation ins Wanken gebracht. Globalisierung bedeutet, Aktivitäten mit weltweiten Märkten von Kunden und Shareholdern und damit auch weltweiter Wettbewerb um Marktanteile, Produkte, Dienstleistungen und Mitarbeiter. Organisationen, vor allem multinationale Unternehmen, entwickeln sich somit durch Zunahme ihrer Geschäftstätigkeit nicht nur im Inland, sondern auch im Ausland, etwa durch die Gründung oder den Erwerb von Tochtergesellschaften (Schmid 1996). Dies führt dazu, dass so manches Unternehmen vom »Heimspieler« zum »Global Player« wurde und sowohl mit interkulturellen externen Herausforderungen internationaler Märkte als auch mit interkulturellen internen Anforderungen von Organisationen und Mitarbeitern konfrontiert ist.

Um dem steigenden Konkurrenzdruck standzuhalten, suchen Unternehmen nach adäquaten wettbewerbsfähigen Globalisierungsstrategien. Dabei lautet die Strategie der Unternehmen vor allem: Marktmacht und scheinbare Stabilität durch Größe sowie geographische und funktionale Diversifizierung. Dies schlägt sich in den angestrebten internationalen Kooperationsformen nieder. Hier hat in den letzten Jahren nicht nur die Intensität der Kooperationsbeziehungen zugenommen, sondern ebenso wurden viele der bisher vorherrschenden lockeren Kooperationsformen durch organisationelle Veränderungen und Zusammenschlüsse, wie etwa Unternehmensübernahmen, Joint-Ventures und Fusionen, abgelöst (Urban/Mayrhofer 2001).

Die Gestaltung einer internationalen Organisation hängt unter anderem von der strategischen Ausrichtung, aber auch von der Landes-, Branchen- und Organisationskultur ab (Perlmutter 1969; Bartlett/Ghoshal 1997; Evans et al. 1989; Wächter/Peters 2004). Diese komplexen Konstellationen haben dazu geführt, dass weltweit tätige Großunternehmen bei ihrer Geschäftstätigkeit häufig kostenintensive Misserfolge und Überraschungen erfuhren, wie es in der Vergangenheit erfolglose Zusammenschlüsse wie Alcatel-Lucent, BMW-Rover, DaimlerChrysler, Renault-Volvo, Siemens-Areva, VW-Suzuki gezeigt haben. Gründe für diese Misserfolge werden von Führungskräften, Unternehmensberatern und Wissenschaftlern seit Jahren im Rahmen des Interkulturellen Managements untersucht. Dabei scheinen sowohl Unterschiede der National- als auch der Organisationskultur wie auch die von den beteiligten Akteuren erfahrene Interkulturalität eine Rolle zu spielen. Gleichwohl existieren, wenn auch weniger, erfolgreiche internationale Fusionen oder Allianzen, wie Airbus, Air-France-KLM oder Renault-Nissan, denen es gelungen ist, mit den interkulturellen Herausforderungen konstruktiv umzugehen.

Angestrebt werden häufig »internationale Synergieeffekte« – also, dass sich die internationale Kooperation durch sinnvolle Ergänzung kultureller Eigenheiten und durch vielfache Nutzung einmal definierter Verfahren im Sinne einer lohnenden Investition amortisiert. Dass Synergie nicht so einfach zu erreichen ist, zeigen kostenintensive »Überraschungen« im Rahmen von Internationalisierungsaktivitäten.

An betriebswirtschaftlichen Erklärungen für Misserfolge und Kapitalvernichtung bei Auslandsengagements mangelt es nicht: Begründet werden sie häufig durch die ungünstige Wirtschaftslage, Strategie- und Marketingfehler, unüberschaubare finanzielle Situation, Sachzwänge oder persönliche Unstimmigkeiten zwischen Entscheidungsträgern. Wenn diese Begründungen nicht plausibel genug erscheinen und der Leidensdruck der Betroffenen im Unternehmen zunimmt und zu Ratlosigkeit und Demotivation führt, werden »Kultur« oder »kulturelle Unterschiede« zum Thema. Erst dann – und meist zu spät – kommt die Erkenntnis, dass nicht Unternehmen kooperieren und fusionieren, sondern *Mitarbeiter*, also *Menschen*, mit spezifischen kulturabhängigen Werten, Wünschen, Zielen, Erwartungen, Maßstäben und Verhaltensweisen, die das Management generell und die Arbeit in Organisationen prägen. Somit weisen internationale Fusionen einen höheren Komplexitätsgrad als nationale Fusionen auf, da nicht nur (a) verschiedene Mitarbeiter und (b) Organisationskulturen aufeinandertreffen, sondern auch (c) verschiedene Landeskulturen.

Die Internationalisierungsaktivitäten internationaler Organisationen betreffen viele Handlungsfelder:

- Organisationen verknüpfen ihr Handeln und auch die Handelnden grenzüberschreitend (Transnationalisierung). Dabei steuern sie bewusst ihre internationale Verflechtung (Kutschker/Schmid 2011; Urban/Mayrhofer 2011).
- Das multinationale Unternehmen (MNU) wird zur zentralen Organisationseinheit einer globalisierten Weltwirtschaft (Geppert/Mayer 2006; Heidenreich 2012).
- Die Komplexität zur Steuerung multinationaler Unternehmen nimmt mit der Vielfalt der Muttergesellschaft-Tochtergesellschaft-Beziehungen zu.
- Die Ressourcenbeschaffung betrifft – insbesondere im Hinblick auf das Personal – verschiedene kulturelle und institutionelle Kontexte.
- Internationalisierungsstrategien bewegen sich im Spannungsfeld zwischen Prozessgestaltung und Anpassung an die Konsequenzen der Internationalisierung.

Festzuhalten bleibt: So universell wie oft dargestellt sind Organisationen nicht. In einer konstruktivistischen Sicht auf Organisationen finden diese »vor allem in den Köpfen der Organisationsmitglieder statt« (Kieser/Walgenbach 2007, 59). Strukturen und Prozesse von Organisationen existieren und funktionieren erst durch die subjektiven geteilten Vorstellungen der Akteure, der Organisationsmitglieder. Diese konstruieren eine soziale Wirklichkeit (Berger/Luckmann 1966; Luhmann 1984), indem sie kommunizieren, interagieren und gegenseitiges Verhalten interpretieren (Chanlat 1990; Hammerschmidt 1997). In diesem Sinne verstehen March und Simon (1958) Organisationen nicht nur als funktionale bürokratische maschinengleiche Systeme, sondern als eine Kombination von sozialen Rollen und Verhaltensweisen mit dazugehörigen Haltungen, Wahrnehmungen, Werten, Erfahrungen und Zielen, die auf einem kollektiven Gedächtnis beruhen: »Organisationen sind somit keine objektiven Gegebenheiten, sondern beruhen im Wesentlichen auf den Kognitionen von Organisationsmitgliedern.« (Kieser/Walgenbach 2007, 60). Damit wird der Bezug zu Kultur und Interkulturalität deutlich:

»Organizations are cultural constructs and, at the end of the day, any social system is a set of relationships between actors. The essence of these relationships is communication. Communication is the transport of information and information is the carrier of meaning. Since culture is the system of shared meaning, the organization is essentially a cultural construct.« (Trompenaars 2003, 183)

So beschäftigen sich einige Vertreter der vergleichenden Organisationsforschung (Chanlat 1990; Gmür 2006) mit unterschiedlichen Vorstellungen und Erwartungen an eine Organisation. Eine anschauliche Gegenüberstellung präsentieren Amado, Faucheux und Laurent (1991) mit ihrer Differenzierung in eine funktionale Organisationssicht, die unter anderem in anglophonen, germanophonen und skandinavischen Kontexten verbreitet ist, und in eine personenorientierte Organisationssicht, welche in romanischen und ostasiatischen Kontexten anzutreffen ist. Die funktionale, heterarchisch geprägte Organisation versteht sich als ein Aufgabensystem, das primär dazu da ist, durch die Delegation von Aufgaben und Verantwortung Ziele zu erreichen. Sie setzt Instrumente ein, die ein hohes Maß an Partizipation und Eigenverantwortung voraussetzen und fördern, wie *MBO (Management by objectives), Empowerment, 360°-Feedback* und *Matrix-Organisation*. Im Kontrast hierzu versteht sich die personenorientierte Organisation als soziales System, das horizontal durch intensive gemeinschaftliche Beziehungen und vertikal durch ausgeprägte hierarchische Autoritäten der Akteure gekennzeichnet ist. Die personenorientierte Organisation zielt darauf ab, Ordnung und Leistungsfähigkeit durch eindeutige hierarchische Strukturen der Autoritätsbeziehungen herbeizuführen. Die funktionale Organisation dagegen strebt nach Ordnung und Leistungsfähigkeit durch eine heterarchische Verteilung der aufgabenbezogenen Verantwortung der Akteure (Tab. 4).

Funktionale Sichtweise	Personenorientierte Sichtweise
Die Organisation wird in erster Linie als ein System wahrgenommen, in dem Aufgaben zu erfüllen, Funktionen zu akzeptieren und Ziele zu erreichen sind.	Die Organisation wird in erster Linie als ein soziales System verstanden, das eine Gemeinschaft von Personen, die an einem Projekt arbeitet, vereint.
Strukturen werden nach ihren Aktivitäten und Aufgaben definiert.	Strukturen werden nach dem Grad der Autorität und des Status definiert.

Funktionale Sichtweise	Personenorientierte Sichtweise
Funktionale Positionierung der Akteure innerhalb der Struktur.	Soziale Positionierung der Akteure innerhalb der Struktur.
Management muss Aufgaben koordinieren und Verantwortlichkeiten definieren.	Management muss Beziehungen zwischen den Akteuren koordinieren und Spielräume von Autorität definieren.
Wer ist für *was* verantwortlich?	Wer hat über *wen* eine Autoritätsbefugnis?
Autorität liegt in der Funktion. Sie wird begrenzt und unpersönlich ausgeübt.	Autorität ist das Attribut einer Person. Sie wird diffus, allgemein und personalisiert ausgeübt.

Tab. 4: Implizite Modelle von Organisationen (Amado et al. 1991, 82, Auszug, unsere Übersetzung)

Exemplarisch für viele weitere Organisationsmodelle dienen diese kontrastiv dargestellten Organisationsmodelle als Beispiele divergierender Annahmen und Vorstellungen, die Auswirkungen auf das Interkulturelle Management haben: Die funktional-fachliche Organisation der »geölten Maschine« (Hofstede/Hofstede 2005) funktioniert beständig und gleichmäßig, wenn Ziele und Regeln geklärt sind. Sie eignet sich zur gleichberechtigten Wissenszirkulation und zur effizienten Kooperation und bedarf keiner Präsenz einer personalisierten Autorität. Fraglich ist, wie flexibel und schnell diese Organisationsform auf unerwartete Kontextveränderungen eingehen kann.

Die hierarchisch-personenorientierte Organisation hat einen ungleichmäßigeren Rhythmus, bietet jedoch auch arbiträre Spielräume: Das stark hierarchisch und starr wirkende Organisationsmodell der »Pyramide von Menschen« (Hofstede/Hofstede 2005) wird vom Modell der personenorientierten Sichtweise durch Flexibilisierung relativiert. Verzögerungen im »bürokratischen System« samt deren Nachteilen werden durch schnelle und kontextangepasste Entscheidungen der Entscheidungsträger an der Spitze ausgeglichen. Gegenüber Veränderungen kann schnell und flexibel reagiert werden.

Um eine internationale Organisation im strategischen Sinne zu managen, bieten sich Internationalisierungsstrategien an. Das prägnanteste und älteste Modell der Unternehmensinternationalisierung stammt von Perlmutter (1969). Es eignet sich besonders zur Darstellung verschiedener Gestaltungsoptionen des interkulturellen Managements, weil die beschriebenen idealtypischen Strategien treffend die verschiedenen Haltungen zur kulturellen Vielfalt und Interkulturalität (Bennett 1993) verdeutlichen.

Perlmutter (1969) unterscheidet drei – später vier – idealtypische Orientierungen, die als Grundstrategien der Organisationsinternationalisierung gelten und die auch für die konstruktive Gestaltung von Interkulturalität wichtig sind (Tab. 5):

- Die *ethnozentrische* Orientierung, auch *»home country attitude«*, geht von der Überlegenheit der Muttergesellschaft gegenüber den Tochtergesellschaften hinsichtlich Strategien und Maßnahmen aus. Strategien, Entscheidungen, aber auch Prozesse und Managementmethoden werden als universell angesehen und deshalb von der Muttergesellschaft auf die Tochtergesellschaften – häufig als Top-down-Prozess – übertragen. Der Vorteil einer Vereinheitlichung birgt den Nachteil mit sich, dass die spezifischen Bedürfnisse der Auslandsgesellschaften nicht genügend berücksichtigt werden.

- Die *polyzentrische* Orientierung, auch »*host country orientation*«, berücksichtigt zahlreiche – auch kulturelle – Unterschiede zwischen Mutter- und Tochtergesellschaften. Die Existenz verschiedener Denk- und Arbeitsstile, von denen keiner innerhalb des Unternehmensverbundes Priorität genießt, wird akzeptiert. Tochtergesellschaften treffen Entscheidungen demzufolge dezentral und autonom, das heißt ohne Eingriffe der Muttergesellschaft, um landesspezifische Strategien und Methoden lokal umzusetzen. Management findet unabhängig in den jeweiligen Tochtergesellschaften statt. Zentraler Vorteil ist das kontextangepasste Management in den Auslandsgesellschaften; dem gegenüber steht der Nachteil, dass eine Einheitlichkeit und Standardisierung in der internationalen Organisation fehlt.
- Die *geozentrische Orientierung* abstrahiert von lokalen und nationalen Besonderheiten und strebt eine weltweite Integration der Unternehmensaktivitäten an. Die kompetentesten Manager werden »regardless of their nationality« (Perlmutter 1969, 14) als entscheidungstragende Akteure im ganzen Konzern, also auch in Tochtergesellschaften, eingesetzt. Individuelle Kernkompetenzen werden somit weltweit besser genutzt. Der geozentrische Ansatz kombiniert idealtypischerweise die Vorteile des ethnozentrischen und polyzentrischen Ansatzes.
- Die *regiozentrische Orientierung* ähnelt der geozentrischen Orientierung, bezieht sich aber dabei auf kleinere, in sich homogene Kulturräume.

	Ethnozentrisch	**Polyzentrisch**	**Geozentrisch**
Komplexität	In der Muttergesellschaft hoch, sonst niedrig	Unterschiedlich	Überall hoch, auch wegen Interdependenzen
Entscheidungsfindung	Nur in der Muttergesellschaft	Weniger in der Muttergesellschaft	Gemeinschaftliche Entscheidungsfindung
Kontrolle	Standards von der Muttergesellschaft werden exportiert	Dezentral bestimmte Mechanismen	Universelle Standards
Kommunikation	*Top Down*, also Anweisungen von Mutter zu Tochter	Wenig zwischen Mutter und Tochter, zwischen Töchtern kaum	Zwischen allen Einheiten, Mutter ist (nur) gleichberechtigter Partner

Tab. 5: Konsequenzen der Grundstrategien von Perlmutter (1969, 11–14)

Die drei *EPG*-Grundstrategien *(ethnocentric, polycentric, geocentric)* existieren nicht in Reinformen, sondern sind meist Kombinationen. Jedoch weisen international agierende Organisationen deutliche Ausprägungen hinsichtlich der einen oder anderen Strategie auf. Strukturell und funktional lassen sich die Grundstrategien etwa auf die Ausrichtung von Bereichen und Abteilungen anwenden. Dabei kann innerhalb einer internationalen Organisation eine große Varietät und Koexistenz an Orientierungen existieren: So können die Bereiche Forschung & Entwicklung ethnozentrisch ausgerichtet sein, Marketing und Vertrieb dagegen polyzentrisch und die Produktion geozentrisch. Auch können die jeweiligen Internationalisierungsstrategien prozessual als Entwicklungsmodell vom Ethnozentrismus über den Polyzentrismus zum Geozentrismus verstanden werden: In der Anfangszeit ihrer Internationalisierung ist die Organisationen noch sehr ethnozentrisch und steuert alles von der Zentrale aus. Mit der Zeit aber werden Verantwortungen zunehmend an die Auslandsgesellschaften abgegeben (Barmeyer 2010).

Die Grundstrategien haben in der Folge ähnliche Klassifikationen nach sich gezogen (z. B. Bartlett/Ghoshal 1997, mit internationalen, multinationalen, globalen und transnationalen Unternehmen).

Wird die Realität internationaler Mutter-Tochter-Beziehungen betrachtet, so lässt sich feststellen, dass viele Unternehmen weltweit zwar als Organisation agieren, die Bandbreite der – interkulturellen – Interaktionen jedoch recht begrenzt bzw. nur auf bestimmte »einfache« Unternehmensfunktionen reduziert ist. Strategisch wichtige Funktionen wie Strategie, Forschung & Entwicklung oder internationales Personalmanagement, also solche mit hoher intellektueller Wertschöpfung, die von kultureller Vielfalt im Sinne der Kombination von Perspektiven- und Ideenreichtum profitieren, sind nach wie vor stark auf die Muttergesellschaft konzentriert und damit ethnozentrisch geprägt und greifen selten auf das vielfältige und große organisationsinterne Reservoir von Ressourcen der eigenen Mitarbeiter der Auslandsgesellschaften zurück.

Viele multinationale Unternehmen ignorieren oder verharmlosen den Einfluss von Kultur auf ihre Aktivität. Nur wenigen gelingt es, daraus Nutzen zu ziehen. Wie Tab. 6 zeigt, eignet sich geozentrische Orientierung am besten zur konstruktiven Gestaltung eines synergetischen interkulturellen Managements: Sie ermöglicht die pluralistische, gleichberechtigte und komplementäre Kombination verschiedenster Sichtweisen, Strategien, Handlungsoptionen und Ressourcen. Jedoch ist sie schwierig umzusetzen. Nicht zuletzt deshalb ist sie in der Realität bislang nur selten anzutreffen.

	Ignorieren	**Verharmlosen**	**Nutzen**
Annahme: Kultur ist	irrelevant	ein Problem	ein Wettbewerbsvorteil
Beziehung zwischen Mutter- und Tochtergesellschaften	Ethnozentrisch	Polyzentrisch	Geozentrisch

	Ignorieren	Verharmlosen	Nutzen
Erwarteter Vorteil	Standardisierung	Lokalisierung	Innovation
Leistungskriterien	Effizienz	Anpassungsfähigkeit	Synergie
Größte Herausforderung	Akzeptanz gewinnen	Kohärenz erreichen	Unterschiede nutzen
Größtes Problem	Inflexibilität	Fragmentierung	Konfusion

Tab. 6: Strategien im Umgang mit kultureller Vielfalt (Schneider/Barsoux 1997, 211, Auszug, unsere Übersetzung)

Interessanterweise stehen sich zwei unterschiedliche Entwicklungen gegenüber, die auf Organisationen wirken.

Zum einen findet Interkulturelles Management in Organisationen in spezifischen *Kontexten* statt, die die handelnden Akteure prägen und dazu führen, dass sich bestimmte Normen, Werte und Strukturen, die die Arbeitsbeziehungen beeinflussen, herausbilden (D'Iribarne 2001). Nationale Kontexte können aufgrund einer spezifischen historischen Entwicklung und einem dominierenden Rechts-, Sprach- und Kommunikationssystem einen gewissen Grad an Homogenität aufweisen (Hofstede 1980; Whitley 1999). In diesen Kontexten haben sich durch Erfahrungen bestimmte Merkmale und erfolgreiche (kulturelle) Muster des Denkens und Handelns entwickelt und verfestigt, wie es Wissenschaftler unterschiedlicher Epochen und Disziplinen konstatieren (Parsons 1952; Elias 1979; Ammon 1989; Porter 1985; D'Iribarne 2001). Der nationale Kontext hat folglich einen Einfluss auf Organisationen generell und die Führung von Kooperationen im Besonderen.

Zum anderen lösen sich – aufgrund von Internationalisierung und Digitalisierung – klassische Organisationshierarchien, Abteilungs- und Funktions-Strukturen immer mehr auf und verschieben sich hin zu mehr dynamischeren, prozessualen Strukturen (Kieser/Walgenbach 2007; Heidenreich et al. 2012). Somit findet auch die interkulturelle Zusammenarbeit zunehmend in zeitlich begrenzten Kooperationen, meist komplexen Projekten, statt. Als Beispiele könnten die Entwicklung einer neuen U-Bahn in einer europäischen Hauptstadt durch das Unternehmen Siemens, die Produktion des Großraum-Flugzeugs Airbus A380 oder auch eine Filmproduktion bei ARTE genannt werden.

Mikrokontext: Internationales Management

In dem Maße, wie »Kultur« Einzug in das Management hält, haben Fach- und Führungskräfte mit der Gestaltung von »soft facts« zu tun. Es geht nicht mehr allein um finanzielle Kennzahlen und strategische Erfolge, sondern auch um die Befindlichkeiten der Beteiligten. Dass diese nicht immer einfach zu bewältigen sind, spiegelt sich im Bedarf von Führungskräften an interkulturellen Hinweisen ›how to handle my colleagues and managers‹ ebenso wider wie an Gestaltungstipps für die Leitung internationaler Teams, die Durchführung eines internationalen Projektmanagements oder die Auslandsentsendung von Mitarbeitern.

Alle Gestaltungsfelder des Interkulturellen Managements bergen Fallen. Beispielsweise ist die Durchführung eines 360°-Feedbacks nicht kulturinvariant, sondern hochgradig kulturabhängig und unterliegt der Gefahr kultureller Fehlinterpretation: So wird in einigen Ländern davon ausgegangen, es handele sich um eine objektive, ehrliche Bewertung, wohingegen in anderen Ländern im Sinne einer subjektiven Bewertung die Grundposition gilt »Wir werden doch nicht den Chef kritisieren – das ist gefährlich. Entweder wir antworten gar nicht oder wir geben nur eine positive, nette Evaluation zum Vorgesetzten ab«. Die Interkulturelle Managementforschung zeigt, dass in Ländern mit flachen und informellen Hierarchiebeziehungen wie in skandinavischen, germanophonen oder angelsächsischen Ländern ein Instrument wie das 360°-Feedback erfolgreicher eingesetzt werden kann, als in Ländern, in denen formelle Hierarchiebeziehungen bestehen, wie in romanischen, arabischen oder ostasiatischen Kulturräumen. An diesem Beispiel wird bereits deutlich, dass das Erreichen einer *Lösung* von interkulturellen Problemen, die alle beteiligten Seiten zufriedenstellt oder sogar durch Komplementarität zur unternehmerischen Wertschöpfung führt, sehr schwierig ist.

Das 360°-Feedback

Im Rahmen einer europäischen Fusion, an der Franzosen, Spanier, Engländer und Deutsche beteiligt sind, wird versucht, Personalmanagement-Instrumente zu harmonisieren, um zwischen den Landesgesellschaften ein internes Benchmarking zu ermöglichen und Kosten zu senken. Es wird das aus den USA stammende 360°-Feedback eingeführt, das eine Weiterentwicklung der Gleichgestelltenbeurteilung ist. Während bei der Gleichgestelltenbeurteilung sich hierarchisch gleichgestellte Personen hinsichtlich Verhalten und Leistung beurteilen, erfolgt beim 360°-Feedback die Beurteilung von hierarchisch nachgeordneten (z. B. die Sekretärin), von übergeordneten Stellen (z. B. die Chefin) oder sogar von Kunden. Neben der Personalentwicklung geht es um die Verbesserung der internen Kommunikationsstrukturen und der Unternehmenskultur. Das 360°-Feedback wurde zeitgleich in den vier Ländern eingeführt – mit unterschiedlichen Ergebnissen: Während in Deutschland und England die Beurteilungsbefragungen relativ reibungslos durchgeführt wurden, gab es teilweise große Widerstände in Spanien. In Frankreich dagegen fielen die Beurteilungen fast alle überdurchschnittlich positiv aus. Mit den vorliegenden heterogenen und unvollständigen Ergebnissen war ein Benchmarking nicht möglich.
Quelle: Barmeyer (2003b)

Im Vordergrund des Interkulturellen Managements steht der Umgang mit »Diversity«, also mit kultureller Vielfalt (Genkova/Ringeisen 2016; Kammhuber 2017). Die

Konsequenz der organisationalen Interkulturalisierung für Mitarbeiter in Organisationen beschreibt der CEO von Renault-Nissan, Carlos Ghosn, wie folgt:

»More and more, managers are dealing with different cultures. Companies are going global, and teams are spread across the globe. If you are head of engineering, you have to deal with divisions in Vietnam, India, China, or Russia, and you have to work across cultures. You have to know how to motivate people who speak different languages, who have different cultural contexts, who have different sensitivities and habits. You have to get prepared to deal with teams who are multicultural, to work with people who do not all think the same way as you do.« (Ghosn; Zitat aus Stahl/Brannen 2013, 495)

Führungskräfte üben sich zwangsläufig in interkultureller Interaktion, sind hierin aber mit Missverständnissen und Irritationen konfrontiert und häufig damit überfordert, Interkulturalität konstruktiv zu gestalten. Dies führt nicht nur zur Demotivation von Führungskräften und Mitarbeitern in solchen Kontexten, sondern auch zur Entstehung hoher psychologischer und finanzieller Kosten. Als Reaktion hierauf entsteht ein Markt interkultureller Spezialisten, die internationalen Unternehmen ihre Leistungen anbieten: Unternehmensberater auf der einen Seite, Forscher im Feld des Interkulturellen Managements auf der anderen Seite (Romani/Szkudlarek 2013).

Sehr geehrter Herr Professor Barmeyer,
angesichts der Fusion unseres Unternehmens mit einem europäischen Konzern mit Sitz in Paris möchten wir für unser gesamtes Unternehmen eine Einführungsveranstaltung in die französische Unternehmenskultur vornehmen. Folgende Themen könnten berücksichtigt werden:

- Erzeugung einer positiven Grundeinstimmung, um die Mitarbeiter für die Umstrukturierung zu motivieren
- Existierende Bedenken und Sorgen abbauen
- Schaffen von Aufgeschlossenheit
- Was sind Besonderheiten der französischen Arbeitskultur, insbesondere in Abgrenzung zu unserer deutschen Wahrnehmung?

Wenn Sie sich vorstellen können, als Frankreichspezialist eine derartige Einführung für uns vorzubereiten und durchzuführen, würden wir uns sehr freuen, von Ihnen zu hören.

Im Rahmen der Internationalisierung sind Fach- und Führungskräfte in internationalen Organisationen zentrale Akteure der Gestaltung konstruktiver Interkulturalität. Dies wird in diesem Buch in Theorie und Anwendung anhand zahlreicher Themenbereiche, Illustrationen und unter Rückbezug konzeptioneller Bezugsrahmen behandelt.

Interkulturelle Managementforschung

Genese: Entstehung des Forschungsfelds

Die Interkulturelle Managementforschung ist relativ jung. Ab den 1960er Jahren hat sie sich von Nordamerika und Westeuropa aus mittlerweile vor allem in angelsächsischen, skandinavischen, deutschsprachigen und frankophonen Ländern verbreitet – und mit ihr die faszinierende Idee, Management nicht allein als betriebswirtschaftliche Herausforderung zu begreifen, sondern zudem als kulturabhängiges Gestaltungsfeld, in dem interkulturelle Interaktion vom Management berücksichtigt werden muss. Um die Geschichte dieses Forschungsfelds nachzuvollziehen, bietet es sich an, auf bereits vorhandene Einteilungen zur Entwicklung zurückzugreifen.

Aus der Perspektive der Managementforschung zeichnet Scholz (2014a, 900) einen Weg nach, der von einer betriebswirtschaftlichen »Kulturignoranz« über verschiedene Zwischenphasen bis hin zu einer Integration von Kultur in die Wirtschaftsforschung führt (Tab. 7). Er konzentriert sich damit auf die Rezeption kultureller Themen in der klassischen Managementforschung. Der beschriebene Entwicklungspfad spiegelt den »Paradigmenwechsel der Managementlehre von der Analyse ökonomischer, nach Nutzenmaximierung orientierter Leistungsprinzipien hin zur wertorientierten und verhaltenswissenschaftlichen Betrachtungen organisationalen Handelns von Mitarbeitern wider« (Barmeyer 2000, 99).

Zeit	Ausgangsebene	Stadium	Betrachtungsweise
bis 1960		betriebswirtschaftliche »Kulturignoranz«	Kultur als nicht-existierendes Phänomen
ab 1960	Makroebene	Cross-Cultural Management	kulturfreier Managementansatz kulturgebundener Managementansatz (Landeskultur als unabhängige Variable)

Zeit	Ausgangsebene	Stadium	Betrachtungsweise
ab 1970		Comparative Management	Wechselbeziehungen zwischen Landeskultur und Managementverhalten
ab 1980	Mikroebene	Unternehmenskulturforschung	Untersuchung/Beeinflussung der Unternehmenskultur weitgehend ohne landeskulturellen Kontext: a) Ansatz der (individuellen) Verhaltensforschung b) organisationstheoretischer Ansatz c) Ansatz des strategischen Managements
ab 1990	Makro- und Mikroebene	Kulturintegration	Wechselbeziehungen zwischen Unternehmens- und Landeskultur
ab 2000	Globalebene	Kulturpointillismus	kleinste Kultureinheiten in einem grenzenlosen Raum, die je nach Perspektive zu unterschiedlichen Kulturansichten führen
ab 2010	eingebettete Mikroebene	Kultursituativität	Unternehmen gestalten in Abhängigkeit von Strategie und Kontext bewusst ihre individuelle Kultur

Tab. 7: Entwicklungspfad der Management-Kulturforschung (Scholz 2014a, 900)

Adler (1983) wählt eine andere Perspektive, welche die Suchrichtung der Interkulturellen Managementforschung im Zeitverlauf nachzeichnet (Tab. 8). Von der Suche nach Ähnlichkeiten des Managens in verschiedenen Kulturräumen verschiebt sich der Fokus nach und nach auf die Suche nach Ähnlichkeiten *und* Unterschieden im Management verschiedener Länder als für Unternehmen bewusst nutzbare Ressource. Unterschiedlichkeit wird nicht länger als Defizit verstanden, sondern als Wertschöpfungspotenzial (Barmeyer 2012a, 118–119).

Forschung	Kulturbezug der Studien	Ansatz in Bezug auf Ähnlichkeit und Unterschiedlichkeit	Zentrale Forschungsfrage
Eng	Studien in einzelnen Kulturen	Angenommene Ähnlichkeit	Wie verhalten sich Menschen in Organisationen bei ihrer Arbeit? Obwohl die Ergebnisse nur anwendbar sind für das Management in einer Kultur, wird angenommen, dass sie für das Management in vielen Kulturen gelten.

Forschung	Kulturbezug der Studien	Ansatz in Bezug auf Ähnlichkeit und Unterschiedlichkeit	Zentrale Forschungsfrage
Ethnozentrisch	Studien in einer zweiten Kultur	Suche nach Ähnlichkeit	Können Theorien aus dem eigenen Stammland im Ausland angewendet werden? Kann eine Theorie für Organisationen in einem Land A auf Organisationen in einem Land B übertragen werden?
Polyzentrisch	Studien in vielen Kulturen	Suche nach Unterschiedlichkeit	Wie arbeiten Manager und wie verhalten sich Mitarbeiter in einem Land X? Welche Muster der organisationalen Beziehungen herrschen in einem Land X vor?
Vergleichend	Studien zur Gegenüberstellung vieler Kulturen	Suche nach Ähnlichkeit und Unterschiedlichkeit	Inwieweit sind Managementstile und Mitarbeiterverhalten über Kulturen hinweg ähnlich oder verschieden? Welche Theorien gelten kulturübergreifend und welche nicht?
Geozentrisch	Internationale Managementstudien	Suche nach Ähnlichkeit	Wie funktionieren multinationale Organisationen?
Synergetisch	Interkulturelle Managementstudien	Nutzung von Ähnlichkeit und Unterschieden als Ressource	Wie kann die interkulturelle Interaktion in einer nationalen oder einer internationalen Organisation gemanagt werden? Wie kann eine Organisation Strukturen und Prozesse gestalten, die eine effektive Zusammenarbeit mit Mitgliedern aller Kulturen ermöglichen?

Tab. 8: Typologien kulturorientierter Management-Studien (Adler 1983, 30–31, Auszug, unsere Übersetzung)

Wieder eine andere Perspektive nehmen Boyacigiller et al. (2004, 102–138) zunächst für die internationale Kulturforschung sowie später Sackmann und Phillips (2004) für die Interkulturelle Managementforschung ein: Sie unterscheiden die drei Hauptströmungen (1.) nationenübergreifender Kulturvergleich, (2.) interkulturelle Interaktion und (3.) multiple Kulturen (Tab. 9). Wichtig ist für sie der Einfluss des jeweiligen politischen, wirtschaftlichen und sozialen Kontexts:

- Die Strömung nationenübergreifender Kulturvergleich *(Cross-National Comparison)* versteht Kultur als Ausdruck der jeweiligen Nationalität, die Individuen durch Sozialisation erfahren. Dementsprechend vergleichen meist quantitativ-statistisch angelegte Studien Nationalkulturen, um kulturübergreifende, universelle Kulturdimensionen zu verdeutlichen, wie dies etwa Hofstede (1980) und die GLOBE-Studie (House et al. 2004) tun.

- Die Strömung interkulturelle Interaktion *(Intercultural Interaction)* versteht Kultur als das in einer Gemeinschaft geteilte Bedeutungssystem, das aus einer Innenperspektive der Akteure und an konkreten Interaktionssituationen manifest wird. Dementsprechend betrachten induktiv angelegte, qualitative Feldstudien insbesondere, wie kulturelle Passung zwischen den Interaktionspartnern sozial konstruiert und ausgehandelt wird.
- Die Strömung multiple Kulturen *(Multiple Cultures)* setzt an den Individuen an, die in zunehmend fragmentierten und dynamischen Lebenswirklichkeiten multiple kulturelle Identitäten ausbilden, die der Vielfalt ihrer kulturellen Referenzsysteme und sozialer Milieus entsprechen. Dementsprechend untersuchen vornehmlich interpretativ-emische Studien Identitätsbildungsprozesse in Mikrokontexten, also beispielsweise Subkulturen auf Gruppenebene.

In jüngster Zeit führen die in »westlichen« Gesellschaften beobachtbaren spätmodernen »postmaterialistischen« (Inglehart 1998) oder »singularistischen« (Reckwitz 2017) Entwicklungen zu einer Aufwertung der plurikulturellen Multiple-Kulturen-Ansätze (z. B. Mahadevan 2012), was sich auch in der Entwicklung des Diversity Management-Ansatzes (Cox 1993; Özbilgin/Tatli 2008; Genkova/Ringeisen 2016) widerspiegelt.

	Nationenübergreifender Kulturvergleich	**Interkulturelle Interaktion**	**Multiple Kulturen**
Die Entstehung der Strömung begünstigender Kontext	- Nach dem 2. Weltkrieg - Aufkommen multinationaler Unternehmen - US-amerikanische Praktiken als Vorbild - Aufkommen des Vergleichenden Managements - Nationalstaat als zentraler wirtschaftlicher Akteur	- Sich verändernde Balance der globalen wirtschaftlichen Macht - Dramatischer Anstieg ausländischer Direktinvestitionen (Joint Ventures, Auslandsniederlassungen, multinationale Unternehmen)	- Verschmelzung nationaler Grenzen - Zunehmende Globalisierung - Zunehmende strategische Allianzen in nationalen Grenzen/über nationale Grenzen hinweg - Wachsende globale Mobilität von Menschen - Wachsende Beachtung von Identitätsunterschieden

	Nationenübergreifender Kulturvergleich	**Interkulturelle Interaktion**	**Multiple Kulturen**
Theorien, Annahmen, Modelle	- Nationalstaat = »Kultur« - Kulturelle Identität als eine gegebene, einheitliche, unveränderliche individuelle Eigenschaft - Kulturelle Konvergenzthese - Suche nach universell anwendbaren Kulturdimensionen	- Kultur = sozial konstruiert - Nationalkultur/-identität ist von entscheidender Wichtigkeit - Emergente/ausgehandelte Kultur abgeleitet aus • organisationaler Kulturforschung • interpretativem Paradigma • anthropologischen Theorien • interkulturellem Kommunikationsmodell	- Kultur = kollektives, sozial konstruiertes Phänomen - Organisationen = Multiplikation von Kulturen - Individuen können sich mit vielen Kulturen identifizieren - Das Wechseln zwischen kulturellen Gruppen und Identitäten ist eine empirische Fragestellung
Beitrag zum Wissensstand	- Kultur ist lenkbar – Generalisierungen, Kulturcluster - Nationenübergreifende Überprüfung organisationaler Theorien, Prozesse und Praktiken - Entwicklung von Kulturdimensionen und Kulturkategorien - Begrenztes Set an Kulturdimensionen kann von anderen Disziplinen genutzt werden	- Wichtigkeit der Kontextanalyse - Prozessorientierung - Emergente »ausgehandelte« Kultur - Lenkung der Aufmerksamkeit auf interkulturelle Kommunikation am Arbeitsplatz - »Dichte Beschreibung« kultureller Kontexte - Brückenfunktion zur Strömung multiple Kulturen	- Erkennt Kultur als sozial konstruiert - Fokus auf Sinngebung und praktische Anwendbarkeit - Wertschätzung kultureller Unterschiedlichkeit und Ähnlichkeit - Wahrnehmung der Komplexität von persönlicher Identität und Paradoxien in Organisationen - Möglichkeit zur Synergieerzielung - Identifikation von Fähigkeiten, die für die Arbeit in multikulturellen Umgebungen benötigt werden - Methodenvielfalt

Tab. 9: Hauptströmungen der Kulturforschung im Interkulturellen Management (Sackmann/Phillips 2004, Auszug, unsere Übersetzung)

Aktuell ist die Interkulturelle Managementforschung interdisziplinär angelegt (Chanlat/Pierre 2018). Dies musste sich allerdings erst in einem Konvergenzprozess der beteiligten Disziplinen entwickeln. Die disziplinären Wurzeln liegen in zwei Wissenschaftsgebieten, die nach und nach integriert wurden: den Sozial- und Kulturwissenschaften auf der einen Seite und den Wirtschaftswissenschaften auf der anderen Seite (Tab. 10). Die einzelnen Disziplinen beschäftigen sich auf unterschiedliche Weise und in unterschiedlicher Intensität mit dem Thema Kultur und Interkulturalität in Organisationen.

	Sozial- und Kulturwissenschaften	**Wirtschaftswissenschaften**
Disziplinen	- Kulturanthropologie/Ethnologie (Kluckhohn/Strodtbeck 1961; Hall 1959; Chanlat 1990; Chanlat/Pierre 2018; Moosmüller 2004; Roth 2004; Romani 2008; van Maanen 2011; Mahadevan 2017) - Soziologie (Parsons 1952; D'Iribarne 1989) - Sozialpsychologie (Thomas 2003c; Berry 1990; Triandis 1995; Thomas 2008) - Interkulturelle Philosophie (Demorgon 1989; 1998) - Interkulturelle Kommunikation (Rogers et al. 2002; Lüsebrink 2005; Müller-Jacquier 2004)	- Internationales Management (Dülfer 2001; Usunier 1992; 1998; Perlitz 1993; Welge/Holtbrügge 1998; Urban/Mayrhofer 2011; Kutschker/Schmid 2011) - Kulturvergleichendes Management (Hofstede 1980; Keller 1982; Usunier 1992; Sorge 2004a) - Interkulturelles Management (Adler 1986; Bergemann/Sourisseaux 1992; Trompenaars 1993; Schneider/Barsoux 1997; Barmeyer 2000; Chevrier 2003a; Scholz/Stein 2013; Mayrhofer 2017; Holden et al. 2015a)
Erkenntnisinteresse	- Historische Perspektive auf kulturelle Begegnungen - Individuelle und Gruppenreaktionen auf Verschiedenheit - Quellen interkultureller Missverständnisse	- Internationalität wirtschaftlicher Organisationen und ihrer Aktivitäten - Kontrastierung kulturell geprägter Management- und Arbeitspraktiken - Erfolgsstrategien im globalisierten Wirtschaftssystem
Dominantes Paradigma	- Interpretativ-verstehend - Qualitative Empirie	- Objektiviert-gestaltend, funktionalistisch - Quantitative Empirie

Tab. 10: Wissenschaftsgebiete der Interkulturellen Managementforschung

Die Integration verschiedener Disziplinen zur Interkulturellen Managementforschung konnte bewusster erfolgen, nachdem die Unterschiede zwischen verschiedenen disziplinären Ansätzen herausgearbeitet und benannt wurden. So unterscheidet Sorge (2004b) als die hauptsächlichen Ansätze der kulturvergleichenden

Organisationsforschung *Kulturalismus, Symbolischer Interaktionismus* und *Institutionalismus,* dem sich *eklektische Ansätze* zugesellen (Tab. 11).

Ansatz	Aussage	Kultur	Autoren
Kulturalismus	Geht davon aus, dass sich Gesellschaften »vor allem hinsichtlich ihrer grundlegenden Werte unterscheiden« (Sorge 2004b, 718)	System von Werthaltungen einer Gemeinschaft	Hofstede 1980, 2001
Symbolischer Interaktionismus	Fragt nach der »qualitativen Besonderheit von Handlungen und Strukturen aus dem gemeinten, inter-subjektiv geteilten und sozial auf andere Handelnde und Artefakte bezogenen Sinn« (Sorge 2004b, 719)	Symboliken, Handlungspraktiken und Wissensbestände von Gemeinschaften	Berger/Luckmann 1966; D'Iribarne 1989
Institutionalismus	Untersucht »die in Institutionen wurzelnden Wege der Koordination und Steuerung von Transaktionen in und zwischen Unternehmen« (Sorge 2004b, 719)	Überdauernde Handlungspraktiken, die zur Legitimitätswahrung entwickelt, übernommen und modifiziert werden	Whitley 1999; Hall/Soskice 2001
Eklektische Ansätze, wie z. B. gesellschaftlicher Effekt	»Auf einer hauptsächlich interaktionistischen Grundlage der Wechselwirkungen zwischen Handlungs- oder Sinnsystemen einerseits und der wechselseitigen Konstituierung von Akteuren (mit Wissen und Orientierungen) sowie inter-subjektiven Artefakten anderseits werden gesellschaftliche Verschiedenheiten in der Gestaltung von verschiedenartigen Gebilden und Handlungen erklärt« (Sorge 2004b, 720)	Kultur als interaktionistische Wechselwirkungen zwischen Handlungs- und Sinnsystemen sowie den Akteuren selbst	Maurice et al. 1982; Maurice/Sorge 2000

Tab. 11: Ansätze kulturvergleichender Organisationsforschung (nach Sorge 2004b, 718)

Dass sich auf dem Weg der interdisziplinären Zusammenführung der Interkulturellen Managementforschung Friktionen in Bezug auf grundlegende Paradigmen, Forschungsannahmen und Methoden zeigen würden, war zu erwarten: Die jeweils disziplinären Sozialisationen üben eine hohe Prägekraft aus (Schmid/Oesterle 2009). Obwohl dieser interdisziplinäre Abgleich noch nicht abgeschlossen ist, ergibt sich gerade hieraus die Stärke der Interkulturellen Managementforschung: Sie macht Interkulturalität in Bezug auf Organisationen und Management in einer Weise verständlich, dass interpretative, sozial konstruierte Einsichten mit strategisch-ökonomischen Kalkülen abgestimmt werden können.

Die interdisziplinäre Konvergenz zeigt sich besonders anschaulich an der Institutionalisierung der Interkulturellen Managementforschung. So werden Publikationen aus diesem Feld disziplinübergreifend wahrgenommen und auf internationalen Konferenzen zur Interkulturellen Managementforschung treffen sich inzwischen Sozial- und Kulturwissenschaftler mit Wirtschaftswissenschaftlern zu einem Diskurs, der nicht primär ihre Unterschiedlichkeit in den Vordergrund stellt. Als anerkannte Publikationsorgane dienen spezifische Zeitschriften wie etwa *Cross-Cultural & Strategic Management, International Journal of Cross-Cultural Management, European Journal of Cross-Cultural Competence and Management, International Journal of Intercultural Relations* und *Journal of Intercultural Communication Research.* Auch wissenschaftliche Vereinigungen wie IACCM (International Association of Cross-Cultural Competence and Management) und SIETAR (Society for Intercultural Education, Training and Research) sind wichtige Foren, die ausgehend von der Forschung teilweise immer stärker die Praxis interkulturellen Trainings und interkultureller Beratung durchdringen. An Hochschulen ist Interkulturelles Management inzwischen ein etabliertes Fach, für das attraktive Studiengänge bestehen.

Gegenwart: Gegenstandsbereich der Forschung

Das Objekt der Interkulturellen Managementforschung ist das Interkulturelle Management. Seine Definition ist nicht einheitlich, verweist aber durchgehend auf einen spezifischen Kontext, Akteure, ihr Verhalten und ihr Zielsystem (Tab. 12).

Autor	Definition
Adler 1986, 10–11	»Cross-Cultural Management studies the behavior of people in organizations around the world and trains people to work in organizations with employees and client populations from several cultures. It describes organizational behavior within countries and cultures; compares organizational behavior across countries and cultures; and, perhaps most importantly, seeks to understand and improve the interaction of co-workers, clients, suppliers, and alliance partners from different countries and cultures.«

Autor	Definition
Bergmann 1993, 197	»Es geht beim interkulturellem Management um das Gestalten der Zusammenarbeit von Personen, die auf Grund ihrer Zugehörigkeit zu verschiedenen Kulturen eine Situation: verschieden wahrnehmen (Perzeption), sie verschieden erleben (Fühlen) und, auf sie verschieden reagieren (Handeln), wobei wir, ohne Kultur definieren zu wollen, davon ausgehen, dass man in der Tat, sowohl das System gesellschaftlicher Verhaltensweisen, als auch das ihm zu Grunde liegende Wert- und Sinnsystem berücksichtigen muss.«
Kumar 1995, 684	»Von interkulturellem Management spricht man dann, wenn Managementaufgaben in (interkultureller) Interaktion mit Menschen aus fremden Kulturen oder/und mit fremdkultureller Umwelt wahrgenommen werden. Dabei ist stets die Frage immanent – und insofern als (latenter) Bestandteil der Definition anzusehen –, ob die eigenen Lösungsmuster im Rahmen der interkulturellen Interaktion gültig sind oder angepasst werden müssen, um die angestrebten Ziele zu erreichen.«
Barmeyer 2012a, 118	»Forschungs- und Praxisfeld, das sich mit Unterschieden und Gemeinsamkeiten von Fach- und Führungskräften verschiedenkultureller Zugehörigkeit im Rahmen interpersonaler Interaktionen und organisationaler Prozesse beschäftigt und sich auf Theorien und Konzepte der Sozial- und Kulturwissenschaften stützt. Im Rahmen von Managementaktivitäten (wie Strategie, Organisation, Planung, Führung, Kontrolle usw.) werden diese Unterschiede und Gemeinsamkeiten anhand von Wahrnehmungsmustern, Grundannahmen, Denkhaltungen und Arbeitsweisen deutlich.«

Tab. 12: Definitionen Interkulturellen Managements

Diese Definitionen machen deutlich, dass dem Interkulturellen Management ein kulturalistisches Paradigma zugrunde liegt, das Kultur als einen zentralen *Einfluss*faktor auf Arbeitsverhalten und Organisationen (Strukturen, Prozesse, Kultur und Strategien) ansieht. Demzufolge kann Wissen über Logiken und Funktionsweisen von Kultur und Interkulturalität zu einer konstruktiveren Zusammenarbeit beitragen. Zentrales Anliegen ist somit, interkulturelle Beziehungen in Organisationen zu (1.) beschreiben und zu (2.) analysieren, um sie bewusst konstruktiv zu (3.) gestalten. Kultur ist zudem ein *Erklärungs*faktor für menschliches Verhalten, für Kommunikation und Kooperationen in und zwischen Organisationen. Grundsätzlich stellt sich die Frage, ob und wie die eigenen Lösungsmuster im Rahmen der interkulturellen Interaktion gültig sind oder angepasst werden müssen, um die angestrebten Ziele zu erreichen. In diesem Sinne stehen – interkulturelle – Kommunikations- und Interaktionsprozesse und ihre Wirkung beim Gegenüber im Mittelpunkt.

Als Wissenschaft verfolgt die Interkulturelle Managementforschung drei Ziele:

- *wissenschaftliche* Ziele (Empirismus und Rationalismus): das Analysieren, Ver-

stehen und Erklären kultureller Spezifika, kultureller Unterschiede und interkultureller Interaktionen;
- *praxisorientierte* Ziele (Pragmatismus): das konstruktive Gestalten von Kulturkontakten, um persönliche und organisationale Ziele leichter zu erreichen;
- *gesellschaftliche* Ziele (Humanismus): das Beitragen zu friedvollem Miteinander und Völkerverständigung durch Verständnis für kulturelle Unterschiedlichkeit in einem humanistischen Sinn.

Dabei bezieht sie sich auf die gesamte Breite des Managementhandelns. Klassische Themenbereiche des Interkulturellen Managements in Lehrbüchern (Adler 1986; Schneider et al. 2014; Thomas/Peterson 2015) oder Sammelwerken (Bhagat/Steers 2009; Chanlat et al. 2013; Holden et al. 2015a; Mayrhofer 2017) betreffen die interkulturelle Führung von Menschen, die Organisation von Unternehmen im internationalen Kontext sowie das Personalmanagement in einem von interkulturellen Dynamiken geprägten Arbeitskontext (Tab. 13).

Führung	Führungsverhalten und -stil Interpersonale Kommunikation und Interaktion Führungseinstellungen Werthaltungen Arbeitsverhalten und Arbeitszufriedenheit Verhalten in Arbeitsgruppen
Organisation	Planungsprozesse Entscheidungsstil Umsetzungsprozesse Kommunikationsprozesse und Informationsprozesse Arbeitsteilung Organisationsentwicklung Organisationskultur
Personalmanagement	Personalbeschaffung und -auswahl Personalbeurteilung Anreiz- und Entlohnungssysteme Personalentwicklung Auslandsentsendung und Reintegration Integration von Mitarbeitern aus anderen Kulturen

Tab. 13: Bereiche kulturvergleichender und Interkultureller Managementforschung (angelehnt an Holzmüller 1995, 46)

Wichtig zur Abgrenzung der Interkulturellen Managementforschung ist es zu bestimmen, was sie *nicht* ist. So ist sie weder ein Sammelsurium verwunderlicher oder erheiternder Anekdoten interkultureller Begegnungen und kulturellen Besonderheiten noch eine Sammlung konkreter Handlungsempfehlungen »How to do business with …« für den Umgang mit anderskulturellen Menschen. Sie lässt sich nicht auf die Erforschung der Auslandsentsendung von Mitarbeitern in multinationalen Unternehmen reduzieren. Und Interkulturelle Managementforschung ist auch nicht mit einer Grundnormativität versehen, etwa im Sinne von »Man muss sich an andere Kulturen immer anpassen«. Vielmehr ist sie ein faszinierendes, interdisziplinäres und ganzheitliches Forschungs- und Praxisfeld, das durch seine Vielfalt, Komplexität und Multiperspektivität ein systemisches Herangehen erfordert.

Zukunft: Forschungsherausforderungen

Einerseits hat sich Interkulturelle Managementforschung als wichtiges internationales Forschungsfeld etabliert: »Few can doubt the importance of cross-cultural management as a field of ever greater significance in the pantheon of academic management disciplines, and their related streams of literature. It has in recent years matured in both depth and scope.« (Holden et al. 2015b, xlv)

Andererseits kann Interkulturelle Managementforschung als ein sich weiterentwickelndes Forschungsgebiet angesehen werden (Barmeyer 2004a). Mit dem Zuwachs an Erkenntnis können auch Forschungslücken, Forschungsdesiderate und Forschungskritik klarer benannt und konstruktiv angegangen werden. In einer solchen Phase kritischer (Selbst-)Reflektion befindet sich die Interkulturelle Managementforschung zurzeit. In dieser Phase kommen auch die kulturellen Dynamiken im Weltmaßstab – sei es in der Politik, der Gesellschaft, dem Ökosystem oder der Religion – zum Tragen, die ihrerseits vielfältige Herausforderungen an Fragestellungen, Untersuchungen und Lösungsvorschläge mit sich bringen.

Zukünftige Herausforderungen der Interkulturellen Managementforschung setzen an den gängigen Kritiken an, die vielfach geäußert werden. Diese spiegeln – im Sinne eines Überblicks – die zehn kritischen Feststellungen wider, die wesentliche Grundcharakteristika der bisherigen Interkulturellen Managementforschung aufgreifen, hinterfragen und Perspektiven aufzeigen (Tab. 14). Einzelne ausgewählte Aspekte werden in den nachfolgenden Abschnitten ein wenig vertieft.

Zielrichtung von Kritik	Kritische Feststellung zur bisherigen Interkulturellen Managementforschung	Antworten (unter anderem in diesem Buch)
(1) Grundparadigma	Häufig steht das positivistische Paradigma im Vordergrund, das Kultur und interkulturelle Beziehungen als messbar und von außen deterministisch gestaltbar ansieht. Es dominiert die quantitative Forschung.	Stellenwert des interpretativen Paradigmas, das davon ausgeht, dass Kultur erlebt und beobachtet und von innen mitgestaltet werden muss, nimmt zu. Qualitative Forschung gewinnt an Bedeutung.

Zielrichtung von Kritik	Kritische Feststellung zur bisherigen Interkulturellen Managementforschung	Antworten (unter anderem in diesem Buch)
(2) Erkenntnisinteresse	Interkulturelle Managementforschung zielt häufig entweder auf rein theoretische oder auf rein praxisorientierte Erkenntnisse ab.	Verzahnung von Theorie und Praxis nimmt zu.
(3) Kulturelle Prägung der Forschung	Dominanz westlicher und US-amerikanischer Forschung mit Paradigmen, Modellen, Instrumenten und untersuchten Grundgesamtheiten führt zu einer systematischen Verzerrung (Bias) der Forschungsergebnisse.	Forschungen aus nicht-westlichen Ländern und mit Bezug auf nicht-westliche Kontexte werden verstärkt berücksichtigt.
(4) Interdisziplinarität	Bislang dominieren in diesem Forschungsgebiet noch zu stark die zwei monodisziplinären Felder »Interkulturforschung« und »Managementforschung«.	Interdisziplinarität der Interkulturellen Managementforschung nimmt aktuell zu.
(5) Zugrunde gelegtes Kulturkonzept	Vorrangig werden simplifizierende, statische Kulturkonzepte verwendet.	Interkulturelle Managementforschung weitet sich auf offene, dynamische Kulturkonzepte aus.
(6) Terminologie	Es findet eine Verwechslung und Vermischung verschiedener Begriffe wie Kultur, kulturspezifisch, Kulturvergleich und Interkulturalität statt. Die Begrifflichkeit ist teilweise beliebig, teilweise inhaltsleer.	Saubere Trennung in Kulturspezifika, Kulturvergleich und interkulturelle Führung (»Interkultureller Dreischritt«) dient der klaren Konzeption der Interkulturellen Managementforschung.
(7) Referenzsystem	Es wird zu wenig differenziert, auf welcher Aggregationsebene Interaktionen stattfinden, ob sie also individuell, gruppenbezogen oder gesamtkulturell erfolgen.	Geschichtet-differenzierte Analyse einzelner Akteure, sozialer Systeme (wie zum Beispiel Organisationen) und ganzer Gesellschaften (»Drei-Ebenen-Modell«) ist notwendig.
(8) Nutzenerwartung	Vielfach sollen konkrete, häufig operative Probleme im Rahmen gegebener Kulturbedingungen gelöst werden können.	Verschiebung in Richtung komplementär-synergetischer Lösungen, die zudem strategischer gedacht und damit langfristiger gestaltet werden, ist zu beobachten.

Zielrichtung von Kritik	**Kritische Feststellung zur bisherigen Interkulturellen Managementforschung**	**Antworten (unter anderem in diesem Buch)**
(9) Generalisierungsanspruch	Häufig werden aus empirischen Befunden universelle, dekontextualisierte Schlussfolgerungen abgeleitet.	Moderner Forschungsansatz wählt einen holistisch-systemischen Betrachtungsfokus und kontextualisiert bewusst, beispielsweise auf der Organisationsebene.
(10) Legitimität	Legitimität von wirtschaftlicher Rationalität und Umgang mit Kultur wird vorausgesetzt und nicht hinterfragt.	Kritische Ansätze wie die *Critical Management Studies* und die kritische Kulturtheorie hinterfragen den Zweck der Forschung.

Tab. 14: Zehn kritische Feststellungen und Antworten zur Interkulturellen Managementforschung

Die meisten Kritiken zielen auf eine unzureichend komplexe Sicht der Dinge ab: So werden weder die Komplexität des gesellschaftlichen und ökonomischen Umfelds noch die Komplexität des Kulturbegriffs noch die Komplexität der inhärenten Interdisziplinarität ausreichend erfasst.

Dies beginnt mit der Dominanz des *funktionalistischen* Kulturparadigmas. Lange Zeit wurde die Interkulturelle Managementforschung von positivistischen und funktionalen Paradigmen bestimmt, die Kultur und interkulturelle Beziehungen als messbar und als von außen deterministisch gestaltbar ansehen. An ihre Stelle treten nun zunehmend interpretative und postmoderne Paradigmen europäischer und nicht-westlicher Forschung. Diese Ansätze nehmen Interkulturalität, die sich lange Zeit nur auf Nationalkultur bezog, wesentlich differenzierter und mehrschichtiger wahr. So werden zunehmend sozialhistorische Kontexte berücksichtigt (D'Iribarne 2003; Ybema/Byun 2009; Dupuis 2014). Nach und nach – wenn bisher auch eher vereinzelt – beeinflussen postkoloniale und Gender-Studien, die schon lange in den Kultur- und Sozialwissenschaften Einzug gehalten haben, die Interkulturelle Managementforschung (z. B. Jack/Westwood 2009; Primecz et al. 2016; Mahadevan 2017). In den Vordergrund rücken auch ungleich verteilte, von Beteiligten nicht immer bewusst wahrgenommene Macht- und Dominanzstrukturen von Akteuren, Organisationen oder ganzen Gesellschaften. Bislang dominieren »die Mächtigen« »die Schwachen« und setzen infolgedessen ihre Interessen, Themen und Entscheidungen durch. Doch interkulturelle Beziehungen sind in bestimmte Kontexte eingebunden, in denen Interessen und Strukturen der Macht asymmetrisch wirken, was die Betrachtung der unterschiedlichen Sichtweisen und divergierenden Erwartungen der beteiligten Akteure erfordert. Die Differenzierung zwischen tendenziell monokulturell ausgerichteten Situationen und interkulturellen Situationen ist zukünftig noch deutlicher zu differenzieren.

Die kulturelle Prägung – konkreter, die westliche Perspektive – der Interkulturellen Managementforschung zu überwinden, ist eine große Zukunftsaufgabe. Ein

Blick in die Forschungsgeschichte zeigt, dass ihre Wurzeln in westlichen Gesellschaften liegen (Saussois 1994): in der deutschen Soziologie in der Tradition Max Webers, in den französischen Impulsen seit Henri Fayol, in der US-amerikanischen Managementpraxis seit Frederick Winslow Taylor. Wie stark ein großer Teil der Managementpraxis von den USA geprägt ist, darauf verweisen unzählige Methoden und Instrumente in Organisationen wie *Change-Management, Knowledge Management, Matrix-Organisation, Corporate Values, MBO, Feedback, 360°-Feedback, Empowerment, Assessment Center, Coaching, Diversity Management, Corporate Social Responsibility, Work-Life-Balance, Compliance.* Der Eindruck der US-amerikanischen Hegemonie (z. B. Frenkel/Shenhav 2003; Schmid/Oesterle 2009; Tietze/Dick 2013) resultiert zum Teil aus der Dominanz der englischen Sprache, mit der auch (US-amerikanische) Normen auf Management- und Wissenschaftspraktiken übertragen werden (z. B. Archer 2000; Tietze 2004; Gmür 2007; Davoine/Gmür 2012; Chanlat 2014). Hinzu kommt ein Oligopol aus fünf dominierenden Wissenschaftsverlagen (Elsevier, Taylor & Francis, Wiley-Blackwell, SAGE Publications, Springer Nature), die weltweit mehr als die Hälfte der internationalen *Journal*-Publikationen herausgeben (Larivière et al. 2015). Die Folge ist eine weltweite Harmonisierung der Zugänge zu Forschung (Adler/Harzing 2009) und Standardisierung der Publikationsformate, die bei Zugrundelegung einer universellen Wissenschaftsauffassung funktional erscheint. Jedoch ist kritisch zu hinterfragen, ob die US-amerikanisch dominierte Interkulturelle Managementforschung den konkurrierenden Forschungstraditionen anderer Länder tatsächlich qualitativ überlegen ist (Barmeyer/Ivens 2011). Und der norwegische Friedensforscher Johan Galtung (1981, 1983) hat bereits in einem amüsanten und vielbeachteten Essay zu intellektuellen Stilen thematisiert, dass Wissenschaftslogiken nicht universell sind, sondern ihre Spezifika – er unterscheidet teutonische, gallische, sachsonische und nipponische – aufweisen. Es ist an der Zeit, die Internationalität der Interkulturellen Managementforschung in den Blick zu nehmen, indem der Forschung von Forschern aus nicht-westlichen Ländern, in nicht-englischer Sprache und mit Bezug auf nicht-westliche Kulturen ein höherer Stellenwert eingeräumt wird (D'Iribarne 2007; Jack/Westwood 2009).

Eine weitere, vermutlich nur langfristig lösbare Herausforderung ist, *Theorie* und *Praxis* der Interkulturellen Managementforschung stärker miteinander zu verzahnen. Beide liegen relativ weit auseinander, es existieren nur wenige Berührungspunkte zwischen diesen beiden Welten und beide Welten scheinen sich sogar noch voneinander zu entfernen: »Praktiker misstrauen den wissenschaftlichen Konstrukten der Theoretiker, diese wiederum misstrauen den typologisierend-pragmatischen Ansätzen der Praktiker. Im Interkulturellen Management müssen Beratungsfirmen notgedrungen mit Generalisierungen arbeiten, um die Komplexität kultureller Systeme für Trainingsteilnehmer verständlich zu machen« (Barmeyer 2000, 100). Hinzu kommt, dass die Interkulturelle Managementforschung Folgerungen für ein zielrationales Verhalten vor dem Hintergrund einer multidimensionalen Kultureffektivität ableiten will, wohingegen die Interkulturelle Managementpraxis eine viel engere ökonomische Effektivität in den Vordergrund rückt (Keller 1982). Während die

Forschung fragt: »Wie können wir Kulturspezifika und ihren Einfluss auf Organisationen und Arbeitsverhalten analysieren?« oder »Müssen starre und hermetische Kulturannahmen zugunsten multipler Kulturen abgelöst werden?«, interessiert sich die Praxis für Fragen wie »Wie können wir pragmatisch und zielführend mit Kulturunterschieden umgehen?« oder »Was können wir verbessern?«. Im Kern spiegelt sich auch hier der zentrale Unterschied im Umgang mit Komplexität wider: Die Forschung erkennt Komplexität als Chance und will sie nutzen, die Praxis erkennt Komplexität als Risiko und will sie reduzieren. Diese Entkopplung zwischen Theorie und Praxis gilt es zu überwinden: mittels Überwindung der Selbstreferentialität beider Bereiche sowie mittels Betonung der Komplementarität von Forschung und Praxis: »Die Forschung kann durch die Anwendungsbezogenheit der Praxis neue Impulse und Entwicklungen bekommen; die Praxis kann von den Forschungsergebnissen der Wissenschaft profitieren und sie auf den Beratungsalltag übertragen.« (Barmeyer 2000, 101). Für ein Konstruktives Interkulturelles Management müssten daher immer wieder Gelegenheiten der Begegnung und des Dialogs geschaffen werden, in gemeinsamen Institutionen und mit grenzüberschreitenden Akteuren, die sich zwischen dem Forschungs- und dem Praxissystem hin- und her bewegen.

Eine weitere Herausforderung der Interkulturellen Managementforschung betrifft die ausgeprägte *Problemorientierung* (Cameron 2017; Chanlat/Pierre 2018), die einseitig auf Unterschiede fokussiert. Zu diesem Ergebnis kommen auch Stahl und Tung (2015). Sie zeigen anhand einer Inhaltsanalyse von 244 Artikeln des *Journal of International Business Studies (JIBS)* über 24 Jahre hinweg sowie anhand von 400 Artikeln des *Cross Cultural Management: An International Journal (CCM)* über 18 Jahre hinweg, wie negative Aspekte von Interkulturalität betont werden, positive jedoch weitgehend unbeachtet bleiben: Probleme, Hindernisse und Konflikte, die durch kulturelle Unterschiede hervorgerufen werden, stehen im Fokus, wohingegen die positiven Dynamiken und Resultate kultureller Unterschiede außen vor bleiben (Tab. 15).

»While there are suggestions in the literature that cultural diversity can offer meaningful positive opportunities to individuals, groups, and organizations, we argue – and demonstrate empirically – that the problem-focused view of cultural diversity is by far predominant in research on culture in International Business. In other words, we know much less about the positive dynamics and outcomes associated with cultural differences than we know about the problems, obstacles, and conflicts caused by them.« (Stahl/Tung 2015, 393)

Effekte kultureller Unterschiedlichkeit	Theoretische Artikel	Empirische Artikel mit theoretischen Annahmen	Empirische Artikel mit empirischen Ergebnissen
Journal of International Business Studies (JIBS)			
negativ	69 %	75 %	53 %
neutral/ausgewogen	27 %	20 %	40 %
positiv	4 %	5 %	7 %

Cross-Cultural Management: An International Journal (CCM)			
negativ	50 %	42 %	10 %
neutral/ausgewogen	48 %	58 %	90 %
positiv	2 %	0 %	0 %

Tab. 15: Ergebnisse der Inhaltsanalyse für theoretische und empirische Artikel in JIBS und CCM (Stahl/Tung 2015, 396, 397, unsere Übersetzung)

Diese Sicht kultureller Unterschiedlichkeit als negativ und als Problem lässt sich vielfach begründen (Barmeyer/Davoine 2016) – beispielsweise dadurch, dass
- Wissenschaftler eher auf negative Phänomene mit stärkerem oder zumindest sichtbarerem Einfluss auf soziale Systeme und Interaktionen reagieren als auf positive (Cameron 2008, 2017),
- das Praxisinteresse an negativen Erfahrungen in der Managementpraxis größer ist als an Positiverfahrungen (Margolis/Walsh 2003)
- es in der Natur der westlich geprägten Dialektik liegt, Kontraste und Polaritäten (gut versus schlecht) zu betonen (Fang 2012).

Stahl et al. (2017) empfehlen, dass die Interkulturelle Managementforschung zunehmend den Blick auf positive Effekte kultureller Unterschiedlichkeit lenkt, um konstruktive Interkulturalität zu fördern. Das wird sie insofern auch müssen, als sich in Zukunft die Interkulturelle Managementforschung verstärkt mit Themen wie dem Management in Schwellenländern oder Integration kulturell diverser Personen in Organisationen und Gesellschaften befassen muss – was unter dem Blickwinkel des Negativen sicherlich nicht lösbar sein wird.

Durch die zahlreichen gesellschaftlichen, politischen, wirtschaftlichen und technologischen Umbrüche und Entwicklungen hat sich der Kontext, in dem Organisationen agieren, dramatisch geändert. Somit müssen auf die komplexen neuen Herausforderungen auch entsprechende differenzierte Antworten gefunden werden, wie es Phillips und Sackmann (2015, 16) betonen: »If the discipline is to be helpful and flourish, scholars will need to investigate adequately the multifaced nature of culture in organizational settings, to share this well-grounded knowledge with practitioners, and to provide them with more differentiated framework and language.« Hierzu gehören etwa die stärkere Berücksichtigung der Kontextgebundenheit von Situationen und die Anwendung pluralistischer Forschungsmethoden (Barmeyer 2004a).

Es ist an der Zeit, Interkulturelle Managementforschung neu zu denken: Interkulturelle Herausforderungen von Organisationen lassen sich weder mit simplifizierenden und dekontextualisierten Handlungsanleitungen in Form von *dos und don'ts* noch mit deterministischen starren Kulturverständnissen meistern, sondern mit Bewusstsein und Wissen über die Bedeutung von Interkulturalität, multiplen Kulturen und dynamischer Interkultur. Somit versteht sich die zukünftige Interkulturelle Managementforschung als strategischer Ansatz zur Gestaltung konstruktiver Interkulturalität.

Kultur(en) und Kulturdimensionen

Kulturkonzepte der Interkulturellen Managementforschung

Interkulturelles Management geht davon aus, dass Kultur für Organisationen und Arbeitsverhalten bedeutsam ist. Dabei steht der Einfluss von Kultur auf Akteurs- und Organisationspraktiken im Vordergrund, d. h. die Wirkung von Kultur auf Strategien, Strukturen und Prozesse in Organisationen, sowie resultierende Muster und Effekte. Ein Wissen über Logik und Funktionsweisen von Kultur ist insofern zentraler Bestandteil und gleichzeitig Grundlage Konstruktiven Interkulturellen Managements.

Kultur als Konzept ist seit vielen Jahrzehnten zentraler Diskussionspunkt sozialwissenschaftlicher und kulturwissenschaftlicher Forschung (Busch 2014; Treichel/Mayer 2011). Ausgelöst durch gesellschaftliche Entwicklungen wie Internationalisierung, Migration und Diversität findet ein Paradigmenwechsel bezüglich des Kulturbegriffs statt: In der neueren Forschung wird der sogenannte hermetische Kulturbegriff, der soziale Systeme als »geschlossene Container« (Läpple 1991, 194; Beck 1997, 115) betrachtet und von einer bestimmten Determiniertheit menschlichen Verhaltens ausgeht, zunehmend von einem pluralistischen Kulturbegriff überlagert, der multiple Kulturen und Identitäten explizit untersucht (Fang 2006; Nathan 2015). Heutzutage stehen sich verschiedene Positionen bezüglich der Konstrukte Kultur und Interkulturalität und ihrer Einflussnahme auf (Arbeits-)Verhalten und Organisationen gegenüber:

1. Kultur-Negation: Bis heute wird von vielen Praktikern und Wissenschaftlern der Einfluss von Kultur auf Organisationen *nicht* wahrgenommen oder unterschätzt. Diese ethnozentrische Haltung findet sich umso stärker bei Akteuren, die sich in übergeordneten Positionen befinden, die also in wirtschaftlich einflussreichen Ländern oder in Großunternehmen agieren. In ähnlicher Weise ist auch die Wissenschaft betroffen, etwa hinsichtlich der Dominanz des angloamerikanischen Wissenschaftssystems, das zunehmend andere Wissenschaftssysteme und deren Traditionen, Denkschulen und Sprachen verdrängt (Locke 1989; Tietze/Dick 2013; Chanlat 2014).

2. Kultur-Akzeptanz: Zunehmend hat sich durch interkulturelle Forschung und Praxis seit den 1960er Jahren eine ethnorelativistische Position verbreitet, die Kultur und Interkulturalität einen besonderen, teilweise herausragenden, Stellenwert einräumt (Barmeyer 2000). Vertreter der *Kultur-Akzeptanz* nehmen Kultur als Einflussvariable wahr und nutzen diese zur Gestaltung von Gesellschaften und Organisationen.

3. *Kultur-Dekonstruktion:* Diese Position entstand als Reaktion auf die Überbewertung von (national-)kulturellen Einflüssen und Interkulturalität von Vertretern der *Kultur-Akzeptanz.* Die Dekonstruktion von Kultur entledigt sich in gewisser Weise ihrem Objekt, und räumt ihm im Vergleich zu anderen kontextuellen, persönlichen oder situativen Variablen nur einen geringen Stellenwert ein.

Dieses Buch legt den Schwerpunkt auf die *Kultur-Akzeptanz,* da davon ausgegangen wird, dass Kultur und Interkulturalität Einfluss auf Arbeitsverhalten und Organisationen nehmen. Es ist ein Anliegen, diesen Einfluss zu verstehen und stärker ins Bewusstsein zu rücken, um die vielfältigen komplexen interkulturellen Arbeits- und Führungssituationen in Organisationen – deren Bewältigung die beteiligten Akteure oft viel Energie und Zeit kostet – konstruktiv zu gestalten.

Kulturkonzepte spielten in den Anfängen der US-amerikanischen Managementforschung, die vor allem seit Mitte des 20. Jahrhundert eine Pionierrolle in den angewandten Sozialwissenschaften einnahm, keine Rolle (Adler 1983). Mit fortschreitender Internationalisierung jedoch wurde deutlich, dass Managementansätze einer Gesellschaft nicht einfach auf andere Kontexte übertragen werden konnten, wie es US-amerikanische Ansätze zeigten (Javidan et al. 2006). Das Interesse an kultureller Forschung stieg insbesondere mit Hofstedes Werk *Culture's Consequences: International Differences in Work-Related Values* aus dem Jahr 1980 (Nakata 2009). Seither beschäftigen sich verschiedene Ansätze und Wissenschaftsdisziplinen mit dem Einfluss von Kultur auf Management und Organisationen.

Je nach Wissenschaftstradition und -disziplin haben sich zahlreiche Kulturdefinitionen herausgebildet (Kroeber/Kluckhohn 1954). Jedoch können sich die verschiedenen Fachvertreter – entsprechend der Vielfalt der Wissenschaftsdisziplinen – auf keinen einheitlichen Kulturbegriff einigen (van Maanen 2011). Dies ist kaum zu kritisieren, da der Kulturbegriff a) als abstraktes Konzept, wie viele sozial- und geisteswissenschaftliche Begriffe, schwer greifbar ist und sein Inhalt je nach Kontext variieren kann, b) in den unterschiedlichen Disziplinen einen anderen Stellenwert einnimmt und c) unterschiedlich genutzt wird (Geertz 1973). Zu bemängeln ist jedoch vielmehr, dass die jeweiligen Fachvertreter im Sinne einer interdisziplinären Verständigung entweder ihren Kulturbegriff nicht genug deutlich machen (Caprar et al. 2015) oder aber den der anderen Fachvertreter nicht kennen oder nicht akzeptieren. Entsprechend der konstruktiven Ausrichtung dieses Buches werden die divergierenden Begriffe jedoch nicht als konträr, sondern vielmehr als *komplementär* aufgefasst.

Kultur wird verstanden als »erlerntes Orientierungs- und Referenzsystem von Werten und Praktiken, das von Angehörigen einer bestimmten Gruppe oder Gesellschaft kollektiv gelebt und tradiert wird.« (Barmeyer 2011b, 13–14). Dabei ermöglicht jede Kultur ihren Mitgliedern, gemeinsames und individuelles Handeln zu gestalten. Wichtig ist, dass sich diese Definition nicht nur auf nationale Kontexte und Gemeinschaften beschränkt, sondern auf alle Formen *sozialer Systeme* wie Regionalkulturen, Organisationskulturen, Bereichskulturen, Berufskulturen oder »Geschlechterkulturen« Anwendung finden kann.

Der Kulturbegriff als zentraler Gegenstand des Interkulturellen Managements fungiert dabei als Konstrukt, welches Konkretisierung und Komplexitätsreduzierung ermöglicht (D'Iribarne 1994, 92).

Kultur bildet sich in spezifischen Sozialisationskontexten heraus (Durkheim 1911; Parsons 1937, 1952). Dabei geht es nicht darum, Kultur essentialistisch oder deterministisch auf eine Nation oder Ethnie zu reduzieren. Es geht vielmehr darum, einen bestimmten *Erfahrungsraum* zu erfassen, in dem Menschen durch *Sozialisation* und *Enkulturation* prägende Lebenserfahrungen machen, d. h. in welchen Räumen und zu welcher Zeit unter welchen Bedingungen Werte und Normen vermittelt und aufgenommen werden, sowie Bedeutungen und (Verhaltens-)weisen/Praktiken beobachtet und erlernt werden. Diese konstituieren ein emotionales und kognitives System, das unbewusst als Haltungen, Lebensregeln und Werte gespeichert wird (Kluckhohn/Strodtbeck 1961; Hofstede 2001; Inglehart/Welzel 2005; Schwartz 2011).

Vorstellungen über Vertrauen, Freiheit, Gleichheit, Unterordnung oder ›richtigem‹ Verhalten in Arbeits- und Führungssituationen sind Ergebnisse der Sozialisation (Baumgart 2008). Diese vollzieht sich in familiären und persönlichen Institutionen, wie Eltern, Großeltern, Freunde sowie in öffentlichen Institutionen, wie Kindergarten Schule oder Hochschule (Barmeyer 2000). Gegenüber kurzfristigen Veränderungen weisen diese Institutionen eine relative Kontinuität und Stabilität auf (Elias 1979; Ammon 1989).

Der Einfluss des Bildungssystems ist in bestimmten Gesellschaften bedeutend: Schule und Hochschule sind zentrale Orte der Sozialisation, an denen in der Gemeinschaft Wissen erworben sowie Normen und soziales Verhalten erlernt werden (Johnson/Tuttle 1989). In diesem zeitlich und räumlich begrenzten Rahmen findet zwischen Akteuren Kommunikation und Interaktion statt, es werden also Denk- und Verhaltensweisen, die etwa Autoritäten oder Problemlösungsstrategien betreffen, konditioniert, die für die jeweilige Gesellschaft charakteristisch sind. Aus den vielen Stufen des Bildungssystems wird exemplarisch die frühkindliche herausgegriffen, da davon ausgegangen wird, dass das Individuum in dieser Phase eine besondere kulturspezifische Prägung erfährt (Hofstede 1980).

Bildungssystem: ›Kindergarten‹ versus ›Ecole maternelle‹

»Im Rahmen des Sozialisationsprozesses wird Sozialverhalten und Autoritätsverständnis in Kindergarten und Ecole Maternelle erlernt. Die Bezeichnungen geben hierüber Auskunft: Die Ecole Maternelle ist eine ›Schule‹, also eine Institution, die dem französischen Bildungsministerium untersteht und landesweit Wissen (Mathematik, Sprechen, Lesen und Schreiben, Malen) vermittelt, auch wenn es spielerisch geschieht.

Tagesablauf und Aktivitäten werden durch die Institutrice, die Erzieherin, strukturiert. Sie stellt eine personalisierte Autorität dar, die über das Sozialverhalten der Kinder ›wacht‹ und gegebenenfalls regulierend eingreift. Die Förderung intellektueller Leistung, auch durch Noten, führt zu individualistischem Konkurrenzverhalten. In der deutschen Bezeichnung Kindergarten steht das ›Kind‹ im Vordergrund, das im ›Garten‹, einem privaten oder halbprivaten Raum Zeit verbringt. Das Kind hat Gelegenheit mit seinesgleichen in Gruppen zu spielen, Regeln und Verhaltensweisen in der Gemeinschaft, als in einer Art soziales Laboratorium, zu erproben, auszuhandeln und sich zu integrieren. Deutsche Kinder entdecken somit spielend Freiheit und Grenzen in der Gruppe. Lernprozesse finden spielerisch und vor allem freiwillig ohne die Regulierung einer übergeordneten Autorität statt. Anders als das französische Kind, das den ganzen Tag in ein institutionelles System eingebunden ist, kann das deutsche Kind seine Zeit relativ eigenverantwortlich einteilen, um z. B. Aktivitäten in frei gewählten Gemeinschaften nachzugehen.«
Quelle: (Barmeyer 2013, 277)

Kultur, entstanden und entwickelt in Sozialisationskontexten, berücksichtigt auch multiple Kulturen und Identitäten. Denn bikulturelle Menschen haben verschiedene kulturelle Orientierungssysteme verinnerlicht (Brannen/Thomas 2010), weil sich ihre prägenden Sozialisationskontexte etwa durch Migration verändert haben oder weil sie durch unterschiedliche Sozialisationskontexte geprägt wurden, etwa weil ihre Eltern und das gesellschaftliche Umfeld kulturell unterschiedlich sind.

Drei komplementäre Kulturkonzepte

Im Folgenden werden drei komplementäre Kulturkonzepte präsentiert (Tab. 16), die sich in der Interkulturellen Managementforschung und -praxis zur Analyse bewährt haben (Barmeyer 2011b). Sie lassen sich mit den von Sorge (2004a) dargestellten drei Ansätzen (*Kulturalismus, Symbolischer Interaktionismus* und *Institutionalismus*) der kulturvergleichenden Organisationsforschung zuordnen.

Kultur als	**Ausrichtung**	**Ansätze**
1. *Wertesystem,* das Denken, Fühlen und Handeln beeinflusst	Normativ: Was wird als gut und böse, richtig und falsch, erstrebenswert und verwerflich, etc. erachtet?	Kulturalismus
2. *Referenz- und Bedeutungssystem,* das sinnvolle Interpretationen der Wirklichkeit ermöglicht	Interpretativ: Welche Bedeutung haben Praktiken und Artefakte und welche Interpretationen werden ihnen zugeschrieben?	Symbolischer Interaktionismus

Kultur als	Ausrichtung	Ansätze
3. *System der Problembewältigung und Zielerreichung,* das bestimmte Lösungen bevorzugt und integriert	Aktionsorientiert: Wie werden Herausforderungen angegangen, Probleme gelöst und Ziele erreicht?	Institutionalismus

Tab. 16: Drei komplementäre Kulturkonzepte

Kultur als *Wertesystem*

Einen besonderen Stellenwert nehmen Werte ein. Sie beeinflussen menschliches Verhalten, auch Arbeits- und Organisationspraktiken (Smith et al. 2002). Samovar und Porter (1991, 15) definieren Werte als »a set of organized rules for making choices, reducing uncertainty, and reducing conflicts within a given society. Cultural values also specify which behaviors are important and which should be avoided within a culture.« Werte sind erlernte, kulturrelative, wünschenswerte Leitvorstellungen, Handlungsprinzipien und verhaltenssteuernde Entscheidungsregeln (Parsons 1952). Häufig handelt es sich um ethische, religiöse oder humanistische Leitbilder einer Gesellschaft, wie z. B. Sicherheit, Fleiß, Ordnung oder Pflichterfüllung (Weber 2006). Werte beeinflussen und organisieren als Maßstäbe und Präferenzen das Verhalten, werden also in sozialen Interaktionen sichtbar und bringen Vorstellungen über ›richtige‹ bzw. wünschenswerte Formen des Zusammenlebens zum Ausdruck (Genkova 2012).

Werte werden jedoch nicht als verhaltensdeterminierende Einengungen verstanden, sondern vielmehr schlagen sie Lösungen und Verhaltensweisen vor, die sich bewährt haben (Inglehart et al. 2005). Jedoch verändern sich Werte langsamer als Institutionen und Strukturen und können eine hohe Kontinuität aufweisen (Münch 1986). Werte beeinflussen wiederum Strukturen und Institutionen (Braudel 1990; Todd 1990; Whitley 1992b).

Verschiedene internationale Studien erheben vergleichend Werte und Wertewandel, wie die *World Values Survey, Eurobarometer,* die *Shell Jugendstudie,* die Studie von Schwartz (1992, 2006) oder arbeitsbezogene Werte wie die *GLOBE Studie* (House et al. 2004, 2014). Auch die Studie von Hofstede (1980, 2001) orientiert sich an Werten, die in Kulturdimensionen Eingang finden.

Der US-amerikanische Sozialwissenschaftler Ronald Inglehart zeigt in seinen Untersuchungen zu Werten anhand des *World Values Survey* (WVS), dass in Gesellschaften ein stetiger Wertewandel stattfindet – etwa durch gesellschaftliche Modernisierung (Inglehart/Baker 2000). In der Umfrage, die von einem Netzwerk aus Sozialwissenschaftlern durchgeführt und in regelmäßigen Abständen aktualisiert wird, werden Weltanschauungen und Überzeugungen von Menschen auf der ganzen Welt erhoben und verglichen. Die Werte betreffen die Vorstellung von Leben, Umwelt, Arbeit, Gesellschaft, Religion und Moral und nationaler Identität. Die Forschergruppe untersucht hierbei, inwiefern wirtschaftliche Entwicklung zu einer kulturellen Modernisierung und Werteverschiebung führt (Inglehart/Welzel 2005; Norris/Inglehart 2009, 2012). Tab. 17 zeigt anhand der WVS exemplarisch die Ausprägung ausgewählter arbeitsbezogener Werte einzelner Länder.

Land	**Autorität (V69) Größere Achtung in Zukunft**	**Wettbewerb ist gut (V99) Es motiviert Menschen hart zu arbeiten und neue Ideen zu entwickeln.**	**Starke Führung (V127) Einen starken Führer haben, der sich nicht um das Parlament und die Wahlen kümmern muss.**	**Harte Arbeit als Erfolgsfaktor (V100)**	**Wichtig im Leben: Arbeit (V8)**
Deutschland	58,7 %	10,1 %	3,7 %	10,8 %	39,4 %
Niederlande	72,6 %	4,3 %	3,6 %	4,7 %	29,5 %
Indien	36,1 %	51,1 %	35,3 %	47,1 %	77,3 %
China	41,9 %	14,2 %	5,1 %	18,1 %	38,1 %
Japan	4,7 %	9,4 %	7,0 %	7,8 %	52,1 %
USA	55,2 %	23,0 %	6,1 %	20,1 %	35,6 %
Argentinien	55,3 %	10,1 %	14,5 %	17,2 %	57,4 %
Brasilien	76,4 %	37,9 %	21,7 %	38,6 %	63,6 %
Chile	56,9 %	20,0 %	6,3 %	13,0 %	56,3 %
Tunesien	72,1 %	46,0 %	27,1 %	45,6 %	87,0 %
Ägypten	86,3 %	50,5 %	71,1 %	48,4 %	61,0 %

Tab. 17: Arbeitsbezogene Werte ausgewählter Länder der World Values Survey, 6. Erhebungswelle 2010–2014 (V = Variablen Nummer)

Die WVS stellt Werteausprägungen von Gesellschaften dar. Dazu dienen zwei Achsen: traditionell vs. säkular-rationale Werte sowie Überlebens- vs. Selbstentfaltungs-Werte (Abb. 1).

Durch kulturelle Dynamik lassen sich in den meisten Gesellschaften Werteverschiebungen konstatieren. Nach Inglehart (1997) wandeln sich Werte von materialistischen in postmaterialistische, sobald ein gewisser Lebensstandard erreicht ist. Materielle Werte beziehen sich auf die ›Aufrechterhaltung der Ordnung‹ oder ›wirtschaftliches Wachstum‹, während sich postmaterielle Werte in ›Partizipation in Politik und Arbeit‹ oder ›Schutz der freien Meinungsäußerung‹ ausdrücken. Bestimmen Überlebensnöte nicht mehr den Alltag, so wenden sich Menschen der Selbstverwirklichung zu. Ebenso stellt die WVS einen Wertewandel von traditionellen Werten zu säkular-rationalen weltlichen Werten fest. Dies hat etwa zur Folge, dass

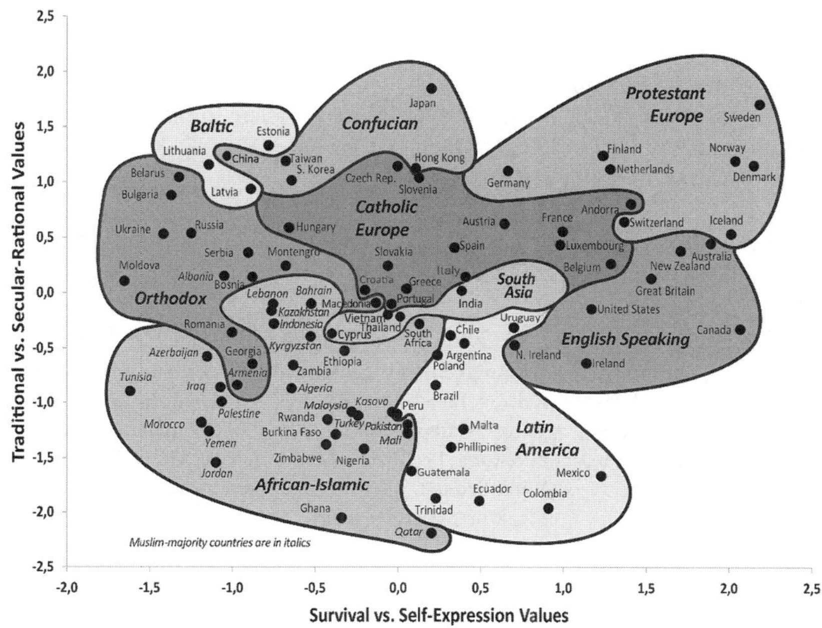

Abb. 1: Cultural map – World Values Survey Wave 6 (2010–2014), http://www.worldvaluessurvey.org/images/Culture_Map_2017_conclusive.png

in sich modernisierenden Gesellschaften eine größere Toleranz gegenüber Randgruppen, wie Ausländern und Homosexuellen besteht und ein größeres Bewusstsein für das subjektive Wohlbefinden entsteht, das Vertrauen und politische Mäßigung fördert (Inglehart/Baker 2000).

Werte und ihre Unterschiede beziehen sich jedoch nicht nur auf Nationalkulturen, sondern betreffen genauso Organisationen, Generationen (Smola/Sutton 2002; Sackmann/Phillips 2004; Scholz 2014b) oder Lebensstile wie den LOHAS (Lifestyle of Health and Sustainability), eine Personengruppe, die eine nachhaltige Ausrichtung ihres Lebens verfolgt (Ray/Anderson 2000).

Für das Konstruktive Interkulturelle Management ist von Bedeutung, dass sich Werte nicht nur auf der Ebene der Nationalkultur, sondern auch innerhalb einer Nationalkultur auf der Organisations- und Branchenebene situieren. Dies zeigen z. B. Studien in brasilianischen (Arellano et al. 2013), italienischen (Canhilal et al. 2013) oder spanischen (Esteve et al. 2013) Verwaltungen. Als theoretischer Bezugsrahmen dient Dolans (et al. 2004) Drei-Achsen-Modell. Dieses lässt eine Kategorisierung und Priorisierung von Werten zu und verhilft zum besseren Verständnis bezüglich organisationaler Werte. Das Modell teilt in drei Werte-Achsen ein:

- *Ethisch-soziale Achse:* Umfasst Werte vor allem in Bezug auf Gruppen und Verhaltensweisen in Gesellschaften. Zugeordnet sind ihr beispielsweise Großzügigkeit, Ehrlichkeit und Transparenz.

- *Ökonomisch-pragmatische Achse:* Umfasst Werte vor allem in Bezug auf Planung, Erfolg und Qualität der Arbeit. Zugeordnet sind ihr beispielsweise Effizienz, Ordnung, Pünktlichkeit und Disziplin.
- *Emotionale Entwicklungsachse:* Umfasst Werte vor allem in Bezug auf ein erfülltes, ausgestaltetes Leben. Zugeordnet sind ihr beispielsweise Kreativität, Autonomie, Anpassungsfähigkeit und Freude.

Tab. 18 zeigt das Ergebnis der Achsen-Zuordnung (als Säulen) der Werte der Studie zur Verwaltung in Italien (Canhilal et al. 2013).

Ethisch-sozial	Ökonomisch-pragmatisch	Emotionale Entwicklung
Authentizität, Zugehörigkeit, Mitgefühl, Glaubwürdigkeit, Ehrlichkeit, Integrität, Respekt, Vertrauen, Verständnis	Genauigkeit, Engagement, Beitrag, Effektivität, Effizienz, Wissen, Logik, Vorbereitung, Professionalität, Pünktlichkeit, Realismus, Struktur, Synergie, Teamarbeit, Nützlichkeit	Anerkennung, Abenteuer, Herausforderung, Kreativität, Kompetenz, Wachstum, Glück, Motivation, Aufgeschlossenheit, Optimismus, Leidenschaft, Freude, Zufriedenheit

Tab. 18: Klassifizierung von Werten in der italienischen Verwaltung (Canhilal et al. 2013, 548, Auszug, eigene Übersetzung)

Neben zusätzlichen Analysen zu Alter, Geschlecht, Beziehungsstatus oder Verantwortungsebene können somit weitere Erkenntnisse bezüglich Wertetendenzen in Abhängigkeit der demografischen Variablen entsprechender Organisationen gewonnen werden.

Kultur als Referenz- und Bedeutungssystem

Trotz aller Einmaligkeit und Individualität verfügen Menschen nach Thomas (2004, 145) über ein gewisses »Repertoire an Gemeinsamkeiten«, um miteinander zu kommunizieren, also durch Zeichen Bedeutungen auszutauschen und sinnvoll zu interagieren, wie es Max Weber (1904) bereits Anfang des 20. Jahrhundert vertrat.

> »[…] keine Erkenntnis von Kulturvorgängen [ist] anders denkbar […], als auf der Grundlage der Bedeutung, welche die stets individuell geartete Wirklichkeit des Lebens in bestimmten einzelnen Beziehungen zum Inhalt hat. In welchem Sinn und in welchen Beziehungen dies der Fall ist, enthüllt uns aber kein Gesetz, denn das entscheidet sich nach den Werteideen unter denen wir die ›Kultur‹ jeweils im einzelnen Falle betrachten. Kultur ist ein vom Standpunkt des Menschen aus mit Sinn und Bedeutung bedachter endlicher Ausschnitt aus einer sinnlosen Unendlichkeit des Weltgeschehens.« (Weber 1904, 55)

Kultur besteht aus gemeinsamen Wissensbeständen sowie aus selbstverständlich und natürlich erachteten Grundannahmen, Erwartungen, Vorstellungen und Bedeutungen, die innerhalb einer Gruppe Eindeutigkeit, Sinnstiftung und geteiltes Wissen schaffen können (Hall 1981; Witt/Redding 2009). Diese erlernten und geteilten Ideen, Symbole und Bedeutungen ermöglichen es Mitgliedern einer Kultur, sinnhaft und zielorientiert zu kommunizieren und zu kooperieren (Geertz 1973). Soziale Gruppen müssen dabei nicht ein exakt gleiches Wissen oder Bedeutungssystem teilen; sie lassen vielmehr durch einen gemeinsamen Bezugsrahmen ein weitgehend geteiltes Verständnis der sozialen Wirklichkeit entstehen (Berger/Luckmann 1966; Holden 2002). Dieses Bedeutungssystem wird im Sozialisationsprozess erlernt (Dubar 1991) und dient zur angemessenen Interpretation kommunikativer Handlungen (Wimmer 2005).

»All cultures [...] provide interpretative systems that give meaning to the problems of existence, presenting them as elements in a given order that have therefore to be endured, or as the result of a disturbance of that order, that have consequently to be corrected.« (D'Iribarne 1994, 92).

Eine besondere wichtige Rolle nehmen hierbei Zeichen und Symbole ein, die nach Geertz (1973) dazu beitragen, dass Kultur ein »Bedeutungsgewebe« und »semantisches Inventar« darstellt. Dabei stehen sich auch bezüglich dieses sinngebenden Bedeutungsgewebes das Gemeinsame und das Individuelle, das Geteilte und das Partikulare, das Eindeutige und das Ambivalente gegenüber. Bieri (2011) unterstreicht außerdem den Zusammenhang von Identität und Bedeutungssystem: Identität bildet sich heraus aus »Bedeutungsgeweben«.

Interkulturell relevant werden Bedeutungssysteme, wenn bestimmte Symbole von Interagierenden nicht verstanden werden, da diese nicht über das jeweilige Regelwissen verfügen und bestimmte Symbole nicht kennen. Außenstehende sehen sich deshalb mit einer »Vielfalt komplexer, oft übereinander gelagerter oder ineinander verwobener Vorstellungsstrukturen [konfrontiert], die fremdartig und zugleich ungeordnet und verborgen sind.« (Geertz 1973, 15). Dabei entsteht in der interkulturellen Situation etwas Uneindeutiges, Vages und Neuartiges, das als bedrohlich oder anregend wahrgenommen werden kann. Die Relativität von Bedeutungssystemen und die in interkulturellen Situationen möglichen Irritationen werden im Kapitel »Sprache und Kommunikation« vertieft.

Kultur als System der Problembewältigung und Zielerreichung

Nach den Kulturanthropologen Kluckhohn und Strodtbeck (1961) ist Kultur eine Art und Weise der Problemlösung. Dies bedeutet, dass Akteure in sozialen Systemen spezifische Formen und Wege finden, Ziele zu erreichen. Auch wenn eine Vielzahl von Lösungsmöglichkeiten existiert, werden aufgrund von (unbewussten) Werten, Erfahrungen und Ansprüchen bestimmte bewährte, ›dominante‹ Lösungen zur optimalen Regulierung zwischenmenschlichen Handelns und zum Überleben und Fortbestand des Systems vorgezogen (Parsons 1952). Diese Lösungen können

z. B. Regeln oder Methoden, aber auch Institutionen sein. Wenn relativ ähnliche Wertorientierungen in Gemeinschaften bestehen und sich diese als erfolgreich herausgestellt haben, entwickeln Gemeinschaften bestimmte Lösungsmuster mit besonderer Häufigkeit und Ausprägung. Kluckhohn und Strodtbeck formulieren diesbezüglich drei Annahmen:

»First it is assumed that there is a limited number of common human problems for which all peoples at all times must find some solution. This is the universal aspect of value orientations because the common human problems to be treated arise inevitably out of the human situation. The second assumption is that while there is variability in solutions of all the problems, it is neither limitless nor random but is definitely variable within a range of possible solutions. The third assumption [...] is that all alternatives of all solutions are present in all societies at all times but are differentially preferred. Every society has, in addition to its dominant profile of value orientations, numerous variant or substitute profiles. Moreover it is postulated that in both the dominant and the variant profiles there is almost always a rank ordering of the preferences of the value-orientation alternatives.« (Kluckhohn/Strodtbeck 1961, 10)

Somit bilden Gesellschaften ein bestimmtes Wertesystem heraus, das deren Verhalten und Handlungen im Sinne von Problemlösung beeinflusst (Parsons 1937; Kluckhohn 1953). Zur Einordnung werden fünf allgemeinmenschliche Probleme erarbeitet:

1. Wie ist das Wesen der menschlichen Natur? *(Human Nature)*
2. Wie ist die Beziehung des Menschen zur Natur? *(Man-Nature)*
3. Wie ist die Zeitorientierung des Menschen? *(Time)*
4. Wie ist die Aktivitätsorientierung des Menschen? *(Activity)*
5. Welche Art von Beziehung hat ein Mensch zu anderen aus der Gruppe? *(Human Relations)*

Auf dieser Basis entwickelten die Forscher eine allgemein anwendbare Methode mit Kategorien, um einen Vergleich unterschiedlicher Kulturen zu ermöglichen: die *Value Orientation Method* (Tab. 19).

Orientierung	**Möglicher Variationsbereich**		
Menschliche Natur	Schlecht	Gut und schlecht/ Neutral	Gut
	Veränderlich – unveränderlich	Veränderlich – unveränderlich	Veränderlich – unveränderlich
Beziehung des Menschen zur Natur	Unterwerfung des Menschen unter die Natur	Harmonische Beziehung zwischen Mensch und Natur	Beherrschung der Natur durch den Menschen
Zeitorientierung des Menschen	Vergangenheit	Gegenwart	Zukunft

Orientierung	Möglicher Variationsbereich		
Aktivitätsorientierung des Menschen	Sein	Werden	Handeln
Beziehung des Menschen zu anderen Menschen	Linearität	Kollateralität	Individualismus

Tab. 19: Fünf Wertevariationen (Kluckhohn/Strodtbeck 1961, 12, unsere Übersetzung)

Der Kultur-Ansatz von Kluckhohn und Strodtbeck, ihre Wertevariationen und ihre Methodik haben die Interkulturelle Managementforschung – insbesondere die kontrastive – über Jahrzehnte hinweg geprägt.

Veränderungen und Entwicklungen kultureller Systeme geschehen, wenn Menschen feststellen, dass bestimmte Lösungsmuster nicht mehr geeignet sind, bestehende Herausforderungen oder Probleme zu meistern. Durch die Suche nach wirksamen neuen Lösungen hinterfragen sie Selbstverständlichkeiten und erlangen somit mehr Bewusstsein über ihre Problemlösungen. Neue Strukturen und Prozesse können somit zu einer Veränderung und Entwicklung von Systemen beitragen.

»The values of any living culture had helped it survive in the environment where it found itself. Borrowing from evolutionary theory, it has become common to ask how well these cultural values fit the environment so that the culture survives. These survival values are passed down the generations. There are therefore as many sets of different cultural values as there are environments across the globe. These are not good or bad, high or low, civilized or primitive. They are to be judged, if at all, by their evolutionary fit.« (Hampden-Turner/Trompenaars 2006, 57)

Je mehr Werte im Gegensatz zueinander stehen, desto konfliktreicher ist ihr Einfluss auf ein soziales System. Je mehr sie in Einklang gebracht werden, desto stabilisierender wirken sie auf ein soziales System. Eine wichtige Funktion einer ausgeglichenen und wirkungsvollen Interkulturalität besteht also darin, Gegensätze, Wertedifferenzen als gegenseitige Kräfte positiv aufeinander wirken zu lassen (Demorgon 1998; Hampden-Turner/Trompenaars 2000). Im Sinne eines Konstruktiven Interkulturellen Managements geht es um die komplementäre, synergetische Findung von Lösungen.

Zusammenfassend werden Merkmale und Funktionen der drei komplementären Kulturkonzepte dargestellt (Tab. 20).

Kultur als	Merkmal	Funktion	Einfluss auf das Management
1. Wertesystem	›Mentale Software‹: Bestimmte und spezifische, durch Sozialisation erworbene Muster des Denkens, Fühlens und Handelns, die ein emotionales und kognitives System konstituieren.	Orientierung und »Selbstverständlichkeiten«, die wiederum Entscheidungen beeinflussen und die optimale Regulierung zwischenmenschlichen Handelns ermöglichen.	Ausrichtung und ethische Orientierung: Welche Ziele werden als erstrebenswert erklärt? Wie werden Entscheidungen und Verhaltensweisen begründet?
2. Referenz- und Bedeutungssystem	›Semantisches Inventar‹: Geteilte Wissensbestände, Symbole und Bedeutungsinhalte führen zu gemeinsamen Grundannahmen, Erwartungen, Vorstellungen und Interpretationen.	Eindeutigkeit, Klarheit, Sinnstiftung, zielführende adäquate Interpretation kommunikativen Handelns.	Kommunikatives Handeln und Sprache: Welchen Sinn ergeben Symbole und Verhaltensweisen? Wie werden sie verstanden, bzw. interpretiert?
3. System der Problembewältigung und Zielerreichung	›Problemlösung‹: Spezifische Bewältigung von grundsätzlichen universellen Herausforderungen und Problemen.	Bewährte Muster der *Problembewältigung und Zielerreichung* werden reproduziert und verfestigen sich. Trotz der Vielfalt an *Lösungsmöglichkeiten* weisen Gesellschaften bestimmte Lösungsmuster mit besonderer Häufigkeit und Ausprägung auf.	Arbeits- und Organisationspraktiken: Wie wird mit Herausforderungen umgegangen? Wie werden Ziele erreicht? Wie wird organisiert, gesteuert, gestaltet?

Tab. 20: Merkmale und Funktionen drei komplementärer Kulturkonzepte und ihr Bezug zum Management

Konstruktiver Umgang mit Kultur-Konzepten

Im Sinne Konstruktiver Interkulturalität illustrieren die drei vorgestellten Kultur-Konzepte die identitätsbildende und sinnstiftende *Orientierungs- und Ordnungsfunktion,* die Kultur hat, und es Individuen ermöglicht, sich innerhalb eines sozialen Systems zurechtzufinden und in einer Gruppe oder Gesellschaft dauerhaft mit möglichst wenigen Widersprüchen miteinander zu leben.

Einerseits stellt sich die Frage der Entwicklung und Veränderung bezüglich der drei Kulturkonzepte, denn mit der Entwicklung von Gesellschaften sind auch Kulturkonzepte einem Wandel unterworfen. Inwiefern sind sie davon betroffen? Aufgrund zunehmender Multikulturalität von Gesellschaften durch Zuwanderung von Menschen mit Migrationshintergrund wird sich eine Plurikulturalität herausbilden, mit vielen *bikulturellen* Menschen, der sogenannten *Third Culture Individuals (TCI)* (Moore/Barker 2012) oder *Third Culture Kids (TCK)* (Pollock et al. 2003). TCI bzw. TCK bezeichnet Jugendliche, die in der Phase des Heranwachsens diversen interkulturellen Einflüssen ausgesetzt sind, etwa aufgrund häufiger Wohnortwechsel und Schulbesuchen in unterschiedlichen Ländern oder der Erziehung durch Elternteile, die aus unterschiedlichen Gesellschaften stammen.

Anderseits ist die Überlegung interessant, wie Akteure auf Kultur und Interkulturalität einwirken können. Hier wird deutlich, dass es unterschiedliche Beeinflussungsgrade gibt: Das *Wertesystem* eines Menschen ist nur schwer und langsam entwickelbar. Es gilt vor allem, dieses zu kennen und zu verstehen. *Bedeutungssysteme* dagegen lassen sich durch kulturelles Wissen – vor allem Sprache – erweitern und nach und nach durchdringen. Was *Problemlösungen* betrifft, so gibt es viele Möglichkeiten der Einwirkung: Welche neuen, alternativen Lösungen lassen sich finden, um konstruktiv zielführend zu handeln? Es ist wichtig, sich der komplementären drei Kulturbegriffe bewusst zu sein und diese anzuerkennen, um sie dann gestalterisch zu nutzen. Um die Kulturkonzepte konstruktiv zu behandeln, braucht es vor allem kulturelle Mittler, *Boundary Spanner,* die an – interdisziplinären und internationalen – Schnittstellen sozialer Systeme agieren, v. a. beim Übersetzen zwischen den unterschiedlichen Zeichensystemen (Barner-Rasmussen et al. 2014). Hier wiederum spielen TCI bzw. TCK eine zentrale Rolle: Durch ihre interkulturelle Sozialisation haben sie mehrere kulturelle *Wertesysteme* verinnerlicht, die ihnen eine offenere und ethnorelativistische Weltsicht bieten. Ebenso beziehen sie sich auf unterschiedliche *Referenz- und Orientierungssysteme,* die es ihnen ermöglichen, verbales und nonverbales Verhalten bewusster wahrzunehmen und vielleicht treffender zu interpretieren. Bezogen auf die *Problemlösung* steht ihnen ein großes Handlungsrepertoire zu Verfügung, in interkulturellen Situationen kreativ und auch integrativ zu wirken. Somit sind TCK insofern konstruktiv, als dass genau sie als Personen an Schnittstellen zwischen Kulturen eingesetzt werden können, um zwischen a) Wertesystemen, b) Bedeutungssystemen und c) Problemlösungssystemen zu vermitteln und zu schlichten.

Multiple Kulturen und kulturelle Dynamik

Seit langer Zeit äußern sowohl die Wissenschaftler der Interkulturalität als auch Sozial- und Geisteswissenschaftler Kritik an den in Forschung und Praxis verwendeten Kulturkonzepten, die sich vor allem auf Nationalkulturen beziehen (McSweeney 2009). Dabei wird vor allem kritisiert, dass sich Kulturkonzepte häufig auf eine mehr oder weniger *homogene* Gesellschaft beziehen und diese als ›autonome Insel‹ betrachten, die von äußeren Einflüssen nicht oder kaum tangiert werden. Metaphorisch ausgedrückt stellen viele Kulturbegriffe ›Korsette‹ dar, die von der Mannigfaltigkeit moderner kultureller Systeme gesprengt werden. Deshalb kritisieren einige wissenschaftliche Vertreter generell an interkultureller Praxis und Forschung die als zu homogen eingestuften Kulturbegriffe (Dahlén 1997; Moosmüller 2004). D'Iribarne unterstreicht, dass der Bezugspunkt der Nationalkultur nicht dazu dient, ihre Spezifika »nur« hervorzuheben, sondern dass es um die Analyse und das Verstehen von Besonderheiten geht:

> »When national cultures are concerned, the aim is not to highlight the supposedly persisting characteristics of certain cultures. It is rather a matter of analysing how, within a given organisation, the encounter of people coming from different societies and with different habits leads to the emergence of a specific culture, understood as a common way of doing things.« (D'Iribarne 2009, 310–311)

Multiple Kulturen

Eine zentrale Frage ist, in welchem Ausmaß Individuen ihre kulturelle Prägung in Denken, Fühlen und Handeln auch leben, also inwiefern sie »typische« Repräsentanten ihrer Kultur sind – oder nicht. Brannen (1998) verweist darauf, dass nicht nur der Kontext zu beachten ist, in dem Interkulturalität stattfindet, sondern auch die kulturellen Charakteristika der Akteure. Zurecht wird der monolitisch-funktionalistische und nationale Kulturbegriff als zu deterministisch kritisiert. Akteure in interkulturellen Organisationen sind durch viele unterschiedliche kulturelle Einflüsse geprägt und weisen insofern viele pluralistische kulturelle und identitäre Bezugspunkte auf, die weit vielfältiger sind als nur die Prägung durch *eine* nationale Kultur. Diese Pluralität wird u. a. von verschiedenen Ansätzen thematisiert: *multiple cultures* (Sackmann/Phillips 2004), *Fuzzy Diversity* (Bolten 2010b) oder *Fuzzy Cultures* (Bolten 2011, 2014).

Entsprechend dem Ansatz der multiplen Kulturen beschäftigt sich die interkulturelle Forschung zunehmend nicht nur mit Nationalkultur, sondern auch mit anderen Kulturen wie Branchen-, Organisations-, Abteilungs- und Berufskulturen. In Organisationen betreffen sie die auch aus dem Diversity Management (Özbilgin/Tatli 2008; Genkova/Ringeisen 2016) bekannte Kategorien wie Geschlecht, Alter, soziale Klassen, hierarchische Position (Mitarbeiter, Führungskraft), Abteilung/Bereiche (Forschung, Marketing), Profession (Ingenieur, Jurist) sowie Organisationskulturen (flexibel, verschlossen). Solche kulturellen Gruppierungen werden auch als Stratifizierung subkultureller Merkmale (Zander/Romani 2004) bezeichnet oder als kulturelles Mosaik (Chao/Moon 2005). Von den vielen kulturellen Gruppierungen werden folgend drei genannt, die das Interkulturelle Management besonders betreffen:

Organisationskultur ist seit den 1980er Jahren ein vielbeachtetes Thema der (Interkulturellen) Managementforschung und -praxis (Schein 1986). Auch Hofstede (1980) initiierte seine große Studie *Culture's Consequences* unter anderem, um das Einfluss- und Spannungsverhältnis zwischen Nationalkultur und Organisationskultur zu untersuchen. Ausgehend von den USA ist das Konzept der Organisationskultur zu einem breiten Forschungsfeld mit zahlreichen Publikationen geworden. Organisationskultur, zu verstehen als ein Subsystem von Kultur, erfüllt wichtige Funktionen in Organisationen: Sie konstituiert die gemeinsame Identität der Organisationsmitglieder, gibt Orientierung und Entscheidungshilfen und prägt das Handeln der Mitarbeiter (Scholz 2000). Somit zeigt sie Koordinations-, Integrations- und sogar Motivationsfunktionen auf (Brown 1998). Im Sinne der konstruktiven Interkulturalität kann Organisationskultur als eine Ressource verstanden werden, die zur Erhöhung der Wertschöpfung der Organisation und der Zufriedenheit der Mitarbeiter beiträgt. Dies kann durch eine »starke« Organisationskultur begünstigt werden, in der eine hohe Kohärenz gemeinsamer Orientierungsmuster existiert, die Transaktionskosten verringert (Schreyögg 2003). Insofern ist Organisationskultur ein zentrales Element des Konstruktiven Interkulturellen Managements.

Bereichskultur ist eine bisher wenig erforschte (Sub-)Kultur. Sie betrifft kollektive Grundannahmen innerhalb eines Bereichs (Abteilung) einer Organisation, die sich in bereichsspezifischen Werten, Praktiken und Artefakten niederschlagen (Zander/Romani 2004; Sachseneder 2013). Diese Grundannahmen betreffen z. B. spezifische Ziele, Verhaltensweisen oder Sprachen von Funktionsbereichen wie Marketing, Forschung & Entwicklung, Vertrieb oder IT. Bereichskultur kann eine identitätsstiftende Wirkung für das *Kollektiv* bewirken, so auch durch Abgrenzung: »*Wir* im Marketing gegen *die* in der Entwicklung«. Die bereichskulturelle Identität speist sich primär aus diesen Aufgaben und Zielen eines Bereichs (Sachseneder 2013). In einem konstruktiven Verständnis von Interkulturalität können sie jedoch auch positive Auswirkungen aufweisen: Eigenheiten der Bereiche und ihre unterschiedlichen Sichtweisen erzeugen durch gegenseitige Reibung auch ein fruchtbares Spannungsverhältnis. Gelingt es Organisationen, konstruktiv mit Bereichskulturen umzugehen, so entstehen positive Impulse und bereichernde Diskussionen.

Berufskultur ist zu verstehen als eine »spezifische und relativ stabile Merkmalskombination aus Selbstbild und Rollenverständnis, professionellem Wissen, Kompetenzen, Erfahrung und Praktiken einer Gruppe von Menschen bezüglich ihrer Arbeit, die sich in bestimmten Arbeitskontexten über einen gewissen Zeitraum herausgebildet hat und die identitätsbildend ist (›Wir Ingenieure‹; ›Wir Informatiker‹; ›Wir Journalisten‹).« (Barmeyer 2012a, 28). Wenig deutet darauf hin, auch wenn sich naturwissenschaftlich und technisch geprägte Berufskulturen (wie z. B. Ingenieure) landesübergreifend scheinbar ähnlicher sind als geistes- und sozialwissenschaftlich geprägte, dass die Berufskulturen länderübergreifend homogen sind (D'Iribarne 2001). Zu verschieden sind die – national geprägten – Institutionen beruflicher Sozialisation (Maurice et al. 1986), die ihrerseits Werte und Praktiken widerspiegeln (Pateau 1998). Trotzdem ist es möglich, dass Angehörige einer bestimmten Berufskultur, aufgrund einer gemeinsamen beruflichen Basis, implizit kommunizieren und effektiv kooperieren können (Malin 2000). Für das Konstruktive Interkulturelle Management ist es bedeutend, dass Berufskulturen nicht an Nationen, Branchen, Organisationen oder Personen gebunden sind und somit ein verbindendes Verstehenselement über »Kulturgrenzen« hinweg darstellen können (Mahadevan 2008, 2011). So zeigt Chevrier (2012) bezogen auf internationale Teams, dass, trotz kultureller Unterschiedlichkeit und dem Einsatz von Fremdsprachen, Berufskulturen – und damit verbundene spezifische geteilte Einstellungen, Interessen, Denkweisen, Kompetenzen, Erfahrungen, Verfahren und Fachausdrücke – ein verbindendes Element sind, um erfolgreich interkulturell zu kommunizieren und zu kooperieren.

Somit bilden Nationen nach einem postmodernen Verständnis kein monolithisches, sondern ein heterogenes soziales System, das vielfältigen kulturellen Einflüssen ausgesetzt ist und deshalb viele Kulturen, Identitäten oder »Kollektive« (Hansen 2009) vereint: »The multiple cultures perspective acknowledges that individuals may identify with and hold simultaneous membership in several cultural groups.« (Sackmann/Phillips 2004, 378). Eine Person kann weiblich, jung und sportlich sein, der gesellschaftlichen Oberschicht angehören, als Ingenieurin in einer Forschungsabteilung eines deutschen Großunternehmens in der Chemiebranche arbeiten, als Führungskraft ein Team führen und einen italienischen Pass besitzen. Dieses Individuum führt also viele verschiedene Rollen aus und fühlt sich mehreren kulturellen Gruppierungen, wie Ingenieuren, Forschern, Führungskräften etc. zugehörig.

In manchen Situationen spielt dann beispielsweise eher die Zugehörigkeit zu einer Landes- oder Regionalkultur eine größere Rolle, in anderen eher die Zugehörigkeit zum Geschlecht, zur Organisations-, Bereichs- oder Berufskultur. Je nach Art der Aufgabe, der bisherigen Erfahrungen, der Interaktionssituation und des Interaktionskontextes treten in sozialen Interaktionen bestimmte Eigenschaften der Teammitglieder stärker in den Vordergrund als andere: »Some differences may matter more than others« (Milliken et al. 2003, 37). Hinsichtlich der Dimensionen der Vielfalt kann dies bedeuten, dass Denk- und Verhaltensmuster aufgrund von nationalkultureller Zugehörigkeit eine wichtigere Rolle spielen als das Geschlecht oder das Alter der Mitglieder. In anderen Gruppierungen spielt vielleicht die berufliche Laufbahn oder der Abschlussgrad eine geringere Rolle als das aufgabenbezogene Wissen und die Fähigkeit, ein bestimmtes Problem zu lösen (Reiter-Palmon et al. 2012). Wie manifestieren sich nun multiple Kulturen in Organisationen?

Multiple Kulturen bei Infineon

Das deutsche multinationale Unternehmen im Bereich Halbleiter-Technik Infineon Technologies AG erwarb im Jahre 2014 das US-amerikanische Unternehmen International Rectifier Corporation, zu dem zahlreiche internationale Tochtergesellschaften gehören, so auch eine südfranzösische Tochtergesellschaft. In dieser Tochtergesellschaft arbeiten seit fast 20 Jahren vor allem Ingenieure und Informatiker aus Paris und Nordfrankreich, die durch US-amerikanische Managementmethoden sozialisiert wurden und diese in ihren Arbeitsstil integriert haben.

Nun, mit dem Aufkauf durch das deutsche Unternehmen Infineon werden neue Methoden und Prozesse eingeführt, nämlich die der deutschen Zentrale von Infineon, die die »alten« ersetzen, bzw. überlagern. Gleichzeitig werden neue Informatiker eingestellt, die gerade ihr Studium abgeschlossen haben und der jüngeren Generation der *Digital natives* angehören. Sie weisen einen anderen Arbeitsstil auf als die älteren Kollegen. In der südfranzösischen Tochtergesellschaft, die von einer französischen Ingenieurin geführt wird, koexistieren nun – im Sinne multipler Kulturen – nicht nur verschiedene Regionalkulturen (Nord- und Südfrankreich) und Generationskulturen (jung und alt), sondern auch unterschiedliche Unternehmenskulturen (International Rectifier und Infineon) und Nationalkulturen (Frankreich, USA, Deutschland).

Quelle: Eigene Erhebung

Multiple Kulturen – auch im Sinne von Diversität – ermöglichen somit ein wesentlich differenziertes Bild kultureller Wirklichkeiten. Diversität ist eine Stärke, wenn sie zum einen spezifische Merkmale von Akteuren berücksichtigt und zum anderen zu einer Akzeptanz der Vielfalt von Gemeinschaften führt. Konstruktives Interkulturelles Management ist gefordert, strategisch und steuernd der Komplexität multiplen Kulturen zu begegnen, etwa durch die bewusste Betonung von verbindenden Gemeinsamkeiten (etwa die Berufskultur von Ingenieuren). Jedoch kann die zu starke Betonung von Singularitäten (Reckwitz 2017) sowie die Pluralisierung und Differenzierung von Kultur(en) in Organisationen und Gesellschaften problematisch sein: Anstatt Kultur(en) und ihre Merkmale zusammenzubringen und zu kombinieren, besteht die Gefahr, Besonderheiten und Unterschiede zu sehr zu betonen und damit eine trennende, zersplitternde Wirkung zu erreichen. Die vielen multiplen Kulturen stehen dann in permanenten Abgrenzungsprozessen und tragen zu Spaltungen bei.

Stabilität und Dynamik von Kulturen

In der Interkulturellen Managementforschung überwog lange Zeit das funktionalistische bzw. zweidimensionale Paradigma (Fang 2006). Diese Art nationale Kulturen zu beschreiben hat viel Kritik hervorgerufen (McSweeney 2009), da die Untersuchung bipolarer Dimensionen in der interkulturellen Forschung eine gewisse Stabilität voraussetzt. Wenn davon ausgegangen wird, dass nationale Identität kontextabhängig und dynamisch ist, kann dieser anfänglich herangezogene, in der nationalen Identität verankerte, kulturelle Referenzrahmen in neuen – interkulturellen – Kontexten modifiziert und angepasst werden. Bedeutungen, Praktiken und Normen können somit im Laufe der Zeit und im Rahmen von Interaktionen und Aushandlungen rekombiniert oder verändert werden (Brannen/Salk 2000, 458). Insofern eignen sich klassische Strukturmodelle, wie etwa die deterministisch wirkenden Kulturdimensionen interkultureller Forschung, wenig zur Beschreibung und zum Verständnis interkultureller Prozesse; Entwicklungsmodelle, die auf konstruktivistischen Annahmen beruhen und Dynamiken berücksichtigen, dagegen schon.

Für das dynamische Verständnis von Interkulturalität sind z. B. die Forschungen des Kulturanthropologen Franz Boas (1858–1943) grundlegend. Er wies als einer der ersten Forscher darauf hin, dass Kulturen komplexe soziale Systeme sind, in denen einerseits relativ stabile, anderseits auch dynamische Elemente und Muster co-existieren: Zum einen sind Kulturen in spezifische historische Kontexte eingebettet. Zum anderen erfahren sie durch systemimmanente Interaktion sowie äußere Einflüsse Wachstum und Entwicklung (Benedict 1943; Boas 1949). Wachstum und soziale Entwicklung erfolgen durch die Verbreitung von Ideen, die teilweise aus anderen Sozialsystemen stammen, aus Innovationen und durch die Schaffung und Aufrechterhaltung von Institutionen.

Boas verwies schon im Sinne von *multiple cultures* (Sackmann/Phillips 2004) darauf, dass moderne Anthropologie nicht »Kultur« im Singular, sondern »Kulturen« menschlicher Gruppen berücksichtigen sollte (Stocking 1966). Es ist sowohl der dynamische und evolutive Aspekt der Entwicklung von Kulturen als auch Boas humanistische, völkerverständigende Grundhaltung, die es Individuen und Gemeinschaften ermöglicht, durch reziproke und gleichberechtigte Kommunikations- und Interaktionsprozesse friedvoll und zugleich wirkungsvoll zusammenzuleben, was konstruktiver Interkulturalität entspricht.

Während die Metapher der Kulturzwiebel (Hofstede 2001) Kulturen als voneinander isolierte, vielschichtige Konstrukte mit stabilem Kern (Werte) betrachtet, erlaubt die »Ozean«-Metapher (Fang 2006) die Identifizierung von Verhaltensweisen und Werten in einem bestimmten Kontext und zu einer bestimmten Zeit. Zugleich hilft die Metapher des Ozeans, Kultur als etwas fließendes und übergreifendes zu verstehen. Kultur weist nach Fang (2006) ein Eigenleben auf, da sie historisch voller widersprüchlicher Entwicklungen ist. Die Gesamtheit aller Inhalte und Prozesse einer Kultur ist aber zu keiner Zeit sichtbar, denn diese verbirgt sich, wie im Ozean, unter der Oberfläche und fördert ständig neue Entwicklungen. Außerdem geschehen durch interkulturelle Interaktion Wandlungsprozesse in Verhaltensweisen und Werten. Diese beiden Metaphern passen zu den Bezeichnungen von Bjerregaard et al. (2009): »Culture as code« würde der Zwiebel und einem stabil-funktionalistischen Kulturansatz entsprechen, »Culture in context« lässt sich dem Ozean und einem dynamisch-interpretativen Kulturansatz zuordnen. Tab. 21 fasst die unterschiedlichen Strömungen zusammen.

	Stabil-funktionalistisch	**Dynamisch-interpretativ**
Management und Organisationen	Stabilität durch historische Traditionen und nationale Institutionen wie Bildungssysteme, Gesetze etc.	Dynamik durch Intensivierung von Interaktionen zwischen organisationalen Akteuren mit unterschiedlich kulturellem Hintergrund
Annahmen	Homogenität durch stabile Wertesysteme, Bedeutungssysteme	Heterogenität durch Internationalisierungsprozesse und Multikulturalismus
Paradigma	Funktionalistisch/positivistisch	Interpretativ
Kulturelle Strömungen	Länderübergreifender Kulturvergleich	Interkulturelle Interaktion und multiple Kulturen
Kontext	»Kultur als Code«: dekontextualisiert	»Kultur als Kontext«: kontextualisiert
Metapher	Kultur als »Zwiebel«	Kultur als »Ozean«
Perspektive	Kultur als »Billardkugel«	Ausgehandelte Kultur

Tab. 21: Zwei Kulturansätze: Stabil-funktionalistisch versus dynamisch-interpretativ

Kulturdimensionen und Kulturstandards

Kulturdimensionen und Kulturstandards sind sowohl zentraler Bestandteil der Interkulturellen Managementforschung als auch der organisationalen Praxis und finden sich in zahlreichen wissenschaftlichen Studien und Lehrbüchern (Mayrhofer 2017). Sie sind als Kategorien bzw. Variablen zu verstehen, die in bestimmter Kombination auftretende gesellschaftliche Phänomene beschreiben und auch für deren Analyse genutzt werden können. Sie werden oft herangezogen, um *soziale Systeme* wie Gesellschaften, Organisationen oder Gruppen zu charakterisieren oder zu vergleichen. Sie eignen sich, um anderskulturelles Wahrnehmen, Denken, Fühlen und Verhalten besser zu verstehen (Barmeyer 2011c). Kulturdimensionen und Kulturstandards beziehen sich etwa auf den Umgang mit Zeit, Information, Raum oder Wertorientierungen wie Individualismus, Machtdistanz oder Partikularismus etc. Wichtige Vertreter dieses Ansatzes sind Hall (1959, 1976), Hofstede (2001), Schwartz (1992, 2006) und Trompenaars/Hampden-Turner (1997).

Kulturstandards

Der US-amerikanische Kulturanthropologe Edward T. Hall gilt allgemein als Begründer der Interkulturellen Kommunikation (Rogers et al. 2002, 13). Hall (1959) verfolgte eine emische Herangehensweise an das Phänomen *Kultur,* dies wird in seiner methodischen qualitativen Vorgehensweise erkennbar: Ziel seiner Forschungsstrategie war es, ein profundes Verständnis von Struktur und Funktionsweise im Einzelfall zu erlangen. Halls Kulturdimensionen stellen eine Kategorisierung grundlegender Aspekte des menschlichen Zusammenlebens und Verhaltens dar. Bekannteste Dimensionen sind die Dichte von Informationsnetzen (Kontext), das Raumverhalten (Proxemik) und das Zeitverständnis (Zeit) (Tab. 22).

<table>
<tr><th colspan="2">Kontext: Implizite und Explizite Kommunikation</th></tr>
<tr><td>Indirekte, spielerische und mehrdeutige Übermittlung von Informationen.
Implizite Kommunikation ist schneller. Nur Beteiligte, die schon Vorwissen (Kontext) haben, verstehen Informationen richtig</td><td>Direkte, detaillierte und eindeutige Übermittlung von Informationen.
Explizite Kommunikation ist langsamer.
Alle Beteiligten verfügen über ein ähnliches Wissensniveau</td></tr>
<tr><th colspan="2">Raumverständnis: Proxemik</th></tr>
<tr><td colspan="2">Strukturierung und Nutzung des Raums durch Ordnungs- und Leitungssysteme.
Physischer Abstand (Nähe und Distanz) zwischen Personen
Aufteilung, Ordnung und Nutzung des Raumes im Privatleben (Wohnung, Haus), im öffentlichen Leben (infrastrukturelle Maßnahmen) und in Unternehmen (Größe, Anordnung und Gestaltung von Gebäuden und Büros nach Zugehörigkeit, Funktionen, Hierarchien etc.)
Eigenes menschliches und zugleich kulturspezifisches Kommunikationssystem, dessen Basiseinheiten (Körperhaltung oder Körperberührung) über verschiedene Kommunikationskanäle übermittelt werden und ein komplexes Muster des Raumverhaltens bilden</td></tr>
<tr><th colspan="2">Zeitverhalten: Polychronie – Monochronie</th></tr>
<tr><td>(= vieles gleichzeitig)
Im Arbeitsrhythmus finden sich häufig unvorhergesehene Unterbrechungen, Improvisation ist gefragt
Individuen messen Pünktlichkeit weniger Bedeutung zu, als Individuen monochroner Gesellschaften
Zwischenmenschliche Beziehungen haben höhere Priorität als Aufgaben und ein festes Arbeitsprogramm</td><td>(= eins nach dem anderen)
Zeit wird eingeteilt in kleine, unabhängige Einheiten
Risiken werden durch Planung und Formalisierung verringert oder ausgeschaltet
Arbeitsrhythmus ist gleichmäßig,
Stress-Situationen sind dadurch selten.
Eintreffende Ungewissheit ist störend, bringt den Ablauf durcheinander und kann Orientierungslosigkeit bewirken</td></tr>
</table>

Tab. 22: Kulturdimensionen nach Hall (1966, 1983)

Weitere Kulturdimensionen stammen von dem Niederländer Geert Hofstede (1980, 2001). In seiner quantitativ durchgeführten Studie untersuchte er mithilfe standardisierter Fragebögen arbeitsbezogene Wertorientierungen und Einstellungen von 116.000 IBM-Mitarbeitern in 72 Ländern. Die Interpretation der Ergebnisse erfolgte durch Konzepte der Psychologie und Soziologie. Die gefundenen Kulturdimensionen (Tab. 23) sollen objektive und vergleichbare Kriterien zur Beschreibung und Analyse unterschiedlicher Gesellschaften liefern und weisen je nach Gesellschaft relativ unterschiedliche Ausprägungen auf. Sie werden anhand von Indizes in ein

Ranking nach Ländern eingereiht. Mit seiner Studie *Culture's Consequences* (1980, 2001) legte Hofstede die Basis für den strategischen Umgang mit kulturellen Einflüssen in der internationalen Arbeitswelt.

Hohe Machtdistanz – Niedrige Machtdistanz Ausmaß, bis zu welchem die weniger mächtigen Mitglieder von Institutionen bzw. Organisationen eines Landes erwarten und akzeptieren, dass Macht ungleich verteilt ist.	
Tendenz zur Zentralisation Mitarbeiter erwarten, Anweisungen zu erhalten Der ideale Vorgesetzte ist der wohlwollende Autokrat oder gütige Vater	Tendenz zur Dezentralisation Mitarbeiter erwarten, in Entscheidungen miteinbezogen zu werden Der ideale Vorgesetzte ist der einfallsreiche Demokrat
Kollektivismus – Individualismus	
Individuen sind in starke, geschlossene Wir-Gruppen integriert, die ihn schützen und dafür bedingungslose Loyalität verlangen Beziehung Arbeitgeber-Arbeitnehmer wird an moralischen Maßstäben gemessen, ähnlich einer familiären Bindung Management bedeutet Management von Gruppen Beziehung hat Vorrang vor Aufgabe	Bindungen zwischen Individuen sind locker: Man erwartet von jedem, sich um sich selbst und seine unmittelbare Familie zu sorgen Beziehung Arbeitgeber-Arbeitnehmer ist ein Vertrag, der sich auf gegenseitigen Nutzen gründen soll Management bedeutet Management von Individuen Aufgabe hat Vorrang vor Beziehung
Schwache Unsicherheitsvermeidung – Starke Unsicherheitsvermeidung Grad, bis zu dem sich die Angehörigen einer Kultur durch ungewisse oder unbekannte Situationen bedroht fühlen.	
Zeit ist ein Orientierungsrahmen Wohlbefinden bei Müßiggang, harte Arbeit nur, wenn erforderlich Präzision und Pünktlichkeit müssen erlernt werden Motivation durch Leistung und Wertschätzung oder soziale Bedürfnisse	Zeit ist Geld Emotionaler Drang nach Geschäftigkeit, innerer Drang nach harter Arbeit Präzision und Pünktlichkeit sind natürliche Eigenschaften Motivation durch Sicherheitsbedürfnis und Wertschätzung oder soziale Bedürfnisse
Maskulinität – Femininität	
Geschlechterrollen sind klar abgegrenzt: Männer haben bestimmt und hart orientiert zu sein, Frauen sollen bescheidener, sensibler sein und Wert auf Lebensqualität legen Leben, um zu arbeiten Betonung liegt auf Fairness, Wettbewerb unter Kollegen und Leistung	Geschlechterrollen überschneiden sich: Sowohl Frauen als auch Männer sollten bescheiden und feinfühlig sein und Wert auf Lebensqualität legen Arbeiten, um zu leben Betonung liegt auf Gleichheit, Solidarität und Qualität des Arbeitslebens

Konflikte werden beigelegt, indem sie ausgetragen werden	Konflikte werden durch Verhandlung und Kompromiss beigelegt
Langfristorientierung – Kurzfristorientierung Dimension nachträglich hinzugefügt nach der *Chinese Value Survey* (1985).	
Förderung von Tugenden, die sich an zukünftigen Belohnungen orientieren, insbesondere Ausdauer und Sparsamkeit Zu den wichtigsten Arbeitswerten gehören Lernen, Ehrlichkeit, Anpassungsfähigkeit, Verantwortlichkeit und Selbstdisziplin Langfristige Pläne werden erstellt Hohe Bedeutung von Traditionen Ausdauer und Beharrlichkeit bei der Verfolgung von Zielen	Förderung vergangener und gegenwärtiger Tugenden, insbesondere die Achtung der Tradition, die Wahrung des »Gesichtes« und die Erfüllung gesellschaftlicher Verpflichtungen Zu den wichtigsten Arbeitswerten gehören Freiheit, Rechte, Leistung und selbstständiges Denken Kurzfristige Planung wichtiger als langfristige Planung Erwartung kurzfristiger Gewinne Konsumneigung
Genuss – Zurückhaltung Dimension basierend auf Minkovs Begriff von *Indulgence* vs. *Restraint* (Minkov/Hofstede 2011).	
Freie Befriedigung grundlegender und natürlicher menschlicher Bedürfnisse in Verbindung mit Lebensfreude und Vergnügen Entspannte Haltung zu Arbeit, Sparsamkeit und Abweichungen Hohe Priorisierung der Freizeit Wahrnehmung, das eigene Leben kontrollieren zu können	Überzeugung, dass Befriedigung menschlicher Bedürfnisse durch strenge soziale Normen eingedämmt und reguliert werden sollte Persönliche Disziplin, um das Ziel zu erreichen Geringe Priorisierung der Freizeit Wahrnehmung von Hilflosigkeit: »Was mit mir geschieht, ist nicht mein eigenes Tun«

Tab. 23: Kulturdimensionen nach Hofstede (1980, 2001, 2010 et al.)

Zwei weitere Personen, die Kulturdimensionen maßgeblich prägten, sind der Niederländer Fons Trompenaars, der 1993 das Werk *Riding The Waves of Culture* veröffentlichte, und der Brite Charles Hampden-Turner. Beide Forscher haben als Berater- und Autoren-Tandem zahlreiche Werke veröffentlicht. Wie auch Hofstede stützen sie sich auf die Annahme von Kluckhohn und Strodtbeck (1961), dass Kulturen universellen Problemen gegenüberstehen, wofür sie jeweils unterschiedliche Lösungen finden (Trompenaars/Hampden-Turner 1997). Methodisch arbeitete Trompenaars in seiner ersten Studie (1993) mit 30.000 standardisierten Fragebögen, die er in 30 Unternehmen in 50 verschiedenen Ländern beantworten ließ. Die daraus resultierenden Kulturdimensionen leiten sich zum einen von Kluckhohn und Strodtbeck (1961) ab, zum anderen von dem US-amerikanischen Soziologen Talcott Parsons (1952) und Parsons und Shils (1951/1991). Sie finden sich in Tab. 24.

<table>
<tr><th colspan="2">Universalismus – Partikularismus
Grad der Wichtigkeit, den eine Kultur entweder dem Gesetz oder den persönlichen Beziehungen beimisst.</th></tr>
<tr><td>Haltung, die besagt, dass Normen und Regeln für das Verhalten gegenüber anderen Menschen für alle gleich gelten</td><td>Haltung, die besagt, dass partikulare Verpflichtungen gegenüber einzelnen Mitgliedern wichtiger sind, als das Befolgen allgemeinverbindlicher Normen und Regeln</td></tr>
<tr><th colspan="2">Individualismus – Kollektivismus
Grad, zu dem Menschen sich selbst eher Individuum sehen oder eher einer Gemeinschaft zugehörig fühlen.</th></tr>
<tr><td>Individuum steht vor der Gemeinschaft. Das bedeutet, dass individuelles Glück, Erfüllung und Wohlergehen vorherrschen, Menschen Eigeninitiative zeigen und für sich selbst sorgen</td><td>Gemeinschaft ist wichtiger als die Einzelperson. Es liegt also in der Verantwortung Einzelner, im Dienste der Gesellschaft zu handeln. Damit werden individuelle Bedürfnisse bereits automatisch berücksichtigt</td></tr>
<tr><th colspan="2">Spezifität – Diffusität
Grad, zu dem Verantwortung spezifisch zugewiesen oder diffus akzeptiert wird.</th></tr>
<tr><td>Akteure analysieren zuerst die Elemente einzeln und setzen sie dann zusammen. Das Ganze ist die Summe seiner Teile. Das Leben der Menschen ist dementsprechend geteilt und es kann jeweils nur auf eine einzige Komponente eingegangen werden. Interaktionen zwischen Menschen sind klar definiert. Individuen konzentrieren sich auf Fakten, Standards und Verträge</td><td>Eine diffus orientierte Kultur beginnt mit dem Ganzen und sieht einzelne Elemente aus der Perspektive des Ganzen. Alle Elemente sind miteinander verknüpft. Beziehungen zwischen Elementen sind wichtiger als einzelne Elemente</td></tr>
<tr><th colspan="2">Neutralität – Affektivität
Grad, zu dem Individuen ihre Emotionen zeigen.</th></tr>
<tr><td>Menschen wird beigebracht, ihre Gefühle nicht offen zur Schau zu stellen. Der Grad, in dem sich Gefühle manifestieren, ist daher minimal. Emotionen werden kontrolliert, wenn sie auftreten</td><td>In einer affektiven Kultur zeigen Menschen ihre Emotionen, und es wird nicht als notwendig erachtet, Gefühle zu verbergen</td></tr>
<tr><th colspan="2">Leistung – Herkunft
Grad, zu dem sich Einzelpersonen beweisen müssen, um einen gewissen Status zu erhalten, im Gegensatz zu einem Status, der einfach zugeschrieben wird.</th></tr>
<tr><td>Menschen leiten ihren Status von dem ab, was sie selbst erreicht haben. Erreichter Status muss immer wieder nachgewiesen werden und der Status wird dementsprechend vergeben</td><td>Menschen leiten ihren Status von Geburt, Alter, Geschlecht oder Reichtum ab. Hier beruht der Status nicht auf Leistung, sondern auf dem Wesen der Person</td></tr>
</table>

Interne Kontrolle – Externe Kontrolle Grad, zu dem Individuen glauben, dass die Umwelt kontrolliert werden kann, anstatt zu glauben, dass die Umwelt sie kontrolliert.	
Menschen haben eine mechanistische Sicht der Natur; Natur ist komplex, kann aber mit dem richtigen Fachwissen gesteuert werden. Menschen glauben, dass sie die Natur beherrschen können	Menschen haben einen organischen Blick auf die Natur. Menschen werden als eine der Naturgewalten betrachtet und sollte deshalb in Harmonie mit der Umwelt leben. Menschen passen sich daher den äußeren Gegebenheiten an
Serialität – Parallelität Grad, zu dem Individuen Dinge nacheinander tun, im Gegensatz zu mehreren Dingen auf einmal.	
In einer sequentiellen Kultur strukturieren Menschen die Zeit sequentiell und tun Dinge nacheinander	In einer parallelen, synchronen Zeitkultur tun Menschen mehrere Dinge gleichzeitig, weil sie glauben, dass Zeit flexibel und immateriell ist

Tab. 24: Kulturdimensionen nach Hampden-Turner und Trompenaars (2000, unsere Übersetzung)

In Forschung und Praxis werden die einzelnen Kulturdimensionen anhand von kulturtypischen Beispielen oder auch kritischen Interaktionssituationen illustriert und konkretisiert. Wissenschaftlich findet sich eine häufige Nutzung der Kulturdimensionen durch das von Kogut und Singh (1988) entwickelte Konzept der kulturellen Distanz. Ausgehend von der These, dass kulturelle Faktoren einen Einfluss auf Managemententscheidungen bezüglich des Eintrittsmodus in einen fremden Markt (Akquisition, Joint Venture) haben, entwickeln Kogut und Singh einen Index zur Messung kultureller Distanz. Kulturelle Distanz beschreibt dabei die »psychische« Distanz, die gegenüber einer anderen Kultur wahrgenommen wird, d. h. »the degree to which a firm is uncertain of the characteristics of a foreign market« (Kogut/Singh 1988, 413). Nach Kogut und Singhs Modell wird die relative kulturelle Distanz zweier Länder anhand der Abweichung der jeweiligen Indexwerte von Hofstedes Dimensionen Unsicherheitsvermeidung, Individualismus, Machtdistanz und Maskulinität gemessen.

Nicht nur in der Wissenschaft, auch in der interkulturellen Praxis (Training und Beratung) wird das Konzept der kulturellen Distanz und Nähe anhand der Kulturdimensionen mithilfe von geschlossenen Fragebögen im internationalen Personalmanagement genutzt. Dabei wird mit Gegensätzen gearbeitet. Somit lassen sich Profile erstellen, bei denen etwa das persönliche Profil eines Mitarbeiters aus Kultur A dem Profil der Landeskultur B gegenübergestellt wird. In einem Artikel des Jahres 2001 stellt Shenkar fest, dass nur wenige Konzepte in der internationalen Managementliteratur eine so breite Akzeptanz gefunden haben, wie die kulturelle Distanz. Jedoch gibt es einige konzeptionelle Vorbehalte gegenüber diesem Konzept, wie die »Illusion der Symmetrie«, die »Illusion der Linearität« oder die »Illusion der Stabilität« (Shenkar 2001, 520–521).

Kulturstandards

Kulturstandards – als deutscher Beitrag zur interkulturellen Forschung und Praxis – sind ein emischer Ansatz zur Beschreibung und Kontrastierung von Kulturen. Sie wurden von dem deutschen Sozialpsychologen Alexander Thomas (2003a) entwickelt und dienen, ähnlich wie Kulturdimensionen der Beschreibung kultureller Systeme sowie der Analyse interkultureller Begegnungssituationen. Kulturstandards sind »[...] Arten des Wahrnehmens, Denkens, Wertens und Handelns, die von vielen Mitgliedern eines sozialen Systems als normal, typisch und verbindlich angesehen werden« (Thomas 2003a, 25).

Kulturstandards stellen als Orientierungsmaßstäbe kulturelle Selbstverständlichkeiten und Leitlinien sozialen Handelns dar. In Anlehnung an einen Standard, der definiert, wie Objekte beschaffen sein oder Prozesse ablaufen sollten, legt ein Kulturstandard den Maßstab dafür fest, wie sich Mitglieder einer bestimmten Kultur tendenziell verhalten, also wie Objekte, Personen und Ereignisabläufe wahrgenommen, bewertet und behandelt werden (Kammhuber/Schroll-Machl 2007). Eigenkulturelles und anderskulturelles Verhalten wird aufgrund dieser Kulturstandards gesteuert, reguliert und beurteilt. Die einem System inhärenten Kulturstandards sind in der eigenen Gesellschaft angemessen, normal, akzeptabel, funktional und zielführend.

Ihre Zweckmäßigkeit verdanken sie der Art ihrer Herausbildung: Spezifische geistesgeschichtliche Traditionen verdichten sich zu kollektiven Grundannahmen über das menschliche Dasein, auf deren Basis sich wiederum bestimmte Reaktionsmuster als taugliche Prinzipien im Umgang mit kollektiven Erfahrungen etablieren (Kühnel 2014). Ermittelt werden Kulturstandards auf der Basis von historischen, soziologischen und psychologischen Erhebungen (Thomas 2003a, 2011). Letztere werden in interkulturellen Interaktionen erhoben, die das Verhalten bei sozialen Ereignissen (Treffen, Feste), in sozialen Rollen (Frau/Mann, Vorgesetzter) oder in sozialen Situationen (Kommunikationsstile, Entscheidungen fällen, Konflikte lösen) betreffen. Dabei findet eine Kontrastierung von Eigen- und Fremdkultur statt. Anders als die relativ *allgemeinen, ethischen* Kulturdimensionen, die alle Gesellschaften in unterschiedlicher Ausprägung betreffen (Zeit, Regeln, Hierarchie) sind *Kulturstandards* eher als *spezifische, emische* Kulturdimensionen zu verstehen, die nur in bestimmten Gesellschaften auftreten (Barmeyer 2011c). Thomas (2003a, 28) unterscheidet drei verschiedene Arten von Kulturstandards:

1. *Zentrale* Kulturstandards sind unabhängig von Problemstellungen und Handlungsfeldern gültig. Sie betreffen kulturspezifische Orientierungen, die für ein Land oder einen Kulturraum charakteristisch sind. Sie sind vor allem für die Steuerung zwischenmenschlicher Wahrnehmungs-, Interpretations- und Handlungsprozesse von Bedeutung. Für Deutschland führt Thomas hier z. B. die Sach- und Regelorientierung sowie Direktheit an, für China z. B. »Gesicht wahren«, Hierarchieorientierung sowie soziale Harmonie. Tab. 25 zeigt exemplarisch brasilianische Kulturstandards.

2. *Bereichsspezifische* Kulturstandards sind kontext- und aufgabengebunden und wirken erst in einem spezifischen Handlungsfeld, etwa bei Prozessen in Gruppen, Teams oder Abteilungen wie Forschung & Entwicklung, Vertrieb oder Personal. Folglich besitzen sie nur für bestimmte Handlungsfelder eine Regulationsfunktion. Thomas nennt als Beispiel für einen bereichsspezifischen Kulturstandard die unterschiedliche Herangehensweise bei komplexen Problemlösungen in Arbeitsgruppen.
3. *Kontextuelle* Kulturstandards sind kulturspezifische Basisorientierungen, die Vertretern einer Kultur in einer gewissen Situation einen Handlungszwang auferlegen, z. B. die Beachtung des Senioritätsprinzips in ostasiatischen Gesellschaften, die dazu führt, dass jüngere Personen in Interaktion mit älteren Menschen ihr Verhalten (in Form von Respekt oder Höflichkeit) der älteren Person anpassen. Ebenso finden sich auch unterschiedliche Verhaltensweisen, je nachdem ob es sich um berufliche oder private Kontexte handelt. Als kontextueller Kulturstandard gilt nach Thomas die *Senioritätsorientierung* in China, welche bei einem Auftreten das gesamte Handlungsfeld und die Wahrnehmung, Interpretation und Handlung bestimmt.

Personenorientierung	Vertrauensbasis notwendig für Informationsfluss Erwartung von Solidarität
Interpersonelle Harmonieorientierung	Sprachroutinen: Floskeln wie »Schau doch mal bei mir zu Hause vorbei« – sind aber nicht wörtlich gemeint Gesicht wahren: indirekte Äußerung von Kritik
Kontakt- und Kommunikationsfreudigkeit	Interesse, Mitmenschen kennenzulernen Small-Talk
Emotionalität	schnelle Begeisterungsfähigkeit Optimismus
Hierarchieorientierung	Respekt vor Hierarchiegrenzen Genaue Vorgabe und Kontrolle von Arbeitsaufträgen
Gegenwartsorientierung	kurzfristige Planung, Pragmatismus opportunistische Lebenseinstellung ggü. Menschen, die nicht dem eigenen Familien- oder Freundeskreis angehören
Flexibilität	Anpassungsfähigkeit bei Planänderungen »o jeito«: Flexibler Umgang mit Regeln Ambiguitätstoleranz

Tab. 25: Brasilianische Kulturstandards (Brökelmann et al. 2012)

Selbstverständlich können die individuelle und gruppenspezifische Art und Weise im Umgang mit Kulturstandards zur Verhaltensregulation innerhalb gewisser Toleranzbereiche variieren: So gibt es Verhaltensweisen, die außerhalb der bereichsspezifischen Grenzen liegen und in der Regel von der sozialen Umwelt abgelehnt oder sanktioniert werden (Thomas 2003a). Allerdings werden Standardabweichungen bei bestimmten Personen oder Gruppen wie Stars, Sportler und Künstler bewusst toleriert oder sogar erwartet.

Zu unterstreichen ist, dass Kulturstandards, ebenso wie Kulturdimensionen keinen Regelkanon zum erfolgreichen Umgang mit Personen anderer Kulturen darstellen. Sie werden vielmehr verstanden als Beschreibungsparameter, die durch individuelle Erfahrungen modifiziert werden können und sollten. Ein entscheidender Faktor innerhalb dieses Akkulturationsprozesses hierbei ist die Tatsache, dass die einzelnen Kulturstandards ihre handlungsleitende Wirkung nicht unabhängig voneinander entfalten, sondern dass es ihr spezifisches *Zusammenspiel* ist, wodurch soziale Interaktionen im Rahmen eines konzeptuellen Systems stabilisiert werden (Kühnel 2014).

Kritische Würdigung

Kulturdimensionen und Kulturstandards, insbesondere die von Geert Hofstede, finden seit Jahrzehnten eine breite Anwendung in Forschung und Praxis des (Interkulturellen) Managements, wie es Chapman (1997, 18) beschreibt: »Hofstede's work became a dominant influence and set a fruitful agenda. There is perhaps no other contemporary framework in the general field of ›culture and business‹ that is so general, so broad, so alluring, and so inviting to argument and fruitful disagreement …«

Die Anzahl der meist positivistischen Studien, die auf Hofstedes Dimensionen zurückgreifen – Hofstedes Werk erreicht zurzeit (2018) 145.923 Zitationen in Google Scholar –, überwiegen in der Organisations-, Management und Marketingforschung. Aber auch in vielen anderen Disziplinen gibt es Hunderte von Replikationsstudien (Beugelsdijk et al. 2015, 2017). Bird und Fang (2009) würdigen die Arbeit von *Culture's Consequences* für die (Interkulturelle) Managementforschung folgendermaßen:

> »In 1980 Geert Hofstede published Culture's Consequences and established a fundamental shift in how culture would be viewed, thereby ushering in an explosion of empirical investigations into cultural variation. Hofstede's impact was at least fourfold: 1) he successfully narrowed the concept of culture down into simple and measurable components by adopting nation-state/national culture as the basic unit of analysis; 2) he established cultural values as a central force in shaping managerial behavior; 3) he helped sharpen our awareness of cultural differences; and 4) his notion of cultural value frameworks was adopted by others involved in large scale studies, e. g. the GLOBE project (Chokar et al., 2007). The impact of Hofstede's paradigm is reflected in his second edition of Culture's Consequences (2001), which identified over 1900 studies based on the original volume.« (Bird/Fang, 2009, 139)

Jedoch sind Kulturdimensionen und Kulturstandards – insbesondere von Kulturwissenschaftlern und Wissenschaftlern, die sich an interpretativen oder kritischen Forschungsparadigmen orientieren – immer wieder wissenschaftlicher Kritik ausgesetzt, die den inhaltlichen Realitätsgehalt und die Aussagekraft der dichotomen polarisierenden Darstellungen in Frage stellen (McSweeney 2002; Fang 2006; Kirkman et al. 2006, 2017; Bolten 2007; Nakata 2009; Dreyer 2011; Dupuis 2014).

Die zahlreichen Kritiken betreffend (Barmeyer 2011c), werden folgend drei besonders wichtige herausgegriffen:

Erstens wenden sich Kritiken häufig nicht gegen die an sich plausiblen Kulturdimensionen; es ist einsichtig, dass Menschen unterschiedliche Einstellungen zu Raum, Zeit, Macht, Geschlechterrollen, Zukunft, Regeln etc. aufweisen. Kritisiert wird eher die Methodik oder die ›Fixierung‹ von Kultur durch Kennzahlen auf Länder: »In dem Maße, in dem Kultur reduziert wird, schwindet menschliche Autonomie und Gestaltungsfreiheit.« (Hansen 2003, 287). Worauf wiederum Chapman (1997, 18–19) erwidert: »Those who take country scores in the various dimensions as given realities, informing or confirming other research, do not typically inquire into the detail of the procedures through which specific empirical data were transmuted into generalization.«. In der Tat können Kulturdimensionen zu nicht zulässigen Abgrenzungen und zur Verstärkung von *Stereotypen* führen.

Zweitens besteht durch die Fokussierung auf Nationalkultur die Gefahr, dass wichtige kulturelle Gruppierungen wie Geschlecht, Alter, Bereich, Profession etc. nicht berücksichtigt werden. Eine geäußerte Kritik betrifft die Zuordnung, Erklärung und damit Reduzierung menschlicher Denk- und Verhaltensweisen auf nationale Kulturdimensionen. Dabei lassen sich Kulturdimensionen genauso auf kulturelle Gruppierungen anwenden. Hofstede berücksichtigte in seiner Studie kulturelle Gruppierungen wie Geschlecht, Alter und Position, und stellte dabei auch statistisch heraus, dass die *relativen* Unterschiede zwischen Angehörigen nationalkultureller Gruppen bedeutsamer seien als etwa zwischen Mann und Frau einer bestimmten kulturellen Gruppe (Hofstede 1980, 53). So kam er bei der Dimension Machtdistanz zu dem Ergebnis, dass Führungskräfte in Frankreich, England und Deutschland eine niedrigere Machtdistanz aufweisen als Mitarbeiter und Arbeiter. Die Herleitung seiner Ergebnisse, die in seinen Büchern *Culture's Consequences* (1980, 2001) genau dokumentiert und diskutiert sind, scheinen von seinen Kritikern überlesen und nicht rezipiert worden zu sein.

Drittens betrifft eine weitere Kritik die inzwischen lange zurückliegende Erhebung der Arbeitswerte, gerade in Bezug auf die Entwicklung von Gesellschaften durch Modernisierung (Inglehart 1997) und damit die Veränderung von Kulturdimensionen, bzw. ihrer Indexwerte. Autoren wie Minkov (2011) oder Beugelsdijk und Kollegen (2015) bestätigen die Stabilität und Kontinuität von Hofstedes arbeitsbezogenen Wertorientierungen bezüglich gesellschaftlicher Modernisierung unter Zuhilfenahme der Werte der WVS. Beugelsdijk und Kollegen (2015) untersuchen, wie sich die Länderwerte im Zeitverlauf entwickelt haben, indem Hofstedes Dimensionen für zwei Geburtskohorten – also Gruppen von Menschen, die alle im gleichen Jahr geboren wurden – anhand von Daten der WVS repliziert wurden. Die Ergebnisse zeigen, dass zeitgenössische Gesellschaften im Durchschnitt bei Individualismus und Genuss *(Indulgence)* gegenüber Zurückhaltung *(Restraint)* – eine höhere Punktzahl aufweisen und dass sie in Bezug auf

Machtdistanz weniger Punkte erzielen als ältere Generationen. Die Forscher stellen fest, dass kultureller Wandel eher als relativ absolut sei, was bedeutet, dass sich die Länderwerte in Bezug auf die Hofstede-Dimensionen im Vergleich zu den Bewertungen anderer Länder nicht sonderlich stark verändert haben. Infolgedessen sind kulturelle Unterschiede zwischen Ländern (im Sinne kultureller Distanzen) im Allgemeinen stabil:

»Our finding that country differences on the scores of the (replicated) Hofstede dimensions have on average not become smaller implies that managing cultural differences remains important. Even in an increasingly interconnected world, there is continued need for global managers to take cultural differences into account when deciding where to expand [...] how to organize global outsourcing [...], which entry mode strategy to follow [...], or whether to pursue an integration, responsiveness, or export-orientation subsidiary strategy [...], among others. Cultural differences are still substantial and managing them remains a key challenge for global strategy.« (Beugelsdijk et al. 2015, 237)

Konstruktiver Umgang mit Kulturdimensionen

Trotz aller Kritik können Kulturdimensionen als Orientierungshilfe in interkulturellen Kontexten dienen, sofern mit ihnen in Forschung und Praxis differenziert umgegangen wird (Barmeyer 2011c). Kulturdimensionen und Kulturstandards sollten nicht als verhaltens-determinierende Einengungen verstanden werden. Vielmehr schlagen sie typische Lösungen und Verhaltensweisen von Akteuren vor, die sich *bewährt* haben. Allerdings sollte beachtet werden, dass Kulturdimensionen nicht absolut, sondern relativ verstanden werden, d. h. sie zeigen Besonderheiten im Verhältnis auf und sind immer in spezifische Handlungskontexte eingebunden. Vor allem aber sind Kulturdimensionen und Kulturstandards, wie auch Kultur, lediglich *Konstrukte,* die helfen können, gesellschaftliche Phänomene zu verstehen.

»CULTURE DOESN'T EXIST. In the same way values don't exist [...]. They are constructs, which have to prove their usefulness by their ability to explain and predict behavior. The moment they stop doing that we should be prepared to drop them, or trade them for something better. I never claim that culture is the only thing we should pay attention to. In many practical cases it is redundant, and economic, political or institutional factors provide better explanations. But sometimes they don't, and then we need the construct of culture.« (Hofstede 2002, 1359)

Diese Konstrukte können als »interkulturelle Landkarten« (Barmeyer 2011c) verstanden werden. Dabei gilt der Grundsatz des Konstruktivismus, d. h. Menschen konstruieren sich durch Vorerfahrungen, selektive Wahrnehmung und Reflexion ihre Wirklichkeit (Watzlawick 1976). Somit stellt die Landkarte eine vereinfachte Abbildung der Umwelt und damit eine Interpretation der Realität dar. Sie bildet zwar wesentliche Elemente ab, andere jedoch lässt sie außer Acht. Somit hilft sie

Menschen, sich zu orientieren und organisieren. Schwierigkeiten treten dann auf, wenn die jeweilige Landkarte für die Realität gehalten wird.

Im Sinne des Konstruktiven Interkulturellen Managements stellen Kulturdimensionen Orientierungshilfen dar, die bei der Gestaltung interkultureller Interaktion hilfreich sein können (Barmeyer 2011c). Sie lassen sich als Metawissen, als ›Steuerungsprogramme‹ verstehen, die es ermöglichen, die (1.) Eigenkultur bewusst zu machen, (2.) eine Fremdkultur besser zu verstehen und dadurch (3.) in interkulturellen Situationen konstruktiv und angemessen zu handeln. Tab. 26 stellt zusammenfassend Gefahren und Möglichkeiten von Kulturdimensionen dar.

Kulturelle Dimensionen *können* sein:	**Kulturelle Dimensionen *sollten* sein:**
Kategorisierung und Klassifizierung kultureller Unterschiede	Orientierungsrahmen und Erklärungs-*ansätze* kultureller Unterschiede
statisch, starr	oszillierend, schwingend
schwarz/weiß	hellgrau bis dunkelgrau
»entweder oder«	»sowohl als auch«

Tab. 26: Gefahren und Möglichkeiten von Kulturdimensionen (Barmeyer 2000, 129)

Zirkuläre Dynamik von Kulturdimensionen

Ein interessanter konstruktiver Ansatz ist, entsprechend einem postmodernen fluiden und flexiblen Kulturverständnis, Kulturdimensionen dynamisch und zirkulär zu denken und zu nutzen. Dabei ist die Grundidee, starre Bipolarität durch dynamische Zirkularität aufzulösen. Gegensätze befinden sich also nicht als Pole auf einer Geraden, sondern sind gegenüberliegende Elemente eines Kreises, was auf systemisches Denken und Kybernetik verweist. Kybernetik beschreibt Aufbau, Funktionen und Gesetzmäßigkeiten (wie Selbstregulation, lineare und nichtlineare Rückkopplung) von Systemen (Wiener 1952). Dieses Zirkuläre »sowohl als auch« kann metaphorisch wie folgt beschrieben werden:

»Think of collectivism as water and individualism as molecules of ice. As the temperature changes, the ice crystals expand. At all times you have some water and some ice. Thus cultures have both collectivist and individualist elements all the time and are changing all the time. At any one point of time, we take a picture of the culture when we really should be taking a movie of constantly changing elements. In this metaphor, the earth is entering a new ice age!« (Triandis 1995, 173–174)

Im Sinne dieses dynamischen Verständnisses von Kultur stellen Hampden-Turner und Trompenaars (1997), im Rahmen einer von Geert Hofstede im *International Journal of Intercultural Relations* initiierten wissenschaftlichen Kontroverse, das eher statische (Hofstede) und das eher dynamische (Hampden-Turner/Trompenaars)

Konzept von Kulturen und Kulturdimensionen gegenüber (Tab. 27): »Instead of running the risk of getting stuck by perceiving cultures as static points on a dual axis map, we believe that cultures dance from one preferred end to the opposite and back.« (Hampden-Turner/Trompenaars 1997, 27)

Hofstedes Annahme ist, dass …	**Trompenaars Annahme ist, dass …**
… Kulturen statischen Punkten in einem zweiachsigen Diagramm entsprechen.	… Kulturen sich zwischen einem bevorzugten Extrem und seinem Gegenteil hin und her bewegen.
… eine Kulturdimension, eine ihr entgegengesetzte ausschließt.	… eine Kulturdimension versucht, die ihr entgegengesetzte mit einzubeziehen.
… »unabhängige« Faktoren »abhängige« Variablen erklären.	… Wertedimensionen sich in Systemen selbst organisieren, um neue Bedeutungen hervorzubringen.
… anerkannte statistische Verfahren kulturell neutral und wertfrei sind.	… anerkannte statistische Verfahren kulturell voreingenommen und wertend sind.
… Kulturen linear sind und in gewisser Weise festgeschriebene Eigenschaften besitzen.	… Kulturen Kreisen entsprechen, die ihr entgegengesetzte mit einbeziehen.
… Daten von IBM aussagekräftiger sind als aus akademischer Forschung gewonnene Erkenntnisse, und besser die Herangehensweisen des Managements widerspiegeln.	… von IBM gewonnene Daten bloß Imitationen akademischer Forschung sind und die Regelkonformität des Managements widerspiegeln.
… er durch induktives Vorgehen seine Kategorien aus den IBM-Daten ableiten und damit seine eigenen Skalen entwickeln konnte.	… Hofstede durch die Wahl eines induktiven Denkansatzes nur diejenigen Skalen reproduziert hat, aus denen IBM bereits seine Fragen abgeleitet hatte.
… es keine bessere Platzierung innerhalb der Quadranten (kombinierter Kulturdimensionen) und somit auch keine Antwort auf die Fragen gibt, wie nun vorzugehen sei und in welche Richtung die Entwicklung stattfinden solle.	… es keine bessere Möglichkeit gibt, als, ausgehend von den sieben Dimensionen, gegensätzliche Werte zu integrieren und zum Ausgleich zu bringen sowie auf diese Weise bessere Ergebnisse zu erzielen.
Zu guter Letzt, was voraussichtlich folgen wird, dass …	
… A priori Konzepte wie das »Dilemma«-Konzept metaphysische Konstrukte sind, mit keinerlei empirisch begründeter Daseinsberechtigung, überprüfbarer Validität oder Möglichkeiten der Verifizierung.	… Dilemmata schon seit der klassischen griechischen Tragödie Teil einer jeden Kultur sind, von den ursprünglichen Gegensätzen im Taoismus, über Shakespeare bis hin zu den Binärcodierungen der Anthropologen der heutigen Zeit.

Zu guter Letzt, was voraussichtlich folgen wird, dass …	
… alle Kulturen sich unterscheiden, wenngleich diese Abweichungen als relativ signifikant bezüglich der Ausprägung von lediglich vier Variablen verstanden werden können.	… alle Kulturen sich mit identischen Dilemmata konfrontiert sehen, sich jedoch hinsichtlich der gefunden Lösungen unterscheiden, welche Gegensätze auf kreative Weise überwinden.

Tab. 27: Grundannahmen und methodische Herangehensweise an kulturvergleichende Forschung bei Hofstede und Hampden-Turner/Trompenaars (Hampden-Turner/Trompenaars, 1997, 156; unsere Übersetzung)

Sozialwissenschaftliche Paradigmen der Interkulturellen Managementforschung

Christoph Barmeyer und Sina Großkopf

Systematisierung sozialwissenschaftlicher Paradigmen

Für das Verständnis von sozialen und kulturellen Phänomenen im Allgemeinen und für die wissenschaftliche Untersuchung von Interkulturalität im Besonderen ist es wichtig, die Grundannahmen und Werte von Wissenschaftlern, Fach- und Führungskräften oder Beratern zu begreifen, um deren Umgang mit der Komplexität der Welt zu erfassen, zu ordnen und zu verstehen.

Paradigmen können als systematische Grundhaltungen bezeichnet werden, wie die Welt wahrgenommen, verstanden und erklärt wird (Kuhn 1976). Es handelt sich um ein geordnetes Bündel von Annahmen und Vorstellungen, anhand derer beobachtbare Phänomene eingeordnet und Fragestellungen behandelt werden. Paradigmen geben einem Forschungsfeld somit einen Rahmen, Orientierungspunkte und Strukturierungsmerkmale, die bewusst oder unbewusst herangezogen werden, um Lösungen in der komplexen und widersprüchlichen (Wissens-)Welt zu generieren.

Der Begriff des Paradigmas stammt aus dem Griechischen παράδειγμα (parádeigma) und bedeutet »sehen, vorzeigen« oder »Beispiel, Muster«. Ein Wissenschaftsparadigma beschreibt »die Struktur der Faktoren und Vorstellungsaspekte, die das mehr oder weniger bewusste Vorverständnis ausmacht, das ein Wissenschaftler seinem Forschungsgebiet entgegenbringt« (Hillmann 1994, 648). Das hier genannte »Vorverständnis« ist Kontext und geistiges Fundament jeder wissenschaftlichen Theorie und somit wichtig zu verstehen, sowohl für den außenstehenden Betrachter, als auch für den theorieschaffenden oder theorietestenden Wissenschaftler:

»In order to understand alternative points of view it is important that a theorist be fully aware of the assumptions upon which his own perspective is based. Such an appreciation involves an intellectual journey, which takes him outside the realm of his own familiar domain. It requires that he become aware of the boundaries, which define his perspective. It requires that he journey into the unexplored. It requires that he become familiar with paradigms which are not his own. Only then can he look back and appreciate in full measure the precise nature of his starting point.« (Burrell/Morgan 1979, ix)

Bekannt wurde der Begriff des Paradigmas durch den US-amerikanischen Wissenschaftler Thomas Samuel Kuhn. In seinem 1962 erstmals erschienenen Werk *The Structure of Scientific Revolutions* analysierte er den Paradigmenwechsel der Newton'schen Gravitationstheorie hin zur Einstein'schen Relativitätstheorie (Kuhn 1976). Kuhn stieß damit eine weltweite Diskussion über das »Wesen der Wissenschaft« an, die ebenfalls von Forschern aus der Soziologie, Politologie und Psychologie geführt wurde. Ein Wissenschaftsparadigma kann verstanden werden als die Gesamtheit von Erkenntnisinteressen, theoretischen Bezugsrahmen, Fragestellungen und Methoden, die von einer Gruppe von Wissenschaftlern, also zum Beispiel einer Wissenschaftsdisziplin, zum Zweck des Erkenntnisgewinns geteilt wird und einen gewissen Zeitverlauf überdauert (Kuhn 1976). Jedoch können sich Paradigmen durch wissenschaftliche Entwicklungen, neue Erkenntnisse und Einstellungen oder gar Umbrüche lebensweltlicher Zusammenhängen verändern, was Kuhn (1976) als *Paradigmenwechsel* bezeichnet. Somit kann ein Paradigma auch als ein instruktives und stimulierendes Konstrukt aufgefasst werden (Cedarbaum 1983). Dies wirkt sich auf die Forschung aus: Sowohl theoretische Begriffe als auch die methodische Erfassung und Interpretation empirischer Befunde sind von den jeweiligen vorherrschenden Paradigmen geprägt. Dies trifft auch auf die Interkulturelle Managementforschung zu, denn die Angemessenheit bestimmter Methoden und die Relevanz der Art von Daten und der Erhebung sowie Interpretation hängen mit den zugrunde liegenden Paradigmen zusammen.

Ein Paradigma kann sodann auch wie eine »wissenschaftliche Brille« wirken, durch welche Forscher Phänomene und Problemstellungen betrachten. Durch diese Brille werden bestimmte Aspekte schärfer wahrgenommen, andere weniger scharf. Somit kann es je nach Paradigma zu Verzerrungen in der Wahrnehmung und Beurteilung kommen. Die fortbestehende Koexistenz von Paradigmen in den Geistes- und Sozialwissenschaften scheint nach Schurz (2014) einen Normalzustand darzustellen und führt dazu, dass sich die parallel existierenden Paradigmen eines Forschungsbereichs meist ignorieren oder gar in ideologischer Rivalität zueinander stehen. Eine konstruktive Auseinandersetzung, die zu einer innovativen Theorieentwicklung führen könnte, stellt eher die Ausnahme dar.

Die interdisziplinäre Vielfalt des Interkulturellen Managements findet sich, neben dem multidisziplinären Einfluss, auch in bestehenden Forschungsparadigmen, sprich in den grundlegenden, wissenschaftlichen Ansichten und in der Art, Forschung zu betreiben (Romani 2008). Um in einem konstruktiven Verständnis aus diesem Pluralismus einen Vorteil zu ziehen, bedarf es konzeptueller Strukturierungsmodelle (Scherer 1997).

Ein Paradigmenmodell zur (interkulturellen) Einordnung und Analyse verschiedener Disziplinen sozialwissenschaftlicher Forschung, das eine breite Rezeption in der Organisationsforschung erfahren hat, stammt von den britischen Organisationssoziologen Burrell und Morgan (Abb. 2). In ihrem Werk teilen die Autoren anhand von zwei Dimensionen vier soziologische Paradigmen ein. Zur Konzeption der zwei Extrempositionen der horizontalen ersten Dimension, die die *wissenschaftstheoretische Debatte* der Sozialwissenschaften abbildet, bedienen sie sich der Bereiche der Wissenschaftstheorie: der Ontologie, Epistemologie und Methodologie. Annahmen zur menschlichen Natur werden als weitere sozialwissenschaftliche Elemente hinzugefügt. Das menschliche Wesen sei dabei entweder durch sein Umfeld bedingt (Objektivismus) oder ein kreatives Geschöpf, welches einen freien Willen besitzt, selbstständig agiert und das Umfeld beeinflussen kann (Subjektivismus) (Burrell/Morgan 1979, 2). Je nachdem welche Positionen zur Ontologie, Epistemologie und menschlichen Natur eingenommen werden, verändert sich die methodologische Herangehensweise einer Untersuchung.

Die zweite Dimension betrifft die Debatte des *gesellschaftspolitischen Standpunkts* der Sozialwissenschaften und befasst sich mit Positionen zur Gesellschaft und ihrer Veränderung (Burrell/Morgan 1979, 10–20). Wird die Gesellschaft akzeptiert wie sie ist oder strebt man nach alternativen Gesellschaftsformen? Forscher, die das eine Extrem der »Sociology of regulation« (Regulierung) vertreten, akzeptieren die bestehende Gesellschaftsform als bestmögliche und konzentrieren sich auf die Suche nach Lösungen innerhalb dieser Grundform. Zielgrößen sind dabei Stabilität und Integration (Burrell/Morgan 1979, 13). Gesellschaft gilt als zusammenhaltende Einheit und es wird untersucht, welche Eigenschaften sie besitzt und wie diese entstanden sind. Außerdem besteht Interesse an den sozialen Kräften, die ein Auseinanderfallen verhindern (Burrell/Morgan 1979). Vertreter der Gegenposition, der »Sociology of radical change« (Wandel), versuchen Spannungsfelder, wie etwa Unterdrückung und die Ungleichheit von Machtbeziehungen, aufzudecken und sich für eine alternative, bessere Gesellschaft einzusetzen. Charakteristisch für die moderne Gesellschaft sind radikaler Wandel, tiefgreifende strukturelle Konflikte und Widersprüche, sowie Dominanzbeziehungen. Menschliche Entwicklung wird durch gegebene Strukturen eingeschränkt.

Indem Burrell und Morgan (1979) diese Dimensionen miteinander in Beziehung setzen, entstehen vier Paradigmen: *funktionalistisch, interpretativ, radikal strukturalistisch* und *radikal humanistisch.* Das Paradigmenmodell ist als analytisches Werkzeug zu verstehen und dient der Klassifizierung von Theorien und Grundannahmen.

Das *funktionalistische* Paradigma sucht rationale Erklärungen für die Sozialordnung, ist pragmatisch und problemorientiert, betont Gleichgewicht und Stabilität in der Gesellschaft und orientiert sich vor allem an den Grundaussagen der Naturwissenschaften (Burrell/Morgan 1979). Dem *interpretativen* Paradigma wird eine kohäsive, geordnete und integrierte Gesellschaft zugeschrieben und man entwickelt ein Verständnis der Welt, so wie sie *ist,* um auf diese Weise die sozialen Gegebenheiten aus subjektiven Erfahrungen heraus zu rekonstruieren. Dabei entsteht die soziale Realität aus einem Prozess, der von den Individuen bestimmt wird. Letzteres strebt auch das *humanistische* Paradigma an, allerdings impliziert dieses radikale Paradigma sozialen Wandel sowie das Überschreiten und Stürzen bestehender

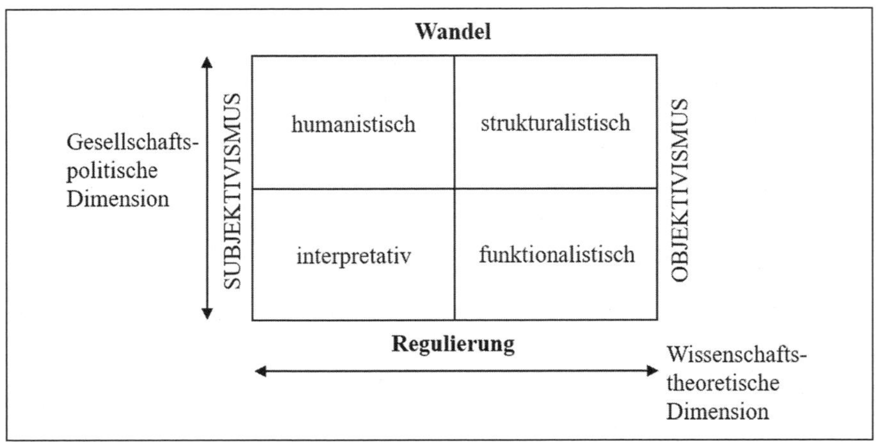

Abb. 2: Paradigmatische Strukturierung der Wissenschaften (übersetzt nach Burrell/Morgan 1979, 22)

sozialer Ordnung als Grundlage für die menschliche Entwicklung. Das zweite radikale Paradigma *strukturalistischer* Prägung wird mit der marxistischen Theorie in Zusammenhang gebracht und konzentriert sich auf strukturelle Beziehungen innerhalb einer realistischen, sozialen Welt, sowie auf Kräfte- und Machtverhältnisse.

Das Modell kann folglich als eine Landkarte gesehen werden, die Gemeinsamkeiten und Unterschiede von Wissenschaftsdisziplinen und deren Beziehungen sowie den zugrunde liegenden Referenzrahmen darlegt.

Verortung der Interkulturellen Managementforschung

Die Grundannahmen zentraler Werke und Wissenschaftler der Interkulturellen Managementforschung sollen nun zu diesem Paradigmenmodell von Burrell und Morgan (1979) in Bezug gesetzt werden. Diesen Versuch haben schon Primecz et al. (2009) mit einer Paradigmenanalyse der Cross-Cultural Management-Forschung geleistet, und hierbei auch eine Anregung gegeben, wie sich Interkulturelle Managementforschung theoretisch-methodisch weiterentwickeln kann. Die Einordnung schafft ein Bewusstsein für unterschiedliche paradigmatische Perspektiven und öffnet gleichzeitig den Blick für einen konstruktiven, kritischen Umgang mit vorherrschenden Paradigmen.

Basierend auf Boyacigiller et al. (2004) sowie Sackmann und Phillips (2004) lassen sich drei paradigmatische Strömungen Interkultureller Managementforschung identifizieren:

1. *Cross-National Comparison:* Vergleicht vor allem Nationalkulturen mit kulturübergreifenden, universalen Dimensionen und ist von einem naturwissenschaftlich-positivistischen Paradigma geprägt.

2. *Intercultural Interaction:* Begreift Kultur als geteiltes Bedeutungssystem und untersucht konkrete interpersonale Interaktionssituationen. Diese Strömung beruht auf einem interpretativ-konstruktivistischen Paradigma.
3. *Multiple Cultures:* Berücksichtigt aufgrund zunehmend dynamischer Lebenswirklichkeit vielfältige soziale Milieus und kulturelle Identitäten von Individuen. Auch die *Multiple Cultures* basieren auf einem interpretativ-konstruktivistischen Paradigma.

Abb. 3 verdeutlicht die Positionierung der Strömungen in den paradigmatischen Feldern und ihre relativen Anteile an der gesamten Forschung:

- Im funktionalistischen Paradigma können dem *Cross-National-Comparison*-Ansatz (1) dabei unter anderem Werke von Hofstede (1980) und House et al. (2004) zugeordnet werden, und dem *Intercultural Interaction*-Ansatz (2) beispielsweise die Arbeit von Salk (1997).
- Im interpretativen Paradigma können Werke von Geertz (1973), Czarniawska (1986) oder Brannen und Salk (2000), vor allem aus dem *Intercultural Interaction*-Ansatz (1) verortet werden, aber auch von Hall (1959) aus der Perspektive des *Cross-National-Comparison*-Ansatzes (1).
- Van Maanen (1988) sowie Clifford und Marcus (1986) repräsentieren schließlich *Intercultural-Interaction*-Ansätze (2) im radikal-humanistischen Paradigma.
- Dem strukturalistischen Paradigma sei hingegen kein Ansatz zuzuordnen. Primecz et al. (2009) betonen an dieser Stelle – abgesehen von einigen Ausnahmen – die Abwesenheit expliziter Beschäftigung mit Machtverhältnissen und (post-)kolonialen Strukturen in interkulturellen Begebenheiten und rufen zu kritischer Forschung auf.

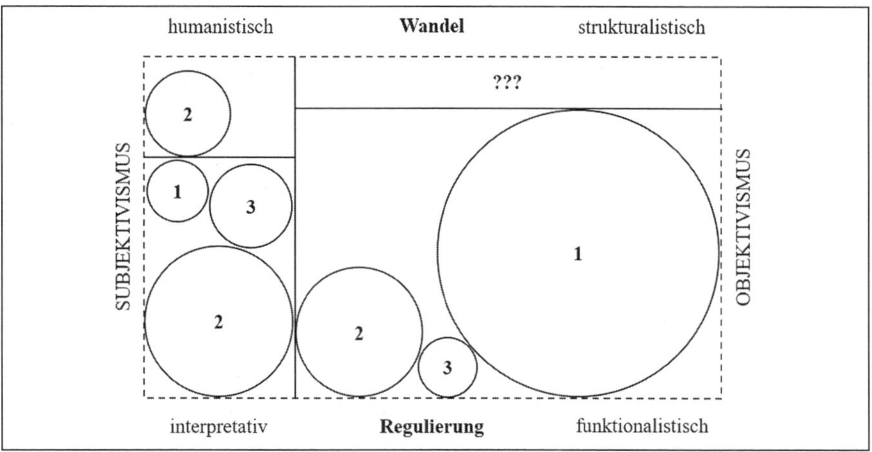

Abb. 3: Interkulturelle Managementforschung in paradigmatischen Feldern (Primecz et al. (2009, 270). 1 = Cross-National Comparison, 2 = Intercultural Interaction, 3 = Multiple Cultures

Basierend auf dem Befund von Boyacigiller et al. (2004) und nach Einschätzung von Primecz, Romani und Sackmann (2009) nimmt der *Cross-National-Comparison*-Ansatz in der Interkulturellen Managementforschung eine dominante Stellung ein. Andere »jüngere« Paradigmen in diesem Bereich sind daher entsprechend weniger vertreten. Grundlegende Werke – speziell in der Forschung mit dem Schwerpunkt auf *Cross-National Comparison* – basieren oft auf dem funktionalistischen Paradigma (Hofstede 1980; Schwartz 2006). Mit Blick auf Halls oder Hofstedes anwendungsorientierte Forschungsarbeiten zu Kulturdimensionen lässt sich deren Nähe zu einem klar erfassbaren und universell anwendbaren Forschungsansatz herausstellen. Es war gewissermaßen das erklärte Ziel dieser grundlegenden und wegweisenden Arbeiten, die Komplexität, die die Konzepte »Kultur« und »Interkulturalität« mit sich bringen, zu reduzieren und die Ergebnisse greifbar zu machen. Kritische und postmoderne Arbeiten hinterfragen diese Modelle, bringen aber in der Regel kein eigenes Modell hervor, das die interkulturelle Realität ähnlich vereinfacht und praktische Implikationen erlauben würde, da die vereinfachende Modelldarstellung auch den Grundsätzen dieser Paradigmen widerspricht. In der Praxis des Interkulturellen Managements und der konstruktiven Gestaltung bedarf es aber gerade solcher komplexitätsreduzierenden Modelle, wie sie häufig in positivistischen Ansätzen entwickelt werden.

Dennoch wird neben dem Lob um Vereinfachung auch Kritik an der bisher dominierenden, eher makroanalytisch und quantitativ orientierten Interkulturellen Managementforschung deutlich: Anstatt konkretes Verhalten in interkulturellen Kontaktsituationen zu erklären, werden eher statisch-abstrakte Generalisierungen betont (Boyacigiller et al. 2004). Hieraus lässt sich folgende Empfehlung ableiten: Die Interkulturelle Managementforschung könnte sich zukünftig mehr an einem subjektivistisch-konstruktivistischen Paradigma orientieren. Ebenso könnten die Mikro- und Mesoebene untersucht werden, auch um die emische Innenperspektive zu betonen sowie ethnorelativistisch und ethnographisch zu arbeiten.

Romani (2008) schlägt in Anlehnung an Deetz (1996) sowie Burrell und Morgan (1979) eine andere Systematisierung mit klarem paradigmatischen Bezug zum Interkulturellen Management vor (Abb. 4).

Der *normative*, positivistische Ansatz ist vornehmlich in der naturwissenschaftlichen Herangehensweise vertreten. Dieser Bereich befindet sich an der Schnittstelle *A-priori/Consensus* und zielt auf Identifizierung von Verhaltensmustern und Darstellung von Regelmäßigkeiten sowie prädiktive Modelle ab (Donaldson 2003). Positivistisch orientierte Wissenschaftler im Interkulturellen Management untersuchen den Einfluss nationaler Kulturen und deren Variablen auf Managementpraktiken oder Führungsstile (z. B. Hofstede 1980; House et al. 2004).

Der *kritische* Ansatz thematisiert verdeckte Machtstrukturen und untersucht deren Einfluss auf die Wirklichkeitskonstruktion (Willmott 1993) an den Achsen *A-priori/Dissensus*. Wirklichkeit, so die Argumentation, entsteht durch Beziehungen und Interaktionen zwischen verschiedenen sozialen und kulturellen Akteuren und Gruppen und ist in der Regel das Ergebnis unterschiedlicher Interessen.

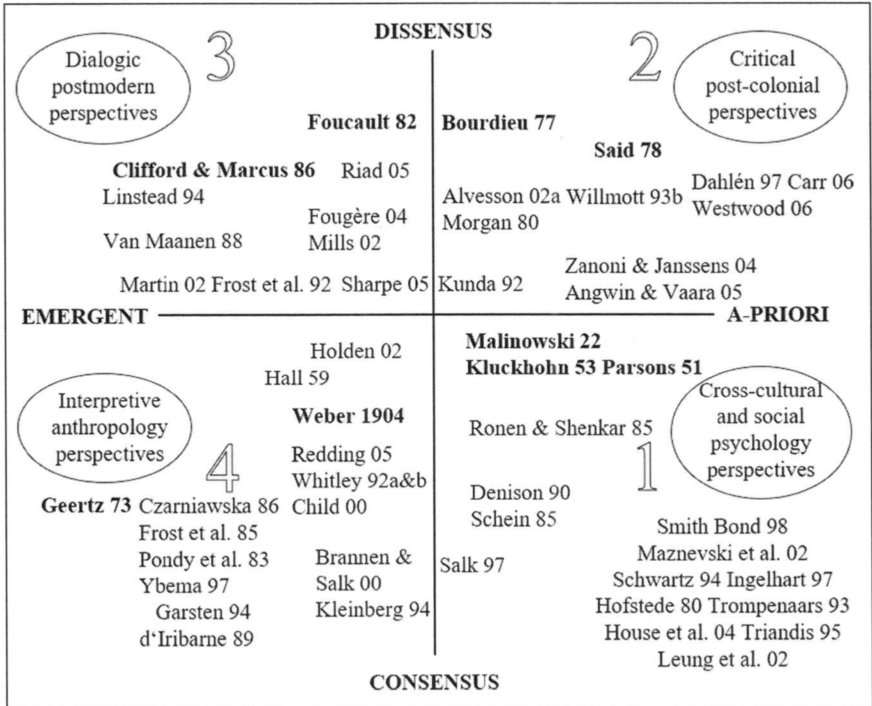

Abb. 4: Systematisierung ausgewählter Forschungsarbeiten zum Interkulturellen Management (Romani 2008, 37)

Viele Forscher des kritischen Ansatzes sehen sich als Aktivisten und weniger als Berichterstatter. Im Interkulturellen Management untersuchen kritische Studien, wie etwa postkoloniale Machtstrukturen die Managementtheorie und -praxis beeinflussen (Westwood/Jack 2008; Pilhofer 2011; Mahadevan 2017) und wie dies etwa auf die Zusammenarbeit von *Expatriates* und Mitarbeitern des Gastlandes wirkt (z. B. Fougères/Moulettes 2012).

Der *postmoderne* Ansatz – Deetz bezeichnet ihn als dialogisch – befindet sich an den Achsen *Emergent/Dissensus.* Die Postmoderne versteht Realität als durch gesellschaftliche Dynamiken und Sprache konstituiert, wobei die soziale Realität als ein nicht-statisches, fließendes und sich veränderndes Phänomen betrachtet wird. Somit ist die Suche und Feststellung von Regelmäßigkeiten obsolet. Postmoderne Studien des Interkulturellen Managements beschäftigen sich beispielsweise mit der Fragestellung, wie Bedeutungszuschreibungen zu Kulturen (Organisationskulturen, Bereichskulturen, Berufskulturen, Genderstudien etc.) Machtungleichheiten reproduzieren können (z. B. Prasad 2009; Ybema/Bruyn 2009).

Der *interpretativ* arbeitende Ansatz steht an der Schnittstelle *Emergent/Consensus* und ist hauptsächlich von der kulturanthropologischen Forschung beeinflusst.

Statt Prädiktion rückt das Verständnis kultureller Wahrnehmung der Einzelperson und seiner Handlungen in den Vordergrund (Weick 1995; Hatch/Yanow 2003). In dieser Hinsicht ist der interpretative Ansatz mit Triandis' (1995) Konzept der »subjektiven Kultur« vergleichbar. Der Fokus interpretativer Forschung ist lokal und spezifisch, wobei häufig die Ebene des Individuums dominiert und nicht die Ebene sozialer Strukturen wie Institutionen. Interpretativ ausgerichtete Interkulturelle Managementforschung behandelt Fragen der Existenz unterschiedlicher (kultureller) Bedeutungssysteme und deren Einfluss auf das Verständnis von Arbeit (D'Iribarne 1989, 2009a; Redding 2005).

Wissenschaftliche Paradigmen wirken als implizite Haltungen auf die Einordnung und Bewertung des Interkulturellen Managements. Tab. 28 illustriert idealtypisch die Konsequenzen der Paradigmen anhand der zentralen Elemente auf Kultur, Interkulturalität und Interkulturelles Management.

Paradigma	Kultur	Interkulturalität	Interkulturelles Management
Funktionalistisch	Statische, klar abgegrenzte »Eigenschaften« und Dimensionen, die meist dekontextualisiert betrachtet werden	Im Hintergrund als Bewusstsein über kulturelle Differenzen vorhanden	Kultur ist Ressource, die koordiniert und kontrolliert werden kann
Interpretativ	Kontextuell und individuelle abhängige Variable	Interaktionsprozess, bei dem Bedeutungen erschaffen und ausgetauscht werden	Kultur ist sinngebender Kontext, dem Managementprozesse unterliegen
Kritisch	Kultur als Macht- und Ungleichheitskategorie	Ungleichheit beeinflusst alle Interaktionen, wobei die Mächtigen den weniger Mächtigen ihre Regeln und Normen aufoktroyieren	Kultur codiert implizite Machtstrukturen und Ideologien, die das Management beeinflussen
Postmodern	Co-Existenz und Fluidität zahlreicher Kulturen, wie Alter, Beruf, Bereich, Rang, Geschlecht	Interkulturalität als Alltag von Interaktionsprozessen	Kultur manifestiert sich als ungreifbare Komplexität in Organisationen

Tab. 28: Paradigmenwirkung auf das Interkulturelle Management

Konstruktiver Umgang mit multiplen Paradigmen

Um interkulturelle Phänomene in Organisationen besser zu verstehen, ist es im Sinne einer konstruktiven Gestaltung von Interkulturalität sinnvoll, verschiedene Paradigmen nicht strikt voneinander abzugrenzen, sondern diese bewusst in ihrer Vielfalt zu berücksichtigen und zu integrieren (Prasad 2015; Primecz et al. 2015). Dabei existieren drei Positionen:

1. *Exklusivität und Inkommensurabilität als Unvereinbarkeit von verschiedenen Paradigmen* (Kuhn 1976; Burrell/Morgan 1979): Jedes Paradigma ist getrennt zu sehen, es gibt keine Möglichkeit der Kombination, da die Paradigmen auf unterschiedlichen Annahmen und Logiken aufbauen.
2. *Integrativer Umgang:* Es wird die Position vertreten »Theorienpluralismus« (Scherer 1997, 69) einzudämmen und zu einer gemeinsamen Grundlage zurückzukehren, um die Entstehung von Wissen weiter voranzutreiben (Romani et al. 2011a).
3. *Multi-Paradigmen-Perspektive:* Paradigmen sind zwar »separate wissenschaftliche Weltsichten« (Romani et al. 2011a, 434), es besteht aber die Möglichkeit von Austausch und Verbindungen zwischen diesen. Denn, wie auch Kuhn später erkennt, besteht die Möglichkeit des Erlernens der jeweils anderen Paradigmensprache (Romani 2008). Dabei können insbesondere gemeinsame meta-theoretische Positionen Kontaktpunkte schaffen (Primecz et al. 2015).

Um diesen »paradigmatischen Reichtum« zu strukturieren, wurde eine Klassifizierung für den Einsatz multipler Paradigmen mit jeweils zuordenbaren Strategien entwickelt (Lewis/Grimes 1999; Schultz/Hatch 1996):

Neben dem *Multiparadigm Review,* der durch die illustrierte Darstellung von Paradigmen Orientierung bietet und der *Multiparadigm Research,* die unterschiedliche Paradigmen auf interkulturelle Sachverhalte parallel oder sequentiell anwendet, ist vor allem die *Multiparadigm Theory Building* zu nennen. Hier werden die Paradigmen über die Bridging- oder Interplay-Strategie miteinander verbunden (Romani 2008; Romani et al. 2011a). In Abb. 5 werden entsprechende Strategien erklärt.

Die weitreichendste *Interplay*-Strategie bedarf besonderer Erwähnung. Sie kombiniert die parallele und die *Bridging*-Strategie, indem sie auf Gemeinsamkeiten *und* Unterschiede der Paradigmen achtet, und bemüht sich, im Sinne des Konstruktiven Interkulturellen Managements über Kompromisse hinaus Lösungen zu finden und die Weiterentwicklung des Wissens voranzutreiben (Schultz/Hatch 1996; Romani 2008; Romani et al. 2011a).

Die Sichtweise, Paradigmen nicht verbinden zu können, führe demnach nur zu fortwährenden »Paradigmenkriegen« (Schultz/Hatch 1996, 551) und die *Integration* letztlich zur »absoluten Dominanz eines Paradigmas« (Schultz/Hatch 1996, 551). Die Interplay-Strategie allerdings wird im Rahmen der *Multi-Paradigmen-Perspektive* als Alternative gesehen, die den »Paradigmenkrieg« und die Hegemoniestellung eines einzelnen Paradigmas umgeht, und gleichzeitig Diversität und Orientierungs-

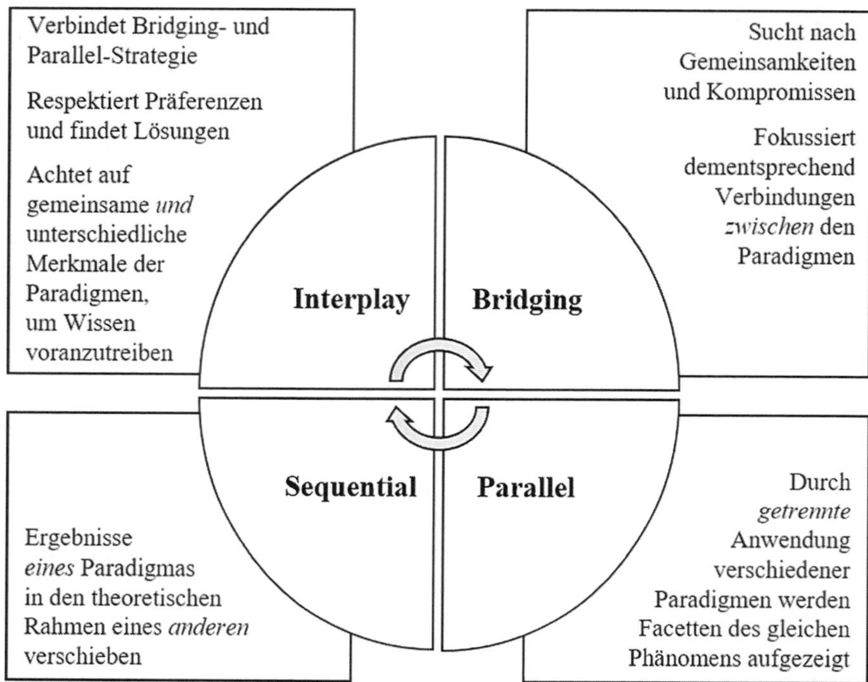

Abb. 5: Multi-Paradigmen-Strategien (nach Schultz/Hatch 1996; Romani 2008)

punkte erzeugt, um so letztlich Lösungen in dieser komplexen und widersprüchlichen Wissenswelt zu generieren.

Allerdings müssen an dieser Stelle Herausforderungen der bestehenden Multi-Paradigmen-Forschung erwähnt werden:

- Begriffe und Konzepte innerhalb der Paradigmen werden unterschiedlich gebraucht und verlieren dabei häufig an Schärfe.
- Durch das Fehlen eines gemeinsamen Maßes (Inkommensurabilitätsproblem) können Unklarheiten entstehen, welche sich hinderlich auf den interparadigmatischen Austausch auswirken können.
- Eine einzelne Arbeit kann sich nur schwerlich einer Problemstellung nicht über mehrere Paradigmen nähern. In der multiparadigmatischen Analyse besteht dementsprechend die Gefahr der Oberflächlichkeit.

Das zunehmende Bewusstsein bezüglich der Vielfalt bestehender Paradigmen in Forschungsbeiträgen schafft Aufmerksamkeit für die geforderte Kombination paradigmatischer Ansätze, welche wiederum die Diskussion Interkultureller Forschung anregt und vorantreibt. Die Interaktion zwischen Paradigmen als wertvollste Strategie macht Untersuchungen zugänglicher und bereichert auf diese Weise das Interkulturelle Management um neue Einsichten. Die Öffnung des Forschungsfeldes und

Auflockerung des paradigmatischen Umgangs verhindert Stagnation und Befangenheit.

Das große Ziel des Feldes könnte es also sein, die Konstruktive Interkulturelle Managementforschung über ein mehrwertbringendes Zusammenspiel unterschiedlicher Paradigmen zu untersuchen. Genau wie in Adlers (1980) Modell zur kulturellen Synergie kann *Diversität* so als Ressource verstanden werden. Das multiparadigmatische Denken während der komplementären oder gar synergetischen interkulturellen Lösungsfindung eröffnet neuartige Perspektiven, was wiederum zur Veränderung eigener Ansichten beiträgt und auf mehreren Ebenen neue synergetische Dynamiken hervorbringt.

Konstruktives Interkulturelles Management, welches von Natur aus von der dominierenden Problemorientierung im Feld abweicht, bedarf dementsprechend dieser Art von Herangehensweise, um auch auf meta-theoretischer Untersuchungsebene konstruktiv zu agieren und dem eigenen Anspruch multipler Sichtweisen und konstruktiver Lösungsfindungen durch Nutzung verschiedener Blickwinkel gerecht zu werden.

Interkulturelle Ordnungsmodelle

Es liegt in der Art von Modellen, wesentliche Aspekte, Vorgänge und Strukturen eines Phänomens abzubilden. Modelle können jedoch immer nur eine Annäherung an die Realität sein, weil sie Konzepte auswählen, filtern und fokussieren. In der sozialwissenschaftlichen Theorie sind Modelle zum Beispiel aus der Systemtheorie (Luhmann 1984; Wilke 1993; Simon 2006) oder der systemischen Beratung (Glasl et al. 2008; Simon 2015; Schmid/Messmer 2005) bekannt. Sie tragen hier die Bezeichnung Ordnungsmodelle. Ordnungsmodelle sind mentale Konstrukte, die helfen, Meta-Perspektiven zur Reflexion über Forschungsobjekte bzw. Praxisphänomene einzunehmen. Sie dienen der systematischen Betrachtung und Analyse sozialer Systeme und sind daher struktur- und orientierungsgebend. Die im Folgenden vorgestellten interkulturellen Ordnungsmodelle haben zum Ziel, Klarheit und Differenzierung zu schaffen, indem sie zahlreiche der bisherigen Forschungsarbeiten des Interkulturellen Managements im Überblick bestimmten grundlegenden Perspektiven oder Ansätzen zuordnen. Somit stellen sie eine Grundlage für das Konstruktive Interkulturelle Management in Forschung und Praxis dar.

In diesem Kapitel werden drei zentrale interkulturelle Ordnungsmodelle vorgestellt, die zur analytischen Einordnung und Verständlichkeit interkultureller Wirklichkeit beitragen. Deren anwendungsorientierte Funktion liegt darin, Orientierungshilfen für eine konstruktive Gestaltung der Praxis zu geben. Sie werden im Laufe des Buches wiederholt aufgegriffen.

Das *Drei-Ebenen-Modell* als ein gesellschaftliches Ordnungsmodell versucht den Bezug und die Interdependenz gesellschaftlicher Aggregationsebenen darzustellen und hilft bei der Verortung von Forschungsfragen und Zielsetzungen von Forschungsprojekten. Für die Praxis ist relevant, auf welcher Ebene und in welchem Maße konstruktiv agiert werden kann, etwa durch Personalentwicklung (Mikroebene) oder Organisationsentwicklung (Mesoebene).

Der *Interkulturelle Dreischritt* kann sowohl als ein Forschungsfokus-Modell (separat) als auch ein Forschungsprozess-Modell (aufbauend) genutzt werden und hilft in Forschung und Praxis, interkulturelle Sensibilität zu generieren und einen Fokus bzw. ein Forschungsdesign zu definieren (emische Studie, etische Studie oder emisch-dynamische Studie).

Das *Drei-Faktoren-Modell* versteht sich zuletzt als ein Analyse-Modell, das dazu verhilft, die Praxis interkultureller Interaktionensituationen adäquat einzuordnen und die Existenz und Wirkungsweise von bestimmten Einflussfaktoren abzuwägen. Zudem dient es in der Forschung zur Bewusstseinsgenerierung für und Differenzierung von umfassenderen Forschungsergebnissen.

Drei-Ebenen-Modell

Interkulturalität findet in und zwischen sozialen Systemen statt, die sich modellhaft als drei zusammenhängende, systemisch sich beeinflussende Ebenen darstellen lassen (Barmeyer 2000, 2013; Hasse/Krücken 2008; Maletzky 2010; Roth 2004). Auf der Mikroebene stehen Akteure und ihre Zusammenarbeit im Fokus; auf der Mesoebene geht es um Belange der *Organisation,* wie die Entwicklung einer international ausgerichteten Organisationskultur; auf der Makroebene geht es um den Einfluss bestimmter *Kontexte,* in denen Organisationen eingebettet sind, wie Institutionen (z. B. Staat, Gesetze, Bildungssysteme), aber auch Mediensysteme oder die Landessprache (Abb. 6). Es hilft zu verstehen, auf welcher Handlungsebene (Praxis) oder Analyseebene (Forschung) Interkulturalität stattfindet.

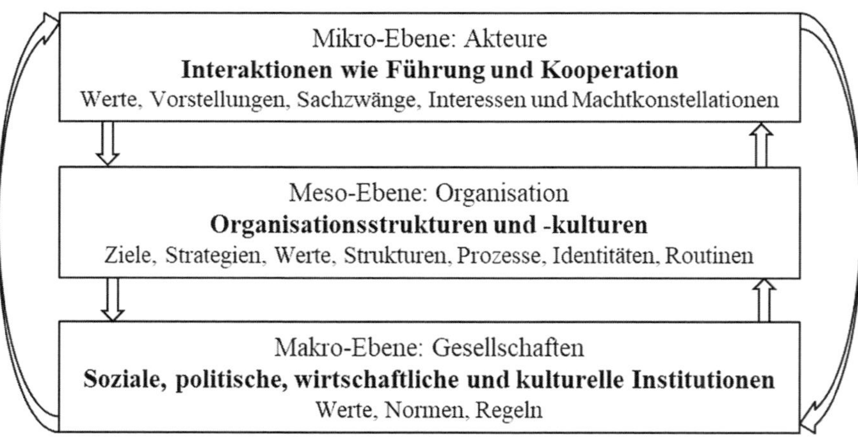

Abb. 6: Passauer Drei-Ebenen-Modell (Barmeyer 2010, 43)

Mikroebene: Akteure verinnerlichen in der Sozialisation spezifische kulturelle Referenz- und Interpretationssysteme und legen in Interaktionen bestimmte Verhaltensmuster an den Tag (Thomas 2003b), die sich in der Organisation in Arbeits-, Führungs-, und Managementstilen manifestieren (Mintzberg 1973). Dies betrifft z. B. die Formulierung von Zielen, das Treffen von Entscheidungen, die Ausübung von Autorität und Kontrolle oder die Gestaltung von Prozessen. Die Interaktionspartner handeln dabei in spezifischen *Kontexten,* die häufig sowohl durch Sachzwänge,

Interessen-, und Machtkonstellationen der Über- und Unterordnung als auch durch die individuellen Vorstellungen, Stimmungen, Ziele und Strategien geprägt sind (Archer 1988; Crozier/Friedberg 1977). Für das Interkulturelle Management sind divergierende Vorstellungen über Organisationen, aber auch Strategien, Rollen und Verhaltensweisen der Akteure, etwa bei Führung und Teamarbeit von besonderem Interesse. Interaktionsqualität und -erfolg der Individuen hängen maßgeblich von der zutreffenden Interpretation anderskulturellen Verhaltens ab (Müller-Jacquier 2004; Thomas 2003b).

Mesoebene: Die Summe der durch Funktionsbeschreibungen und Hierarchien voneinander abhängigen Akteure und deren zielgerichteten Interaktionen der Mikroebene bilden *Organisationen:* Interkulturelle Kommunikation und Kooperation findet in Organisationen, aber auch zwischen Organisationen statt; innerhalb von Organisationen etwa in Arbeitsgruppen durch die Kombination von Ressourcen (Wissen, Kompetenzen, Erfahrung) der Akteure. Arbeitsgruppen und Organisationen weisen Erfahrungshintergründe auf und nutzen spezifische, tradierte Strukturen und Prozesse, um zu *funktionieren* (Kieser/Walgenbach 2007; Sorge 2004a). Sie unterliegen organisationalen und finanziellen Zielen und Sachzwängen. Auch entwickeln Organisationen spezifische Organisationskulturen mit Werten, Normen, Ritualen und Routinen (Brown 1998; Schein 1986; Scholz 2000), die Identität stiften und Kooperation positiv oder negativ in ihrer Entwicklung beeinflussen. Organisationen stellen einen bedeutenden, in der Interkulturellen Managementforschung bisher unterschätzten Kontext dar, in dem interkulturelle Interaktion stattfindet und Handlungsräume entstehen.

Makroebene: Akteure und Organisationen sind in besondere *Gesellschafts-* und *Wirtschaftssysteme* eingebettet (Heidenreich et al. 2012), die in der Forschung u. a. als *Business Systems* (Whitley 1992a, 1999, 2007) oder *Varieties of Capitalism* (Hall/Soskice 2001; Hancké et al. 2007) bezeichnet werden. Sie stellen eine historisch prägende Basis für Kulturbildung und -entwicklung dar (Ammon 1989; D'Iribarne 2001; Münch 1986). Im Sinne des Strukturfunktionalismus von Parsons (1952) führen Sozialisationsinstanzen und -prozesse durch Enkulturation zur Aneignung kultureller Werte und Praktiken (Dubar 1991; Elias 1979). Innerhalb eines Gesellschaftssystems, wie z. B. den USA oder Deutschland, existieren spezifische soziale, politische und ökonomische (Albert 1991; Maurice et al. 1986; North 1990; Whitley 1999) sowie kulturelle Institutionen (Barmeyer et al. 2007; D'Iribarne 2001; Gannon 2004; Hofstede 1980), die als Orientierungs- und Referenzsystem zur Sinngebung und Interpretation von Individuen beitragen (D'Iribarne 2009a; Geertz 1973). Interkulturelles Management sollte institutionelle Faktoren wie Bildungssysteme und Gesetze *und* kulturelle Faktoren wie Werte, Normen und Praktiken bei der Analyse von Interaktionen und Organisationen berücksichtigen, denn Handlungen sind weder universell noch ahistorisch.

Grundannahme dieser *kontextualisierten* Betrachtungsweise ist, dass Akteure und ihre Handlungen in ein komplexes soziales System eingebettet sind. Dieses determiniert zwar Handlungen nicht, Akteure können sich aber auch nicht vollständig von ihm lösen. Ein Teil der Interkulturellen Managementforschung (Barmeyer 2000; D'Iribarne 2009a; Gannon 2008; Triandis 1995) geht davon aus, dass die Makroebene der Gesellschaft, in der Akteure sozialisiert wurden, und in die sie kontextuell eingebettet sind, die Mesoebene der Organisation und die Mikroebene der Akteure prägt und beeinflusst und somit systematisch mit betrachtet werden sollte. Verschiedene empirische Studien integrieren die drei Ebenen (Kostova 1999; Winch et al. 2000; Redding 2005; Maletzky 2010; D'Iribarne 2014). Zunehmend argumentiert die Forschung jedoch, dass zahlreiche Kulturen und kulturelle Identitäten pluralistisch auf das Arbeitsverhalten wirken und somit ein Individuum zahlreiche identitäre Bezugspunkte aufweist, etwa zur Region, zum Beruf oder zur Generation, sozioprofessionelle oder generationelle (Sackmann/Phillips 2004). Ebenso beeinflussen sich die Mikroebene der Akteure, die Mesoebene der Organisationen und die Makroebene der Institutionen gegenseitig und greifen ineinander; sie hängen also systemisch zusammen und sind verwoben (Hasse/Krücken 2008, 541). Somit versucht das Drei-Ebenen-Modell interkulturelle Interaktionen in Gesamtkontexte erklärend in die Analyse mit einzubeziehen (Demorgon 1998; D'Iribarne 2001).

Auch wenn das Drei-Ebenen-Modell integrativ und systemisch ist, lassen sich die für die Interkulturalitätsforschung relevanten Wissenschaftsdisziplinen tendenziell bestimmten Ebenen zuordnen (Peterson/Søndergaard 2012): Mikrosoziologie, Psychologie und Linguistik betrachten vor allem die Mikroebene (Individuen und deren soziale Interaktionen); Soziologie, Kulturanthropologie und Betriebswirtschaftslehre die Mesoebene (Gruppen und Organisationen); Soziologie, Volkswirtschaftslehre und Landeskunde die Makroebene (Gesellschaften). Aus dem umfassenden Anspruch, den das Passauer Drei-Ebenen-Modell für sich hat, entsteht gleichzeitig auch die wichtigste Einschränkung: Das Ziel, im Rahmen eines Modells umfangreich und integrativ gesellschaftliche Prozesse und Strukturen abzubilden, kann natürlich nur bedingt erfüllt werden. Das Drei-Ebenen-Modell kann somit als Meta-Modell gesehen werden und auf vielen Ebenen durch weitere Modelle ergänzt werden.

Drei Ebenen kultureller Dynamik und multipler Kulturen

Durch gesellschaftliche Veränderungen wird jede Ebene zunehmend pluralistischer, interkultureller und verschiedenkulturelle Einflüsse führen zur Herausbildung und Koexistenz multipler Kulturen, die auf inner- und zwischenmenschliche Prozesse wirken: Auf der *Mikroebene* finden sich vermehrt Menschen mit bikulturellen oder interkulturellen Hintergründen, auf der *Mesoebene* werden Teams und Organisationen multikultureller und sind von kultureller Vielfalt geprägt. Auch auf der *Makroebene* sind Gesellschaften mit kulturellen Transfer- und Transformationsprozessen wie Migration konfrontiert (Tab. 29).

Ebene	Bereiche	Formen multipler Kulturen	Basis konstruktiver Interkulturalität
Mikro: Akteure	Kommunikation und Kooperation, Führung und Management, Identität, Sprache	Bikulturelle Personen (TCI, TCK, Born Globals), TCN (Third Country Nationals), Multiple kulturelle Zugehörigkeit	Persönliche Entwicklung und Zufriedenheit, Erfüllung, Wertschätzung von Bikulturalität, Agieren als *Boundary Spanner* und kulturelle Mittler zur Gestaltung interkultureller Prozesse
Meso: Organisation	Organisationsstrukturen und -kulturen	Interkulturelle Teams, Organisationale Diversität, Multinationale Unternehmen, Bereichskulturen	Erreichung der Ziele, Leistungserfüllung, Mehrwert, Wertschöpfung der Organisation als gleichzeitige gemeinschaftliche Identitätsbildung, berufliche Verortung und Sinnerfüllung, Gestaltung durch Tandems und funktionsübergreifende interkulturelle Arbeitsgruppen
Makro: Gesellschaften	Soziale, politische, wirtschaftliche und kulturelle Institutionen	Multikulturelle Gesellschaften	Harmonisches friedvolles Zusammenleben und Bewältigung gesellschaftlicher Herausforderungen durch institutionelle Kontinuität und Komplementarität

Tab. 29: Erweitertes Passauer Drei-Ebenen-Modell unter Einbeziehung multipler Kulturen und konstruktiver Interkulturalität

Die rechte Spalte der Tabelle betont bewusst die konstruktive Interkulturalität. Dass auf jeder dieser Ebenen Interkulturalität problematisch wirken kann, zeigen Forschung und Praxis: Bikulturalität (Mikroebene) geht oft mit Identitätskrisen einher, interkulturelle Teams (Mesoebene) erreichen oft nur schwerlich ihre Ziele und in multikulturellen Gesellschaften (Makroebene) existieren viele Konflikte. Somit führen multiple Kulturen nicht automatisch zu interkultureller Konstruktivität. Im Laufe der Buches wird in den einzelnen Kapiteln gezeigt, wie konstruktive Interkulturalität, etwa durch bestimmte Maßnahmen, gestaltet werden kann.

Interkultureller Dreischritt

Ein weiteres disziplinenübergreifendes interkulturelles Ordnungsmodell, das als Strukturierungshilfe für Forschung und Praxis dienen kann, ist der Interkulturelle Dreischritt (Barmeyer 2012a, 46). Er hilft, Prozesse der (1.) Beschreibungen eines Kultursystems, des (2.) Kulturvergleichs und der (3.) Interkulturalität aus analytischen und Verständnisgründen voneinander abzugrenzen (Abb. 7).

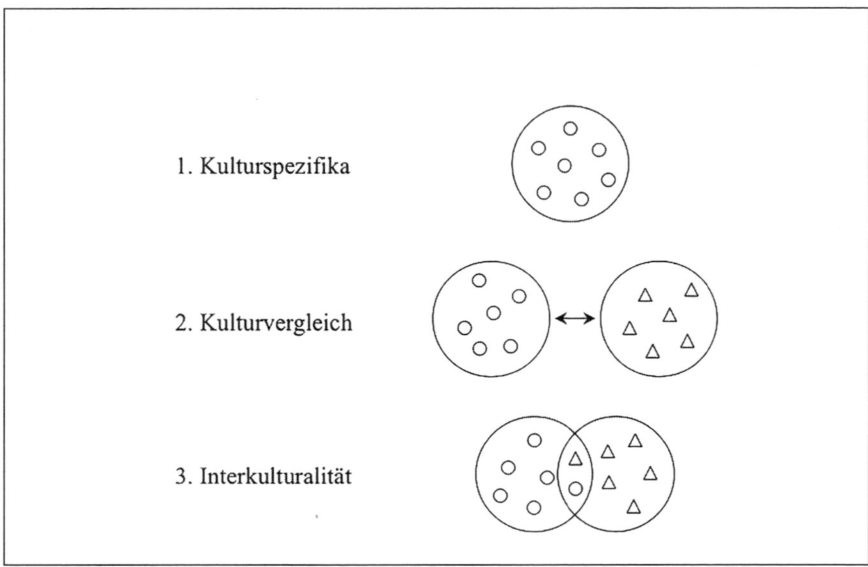

Abb. 7: Interkultureller Dreischritt

Dabei werden auch unterschiedliche methodische Zugänge der Analyse deutlich. Wie das Drei-Ebenen-Modell, trägt der Interkulturelle Dreischritt zur Differenzierung und Klarheit bei (Barmeyer 2011a). Müller-Jacquier (2004, 69) betont, »dass viele *cross-culture* Zugänge zur Analyse interkultureller Kommunikation methodisch als vergleichende, kontrastive Ansätze angelegt sind und dass die Bezeichnungen interkulturell oder *intercultural* teilweise für interaktionistische Erklärungsansätze stehen.«

Bezeichnung	Ziel (der Forschung)	Organisationsbezug
1. Kulturspezifika *»kontextuell-besonders«:* Merkmale und Besonderheiten eines bestimmten Kontexts, wie Institutionen, Werte und kulturelle Praktiken werden beschrieben, analysiert und interpretiert.	Besonderheiten in ihrer Tiefe herausarbeiten und erklären. *Emic:* Aufgrund vieler systemimmanenter Merkmale ist ein Eins-zu-Eins-Vergleich nicht möglich.	*Bewusstsein:* Organisationen und auch Organisationskonzepte sind in einem bestimmten Kontext entstanden, denen Grundannahmen bezüglich Prozesse, Strukturen und Akteursbeziehungen zugrunde liegen.
2. Kulturvergleich *»statisch-kontrastiv«:* Merkmale und Besonderheiten werden vergleichend gegenübergestellt. Hieraus ergeben sich relative Unterschiede.	Limitierte Anzahl an Besonderheiten kontrastieren und das eigene System relativieren. *Etic:* Aufgrund übergreifender Kategorien sind Vergleiche möglich.	*Wissen:* Vergleich führt zur Relativierung eines universellen/universalistischen Denkens und Absolutheitsanspruches.
3. Interkulturalität/ Kulturaustausch *»prozessual-interaktiv«:* Werte und kulturelle Praktiken (in interkulturellen Prozessbeziehungen) symbolischer Handlungen mit divergierenden Bedeutungen und Interpretationen werden analysiert.	Irritationen und Missverständnisse interkultureller Interaktionen analysieren. Prozesse und Formen komplementärer oder synergetischer Interkulturen, die durch soziale Aushandlung entstehen, verstehen.	*Aktion/Handeln:* Nachdem über Kulturspezifika und Kulturkontrast Bewusstsein und Wissen geschaffen wurde, können nun interkulturelle Interaktionsprozesse und Transferprozesse in und zwischen Organisationen gestaltet werden.

Tab. 30: Interkultureller Dreischritt als Phasenmodell

Der Interkulturelle Dreischritt ist auch als *integratives* Modell kulturvergleichender und interkultureller Forschung und Praxis zu verstehen: Als Entwicklungsmodell für Individuen und Organisationen kann er in seiner sukzessiven Anwendung »blinde Flecken« aufdecken und Ethnozentrismus minimieren.

Kulturspezifika ermöglichen generell Einsichten in kulturelle und institutionelle Besonderheiten und eröffnen einen kritischen Blick auf ein kulturelles System. *Kulturkontrast* meint hier die Suche von Gemeinsamkeiten und Unterschieden verschiedener kultureller Systeme und kann zu einer Relativierung eigenkultureller Standpunkte und Annahmen führen. Dadurch erfahren Elemente und besondere Merkmale anderer Systeme (mehr) Wertschätzung. Durch das Verständnis von *Interkulturalität* kann es schließlich zu reziproken interkulturellen Entwicklungs- und

Lernprozessen kommen, die eine Kombination der verschiedenen Kulturelemente und -merkmale und eventuell eine Bildung von Interkultur ermöglichen. Sowohl in Forschung und Praxis helfen insbesondere die Schritte 1 und 2, Ethnozentrismus zu überwinden, um in Schritt 3 interkulturelle Lernprozesse zu ermöglichen. Besonders der letzte Schritt ist wichtig für die konstruktive Gestaltung von Interkulturalität in Organisationen.

Dabei können einerseits die Untersuchungsansätze *separat* und *eigenständig* verfolgt werden, andererseits können sie auch als *fortlaufender,* sich *entwickelnder* Dreischritt und damit als Prozessmodell interkulturellen Verstehens und Gestaltens genutzt werden. Zusammengefasst ermöglichen die drei Schritte ein umfassendes Verständnis von Prozessen und Ergebnissen interkultureller Interaktionen, die sich einerseits problematisch oder anderseits bereichernd gestalten können: Nach Beschreibung und Analyse kultureller Merkmale eines Systems in einem ersten Schritt (Kulturspezifika), werden in einem zweiten Schritt Besonderheiten kontrastiv gegenübergestellt (Kulturvergleich), um in einem dritten Schritt interkulturelle Interaktionsprozessen verstehen und analysieren zu können (Interkulturalität). Auf diese Weise werden Erkenntnisse auf verschiedenen Ebenen systematisiert und umfassendes Verstehen gefördert.

Nachfolgend wird der Interkulturelle Dreischritt anhand von exemplarischen Studien zum Interkulturellen Management illustriert. Dabei wird erneut betont, dass kulturbezogene und interkulturelle Forschung *nicht* werten will. Vielmehr will sie Kulturspezifika, Kulturunterschiede und interkulturelle Interaktionen, Beziehungen und Kontakte untersuchen und verstehen, auch um Verhalten »treffend« zu interpretieren (Ladmiral/Lipiansky 1989).

Kulturspezifische Studien

Es existieren zahlreiche Publikationen, die versuchen, (national-)kulturelle Besonderheiten meist in Form von Länderstudien zu beschreiben. Der Fokus liegt – ganz im Sinne eines emischen Ansatzes – auf der Betonung von Eigenarten, die eine gewisse Kontinuität aufweisen und die sich i. d. R. sozialhistorisch und institutionell erklären lassen. Somit berücksichtigen *Kulturspezifika,* dass Menschen als Kulturträger in bestimmte historische und institutionelle Kontexte eingebunden sind, die als System besondere Strukturen und Prozesse aufweisen. In diesen sozialen Systemen entwickeln sich Werte und Praktiken, die Arten des Denkens und Handelns prägen und in anderen Systemen in dieser Konfiguration nicht vorkommen. Ziel ist es, Eigenarten kultureller Systeme samt ihrer Institutionen und ihrer Geschichte zu verstehen.

Vertreter dieses Ansatzes finden sich neben der Soziologie (Münch 1986), in der Ethnologie bzw. Kulturanthropologie (Chanlat 1990, 2013; Hall 1959; Moosmüller 2007a) sowie in der Landeskunde und den Kulturwissenschaften, bspw. zur französischen Landeskunde (Lüsebrink 2008) oder zum französischen Wirtschaftssystem (Ammon 1989; Barmeyer et al. 2007), aber auch in den Managementwissenschaften (Barsoux/Lawrence 1990; Kamdem 2002; Joly 2004; Segal 2009).

Edward. T. Hall (1959) war einer der ersten Forscher, der mithilfe eines anthropologisch-interpretativen Begriffssystems und Instrumentariums – ganz in der damaligen US-amerikanischen ethnologischen Tradition (Benedict 1946) verwurzelt – kulturtypische Verhaltensweisen in Arbeitskontexten untersuchte und sichtbare menschliche Kommunikations- und Kooperationsfähigkeiten durch unbewusst wirkende, »unsichtbare« Kulturkonzepte erklärte. Hierzu dienten ihm vor allem Begriffssysteme, die das Verhältnis von Mensch zu Raum, Zeit oder Information beschreiben, so genannte Kulturdimensionen. Die ursprünglich durch ethnologische Feldforschungen bei nordamerikanischen Ureinwohnern entwickelten Begriffssysteme finden in Halls späteren Werken Anwendung auf den Kontext von Organisationen, z. B. in anwendungsorientierten Studien zu den USA, Japan, Deutschland und Frankreich (Hall/Hall 1989). Dabei ist der Ausgangspunkt von Halls kulturspezifischen und kulturvergleichenden Studien immer die Interkulturalität: Wie gelingt es, die unbewussten unsichtbaren kulturtypischen Muster bewusst zu machen und gleichzeitig zu verstehen, welche Bedeutung sie in sich tragen?

Kulturspezifika können mit Max Webers *Idealtypus* beschrieben werden, der auch in der Wissenschaftstheorie Anwendung findet (Gerhardt 2001). Ein Idealtypus »[…] will der Hypothesenbildung die Richtung weisen. Er ist nicht Darstellung des Wirklichen, aber er will der Darstellung eindeutige Ausdrucksmittel verleihen. […] Er wird gewonnen durch einseitige Steigerung eines oder einiger Gesichtspunkte und durch Zusammenschluss einer Fülle von diffus und diskret, hier mehr, dort weniger, stellenweise gar nicht, vorhandenen Einzelerscheinungen, die sich jenen einseitig herausgehobenen Gesichtspunkten fügen, zu einem in sich einheitlichen Gedankengebilde.« (Weber 1904, 190–191)

Somit handelt es sich beim Idealtypus um einen zielgerichtet konstruierten Begriff, der Ausschnitte der sozialen Wirklichkeit ordnet. Er hebt bestimmte, vor allem als wesentlich erachtete Aspekte der sozialen Realität hervor und überzeichnet sie. Er wird in der sozialwissenschaftlichen Theoriebildung, etwa in der Soziologie oder den Wirtschaftswissenschaften, häufig eingesetzt (Gerhardt 2001).

Im Sinne von Idealtypen hat der US-amerikanische Kulturwissenschaftler Martin Gannon Kulturspezifika von anfangs 17, später von 31 Ländern (Gannon/Pillai 2011) herausgearbeitet. Für jede Gesellschaft lässt sich mindestens eine dominierende kulturelle Metapher, also eine symbolische oder bildliche Repräsentation finden. »Metaphors frame the manner in which we interpret the world and its activities in it.« (Gannon, 2009, 278). Diese emischen Metaphern tragen der Einzigartigkeit von Gesellschaften besser Rechnung als universell vergleichbare – etische – Dimensionen. »Metaphors are not stereotypes. Rather, they rely on features of one critical phenomenon in a society to describe the entire society.« (Gannon 2004, 17). Auf diese Weise kann der Dynamik und den Widersprüchen von Gesellschaften begegnet werden.

Für Deutschland wählt Gannon (2004) die Metapher des *Symphonie-Orchesters:* Merkmale des Symphonie-Orchesters dienen dazu, die deutsche Gesellschaft zu beschreiben: Synchronismus, Disziplin und Präzision werden im kollektiven

Zusammenspiel der Musiker deutlich, die von einem Dirigenten koordiniert ein gemeinsames Werk vollbringen. Anhand der Geschichte, des Erziehungswesens und der Politik werden Merkmale der konsensorientierten deutschen Gesellschaft aufgezeigt: demokratische Schul- und Berufsausbildung, die kontrollierenden Funktionen von Bürgerinitiativen und Bundesrat, das weit entwickelte Sozialversicherungssystem, das Vereins- und Genossenschaftswesen, das Zusammenwirken der Tarifpartner und die betriebliche Mitbestimmung.

Einer der wichtigsten europäischen Vertreter, der sich mit Kultur und Interkulturalität in Organisationen seit Ende der 1980er Jahre beschäftigt, ist der französische Sozialwissenschaftler Philippe D'Iribarne. In seinen zahlreichen und vielbeachteten Publikationen widmet er sich dem Einfluss von Nationalkulturen auf Organisationen, Management und Arbeitsverhalten. Zusammen mit seiner Forschungsgruppe *Gestion & Société* (Management und Gesellschaft) am CNRS hat er zahlreiche qualitative Fallstudien durchgeführt, die emische Besonderheiten herausarbeiten (1989, 1994, 1998b, 2002 et al., 2003, 2009b).

Für D'Iribarne (2009a) existieren in jeder Gesellschaft relativ einheitliche emotionale Elemente zur Vermeidung des Eintretens einer Befürchtung. Dabei wurzeln kulturelle Weltbilder in der Opposition zwischen einem grundlegenden Anliegen, das die Mitglieder einer Gesellschaft teilen, und Mitteln, die es ihnen ermöglichen, diese damit verbundene Angst zu vermeiden. Die Existenz eines *Grundanliegens* besagt nicht, dass nicht noch andere, weitere Befürchtungen vorliegen, diese beeinträchtigen aber nicht notwendigerweise das Funktionieren der Gesellschaft (Chevrier 2016, 233).

So wird für Frankreich eine hohe Bereitschaft festgestellt, im Namen eines Ideals Widerstand zu leisten. In der Arbeitswelt wird der soziale Rang maßgeblich durch den Beruf, *métier*, bestimmt. Dieser ist implizit mit bestimmten Rechten und Pflichten verbunden, die es zu respektieren gilt (D'Iribarne 2012). Ehre wird als unantastbar gesehen, Korruption wird beispielsweise aus Gründen der Ehre abgelehnt. Somit kann in Frankreich das Grundanliegen umgangen werden, wenn eine Person aufgrund ihrer sozialen Stellung angemessen berücksichtigt wird.

Eines von D'Iribarnes Forschungsprojekten, das auf gesellschaftlich-historische Kontexte und Kontinuitäten eingeht, wurde in dem Buch *La logique de l'honneur. Gestion des entreprises et traditions nationales* (1989, deutsch: 2001) veröffentlicht. Obwohl methodisch völlig anders angelegt, decken sich viele Aussagen mit Hofstedes Thesen (1980, 1993), so etwa, dass es keine universellen Managementmethoden gibt, die auf die Unternehmensführung beliebiger Gesellschaften gleich erfolgreich anwendbar sind. D'Iribarnes emischer Ansatz unterscheidet sich jedoch von Hofstedes etischem Ansatz:

»Eine Nationalkultur lässt sich nicht auf eine Reihe unabhängiger Dimensionen reduzieren. Sie bildet ein Gefüge von Eigenschaften, das eine gewisse Kohärenz aufweist. Einige dieser Eigenschaften scheinen wichtiger zu sein, vielleicht weil sie länger anhalten. Sie muss jedes Management als gegeben hinnehmen. Andere Eigenschaften hingegen scheint man in Frage stellen zu können.« (D'Iribarne 2001, 266)

D'Iribarne belegt diese These anhand des französischen Aluminiumkonzerns Pechiney in Frankreich, den USA und den Niederlanden. Obwohl die untersuchten Produktionsstandorte in den drei Ländern praktisch identische Maschinen benutzen und ähnlich produktiv sind, zeichnet sich jede Organisation durch einen eigenen Managementstil aus, der eingebunden ist in einen Kontext. D'Iribarne leitet im Anschluss daran bestimmte idealtypische Besonderheiten heraus:

- In Frankreich sind Arbeitsbeziehungen von der *Logik der Ehre* bestimmt. Jedes Individuum besitzt einen Rang mit bestimmten Privilegien und Pflichten und nimmt Aufgaben wahr, die ihm sein Rang zuschreibt.
- In den USA bestimmt nicht der Status, sondern der *Vertrag* das tugendhafte und gleichberechtigte Handeln der Mitarbeiter in ihren Beziehungen.
- In den Niederlanden gründen Arbeitsbeziehungen auf der ständigen Suche nach *Konsens* und der respektvollen und toleranten Art und Weise zu kooperieren.

Um Erklärungen für kulturtypische Haltungen zu finden, die bis in die Gegenwart hineinreichen, und die die impliziten Normen und Regeln von Organisationen beeinflussen, wird auf sozialhistorische Traditionen zurückgegriffen. D'Iribarne tut dies anhand wichtiger Schriften der Aufklärung des Philosophen Montesquieu und des Politikers Tocqueville: »Wenn man die Kategorien von Montesquieu aufgreift [...], könnte man sagen, dass wir es eher mit einer Ehrenlogik (die die durch den Brauch geprägten Pflichten betont, durch die sich die Gruppe, zu der man gehört, von anderen Gruppen unterscheidet) als mit einer Tugendlogik (die zur Beachtung der allgemein gültigen Gesetze auffordert) zu tun haben.« (D'Iribarne 2001, 34)

In einer anderen Publikation, *Le tiers monde qui réussit* (2003), zeigt D'Iribarne anhand von Fallstudien eindrücklich, wie Akteure in Entwicklungsländern wie Brasilien, Mexiko, Argentinien (Aufkauf eines lokalen Unternehmens durch ein französisches), Kamerun (Privatisierung einer Elektrizitätsgesellschaft), Marokko (Implementierung von Qualitätsmanagement), ihre eigenen kontextangepassten Managementpraktiken entwickeln und mit Erfolg einsetzen – ohne US-amerikanische Managementmethoden zu übernehmen.

Eine zentrale Botschaft von D'Iribarnes Publikationen ist, dass sie sich gegen den dekontextualisierten Mainstream und sogenannte universelle Erfolgsfaktoren wie »Best Practices« wenden. D'Iribarne liefert zweifelsohne inspirierende kontextbezogene Erklärungen für den großen Vorrat an kulturellen Beziehungsmustern in Organisationen, die häufig in quantitativ ausgerichteter Forschung fehlen. Jedoch wird der deterministisch wirkende Rückgriff auf die Geschichte kritisiert (Maurice et al. 1986; Friedberg 2005), der eine gewisse kulturelle Konstanz und Kontinuität unterstellt, und die Veränderungen und Entwicklungen im Zeitablauf keine große Bedeutung beimisst. Ebenso wird die Willkür kritisiert, sich auf bestimmte Denker wie Montesquieu und Tocqueville zu berufen, wie es später in diesem Kapitel noch thematisiert wird.

Weitere Studien arbeiten besondere kulturspezifische Merkmale heraus und illustrieren die engen Beziehungen zwischen Nationalkultur, Organisationen und Arbeitspraktiken:

Hinsichtlich der ägyptischen Kultur beschreiben Mohamed und Mohamad (2011) den Begriff *Wasta* als ist einen wichtigen Bestandteil der arabischen und vor allem der ägyptischen Kultur. Besonders im Bereich des (Personal-)Managements in Unternehmen spielt *Wasta* eine entscheidende Rolle. *Wasta* ist eine Art »Vetternwirtschaft«, bei der jedoch nicht nur Freunde und Verwandte bei der Besetzung von Positionen bevorzugt werden, sondern auch fremde Personen. Wichtig ist dabei der Aufbau von Netzwerken. Mit Hilfe von *Wasta* können Personen, die nicht für eine bestimmte Stelle qualifiziert sind, trotzdem diese Position in Unternehmen einnehmen. Obwohl *Wasta* in den arabischen Ländern stark verbreitet ist, ist es mit der moralischen Einstellung von Muslimen im Grunde nicht vereinbar. Es wird aber für die schlechte ökonomische Lage in den arabischen Ländern sowie für Fachkräfteabwanderung verantwortlich gemacht (Mohamed/Mohamad 2011). In ihrem Artikel »The effect of *wasta* on perceived competence and morality in Egypt« zeigen die Autoren auf, welchen Einfluss *Wasta* auf die Wahrnehmung von Kompetenzen und Moral von Personen hat. Beide Autoren untersuchen in ihrer Studie, wie Arbeitnehmer, die ihre Stelle mit Hilfe von *Wasta* erlangten, in Bezug auf ihre Kompetenzen und ihre Moral, von anderen beurteilt werden.

Da *Wasta* im Islam, sowie im Koran selbst, als die Verletzung der Befehle Gottes verurteilt wird, werden Angestellte, die darauf zurückgreifen, als unmoralisch beurteilt. Das Konzept hat tiefgreifende historische Wurzeln in der nationalen politischen Kultur arabischer Länder: Nachdem die arabischen Länder ihre Unabhängigkeit erklärten, standen sie externen und internen Bedrohungen gegenüber. Um sich vor diesen zu schützen, entwickelten sie starke zentralisierte Administrationen und platzierten an den Schlüsselpositionen ihre engsten Vertrauten. Arabische Herrscher sicherten sich die Loyalität ihrer Untertanen, indem sie bestimmten Individuen Vorteile und Privilegien erteilten. Auch besetzten sie die wichtigsten Positionen mit Personen, denen sie vertrauten. Somit ist es in arabischen Ländern üblich und wichtig, ein Netzwerk aufzubauen, welches aus Personen besteht, die einflussreiche Positionen besetzen. Der Einfluss nationaler Kultur auf Organisationen (Chevrier 2009b) kann auch hier illustriert werden.

Eine weitere Studie, die sich mit der Verbreitung des *Jeitinho* in Brasilien beschäftigt, illustriert den Einfluss nationaler Kultur auf Organisationen (Duarte 2006). *Jeitinho* ist eine informelle Strategie zur Lösung von Problemen in bürokratischen Organisationen. Dazu gehört auch die Umgehung oder sogar das Brechen von Regeln, um schwierige Situationen handhaben zu können. *Jeitinho* ist ein weit verbreiteter Mechanismus in der brasilianischen Gesellschaft, dessen Erfolg vom sozialen Kapital abhängt. Dabei spielen wechselseitige Beziehungen und Netzwerke basierend auf persönlichem Vertrauen eine wichtige Rolle. Aus diesem Grund kommen Gefallen und Vereinbarungen zwischen Freunden öfter vor und sind stabiler und zuverlässiger, als zwischen fremden Personen. Entscheidend für den *Jeitinho* ist die »Simpatia«, der Charme und die Freundlichkeit der Person.

Jeitinho ist, ebenso wie *Wasta* in Ägypten, ein wesentlicher Bestandteil der brasilianischen Kultur, seine Wurzeln sind im soziohistorischen Kontext Brasiliens verankert: Zum einen entwickelte sich der *Jeitinho* als eine problemlösende Strategie in einer exzessiv formalen Gesellschaft, die von der portugiesischen Kolonialherrschaft stammt. Daraufhin entwickelten Brasilianer eine flexible Art, um mit bürokratischen und zeitaufwendigen Formalitäten umzugehen. Diese ausgeprägte Personenorientierung, so Duarte (2006), geht auf die Beziehungen zwischen den Kolonialherren und Sklaven zurück. Sklaven erhielten besondere Privilegien, wenn sie sich gegenüber ihren Herren loyal verhielten.

Auch in China spielen persönliche Beziehungen, bekannt als *Guanxi*, sowohl auf Landes-, als auch auf Organisationsebene eine wichtige Rolle (Buckley et al. 2006; D'Iribarne 2010). Auf *Guanxi* beruhende Beziehungen bieten inoffizielle Wege, um Unsicherheiten und opportunistisches Verhalten zu reduzieren. Internationale Unternehmen, die in China tätig sind, sollten sich darum bemühen, *Guanxi* aufzubauen, um wettbewerbsfähig agieren zu können. Eine Schlüsselkomponente in *Guanxi* ist *Mianzi*, »Gesicht«, die Anerkennung des sozialen Standes eines Individuums. *Mianzi* ist somit wichtig, um personelle und interpersonelle Beziehungen aufzubauen. *Guanxi* und *Mianzi* bedingen sich gegenseitig, denn alle Akteure in einer Arbeits- bzw. Geschäftsbeziehung müssen sich gegenseitig respektieren (Buckley et al. 2006).

Guanxi kann Organisationsmitgliedern die Erreichung ihrer Ziele ermöglichen. Dass diese Logik der soliden Netzwerke insbesondere für chinesische Staatsunternehmen gilt, zeigt D'Iribarne (2010). Guanxi kann sich allerdings auch negativ auf die Organisationsleistung auswirken, wenn die persönlichen Beziehungen bedeutender als die tatsächliche Leistung und/oder Kompetenz wahrgenommen werden und die Mitarbeiter ausschließlich nach ihren eigenen privaten Interessen streben. Als Gegengewicht zum stark personenorientierte Management hat das französische Unternehmen Lafarge ein Managementsystem implementiert, das sich auf strikte Regeln stützt (D'Iribarne 2010).

Weitere kulturspezifische Konzepte finden sich auch in anderen Ländern, wie z. B. das *Système D* in Frankreich, *Jantes Gesetz* in Skandinavien und *Ubuntu* in Afrika. Deren Auswirkungen auf Gesellschaften und auf das IKM werden in Tabelle 31 zusammengefasst:

Konzept/ Kulturraum	**Definition und Ursprung**	**Auswirkung auf das Management**
Wasta Maghreb/ Naher Osten (Hutchings/Weir 2006; Mohamed/ Mohamad 2011)	Netzwerk(aufbau) zur Sicherung von Loyalität und Vertrauen zu wichtigen Positionen und Hierarchien. Gilt trotz seiner weiten Verbreitung als verpönt, weil es gegen die Moral des islamischen Glaubens verstößt.	Erst ein Bewusstsein für die Sensibilität des Konzeptes ermöglicht es ausländischen Organisationen, im Nahen Osten angemessen Netzwerke aufzubauen, ohne vor dem Hintergrund des muslimischen Glaubens geächtet zu werden.

Konzept/ Kulturraum	Definition und Ursprung	Auswirkung auf das Management
Jeitinho Brasilien (Amado/Brasil 1991; Duarte 2006)	Auf sozialem Kapital und Netzwerken basierende Strategie zur Lösung von (bürokratischen) Problemen durch Umgehen oder Brechen von Regeln.	Um zum Erfolg zu kommen, dürfen Fragen der Compliance und der Regeltreue im Geschäftsgebaren mit brasilianischen Kollegen nicht ähnlich streng ausgelegt werden wie bspw. im deutschen Kontext.
Guanxi China (Chen et al. 2013; Luo et al. 2011)	System persönlicher Beziehungen und Abhängigkeiten zur Reduktion von Unsicherheiten und opportunistischem Verhalten.	Zugang zu wichtigen Entscheidungsträgern in China ist internationalen Managern oder Expatriates selten oder schwer zugänglich. Für erfolgreiches (organisationales) Handeln braucht es z. B. deutsch-chinesische Tandems.
Jantes Gesetz Skandivanien (Fivelsdal/ Schramm-Nielsen 1993; Smith et al. 2003)	Kanonisierte Selbsteinschränkung und Selbstunterdrückung zur Förderung der individuellen Bescheidenheit als Erfolgsfaktor für das Kollektiv.	Zurückhaltendes und eher kollegiales statt kompetitives Verhalten skandinavischer Manager muss nicht als Schwäche und mangelndes Durchsetzungsvermögen gesehen werden, sondern eher als persönliches ›Opfer‹ für den Teamerfolg.
Système D Frankreich (Barmeyer 2000; Hampden-Turner/ Trompenaars 1993)	Zielerreichung und Problemlösung durch phantasievollen, kreativen Einsatz von wenigen Mitteln. Flexibles und zielgerichtetes Reagieren auf ungeplante und unvorhergesehene Situationen mithilfe des gesunden Menschenverstands.	Arbeits- und Zeitaufwand wird reduziert bei gleichzeitiger Erreichung eines ›guten‹ Ergebnisses. Unmögliches wird geschafft und bürokratische Strukturen werden überwunden.
Ubuntu Afrika (Broodryk 2002; Lutz 2009; Ojiako et al. 2014)	Philosophische Erkenntnis der gegenseitigen Relevanz von Individuen für das je eigene Reüssieren sowie der Erkenntnis der eigenen Verantwortung für die Gemeinschaft.	Respektvolles und anerkennendes Miteinander und die Betonung der eigenen Abhängigkeit vom organisationalen Kontext sind im (süd-)afrikanischen Kontext zentrale Verhaltensweisen, die zur vertrauensvollen Kooperation führen.

Tab. 31: Kulturspezifische soziale Praktikten verschiedener Länder

Kulturvergleichende Studien

Kulturvergleichende Studien besitzen sowohl in der Sozialforschung als auch in der Managementforschung einen hohen Stellenwert. In der Managementforschung tragen sie zum Teil auch die Bezeichnung *Comparative Management.* Im Sinne des Interkulturellen Dreischritts verfolgt der Kulturvergleich eine wichtige Funktion: Häufig werden Kulturspezifika erst durch Kontrast, also in Gegenüberstellung mit anderen Elementen oder Systemen – etwa durch empirische Forschung in zwei oder mehreren Systemen oder durch persönliche Erfahrungen – deutlich. Ziel des Kulturkontrasts im Sinne des Konstruktiven Interkulturellen Managements ist die Relativierung von kulturspezifischen Standpunkten und die Erweiterung des eigenen Horizonts durch Öffnung und Anerkennung von Unterschiedlichkeit. Hierdurch entwickelt sich eine ethnorelativistische Haltung. Die kulturvergleichende Psychologie (Genkova 2012; Hofstede 2001; Minkov 2011; Schwartz 2006; Triandis 1995) arbeitet häufig mit diesem Ansatz. Die Soziologie nutzt ebenfalls den kontrastiven Ansatz, etwa bei Gesellschaftsvergleichen (Whitley 1992b), Karrierewegen und Elitenforschung (Davoine/Ravasi 2013; Hartmann 2006; Maclean et al. 2006), Bildungssystemen und Unternehmensorganisation (Heidenreich/Schmidt 1991; Maurice et al. 1980, 1986) oder Werten (Inglehart/Welzel 2005).

Eine kulturvergleichende Studie der Managementforschung von Winch, Clifton und Millar (2000) thematisiert den Bau des Eurotunnels zwischen Calais und Dover über die Jahre 1987 bis 1993. Der Tunnelbau unter dem Ärmelkanal stellt eines der größten Bauprojekte der europäischen Geschichte dar und kostete fast fünf Milliarden Pfund. Hierfür wurde ein binationales Unternehmenskonsortium mit dem Namen *TransManche Link* (TML) gegründet. Dieses Konsortium bestand aus jeweils fünf führenden englischen und französischen Bauunternehmen.

Die Autoren untersuchen in ihrem Forschungsprojekt, inwiefern die jeweils national geprägten Unternehmenskulturen Einfluss auf die neu gegründete Organisation TML und deren (Projekt-)Management nehmen. Mit Maurice et al. (1982) gehen sie davon aus, dass die Ausgestaltung von Organisationsstrukturen und -prozessen in direktem Zusammenhang mit der gesellschaftlichen Makroebene steht, in die das Unternehmen eingebettet ist. Dementsprechend nehmen sie an, dass das Verhalten der Mitarbeiter und der Managementstil in der Teamzusammenarbeit nationalkulturell geprägt sind.

Die Ergebnisse der Studie stellen Winch und Kollegen entlang der fünf Dimensionen Arbeitsorganisation, Teamverhalten, berufliches Engagement, persönliche Beziehung und Stresslevel dar. Mit diesen wurde die Prozesstreue in Bezug auf eine Aufgabe, das Verhalten im Team, die emotionale Beteiligung am Job, das persönliche Verhalten gegenüber anderen und das Ausmaß an persönlichem Stressempfinden gemessen. Tab. 32 zeigt die Ergebnisse für die französischen und britischen Teammitglieder im Vergleich.

	Französisch	Britisch
Arbeitsorganisation	»Fonceur« (draufgängerisch)	prozedural
Teamverhalten	wettbewerbsorientiert	kollegial
Berufliches Engagement	distanziert	engagiert
Persönliche Beziehungen	individualistisch	unterstützend
Stress-Level	hoch	niedrig

Tab. 32: Vergleich französischer und britischer Organisationen und deren Management (Winch et al. 2000, 676, unsere Übersetzung)

Auf der Ebene der Arbeitsorganisation wird deutlich, dass die französischen Mitarbeiter weniger auf Systeme und Abläufe zurückgreifen und stärker aktionsorientiert arbeiten. Die britischen Mitarbeiter im Konsortium arbeiteten dagegen stärker prozess- und verfahrensorientiert. Im Team verhielten sich die französischen Kollegen eher kompetitiv und wurden von ihren britischen Kollegen als wenig kollegial wahrgenommen. Hinsichtlich des beruflichen Engagements zeigten sich die französischen Mitarbeiter eher distanziert, die britischen engagiert. Die Autoren zeigen damit eindrücklich, dass sich entlang nationalkultureller Grenzen klare Management- und Arbeitsprozesspräferenzen unterscheiden lassen.

In einigen vergleichenden Studien wird auf die Bedeutung des institutionellen Kontexts hingewiesen, der als ein zentraler Erklärungsfaktor für Unterschiede und Probleme internationaler Zusammenarbeit dient. So zeigen Boussebaa und Morgan (2008) in ihrer qualitativ ausgerichteten Studie zur Einführung eines einheitlichen Talentmanagements in einer französischen-britischen Fusion, die sich aus institutionellen Unterschieden ergebenden Schwierigkeiten. Ziel ist es, den Einfluss nationaler institutioneller Kontextfaktoren auf die Entwicklung eines Talentmanagement-Systems in multinationalen Projekten zu untersuchen (Boussebaa/Morgan 2008, 25).

Die in Tab. 33 dargestellten institutionellen Unterschiede und Vorstellungen von »Talent« führen im Rahmen der Fusion und der Einführung des gemeinsamen Talent-Management-Systems zu zahlreichen konfliktreichen Debatten, so z. B. über die Bedeutung von »Potential« oder »Potentialmessung« in Frankreich und Großbritannien.

Frankreich	England
Ausbildung Grandes écoles → Eliteausbildung, Identitätsstiftung	Ausbildung »Old Elite« → »character over cleverness« MBA → »mass-education«
Abschluss und Theorie	Erfahrung und Praxis
»Cadre«	Manager

Frankreich	England
Exklusivität und Selektivität	Zugänglich für breite Bevölkerungsschicht
Identifizierung potenzieller Manager außerhalb des Unternehmens (networking)	Identifizierung potenzieller Manager innerhalb des Unternehmens
Homogenität	Diversität
Kontinuität zwischen Ausbildung und Beruf	Weniger starker Zusammenhang zwischen Ausbildung und Beruf

Tab. 33: Kontexte und Annahmen von Management-Talent (Boussebaa/Morgan 2008, unsere Übersetzung)

Die Anwendung des gleichen Talent-Management-Systems in Großbritannien und Frankreich war dementsprechend nicht möglich, da auch Begriffe wie »potential talent (GB)« und »proven talent (FR)« gleichgesetzt wurden. Zudem wurden die Begriffe des »measurement« und »development« von Potential im französischen Kontext nicht als angemessene Maßnahmen gesehen, um Talent zu »managen«.

Desweiteren haben Brannen und Salk (2000) im Rahmen einer Studie in einem japanisch-deutschen Joint-Venture die jeweiligen Attribute von deutschen und japanischen Managern erhobenen und gegenübergestellt (Tab. 34).

Deutsch	Japanisch
- Hoher Stellenwert des Individuums	- Hoher Stellenwert der Gruppe
- Klar definierte Arbeitsaufgaben	- Flexibilität der Arbeitsaufgaben
- Schnelle und effiziente (gegenüber konsensorientierte) Entscheidungsfindung	- Konsensorientierte Entscheidungsfindung
- Vorgesetzter als Dirigent mit starker Autorität	- Vorgesetzter als Dirigent/Mediator
- Regeln sind wichtiger als Situation	- Situation wichtiger als Regeln
- Bedeutung von Arbeitsplatzsicherheit	- Bedeutung lebenslanger Anstellung
- Klare Trennung von Arbeit und Privatleben	- Fließende Grenzen zwischen Arbeit und Privatleben
- Begrenzt konsultative Entscheidungsfindung	- Partizipative Entscheidungsfindung
- Bedeutung von Expertise (gegenüber Seniorität)	- Bedeutung von Seniorität

Tabelle 34: Deutsch-japanische Unterschiede im Arbeitsverhalten als »Billardkugeln« (Brannen/Salk 2000, 466, unsere Übersetzung)

Der vergleichende Ansatz, der die oben erwähnten Funktionen und Vorteile bietet, weist jedoch auch Schwächen auf. Zu diesen gehört, dass sich Kulturen als Einheiten wie »Billardkugeln« (Wolf 1982, 6) abstoßen und keine hybriden Formen annehmen. Für das Konstruktive Interkulturelle Management ist der Kulturvergleich im Rahmen des Interkulturellen Dreischritts nur ein erster (Analyse-)Schritt hin zu interkulturellen Austausch- und Lernprozessen (Barmeyer/Franklin 2016): Auf Basis des Kulturvergleichs werden Unterschiede herausgearbeitet, um dann bewusst mit ihnen umzugehen.

Interkulturelle Studien

Das Modell des Interkulturellen Dreischritts, das auf der Kenntnis von (1.) Kulturspezifika und (2.) dem Bewusstsein von Kontrasten durch Kulturvergleich aufbaut, beachtet im dritten Schritt die Ebene der Interkulturalität. Ziel der Forschung ist eine bessere Verständnisgenerierung der Komplexität von Interkulturalität. Für die Praxis gilt das Ziel, diese bewusst konstruktiv zu gestalten, etwa durch Verhaltensänderungen und -anpassungen. Gegensätzlich empfundene kulturelle Annahmen und Interpretationen werden kultursensibel betrachtet und integriert, und nicht als persönlicher Affront verstanden, sondern als Ausdruck unterschiedlicher Verhaltensstandards. Dieser Ansatz, der im engen Sinne interkulturelle Interaktionen und auch die Herausbildung neuer Interkulturen betrifft, wird insbesondere von Wissenschaftlern der Linguistik (Müller 1993a; Müller-Jacquier 2004; Spencer-Oatey/Franklin 2009), der Sprechwissenschaft (Bennett 1993; Gudykunst/Kim 1983), der interkulturellen Psychologie (Thomas 2003c), Philosophie (Demorgon 1998), Anthropologie (Brannen 1998; Romani 2008), Soziologie (Maletzky 2010) sowie von Interkulturalisten vertreten (Barmeyer 2000; Barmeyer/Davoine 2015; Bolten 2007; Hampden-Turner/Trompenaars 2000). Dabei handelt es sich meist um kontextualisierte, interkulturelle Beziehungen. Nur wenige Studien der Interkulturellen Managementforschung sind wirklich *interkulturell* im engeren Sinne ausgerichtet, was mitunter auch mit der voraussetzungsreichen Forschungsmethode zu tun hat. Im Folgenden werden exemplarisch Studien zur Interkulturalität vorgestellt.

Sylvie Chevrier (2011) führte eine Studie mit der französischen Nicht-Regierungs-Organisation GRET durch, die Entwicklungsprojekte durch Mikrofinanzierung für Landwirte in Vietnam betreut. In dieser Studie befragte sie 40 Projektmitglieder zu französisch-vietnamesischen Joint-Ventures hinsichtlich des Erfolges des Projekts. Chevriers Forschungsansatz basiert auf Philippe D'Iribarnes Kulturverständnis, nach dem Kultur dynamisch zu betrachten ist und sich durch interaktive (Re-)produktion von Bedeutungs- und Interpretationsmustern konstituiert, die von einer bestimmten Gruppe Individuen geteilt werden. Die Autorin untersucht in einem ersten Schritt die Bedeutungs- und Interpretationssysteme beider Kulturen (D'Iribarne 2009a, 318). Dabei kommt sie kontrastiv zu folgenden Ergebnissen: In Frankreich wird nach D'Iribarne (2001) die Position von Mitarbeitern im sozialen System der Organisation vor allem durch Rolle und Status bestimmt. Ebenso weisen sie Überzeugungen auf, zu denen sie stehen und die sie verteidigen. Tendenziell wird Privates von Beruflichem getrennt. Aufgabenbeschreibungen sind eher orientierungsgebend als vorab festgelegt und lassen Interpretationsfreiräume, welche die individuelle Kreativität und Initiative fördern.

Kompetent handeln Mitarbeiter, wenn sie Ziele erreichen, zu denen unterschiedliche Lösungsansätze führen.

Im Gegensatz dazu findet Chevrier heraus, dass für vietnamesische Organisationen familiäre Beziehungen und Zugehörigkeit zu bestimmten Gruppen ausschlaggebend sind. Erwartungen und Forderungen von diesen sollten erfüllt werden, da sie Verpflichtungen darstellen, wie z. B. Arbeitsbeziehungen zu »fremden« Personen. Die eigene Meinung wird nicht direkt geäußert und Vorgesetzten wird nicht offen widersprochen. Vietnamesische Mitarbeiter erwarten von Führungskräften detaillierte Anweisungen und Lösungsansätze zur Zielerreichung. Kompetent handelnde Mitarbeiter verfügen über das Know-How zur Lösung einer Aufgabe und entwickeln ihre Fähigkeiten weiter.

Nach dieser kulturvergleichenden Gegenüberstellung arbeitet Chevrier in einem zweiten Schritt Divergenzen zwischen den Bedeutungssystemen beider Gesellschaften heraus, die in interkulturellen Interaktionen hervortreten, vor allem in Hinblick auf individuelle Autonomie, Befugnis und Arbeitsethik (Tab. 35).

	Französische Manager	**Vietnamesische Manager**
Individuelle Autonomie	Meinungsschwankungen als Zeichen von Inkohärenz	Soziales System ist wichtiger als berufliche Verpflichtungen
Befugnis	Strenge Aufsicht als Zeichen mangelnden Vertrauens	Distanzempfinden durch wenig Unterstützung und Informationsaustausch
Arbeitsethik	Im Vordergrund steht die Zielerreichung	Im Vordergrund stehen Prozesse mit detaillierten Instruktionen

Tab. 35: Differenzen zwischen Bedeutungssystemen von Franzosen und Vietnamesen (Chevrier 2011, 41 ff., unsere Übersetzung)

Weitere interkulturell ausgerichtete Studien finden sich in den Kapiteln 8 und 9 dieses Buches.

Der Interkulturelle Dreischritt eignet sich somit in der Organisationspraxis zum Verständnis und zur Gestaltung Konstruktiven Interkulturellen Managements. Im Besonderen trägt das Modell zur Ausgestaltung interkultureller Synergie bei, da es ein (1.) Verständnis für Kulturspezifika schafft, (2.) Relativierung dieser Spezifika durch den Vergleich anstellt, und (3.) Interaktionen die Aushandlung neuer kultureller Praktiken ermöglichen.

Jedoch ist der Interkulturelle Dreischritt auch Kritik ausgesetzt. Diese kann die Betrachtungsebene betreffen, da Ausgangspunkt der kulturspezifischen, der kulturvergleichenden wie auch der interkulturellen Betrachtung häufig die Nationalkultur ist, welche als eine mögliche kulturelle Kategorie auch in anderen Ansätzen kritisiert wird (Bolten 2001a; Mahadevan 2011; Hansen 2009; Rathje 2010). Akteure lassen sich – im Sinne von fluiden Kulturen – immer weniger auf nationalkulturelle

Merkmale reduzieren, sondern weisen multiple kulturelle Zugehörigkeiten auf, wie zur Region, zur Branche, zum Beruf, Geschlecht oder Generation.

Drei-Faktoren-Modell

Ein weiteres interkulturelles Ordnungsmodell, welches drei Einflussfaktoren auf soziale Systeme analytisch trennt, ist das Drei-Faktoren-Modell (Abb. 8). Es unterscheidet zwischen Institutionen, Kulturen und Akteuren, welche auf die Herausbildung und auf Veränderungsprozesse von Gesellschaften einwirken und relativiert somit den – nach Parsons (1952) strukturfunktionalistisch orientierten – nationalkulturellen Einfluss.

Interkulturalität wird demnach von verschiedenen Faktoren der Interaktion beeinflusst. Deutlich wird dies, wenn durch fremdkulturelles Verhalten Verwunderung, Irritation oder gar Verärgerung ausgelöst wird. Dies ist schließlich im Interkulturellen Management ein wiederkehrendes und zentrales Thema. In interkulturellen Situationen stellt sich häufig die Frage, inwieweit diese auf die kulturelle Zugehörigkeit des Interaktionspartners zurückzuführen sind, auf dessen Persönlichkeit oder auf institutionelle Einflüsse.

Das Drei-Faktoren-Modell unterstreicht, dass interkulturelle Situationen nicht nur einseitig kulturell analysiert und erklärt werden können, sondern diverse Situationen und Sichtweisen berücksichtigt werden müssen (Witt/Redding 2009). Kultur stellt nur *einen* Einfluss- und Erklärungsfaktor dar. Somit sollte eine Situationsanalyse neben Kultur zwei weitere Einflussfaktoren berücksichtigen: Akteure und Institutionen (Barmeyer/Haupt 2007b; Bjerregaard et al. 2009; Hammerschmidt 2010).

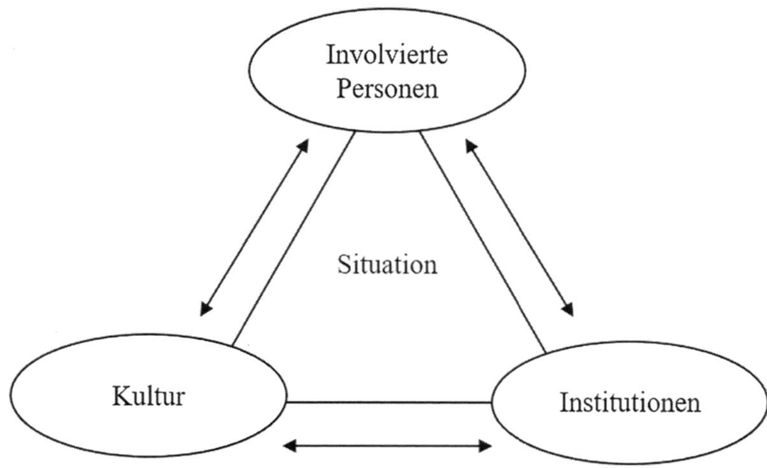

Abb. 8: Drei-Faktoren-Modell

Akteure: Die französische Organisationssoziologie mit Vertretern wie Michel Crozier und Erhard Friedberg (1979) beschäftigt sich seit Jahrzehnten mit der Thematik der Mikropolitik der Akteure. Der Fokus liegt dabei auf der eigenen Freiheits- oder Machtausübung durch »Spiel«, welches Freiheit und Zwang vereint. Spiel wird hier verstanden als »ein konkreter Mechanismus, mit dessen Hilfe die Menschen ihre Machtbeziehungen strukturieren und regulieren und sich doch dabei Freiheit lassen« (Crozier/Friedberg 1979, 68). Kultur – und eine implizite Determiniertheit von Denk- und Verhaltensweisen, wie auch eine angenommene nicht strategische Haltung der Interagierenden – spielt bei den »Strategien der Akteure« nur eine untergeordnete Rolle. Diese Strömung der Sozial- und Organisationsforschung geht von der Annahme aus, dass institutionell-kulturelle Vorgaben keine unmittelbare Handlungswirksamkeit entfalten. Diese Ansicht wird insbesondere von Forschern der poststrukturalistischen Handlungs- und Gesellschaftstheorie, die Akteuren mehr Freiheiten zugesteht (Berger/Luckmann 1966; Giddens 1984b), und auch von Forschern der (mikro-)institutionellen Organisationsforschung vertreten.

Kultur: Im Gegensatz zum strategischen Ansatz der Akteure der französischen Organisationssoziologie stützt sich seit Jahrzehnten ein Großteil der Interkulturellen Managementpraxis unkritisch auf die – durchaus zu relativierende – Grundannahme, dass Kultur(en) bzw. Kulturunterschiede Grund und Erklärung für Schwierigkeiten internationaler Interaktionen sind (Barmeyer 2000; Hofstede 1980, 2001). Kritisch bemerken hierzu erst Dahlén (1997) und später Romani und Szkudlarek (2013), dass viele interkulturelle Berater und Trainer mit geradezu missionarischer – oder zumindest humanistischer – Einstellung »interkulturelle Aufklärungsarbeit« in Organisationen betreiben und Fach- und Führungskräfte auf den unberücksichtigten »blinden Flecken« Kultur hinweisen.

Institutionen nehmen in der organisationstheoretischen Schule des Neo-Institutionalismus einen besonderen Stellenwert ein. Sie bilden den symbolischen Rahmen, der soziales Handeln organisiert, ermöglicht und begrenzt. Scott (2008, 48) definiert Institutionen als »regulative, normative and cultural-cognitive elements that, together with associated activities and resources, provide stability and meaning to social life.« Institutionen manifestieren sich über konkrete, legal sanktionierbare Regeln und Gesetze, bindende, moralische Normen und Erwartungen. Ebenso prägen sie grundsätzliche, als selbstverständlich wahrgenommene Vorstellungen und Annahmen, deren Verletzung sich in Irritation und Missverständnissen zeigen kann.

Diese drei Faktoren können als zentrale Einflussfaktoren auf interkulturelle Situationen gesehen werden. Folgende Tabelle zeigt einen Überblick mit konkreten Beispielen.

Einflussfaktoren	Konkretisierung
Institutionen: Teilweise gestaltbar und beeinflussbar	- Sozio-ökonomisches Umfeld: Markt, Politik, Wettbewerbssituation. - Hintergründe, (Vor-)Geschichte - Bildungssysteme - Gesetze, Regeln, Normen
Kultur: Teilweise gestaltbar und beeinflussbar	- Erwartungen und Vorstellungen - Wahrnehmungsmuster und Stereotypen - Bedeutungen und Sinn (Symbole) - Kommunikation und Sprache - Praktiken - Werte und Normen (Kulturdimensionen) - Organisationskultur - Berufskultur
Personen: Gestalten und beeinflussen	- Persönlichkeit - Interessen, auch »Hidden Agendas« - Erfahrung - Ausbildung - Eigenschaften, Haltung - Position und Funktion - Kompetenzen (fachlich, interkulturell, kommunikativ, fremdsprachlich, Führung)

Tab. 36: Zuordnung von Elementen in das Drei-Faktoren-Modell (in Anlehnung an Barmeyer/Haupt 2016)

Zwischen französischen Vertretern fand eine in Forscherkreisen bekannte, wissenschaftliche Debatte hinsichtlich der Relevanz der drei Faktoren der Interaktion statt, die in der Soziologie-Zeitschrift *Revue Française de Sociologie* veröffentlicht wurde. Dabei stehen Vertreter des *institutionellen* Ansatzes, Maurice, Sellier und Silvestre (1992) dem *kulturellen* Ansatz von D'Iribarne (1991) gegenüber. In der anderen Diskussion ist es Friedberg (2005), der gegenüber D'Iribarne den Fokus auf Strategien und Handlungen von *Akteuren* legt. Diese im Folgenden kurz skizzierte Debatte ist bezeichnend für die verschiedenen Standpunkte und Überzeugungen bezüglich der drei Einflussfaktoren.

Die französischen Industriesoziologen des *LEST (Laboratoire d'Economie et de Sociologie du Travail)* in Aix-en-Provence, Marc Maurice, François Sellier und Jean-Jacques Silvestre (1982, 1986) führten als institutionelle Vertreter eine berühmte vergleichende Studie zu deutschen und französischen Unternehmen durch. Sie stellten trotz relativ äquivalenter Auswahl deutscher und französischer Unternehmen zwar einige ähnliche Merkmale fest, vor allem aber eklatante Unterschiede in der Lohnstruktur, in den Qualifikationen der Arbeitskräfte und den fachlichen, funktionalen oder hierarchischen Anforderungen. Sie erklären diese größtenteils durch Unterschiede der Bildungssysteme, genauer: der beruflichen und der internen Ausbildung.

Maurice und Kollegen (1992) kritisieren des Weiteren den kulturellen Ansatz Philippe D'Iribarnes und werfen ihm »Kulturalismus« vor: D'Iribarne überschätze den Einfluss von Kulturen und Institutionen auf das Verhalten von Akteuren (Maurice et al. 1992). Maurice et al. versuchen mit einem »gesellschaftlichen Effekt«, *effet sociétal,* Unterschiede zwischen verschiedenen nationalen Systemen durch einen Rückgriff auf den Zusammenhang zwischen Organisations- und Bildungssystemen zu erklären, ohne dabei Kultur einen bedeutenden Einfluss zuzuschreiben. Die Autoren verwerfen in ihren Forschungen zum internationalen Vergleich sowohl den universalistischen (Kultur-Konvergenz, *culture free*) als auch den kulturellen (Kultur-Divergenz, *culture bound*) Ansatz und verwenden vielmehr einen sogenannten gesellschaftlichen Ansatz *(Analyse Sociétale)* als eine Methode international vergleichender Organisationsforschung, der auf die starke Einbindung des Unternehmens mit seinen Mitarbeitern in den gesellschaftlichen Kontext verweist (Friedberg 2000). Es werden gesellschaftliche Akteure und Gruppen bzw. Gemeinschaften betrachtet, die den gesellschaftlichen Kontext konstituieren und es wird hinterfragt, in welcher Beziehung das Untersuchungsobjekt zum nationalen Kontext steht.

D'Iribarne antwortet in diesem Zusammenhang, dass er mit dem methodischen Ansatz von Maurice et al. (1982, 1986) in Einklang stehe – so die Notwendigkeit, allgemeine Strukturen bzw. Systeme zu vergleichen und sich nicht auf etische Elemente zu beschränken, die kaum vergleichbar seien (so existiere in Frankreich weder der deutsche *Facharbeiter* noch der deutsche *Meister,* in Deutschland gäbe es dagegen nicht die französische sozioprofessionelle Berufsgruppe *Cadre*). Auch der Zusammenhang von *faits de socialisation* und *faits d'organisation* sieht D'Iribarne als äußerst interessant an, jedoch würde eine Einbeziehung kultureller Phänomene eine bedeutende Erweiterung dieses Ansatzes darstellen (D'Iribarne 1991, 600).

»The cultural frames of reference that characterize French society on the one hand and German society on the other existed before the emergence of the institutional systems with which they form coherent wholes. Thus, as early as the 18 th century, France was already characterized by status stratification, in contrast to Germany, which was characterized by a series of relatively unhierarchized communities. Thus, contrary to the hypothesis of the Aix school, these frames of reference cannot be interpreted as the consequence of institutional specificities, but rather as the source of such specificities.« (D'Iribarne 1994, 94)

Abschließend kann festgestellt werden, dass das Drei-Faktoren-Modell auf einer Metaebene eine Situationsanalyse aus drei Perspektiven ermöglicht und klärt, welchen Stellenwert die drei Faktoren auf Interkulturalität einnehmen. Die Anwendung des Modells kann zu einer analytischen Unterscheidung beitragen, ob in – interkulturellen – Handlungssituationen ›Kultur‹ als Einflussfaktor eine bedeutende Rolle spielt, oder andere Einflussfaktoren, wie die der Institutionen oder der Akteure.

Für die konstruktive Gestaltung von Interkulturalität in Organisationen ist von Bedeutung, dass – anders als in der wissenschaftlichen Diskussion von Maurice und Kollegen, D'Iribarne und Friedberg – zum einen die verschiedenen Erklärungsfaktoren Akteur, Kultur und Institutionen als komplementär angesehen werden und alle drei dazu verhelfen, Interkulturalität besser zu verstehen. Zum anderen hebt das Modell hervor, dass diese Faktoren beeinflussbar und steuerbar sind.

Wissen über Kultur und Interkulturalität hilft, vermeintliche »persönliche Angriffe« zu relativieren, darf aber nicht ausschließlich zur Erklärung von interkulturellen Situationen herangezogen werden. Bewusstsein darüber, dass nicht unbedingt die Persönlichkeit des Gegenübers oder dessen persönliche Absichten Verhalten beeinflussen, sondern mitunter auch die kulturelle Sozialisation, trägt zur Entkrampfung und Versachlichung in interkulturellen Konfliktsituationen bei. Es kann dadurch sogar gelingen, eine konstruktive Grundeinstellung gegenüber der Fremdkultur zu schaffen, die zur Bereitschaft führt, anderskulturelle Elemente wertzuschätzen und in das eigene Verhalten zu integrieren.

Methodologie Interkultureller Managementforschung

Christoph Barmeyer und Andreas Landes

Methodische Herausforderungen

Ethnozentrismus in der Forschung

Mehr als in anderen Wissenschaften sind interkulturelle Forscher von unterschiedlichsten methodischen Herausforderungen betroffen – vor allem ist es aber die Auseinandersetzung mit der eigenen Kulturalität und der des Untersuchungsgegenstandes im Wechselspiel, die besonderer Aufmerksamkeit bedarf. Die zentrale Herausforderung für interkulturelle Forscher ist es, ihre wissenschaftlichen, durch kulturelle Sozialisation geprägten Annahmen, Forschungsparadigmen und Methodenpräferenzen wahrzunehmen und kritisch zu reflektieren. Hofstede (1993, 292) vergleicht »sozialwissenschaftliche Forschung [mit] dem Versuch, ein Schauspiel zu beobachten, an dem man selbst als Schauspieler teilnimmt.« Das Ziel, mit der gebotenen professionellen Distanz Verallgemeinerungen aus einem spezifischen Kontext abzuleiten (Glaser/Strauss 1967), ist durch diese implizite, aber doch entscheidende soziokulturelle Verwicklung nicht immer erfüllbar. Auch wenn die persönliche Einbindung von Forschenden in ihren Untersuchungskontext in manchen Fällen tiefere, dichtere Beschreibungen ermöglicht (Anteby 2013), kann sich dies vornehmlich in der Interkulturellen Managementforschung auch nachteilig auswirken – besonders dann, wenn Forschung aus einem konstruktivistischen Paradigma heraus und mit qualitativen Methoden betrieben wird. Denn das Ziel dieser Herangehensweise ist es, »to be more sensitive and more rigorous about the unraveling of *›unquestioned‹ conceptual prepositions* embedded in theories of culture« (Otten/Geppert 2009, 17; unsere Hervorhebung).

Der erste kritikwürdige Aspekt ist der *Ethnozentrismus* in der Forschung. Ein ethnozentrischer Forschungs-Bias, also eine systematische Verzerrung von Wahrnehmung und Interpretation in Richtung des eigenen kulturellen Referenzsystems, scheint nur schwer vermeidbar.

»Everybody looks at the world from behind the windows of a cultural home and everybody prefers to act as if people from other countries have something special about them (a national character) but home is normal. Unfortunately, there is no normal position in cultural matters. This is an uncomfortable message, as politically incorrect as Galileo Galilei's claim in the 17th century that the earth is not the center of the universe.« (Hofstede 2001, 453)

Hypothesen und Forschungsmethoden (z. B. empirisch-quantitative Fragebogenerhebungen) sind von kulturellen Kontexten und ihren Logiken und Konventionen geprägt und nicht ohne Weiteres universell anwendbar. Auswahl und Einsatz der Forschungsmethoden und -instrumente bis hin zur Datenanalyse und -interpretation richten sich nicht nur nach der jeweiligen Wissenschaftsdisziplin, sondern auch nach kulturspezifischen Präferenzen, die in der wissenschaftlichen Gemeinschaft erwartet werden. Nationale Schulen prägen wissenschaftliche Praxis und können zeitweise sogar über den nationalen Rahmen hinaus dominieren, wie es beispielsweise durch die US-amerikanische Managementforschung geschieht. So sind auch wissenschaftliche Gemeinschaften und ganze Disziplinen ethnozentrisch geprägt. Publikationen aus nicht-westlichen Ländern finden sich im Feld der Interkulturellen Managementforschung nur wenige (D'Iribarne 2007).

»While British Aston School researchers were conducting their rational analyses of structural characteristics of organizations, French sociologists were describing organizations as sets of games and power strategies played by actors seeking to maintain some uncertainty around their function so as to play even more power games. [...] Thus, cultural differentiation may affect not only managers' implicit concepts of organizations but also researchers' explicit theories. Organization and management theory may be as much culturally bounded as the actual processes of organizing and managing.« (Laurent 1983, 81)

Diese Ethnozentrismus fördernde Ausgangslage ist Forschern und Praktikern oft nicht bewusst. Somit ist es eine wichtige Aufgabe der Interkulturellen Managementforschung, immer wieder kritisch zu hinterfragen, inwieweit sich theoretische Bezugsrahmen, die in einem spezifischen Kontext entstanden sind, dazu eignen, Phänomene eines anderen Kontextes angemessen zu analysieren und zu interpretieren.

Es hängt in entscheidendem Maße von der kulturellen und wissenschaftlichen Sozialisation und Ausbildung ab, wie weit sich davon frei gemacht werden kann. Ein wesentlicher Faktor, um dem forschungsbezogenen Ethnozentrismus zu entkommen, ist die Beherrschung mehrerer Fremdsprachen, die ohne Rückgriff auf Übersetzungen und Dolmetscher den direkten Zugang zu anderen sozialen und sprachlichen Bedeutungssystemen ermöglicht und den Blick auf Forschungsergebnisse aus anderen Forschungskontexten, zum Beispiel aus asiatischen, afrikanischen, osteuropäischen oder lateinamerikanischen Kulturräumen, eröffnet. Zudem wird es dann möglich, der kritiklosen Übertragung »westlicher« Managementkonzepte auf den außerwestlichen Kontext (z. B. Sigger et al. 2010; Kamdem/Ikellé 2011; Seny et al. 2015) zu entgehen. Es besteht damit die Anforderung an Forscher, »Kompetenz für Interkulturalität in sich selber auszubilden, statt nur über sie zu reden« (Matthes 2000, 19).

Der zweite kritikwürdige Aspekt ist der *Disziplinen- und Methodenpluralismus* in der Interkulturellen Managementforschung. Die Auseinandersetzung mit dem Gegenstandsbereich der Interkulturalität erfolgt aus einer Vielzahl wissenschaftlicher Perspektiven. Die beeindruckende Anzahl von Disziplinen und Teildisziplinen in den Sozial- und Kulturwissenschaften trägt nicht nur zu einer ausgeprägten Spezialisierung innerhalb der jeweiligen Fachbereiche bei, sondern führt auch zu einer methodischen Verengung, die allerdings in der Interkulturellen Managementforschung kontraproduktiv ist, wenn damit eine Atomisierung der Erkenntnisse einhergeht. Otten und Geppert (2009, 5) weisen auf die sich zeitlich und paradigmatisch überlappenden methodologischen Herangehensweisen hin. Selektive Wahrnehmung und Fachblindheit sind die Folge. Es besteht die Gefahr, dass wichtige determinierende Einflussfaktoren ausgeblendet werden, nur weil sie außerhalb der jeweiligen wissenschaftlichen Disziplin einzelner Forscher liegen. Die Arbeitsteilung zwischen Sozialwissenschaften (Tab. 37) ermöglicht zwar eine notwendige Vertiefung, kann jedoch häufig auch zu einer Überspezialisierung führen, die den Dialog und die Zusammenarbeit mit anderen Disziplinen erschwert.

<table>
<tr><th>Ebene</th><th>»System-Wissenschaften«</th><th colspan="3">»Aspekt-Wissenschaften«</th></tr>
<tr><td>Gesellschaft</td><td>Anthropologie</td><td></td><td rowspan="3">Politikwissenschaft</td><td rowspan="4">Wirtschaftswissenschaft</td></tr>
<tr><td>Kategorie</td><td>Soziologie</td><td rowspan="3">Managementforschung</td></tr>
<tr><td>Gruppe</td><td>Sozialpsychologie</td></tr>
<tr><td>Individuum</td><td>Psychologie</td><td></td></tr>
</table>

Tab. 37: »Arbeitsteilung« der Sozialwissenschaften (Hofstede 2001, 19)

Ausgehend von dem aktuellen Disziplinen- und Methodenpluralismus ist eine methodisch gesicherte Verortung der Forschung zum Interkulturellen Management nicht einfach und stellt eine Herausforderung für die Konsolidierung des Forschungsfeldes dar. Einige Forschende plädieren dabei für einen Wissenschaftspluralismus, der vielfältige Themen, Theorien und Methoden der Interkulturellen Managementforschung beinhaltet (Holzmüller 1995; Usunier 1998; Hofstede 2001; Barmeyer 2004a; Adler 2008; Davel et al. 2008; Lowe et al. 2012). Die Interkulturelle Managementforschung speist sich aus einer Vielzahl von Wissenschaftsdisziplinen wie Psychologie, Kulturanthropologie/Ethnologie, Soziologie, Kommunikationswissenschaft, Pädagogik und Betriebswirtschaftslehre – aber auch zunehmend aus weiteren wie z. B. der Neurowissenschaft (Breninger/Kaltenbacher 2012). Diese disziplinär begründeten Interessensgebiete sorgen nicht nur für eine Themenvielfalt in der Interkulturellen Managementforschung, sondern gehen auch mit einer Methodenvielfalt einher (Tung/Verbeke 2010). Verankert in teilweise entgegengesetzten

Forschungsparadigmen entstehen dadurch Teilresultate eines komplexen interkulturellen Phänomens, die nicht über Disziplingrenzen hinweg integriert werden.

»Paradigm crossing […] involves engaging multiple paradigms requiring the cognitive flexibility to accept the coexistence of multiple truths and the expectation of benefits of mutual arising from the synthesis of apparent opposites.« (Lowe et al. 2012, 765–766)

Zudem hilft die Interdisziplinarität dabei, die unterschiedlichen Betrachtungsebenen (Makro-, Meso-, Mikroebene) von Phänomenen in den Blick zu nehmen, da unterschiedliche Disziplinen von vornherein verschiedene Ebenen fokussieren, was zu einem Gesamtbild zusammengefügt werden kann.

Interdisziplinarität wird jedoch zunehmend bei internationalen wissenschaftlichen Vereinigungen der Management- und Organisationsforschung, die sich mit Interkulturalität beschäftigen, deutlich. Tab. 38 zeigt einige der größeren wissenschaftlichen Vereinigungen, die bestrebt sind, methodischem und theoretischem Pluralismus und Interdisziplinarität verstärkt Rechnung zu tragen.

Name	Beschreibung
AIB	*Academy of International Business* ist eine der ältesten und größten akademischen Vereinigungen, die sich der interdisziplinären Erforschung des internationalen Managements widmet. Sie überschreitet die Grenzen einzelner akademischer Disziplinen und Managementfunktion, um sowohl Forschung als auch Praxis des Managements zu stärken (AIB 2017).
AOM	Mit nahezu 20.000 Mitgliedern aus 115 Ländern ist die *Academy of Management* eine der größten weltweiten Vereinigungen im Feld des internationalen Managements. Professoren und wissenschaftlicher Nachwuchs aus den Wirtschaftswissenschaften und benachbarten sozialwissenschaftlichen Disziplinen und Praktiker bilden ihre interdisziplinär ausgerichtete Basis (AOM 2017).
ATLAS-AFMI	*Association Francophone de Management International* ist eine vergleichsweise junge akademische Vereinigung (gegründet 2008) aus dem französischen Umfeld. Sie widmet sich dem internationalen Management durch Einsatz eines multidisziplinären Ansatzes in Bezug auf die verschiedenen Felder, aber auch mit Bezug auf die grundlegenden Sozialwissenschaften, die sie mobilisieren: Ökonomie, Soziologie, Anthropologie, Geschichte und Geografie (ATLAS 2017).
EGOS	*European Group for Organizational Studies* widmet sich dem Untersuchungsobjekt »Organisation« und dessen Interaktion mit dem gesellschaftlichen Umfeld aus einer Vielzahl empirischer und theoretischer Perspektiven. EGOS beruft sich dabei gezielt auf ihre sozialwissenschaftlichen Wurzeln wie Soziologie, Geschichte, Politikwissenschaft, Psychologie oder Anthropologie (EGOS 2017).

Name	Beschreibung
EIBA	*European International Business Academy* ist eine Plattform für Wissenschaftler aus dem Bereich des Internationalen Managements. EIBA-Mitglieder vereinen eine große Disziplinenvielfalt und versuchen in einem internationalen Kontext nationale Wissenschaftsgrenzen zu überschreiten (EIBA 2017).
EURAM	*European Academy of Management* beschreibt sich als offen, inklusiv, international und interkulturell und betont sowohl die multidisziplinäre theoretische Perspektive als auch die vielfältige methodologische Annäherung an ihr Interessensgebiet der Managementforschung (EURAM 2015).
GEM&L	*Groupe d'Études Management et Langage* spezialisiert sich besonders auf die Themen Sprache und Kommunikation im Feld der Organisationsforschung. Auch innerhalb dieses Fokus vereinigt sie Mitglieder aus unterschiedlichen Disziplinen wie Linguistik, Kommunikationswissenschaft und Management und verfolgt somit eine transversale und transdisziplinäre Perspektive auf die Themen Sprache und berufliche Kommunikation in der Arbeitswelt (GEM&L 2017).

Tab. 38: Wissenschaftliche Vereinigungen mit interdisziplinärem Ansatz in der internationalen Organisations- und Managementforschung (eigene Zusammenstellung)

Operationalisierung von Kultur

Zu den zentralen Streitpunkten der Interkulturellen Managementforschung zählen die gegenseitig voneinander abhängigen Herangehensweisen an die Operationalisierung des Kulturbegriffs. Bedingt durch den Disziplinenpluralismus in der Interkulturellen Managementforschung haben sich in den unterschiedlichen Forschungsströmungen verschiedene Konzeptualisierungen von Kultur manifestiert (Caprar et al. 2015). Diese wirken sich auf die Methodologie disziplinär verhafteter Forschungsdesigns und der darin notwendigen Anwendung des Kulturkonzepts aus. Oft führen diese – teils diametral entgegengesetzten – Denkansätze zu einem Stagnieren des interdisziplinären Dialogs und zu wenig erkenntnisorientierten Auseinandersetzungen innerhalb des Forschungsfeldes. Auf der Basis einer Objektivierung von Kultur als Konstrukt wäre es Forschern möglich, mit ihrer (Fach-)Sprache und ihren theoretischen Konzepten exakt zu erfassen, was Kultur ist, wie sie entsteht und wie sie wirkt. Eine klarere Beschreibung mit weniger Missverständnissen wäre möglich (Carrithers et al. 2010).

Mit Blick auf *ein* Kulturverständnis herrscht jedoch eine große Divergenz, die nicht nur in unterschiedlichen Wissenschaftsdisziplinen mit ihren Untergruppen begründet ist, sondern auch im Zeitverlauf von eher geschlossenen Kulturbegriffen der Vergangenheit hin zu zu offenen, pluralistischen Kulturbegriffen der Gegenwart reicht. Van Maanen (2011) ist der Meinung, dass der Begriff wegen seines ständigen Pendelns zwischen seiner Rolle als Auslöser oder Ergebnis, Materiellem oder

Immateriellem, Kohärentem oder Fragmentiertem, Sichtbarem oder Unsichtbarem nach einer langen Karriere »in Rente geschickt« werden sollte. Er sagt dies aber nicht, ohne nicht unmittelbar eine Lanze für den heuristischen Wert des Begriffs für die Soziologie und Anthropologie im Allgemeinen und die Organisationsethnografie im Speziellen zu brechen. Es bleibt lediglich die Frage, *wie* der Wirkungszusammenhang zwischen Kultur und beobachteten Phänomenen verstanden wird und nicht, *ob* es diesen gibt.

Genkova (2012) bietet in diesem Sinn eine Klassifikation von Kultur als Antezedens kulturspezifischer Denk- und Verhaltensmuster an (Tab. 39). Sie beschreibt Kultur als »Faktor höherer Ordnung«, der sich der tatsächlichen Beobachtung entzieht und als Erklärungsfaktor kulturspezifischer Verhaltensweisen dienen kann. Je nachdem, ob Kultur direkt oder indirekt auf bestimmte Aspekte wie zum Beispiel Praktiken einwirkt, und je nachdem, ob Kultur eine primäre oder sekundäre Rolle im theoretischen Ansatz des Forschers spielt, kommen dem Konzept Kultur vier unterschiedliche Eigenschaften zu. Spielt Kultur eine primäre Rolle im theoretischen Rahmen und wird ihr Einfluss auf die Führungspraxis als direkt beschrieben, so fungiert sie als (1) unabhängige Variable. Übt sie dagegen einen direkten Einfluss aus, wird in der Theorie jedoch nur sekundär berücksichtigt, übernimmt Kultur lediglich die Funktion des (2) Mediators. Bei indirektem Einfluss auf eine bestimmte Praktik, aber einer primären Konzeptualisierung von Kultur, versteht sich Kultur als (3) Kontext für die Handlung. Im Fall einer sekundären Rolle der Kultur in theoretischem Rahmen wirkt sie bei indirektem Einfluss lediglich noch als (4) Moderator.

		Die Rolle von Kultur in theoretischem Rahmen	
		Primär	**Sekundär**
Einfluss der Kultur auf die abhängigen Variablen	**Direkt**	Kultur als unabhängige Variable	Kultur als Mediator
	Indirekt	Kultur als Kontext	Kultur als Moderator

Tab. 39: Vier Perspektiven für Kultur als Antezedens für Denk- und Verhaltensmuster (Genkova 2012; in Anlehnung an Lonner/Adamopoulos 1997)

Die Methodik unterschiedlicher – qualitativer und quantitativer – Ansätze der Interkulturellen Managementforschung ist mit grundlegenden Konzeptualisierungen von Kultur verknüpft, dadurch aber nicht direkt bestimmt. Deren Vertreter werden humoristisch auch als »word lovers« gegenüber »number crunchers« bezeichnet (Usunier 1998).

Qualitative Forschungsansätze zielen auf »die Frage, wie Individuen und Gruppen an der Konstituierung von sozialer Wirklichkeit im Empfinden, Denken und durch ihre Handlungsvollzüge beteiligt sind« (Usunier 1998, 263), ab. Im Mittelpunkt der Forschung stehen einzelne Situationen, die anhand von Gesprächen und teilnehmender Beobachtung unter Berücksichtigung kontextueller Elemente von

Systemen (wie Geschichte, Strukturen, Akteursbeziehungen) untersucht werden. Ergänzend können weitere kulturtypische Artefakte wie Alltagstexte und Literatur herangezogen werden. Auch persönliche Erfahrungen von Forschern mit der untersuchten Kultur dienen der Validierung der Ergebnisse (Keller 1982; D'Iribarne 2001a). Da die Übertragbarkeit von Befunden aufgrund der weichen Begrifflichkeit von Kultur nicht gewährleistet ist (Romani 2008), findet jedoch keine Verallgemeinerung der Ergebnisse statt. Diese induktiv orientierte Untersuchungsmethode wird von dem US-amerikanischen Kulturanthropologen Clifford Geertz (1973) als »dichte Beschreibung« *(»thick description«)* bezeichnet. Das Verstehen kultureller Einflüsse ist nicht nur das Ergebnis eines kognitiven Prozesses, der über den Verstand gesteuert wird, sondern auch der Bereitschaft, Kultur als Kontext wahrzunehmen und zu akzeptieren.

Zu den Wissenschaftlern, die sich im Bereich der kulturvergleichenden und interkulturellen Forschung eines qualitativen Ansatzes bedienen, zählen beispielsweise der französische Soziologe Philippe D'Iribarne und der US-amerikanische Kulturanthropologe Edward T. Hall. D'Iribarne (2009a) stützt sich in seinen Arbeiten zur internationalen Organisationsforschung auf interpretative Ansätze des Verstehens von Kultur und ihrer Einflüsse. Er versucht dabei, den Weg für ein Verständnis von Kultur zu ebnen, der zwischen Auflösung und Verabsolutierung von Kultur auf nationaler Ebene liegt. Edward Hall (1959), einer der Gründungsväter der Interkulturalitätsforschung, widmete sich der ethnografisch-interpretativen Erforschung nordamerikanischer indigener Völker und entwickelte aus seinen Feldforschungen bis heute geltende und weitverbreitete Kulturdimensionen, die es ermöglichen, Gesellschaften und Kulturen zu charakterisieren und voneinander zu unterscheiden. Beide Forscher verfolgten dabei den Anspruch der Interpretation und Rekonstruktion möglichst alltagsnaher Begebenheiten, durch die sich qualitative Forschung auszeichnet.

Quantitative Forschungsansätze stellen Hypothesen zu kausalen Zusammenhängen auf und überprüfen ihre Allgemeingültigkeit. Sie versuchen so, Häufigkeiten, Verbreitungen und Wahrscheinlichkeiten abzuleiten. Die deduktiv orientierten Methoden quantitativer Forschung, die auf dem naturwissenschaftlichen Forschungsideal objektiv nachprüfbarer, an Gesetzmäßigkeiten orientierter Ergebnisse beruhen, sollen universell gültige Aussagen anhand von Momentaufnahmen ermöglichen. Quantitative Daten werden mit »harten« Messtechniken wie statistischen Fragebögen erhoben und unterstellen die Möglichkeit, Kultur auf Skalen bewerten zu können – so, wie dies etwa Hofstede (1980) oder House et al. (2004) mit der Platzierung einzelner Nationen in Kulturdimensionen tun.

Zu den wichtigsten Vertretern quantitativer Methodik in der kulturvergleichenden Forschung zählt Geert Hofstede mit seinem zentralen Werk »Culture's Consequences« (1980, 2001). In einem aufwendigen empirischen Verfahren untersuchte er kulturspezifische Einstellungen bezüglich des Arbeitsverhaltens. Die statistische Auswertung basiert auf rund 116.000 Fragebögen mit geschlossenen Fragen, die an IBM-Mitarbeiter in Standorten auf der ganzen Welt verteilt wurden. Diese Art der quantitativen Erhebung macht es notwendig, Antworten auf vorformulierte Fragen durch Skalierung zum Beispiel mithilfe von Likert-Skalen voneinander unterscheidbar zu machen und dadurch einzuordnen.

Eine Gegenüberstellung von Merkmalen der quantitativen und der qualitativen Forschungsmethoden liefert Tab. 40.

Unterscheidungs-kriterien	Rein quantitative Untersuchungen	Qualitativ-beschreibende Untersuchungen
Forschungsstrategie und Ziele	Suche nach allgemeingültigen Gesetzmäßigkeiten	Verständnis der inneren Struktur und Funktionsweise im Einzelfall
Anzahl der Forschungsobjekte	- Untersuchung vieler Fälle - repräsentative Auswahl - Mehrländerstudien	- Analyse eines einzelnen Falls - exemplarische Auswahl - Einzelländerstudien
Art und Ebene des Vergleichs	- explizit vergleichend - Vergleich anhand einzelner kultureller Merkmale und Dimensionen	- implizit vergleichend - Vergleich des Ganzen auf einer komplexen und gesamtsichtigen Ebene
Wissenschafts-theoretische Grund-position und Methodenideal	- »Messen« - Positivismus - naturwissenschaftliches Forschungsideal	- »Verstehen« - Historismus - geisteswissenschaftliches Forschungsideal
Verwendete Methoden und Daten	- Massenerhebung - Suche nach »harten«, quantitativen Daten - harte Erhebungs- und Analysemethoden: schriftliche Befragung, vorstrukturierte Interviews, standardisierte Tests und Experimente - Ablehnung von anekdotischen Informationen - standardisierte, bekannte Forschungsinstrumente - Messung anhand von universell messbaren Dimensionen	- Einzelfallstudie - Suche nach »weichen«, nicht-quantitativen Informationen - weiche Forschungsmethoden wie: unstrukturierte Interviews, teilnehmende Beobachtung, Literaturinterpretation, Sprachanalysen und historische Analysen, persönliche Erfahrungen - Einbezug von anekdotischem Material - eigens entwickelte Forschungsinstrumente - Verstehen anhand der eigenen kulturellen Kategorien

Unterscheidungskriterien	Rein quantitative Untersuchungen	Qualitativ-beschreibende Untersuchungen
Ziel der Datenanalyse	- Interesse an Durchschnittswerten und kausalen Zusammenhängen - subtile Bedeutungsunterschiede werden nicht erfasst oder gehen verloren (Gefahr der Überinterpretation von Gemeinsamkeiten) - Suche nach abhängigen Variablen und statistisch signifikanten Interdependenzen	- Interesse auch an inneren Widersprüchen, Ausnahmen und Extremfällen - subtile Bedeutungsunterschiede und innere Widersprüche werden erfasst (Gefahr der Überinterpretation von Unterschieden) - Verständnis der inneren Zusammenhänge, Entwicklung eines Gesamtbildes
Vorwissen und theoretische Position der Autoren	- häufig fehlende detaillierte Vorkenntnisse über die betreffende Kultur - Forderung nach persönlicher Distanz des Forschers zum Untersuchungsgegenstand, Ablehnung persönlicher Erfahrungen	- langjährige Erfahrung in der untersuchten kulturellen Umwelt, kulturelle Sensibilität durch fremde kulturelle Erfahrungen - persönliche Erfahrungen werden miteinbezogen

Tab. 40: Kulturvergleichende empirische Managementuntersuchungen rein-quantitativer und qualitativ-beschreibender Art (Keller 1982, 504–506)

Beide Ansätze weisen Vor- und Nachteile auf. Durch ihre stark kontextabhängige und darin tiefgehende Art der Erforschung von (sozialen) Phänomenen ermöglicht es qualitative Forschung kaum, Generalisierungen auf eine größere Population vorzunehmen. So läuft sie Gefahr, atypische Vertreter einer beobachteten Gruppe (sogenannte statistische Ausreißer) wie zum Beispiel Künstler oder Extremsportler zu beobachten und zu verstehen und im Anschluss daran generalisierende Aussagen über eine gesamte Kultur zu treffen. Auch ihre Erhebungsinstrumente (Leitfadeninterviews mit offenen Fragen, Beobachtung) unterliegen immer der subjektiv gesteuerten Durchführung einzelner Forschender. »Weiche« Interviewleitfäden können von Interview zu Interview unterschiedlich eingesetzt werden, Beobachtungen können mit unterschiedlichen Wahrnehmungsfokussen durchgeführt werden. Diese intensive subjektgesteuerte Betrachtung von Einzelfällen ohne erkennbaren Mehrwert, gemessen an einem verallgemeinerbaren Erkenntnisgewinn, verschafft qualitativer Forschung den Ruf des zufälligen oder willkürlichen Vorgehens. Vorteile qualitativer Forschung nähren sich jedoch eben aus der größten Kritik an ihr: Durch die Möglichkeit der eingehenden Untersuchung eines Einzelfalls und des Verständnisses der darin vorhandenen Strukturen, der grundlegenden konstituierenden und verändernden Prozesse, der darüber hinausgehenden Zusammenhänge und deren Interpretation bietet qualitative Forschung in explorativen Forschungsdesigns ein unanfechtbares Potenzial. Sie ist als Ausgangsbasis für das Verständnis neuer Phänomene oder Forschungsfokusse ebenso unabdingbar wie für die Generierung neuer Forschungsfragen und theoretischer Ansätze.

Auch der Vorwurf der fehlenden Generalisierbarkeit bezieht sich lediglich auf die Generalisierbarkeit auf größere der erforschten Stichprobe der gleichen Population (statistische Generalisierung). Das würde bedeuten, dass die von Brannen (1998) erforschten Aushandlungsprozesse und Arbeitskultur in einem japanisch-amerikanischen Joint Venture genauso auch in anderen japanisch-amerikanischen Joint Ventures zu finden wären. Davon ist jedoch nicht auszugehen. Hingegen ist eine *theoretische bzw. analytische Generalisierbarkeit,* d.h. eine Anwendung der benutzten, erforschten und erweiterten Konzepte und Begrifflichkeiten, durchaus gegeben. Brannens Konzept der *negotiated culture* und die zugrunde liegenden konzeptuellen Voraussetzungen können durchaus auf weitere Joint Ventures angewandt werden, weil davon ausgegangen werden kann, dass auch dort Aushandlungsprozesse stattfinden und neue interkulturelle Arbeitspraktiken entstehen. In der Übertragung solcher bestehenden Konzepte auf ein neues Forschungsobjekt kann qualitative Forschung zur notwendigen Reflexion verwendeter Begrifflichkeiten und zur konzeptionellen Erweiterung und Verfeinerung dieser beitragen (Otten/Geppert 2009).

An quantitativer Forschung dagegen ist nachteilig, dass sie genau diese Besonderheiten nicht erkennt, nivelliert und deswegen nicht berücksichtigen und verstehen kann. Es können zwar Zusammenhänge zwischen abstrakten Sachverhalten (z.B. Kollektivismus und Führungsstil) ausgedrückt werden, sie können aber nur oberflächlich die Rahmenbedingungen beschreiben. Gesetzmäßigkeiten und Kausalitäten sozialer Phänomene werden zwar aufgedeckt, nicht aber deren Bedeutungen und prozesshafte Auswirkungen. Die Vorteile quantitativer Forschung finden sich dagegen in der Nachvollziehbarkeit und Transparenz von Forschungsergebnissen. Weil quantitative Forschungsdesigns auf Erhebungsinstrumenten basieren (Fragebögen mit geschlossenen Fragen, Experimente mit einheitlichem Aufbau), die von unterschiedlichen Forschern auf gleiche Weise eingesetzt werden, sind diese sowohl longitudinal replizierbar als auch intersubjektiv überprüfbar.

Interkulturelle Managementforschung kann die verschiedenen üblichen Methoden und Techniken der Datensammlung empirischer Sozialforschung nutzen: mündlich oder schriftlich, standardisiert oder nicht-standardisiert, verdeckt oder offen, teilnehmend oder nicht teilnehmend, systematisch oder unsystematisch. Tab. 41 zeigt verschiedene Forschungsmethoden der Erkenntnisgewinnung.

Methode	Beschreibung	Interkultureller Bezug und Eignung
Qualitative Interviews	*In personam* geführte Interviews, die sich bis zu einem bestimmten Grad an einem Leitfaden im Sinne der Forschungsfrage orientieren. Gesprächsverlauf, Antworten und Schwerpunktsetzungen sind ergebnisoffen.	Kulturspezifische Erfahrungen einzelner Personen (z. B. *critical incidents*) können erfragt und rekonstruiert werden. Semantische Bedeutungen von Konzepten können kulturvergleichend erörtert werden (z. B. »Führung«). Interkulturelle Interaktionen können retrospektiv betrachtet und aus Sicht des Interviewpartners eingeordnet werden.
Gruppendiskussionen	Mit mehreren Teilnehmern geführte Diskussion zu einem spezifischen Thema, ähnlich wie Interviews an einem Leitfaden orientiert. Diskussionsleiter beschränkt sich auf Moderation und vermeidet eine Lenkung des Gruppengesprächs.	Kulturell divers zusammengesetzte Gruppendiskussionen können in einem moderierten Umfeld kulturelle Missverständnisse zu Tage fördern und erklären oder kulturelle Selbstverständlichkeiten unmittelbar herausfordern.
Teilnehmende Beobachtung	Der Forscher begleitet den Forschungskontext über einen gewissen Zeitraum persönlich und hält Interaktionen, Prozesse, Auffälligkeiten etc. in Form von Feldnotizen fest.	Insbesondere die Aushandlung von Praktiken, Prozesse der Anpassung und Entstehen und Vermitteln von kulturellen Konfliktsituationen können aus Perspektive des Forschenden miterlebt werden.
Dokumentanalyse	Dokumente werden auf ihre Inhalte sowie die zugrunde liegenden Sinn-, Argumentations- und Legitimationsstrukturen analysiert.	Struktureller Aufbau und Legitimationslogiken können Aufschluss über kulturell-institutionelle Spezifika des Untersuchungskontextes geben. Verwendung und Einbettung von Kernbegriffen können Einblick in kulturspezifische Semantik geben.
Biografische Methoden	Meist in Interviewform erfolgende Analyse von Lebensabschnitten oder gesamten Lebenserfahrungen einzelner Personen.	Kulturspezifische Prozesse der Sozialisation und Enkulturation können biografisch nachvollzogen werden. Prozesse der Akkulturation oder Sozialisation in neue kulturelle Kontexte können biografisch nachvollzogen werden.

Tab. 41: Qualitative Forschungsmethoden und ihr interkultureller Bezug

Als weitere methodologische Dichotomie, die oft mit qualitativen und quantitativen Ansätzen gleichgesetzt wird, ist *induktive* und *deduktive* Forschung zu nennen. Beide Begriffe beschreiben die Richtung des Erkenntnisgewinns im Forschungsprozess. Während induktive Forschung von Einzelfällen auf größere Generalisierbarkeit schließt (Verallgemeinerung), stützt sich deduktive Forschung auf das Testen theoretischer, aus bestehenden Theorien abgeleiteter Modelle und überprüft somit Einzelfälle auf Basis bestehender Generalisierungen.

Das Induktionsproblem nach Karl Popper

Der Wissenschaftsphilosoph Karl Popper hat über den Begriff der Induktion und dessen Gegensatz, der Deduktion, dem Schwan zu wissenschaftstheoretischer Berühmtheit verholfen. Mit dem Begriff der Falsifikation beschreibt Popper den Kern der Schule des kritischen Rationalismus, die davon ausgeht, dass Induktion – also der Schluss von einer Beobachtung auf eine allgemeingültige Aussage – nicht möglich ist. So könnte die Beobachtung eines weißen Schwanes (»Dieser Schwan ist weiß«) nicht zu der Aussage führen: »Alle Schwäne sind weiß«. Die Entdeckung nur eines einzigen schwarzen Schwanes würde zur Ungültigkeit der Aussage führen. Während der erste Satz (»Dieser Schwan ist weiß«) empirisch bewiesen bzw. verifiziert werden kann, kann der zweite Satz (»Alle Schwäne sind weiß«) nur widerlegt bzw. falsifiziert werden. Durch das Verfahren der Induktion kann man demnach nicht zu einer gültigen Theorie gelangen. Verallgemeinerungen und Generalisierungen sind daher immer anzuzweifeln.
Quelle: Popper (2007 [1935])

Die einseitige Zuordnung induktiver Strategien zu qualitativen Forschungsansätzen und deduktiver Strategien zu quantitativen Forschungen greift jedoch zu kurz. Rein induktive Forschungsvorhaben, also Vorhaben, die im Sinne der *Grounded Theory* (Glaser/Strauss 1967) idealtypisch ohne jegliche theoretische Vorannahmen Daten erheben und aus diesen heraus möglichst realitätsnah eine Theorie zur Erklärung des Beobachteten generieren, sind nicht realisierbar (Strauss 1987; Strauss/Corbin 1994; Glaser 2007). Ebenso sind rein deduktive Forschungsansätze, also solche Vorhaben, die ein Phänomen ausschließlich aus der Perspektive einer gefestigten Theorie betrachten, schwer umsetzbar:

> »[V]ielmehr [geht es] um eine kontinuierliche Abfolge induktiver und deduktiver Schritte, insofern sich Datenerhebung und Hypothesengenerierung (induktiv), neue, theoriegeleitete Datenerhebung aufgrund dieser Hypothesen (deduktiv) und entsprechende Prüfung sowie Elaborierung der theoretischen Konzepte usw. abwechseln. Induktion und Deduktion gehören also gleichermaßen zum Forschungsprozess.« (Przyborski/Wohlrab-Sahr 2014, 198)

Ein Beschreibungsansatz kultureller Ordnungs- und Verhaltenssysteme ist die Differenzierung in *etic,* einer kulturübergreifenden, und *emic,* einer kulturangepassten

Sichtweise (Tab. 42). Ursprünglich stammt diese Differenzierung aus der Linguistik und wurde von Pike (1954) analog zur Lautstruktur von *phonemic* und *phonetic* konzipiert. Während die *Phonetik* als Lautlehre mit Lautmerkmalen arbeitet, mit deren Hilfe sich der Lautbestand praktisch aller Sprachen beschreiben lässt, eignet sich das *Phonem* als kleinste bedeutungsbestimmende Einheit, die selbst keine Bedeutung trägt, zur Beschreibung der an eine bestimmte Sprache gebundenen Regeln. Das Phonem ist ein arbiträres Lautelement – der Emic-Ansatz folglich ein kulturspezifischer.

Etic	**Emic**
kulturübergreifend	kulturangepasst
»objektive« Kultur	»subjektive« Kultur
hohe Abstraktionsebene	niedrige Abstraktionsebene
Institutionen	Individuen
Universalität: Untersuchung mehrerer Gesellschaften	Spezifität: Untersuchung einer Gesellschaft
Forschende nehmen Standpunkt außerhalb des Systems ein	Forschende nehmen Standpunkt innerhalb des Systems ein
Ordnungsgesichtspunkte sind absolut und universell	Ordnungsgesichtspunkte orientiert an systemimmanenten Merkmalen

Tab. 42: Etic und Emic (Barmeyer 2000 in Anlehnung an Headland et al. 1990; Holzmüller 1995; Bhawuk/Triandis 1996)

Der Etic-Ansatz geht davon aus, dass mit universellen, also kulturunabhängigen Kategorien (z. B. Individualismus/Kollektivismus), die sich auf alle Gesellschaften beziehungsweise gesellschaftliche Gruppen anwenden lassen, gearbeitet werden kann. Dies setzt im Sinne des positivistischen Paradigmas eine Objektivität des Vergleichsmaßstabes voraus. Soziale Systeme wie Gemeinschaften oder Organisationen werden aus der Außenperspektive des Beobachters beschrieben (Headland et al. 1990). Für den Forschungsprozess werden Methoden und Messinstrumente genutzt, die dem Forschenden selbst angemessen und sinnvoll, da kulturneutral, erscheinen (z. B. standardisierter Fragebogen der World Values Survey oder der GLOBE-Studie). Etic-orientierte Forschung wird häufig von Psychologen, besonders im Absolutismus-Paradigma (Genkova 2012) der kulturvergleichenden Psychologie, von Wirtschaftswissenschaftlern, z. B. im interkulturellen Marketing (Müller/Gelbrich 2004), und teilweise auch von Soziologen praktiziert.

Der Emic-Ansatz, der von dem Kulturanthropologen Harris (1989) weiterentwickelt wurde (Headland et al. 1990), geht davon aus, dass bestimmte Haltungen und Verhaltensweisen einzigartig sind, vom jeweiligen gesellschaftlichen Kontext abhängen und keinen kulturübergreifenden Vergleich ermöglichen. Lokale Bedeutungen und Wissensbestände stehen hier im Vordergrund (Berry 1989; Genkova 2012).

Emic-orientierte Forschung versucht, das Spezifische einer Kultur auf einer niedrigeren Abstraktionsebene zu analysieren (Berry/Dasen 1971), und untersucht relevante Merkmale einer einzelnen Kultur. Die Gesellschaft wird aus der Innenperspektive des Betroffenen beschrieben. Es herrscht die Annahme vor, dass »empathische« Messinstrumente, also solche, die der jeweiligen Kultur angepasst sind und dort angemessen und sinnvoll erscheinen, verlässlichere Ergebnisse zum spezifischen Untersuchungsgegenstand liefern als kulturübergreifende Instrumente wie ein standardisierter Fragebogen.

Die Emic-Perspektive muss keine objektive Vergleichbarkeit wiedergeben, hilft Forschern aber zu verstehen, warum Mitglieder einer sozialen Gruppe auf eine bestimmte Art und Weise handeln und welchen Einfluss spezifische kulturelle Orientierungsmuster der sozialen Gruppe haben. Emisches Vorgehen wird von Ethnologen und Anthropologen verfolgt und basiert auf einem qualitativen Forschungsansatz. Als Beispiel lassen sich hier Edward T. Halls (1994) Studien zu den Navajo- und Hopi-Indianern in den USA anführen sowie die Forschung von Clifford Geertz (1964, 1975) auf Java und Bali und besonders dessen methodologisches Programm der »dichten Beschreibung« (Geertz 1973). Er postuliert, dass das Ziel der Erforschung einer sozialen Gruppe das Verstehen und die Interpretation dieser sozialen Gruppe ist und nicht der Vergleich von Erkenntnissen über soziale Systeme.

Beide Forschungsansätze weisen Vor- und Nachteile auf: Während etische Forschung Universalität unterstellt und somit in der Regel kulturelle Besonderheiten vernachlässigt, eignet sich emische Forschung dagegen nicht für einen direkten Vergleich. Der Etic-Ansatz birgt die Gefahr, dass die Instrumente des Messens und Vergleichens, die vorgegeben sind, in bestimmten Untersuchungskontexten als unangemessen oder sinnlos erscheinen und somit den Erkenntnisgewinn erheblich beeinträchtigen. So lässt etwa die universelle Verwendung des Begriffes »Hierarchie« in einem geschlossenen Fragebogen keine Rückschlüsse darauf zu, inwiefern das Hierarchieverständnis in unterschiedlichen Kulturen anders konzipiert ist – und dass etwa Frankreich in Hofstedes Studie (1980) *Culture's Consequences* dieselbe Machtdistanz aufweist wie Singapur, sagt sicherlich noch nichts über die unterschiedliche Konnotation von Machtdistanz aus. Kulturvergleiche auf dieser Basis sind dadurch der Kritik der Nichtberücksichtigung kulturspezifischer Deutungen ausgesetzt. Der Emic-Ansatz hingegen weist den Nachteil auf, dass die Ergebnisse, zum Beispiel die Erkenntnis über ein kulturspezifisches Hierarchieverständnis, in nur sehr begrenztem Umfang generalisierbar sind.

Besonders deutlich wird das Manko des Etic-Forschungsansatzes, wenn unterschiedliche Sprachen genutzt werden (Haas 2009). Sprache ist als Zeichen- und Symbolsystem besonders von Kultur geprägt. Kulturelle Besonderheiten, die in interkulturellen Interaktionen manifestiert werden, erschließen sich durch Beobachtung, Analyse und Interpretation ihrer Zeichen. Insbesondere die Beherrschung der Sprache der jeweiligen untersuchten Kulturen eröffnet also erst Zugang und Verstehen kommunikativer Prozesse, ohne den oft bedeutungsverändernden Rückgriff auf Übersetzungen und Dolmetscher. Mangelnde Fremdsprachenkenntnisse sind ein hemmendes Element interkultureller Forschung. Die methodische Komplexität von Sprache und Bedeutungen wird in der Konzeption und Übersetzung von Erhebungsinstrumenten wie Fragebogen oder Interviewleitfaden deutlich. In der Vergangenheit wurden diese häufig auf der Basis von Forschungen aus dem anglophonen Sprachraum entwickelt. Dies hatte zur Folge, dass bestimmte Konzepte in englischer Sprache ausgedrückt werden, wie »Achievement« oder »Commitment«, die in anderen Sprachen kein entsprechendes Pendant haben und in der jeweiligen Lebenswelt eventuell gar nicht existieren oder völlig anders konnotiert sind (Brislin 1980). Offensichtlich wird vor allem die Notwendigkeit der Berücksichtigung kultureller und kontextueller Spezifika bei der Übersetzung etischer Kategorien für emische (Fragebogen-)Untersuchungen. Um eine Übersetzungsäquivalenz herzustellen, können bestehende Studien, Folklore, bildliche, schriftliche und andere Dokumente zur Kontextualisierung herangezogen werden.

Der Einsatz etischer, kulturübergreifender Erhebungsinstrumente in internationalen Kontexten ist demnach komplexer, als es scheint. Dies trifft vor allem dann zu, wenn Erhebungsinstrumente in verschiedenen Sprach- und Kulturräumen und verschiedenen Sprachversionen, also Übersetzungen, eingesetzt werden. Interkulturell besonders interessant sind dabei drei Aspekte, die auch als drei Phasen mit teilweise erheblichen Bedeutungsverschiebungen zu verstehen sind:

1. *Konzeption und Ausformulierung*: Forscher verfügen über bestimmte sinngebende Vorstellungen, die sie begrifflich festhalten und ausformuliert niederschreiben (Kontextualisierung).
2. *Übersetzung in eine andere Sprache:* Forscher oder dritte Personen übersetzen ausformulierte Ideen und Begrifflichkeiten, diese erfahren hierdurch eventuell eine Bedeutungsveränderung (mögliche Dekontextualisierung).
3. *Rezeption und Interpretation:* Aussagen und Begrifflichkeiten werden von Befragten entsprechend ihres Sprach- und Kulturhintergrunds interpretiert (mögliche Rekontextualisierung).

Die Bedeutungsverschiebung kann an der Übersetzung des Fragebogens von Hofstedes Studie *Culture's Consequences* illustriert werden – exemplarisch anhand einer Frage aus dem Fragebogen des Jahres 2013 (Tab. 43).

Sprachfassung	**Fragen**	**Aussage**	**Bedeutung/ Interpretation**
Englisches Original	»Please think of an ideal job, disregarding your present job, if you have one. In choosing an ideal job, how important would it be to you to …«	»4. … have security of employment?«	Arbeitsplatz*sicherheit* Sicheres Beschäftigungsverhältnis

Sprachfassung	Fragen	Aussage	Bedeutung/ Interpretation
Deutsche Übersetzung	»Bitte denken Sie an eine ideale berufliche Tätigkeit – Ihre gegenwärtige berufliche Tätigkeit, falls Sie berufstätig sind, außer Acht gelassen. Wie wichtig ist es bei der Auswahl einer beruflichen Tätigkeit für Sie …«	»4. … einen sicheren Arbeitsplatz zu haben?«	Stabiler *Arbeitsplatz* Räumlicher Aspekt
Französische Übersetzung	»Essayez de penser à ce que seraient pour vous les caractéristiques d'un travail idéal, même si vous ne les trouvez pas dans votre travail actuel, si vous en avez un. En choisissant un travail idéal, quelle importance attachez-vous à …«	»4. … avoir une situation stable?«	Allgemeine *Situation* Kein Bezug zum Arbeitsplatz

Tab. 43: Bedeutungsverschiebungen in Hofstedes Fragebogen

Auch wenn Hofstede (2001) auf die Übersetzungsproblematik seines Fragebogens eingeht und Rückübersetzungen thematisiert, wird hier exemplarisch ein Problem deutlich: Die Übersetzung und die einhergehende Interpretation der in standardisierten Fragebögen genutzten Begriffe ist kulturell geprägt. Obwohl das Erhebungsinstrument das gleiche ist und versucht wird, dieselben Inhalte abzubilden, kann unterschiedliches Verständnis die Folge sein und somit auch andere Ergebnisse. Die Annahme, dass ein standardisierter Fragebogen ein vermeintlich objektives, international einsetzbares Instrument ist und im jeweiligen Kontext nur »richtig« übersetzt werden müsste, ist somit nicht zutreffend. Es findet sich eine ähnliche Subjektivität wie beim Einsatz kulturangepasster (emic) qualitativer Instrumente.

Ein weiteres Beispiel ist die Untersuchung des französischen INSEAD-Professors André Laurent. Als das Interesse an kulturvergleichenden und interkulturellen Fragestellungen in der Organisations- und Managementforschung in den 1980er Jahren zunahm, formulierte Laurent verschiedene Fragen an MBA-Studierende, die ihr Organisations- und Führungsverständnis betrafen. Die Ergebnisse dieses Etic-Forschungsansatzes ermöglichten den direkten Kulturvergleich und wurden auch wegen ihrer Prägnanz in einschlägigen Lehrbüchern zu Interkulturellem Management zitiert (Usunier 1998; Adler 2002). Bei den Einschätzungen der befragten MBA-Studierenden aus verschiedenen Ländern wurden relative Unterschiede deutlich, auch zwischen den französischen und deutschen Befragten. Interessant ist, dass bei einer der verschiedenen Aussagen (Tab. 44) deutsche und französische Befragte relativ ähnlich geantwortet haben, d. h. anscheinend ein ähnliches Führungsverständnis aufweisen, obwohl bei den meisten anderen Aussagen eine relativ große kulturelle Distanz zwischen deutschem und französischem Arbeitsverhalten deutlich wird, wie sie auch der umfassenden Literatur zum deutsch-französischen Management entspricht (Barmeyer 2000; Davoine 2002).

Countries	USA	GB	DK	CH	D	F	I
% Agreement with: »It is important for a manager to have at hand precise answers to most of the questions that his subordinates may raise about their work.«	18	27	23	38	46	53	66

Tab. 44: Erwartungen bezüglich der Rolle einer Führungskraft im Kulturvergleich (Laurent 1983, 87, Auszug)

An diesem Beispiel wird die Problematik von Etic-Fragestellungen deutlich, da sie von den Befragten emisch interpretiert werden: Während deutsche Befragte die Aussage so verstehen, dass eine Führungskraft eine *fachlich* korrekte Antwort gibt (»precise answers [...] about their work«), die auf ihrer Expertise beruht, verstehen Franzosen die Aussage so, dass eine Führungskraft grundsätzlich ohne Bezug zu einem fachlichen Thema aufgrund ihrer *Position* als Chef zu antworten hat. Somit interpretieren deutsche und französische Befragte die Aussage unterschiedlich und geben dementsprechend kulturell geprägte Antworten (emic), die wiederum auf ihrem Verständnis von der Legitimität einer Führungskraft basieren. Der Prozentsatz der Deutschen und Franzosen, die auf diese Frage ähnlich antworten, ist jedoch nicht sehr unterschiedlich (46 % und 53 %), was den Eindruck vermittelt, die Erwartungen seien ähnlich (etic). Interessant ist auch, dass Laurent weder bei der Erstellung der Fragen noch bei der Auswertung ein Bewusstsein dafür hatte, dass die Aussage von den Befragten unterschiedlich verstanden werden könnte: Als Franzose war ihm die deutsche Interpretation des Fachwissens nicht klar gewesen.

Aufgrund dieses »cultural bias« (Verma/Mallick 1988) werden Themen problematisiert, die in einem anderen kulturellen Kontext so gar nicht vorhanden sind. Dadurch entsteht ein Mangel an inhaltlicher Äquivalenz zwischen den beiden Übersetzungen.

Aber auch sprachliche Konventionen haben einen Einfluss auf den empirischen Forschungsprozess, erschweren die Datenerhebung oder verzerren gar Ergebnisse. So kann es sein, dass in bestimmten Ländern normative Erwartungen über die Nutzung von Sprache bestehen. Dies ist am Beispiel der Höflichkeit darzustellen, wie es Studien in asiatischen Kulturen belegen. Dort wird ein »Nein« aus Höflichkeit gegenüber Fremden oder hierarchisch Höhergestellten äußerst selten gebraucht.

Die Ansätze Etic und Emic, die Extrempositionen auf einem Kontinuum darstellen, schließen sich aber nicht aus, sondern können sich innerhalb des Forschungsprozesses ergänzen (Lu 2012). Denn schließlich können die Vergleichsobjekte zugleich viele Gemeinsamkeiten (etic) wie auch Partikularitäten (emic) aufweisen. Forscher wie Berry (1989) und Triandis (1995) schlagen eine Kombination von Emic- und Etic-Ansätzen für die kulturvergleichende und interkulturelle Forschung vor, um sowohl Gemeinsamkeiten als auch Partikularitäten der Vergleichsobjekte zu erfassen. Kulturvergleichende und interkulturelle Forschung kann deshalb mit einem hybriden Forschungsansatz arbeiten (Bennett/Bennett

2004). In der Kombination der beiden Forschungsansätze spricht Berry (1989) vom Programm der *derived etics.* Dieser Ansatz geht davon aus, dass gewisse Universalien oder Grundmerkmale über soziale Gruppen hinweg von Natur aus vorhanden sind, diese jedoch von den jeweiligen kulturspezifischen Gruppenprozessen geprägt und geformt werden. Dadurch entstehen kulturspezifische (emic) Ausprägungen innerhalb kulturallgemeiner (etic) Kategorien, beziehungsweise es bestehen ähnliche Emic-Merkmale in mehreren Kulturen gleichzeitig (Genkova 2012). Kulturvergleichende Forschung, die diesem Ansatz folgt, nimmt diesen Zusammenhang zur Kenntnis und richtet dementsprechend ihre Erhebungsinstrumente wie auch die Interpretation der Daten gezielt auf kulturelle Kontexte aus (Genkova 2012).

Hier bietet sich eine ethnografische Herangehensweise an, die zwischen beiden Ansätzen »oszilliert« (Dietz 2011, 16), indem sie Emic-Perspektiven aus narrativen und ethnografischen Interviews rekonstruiert und in teilnehmender Beobachtung mithilfe von Etic-Perspektiven Interaktion und Aushandlung interpretiert. In der Reflektion und Zusammenführung beider Perspektiven können dann die kontext- und situationsspezifischen Charakteristika des Interkulturellen herausgearbeitet werden (Dietz 2011).

Forschungsdesigns für Konstruktive Interkulturelle Managementforschung

Die genannten methodischen Herausforderungen der Interkulturellen Managementforschung können beim Entwurf eines Forschungsdesigns berücksichtigt werden, wie nachfolgende Empfehlungen nahelegen wollen.

Das Forschungsdesign beginnt mit der *Grundsatzentscheidung für ein Forschungsparadigma.* Dieses hat Folgen für Konzeption und Aufbau des Forschungsprozesses, für die verwendeten Methoden sowie ganz grundsätzlich für das Verständnis des betrachteten Phänomens. Jedoch, so ist hier die Empfehlung, sollte mit einer klaren Verortung in einem Paradigma keine Ignoranz gegenüber den Vorteilen alternativer Paradigmen verbunden sein: Grundsätzlich ist eine Offenheit gegenüber verschiedenen Forschungsparadigmen wünschenswert, was als »Interplay« (Romani 2008) bezeichnet wird.

Daran schließt sich die *(Selbst-)Reflexivität in Bezug auf Kontext, Methoden, Theorien und Perspektiven* an. So ist idealerweise die zugrunde gelegte Bedeutung des Kulturkonstrukts ebenso zu klären wie auch die eigene »kulturelle Verortung« des Forschers in Bezug auf die betrachteten Phänomene wie auch in Bezug auf mögliche Verzerrungen bei der Interpretation von Befunden. Dietz (2011) nennt dies die Reflektion der Konzepte *zweiter Ordnung,* also der Konzepte, die der Forscher benutzt, um im Feld seine Erfahrungen einzuordnen, vor dem Hintergrund der kulturellen Sozialisation und der akademisch-disziplinären Verortung. Dietz weist aber auch auf eine Reflektion der Konzepte *erster Ordnung* hin, also der Konzepte, anhand derer die betrachteten Akteure im Feld ihre Umwelt einordnen und interpretieren. So könnten zum Beispiel untersuchte Mitarbeiter ihr Verhalten für sich eher über das Konzept der Solidarität und Loyalität gegenüber dem Unternehmen erklären *(erste Ordnung)* als über das Konzept der Hierarchie, wie es der Forscher tut *(zweite Ordnung)*. Die Reflektion beider Ordnungsebenen führt dann zu einem besseren Verständnis des Forschungsgegenstandes (Tab. 45).

	Gebrauch der Konzepte	**Potenzieller Interpretationskonflikt**
Interpretation zweiter Ordnung	Abstrakte, objektivierte Konzepte des Forschers	Hierarchie vs. Loyalität
Interpretation erster Ordnung	Subjektive Konzepte der Handelnden	

Tab. 45: Konzepte erster und zweiter Ordnung mit Beispiel eines Interpretationskonflikts (nach Dietz 2011)

Um ethnozentrische und monokausale Erklärungen zu vermindern und ethnorelativistisch forschen zu können, sollte Interkulturelle Managementforschung *methodisch interdisziplinär* arbeiten und auch auf *Quellen verschiedenster Kultur- und Sprachräume* zurückgreifen, die unterschiedliche Perspektiven ermöglichen. Dieser holistische Ansatz basiert auf der Annahme, dass die Untersuchungsobjekte Kultur und Management nur in ihrer ganzen Bandbreite gegenseitiger Beeinflussung und Abhängigkeit begriffen werden können, wenn verschiedene kulturell geprägte Perspektiven in einer interdisziplinären Forschung zusammenfließen (Chanlat 1990). Dieser Ansatz wird durch die zahlreichen wissenschaftlichen Tagungen und Institutionen begünstigt, die länderübergreifende Forschungskooperationen unter Beteiligung vieler wissenschaftlicher Disziplinen ermöglichen und zu bikulturellen oder multikulturellen und möglichst verschiedengeschlechtlich zusammengesetzten Forscherteams führen.

Darüber hinaus ermöglicht die *Sprachkompetenz* bikulturellen und mehrsprachigen Forscherteams und ihren Interviewpartnern idealerweise, sich jeweils in ihrer Muttersprache auszudrücken. Damit können sich diese weit nuancierter und bedeutungsvoller als z. B. auf Englisch verständigen. Zudem wird es für Forscher, die wenig oder keine Kenntnis über die Zielsprachen des Untersuchungskontextes aufweisen, schwierig, einen Fragebogen in andere Sprachen zu übersetzen und den Sinn der Konzepte und Fragen zu erhalten. Dieses Problem kann durch die Übersetzung des Erhebungsinstrumentes durch professionelle Übersetzer weitgehend gelöst werden. Durch die erneute Rückübersetzung durch einen weiteren Übersetzer können zusätzlich Bedeutungsverluste oder Umdeutungen vermieden werden (Campbell/Werner 1970; Usunier 1998). Somit kann die Gefahr umgangen werden, dass die untersuchten Informanten die Fragen nicht richtig verstehen und infolgedessen verzerrte Antworten geben oder Bedeutungszusammenhänge anders interpretieren. Auch hier kann der Einsatz bikultureller Forscherteams den aufwendigen Prozess der externen Übersetzung obsolet machen.

Schließlich erleichtert auch die *Kulturraumkompetenz* die Forschungsarbeit in fremden Kontexten oder macht sie erst möglich. Sie wirkt sich beispielsweise in Bezug auf den Zugang zum Untersuchungsobjekt aus, der je nach Forschungskontext besondere Herausforderungen parat hält. Eine davon ist das Ansehen und der Status von Universitäten und Wissenschaft, die Forscher gegenüber Forschungsobjekten oder den jeweiligen sogenannten *gatekeepers* legitimiert. Während beispielsweise in Frankreich das Ansehen von Universitäten und ihren Professoren nicht besonders hoch ist, genießen in Deutschland Organisationsforscher großes Vertrauen bei ihren Ansprechpartnern in Unternehmen. Sich als Organisation, egal welcher Art, erforschen zu lassen, bedeutet stets, sich durch teilnehmende Beobachtung »in die Karten schauen zu lassen« und vor allem Zeit für Kontakte und Interviews zu investieren. Der direkte, zählbare Mehrwert wird für Forschungspartner in Organisationen dabei nicht immer auf Anhieb deutlich. Ein Vertrauensvorschuss kann Forschern dabei von großer Hilfe sein.

Dann steht die *Wahl der Datenerhebungsmethoden* an. Zum Beispiel schlägt Berry (1989, 1990) für die interkulturelle Forschung ein methodologisches Drei-Stufen-Modell vor, in dem Etic- und Emic-Ansätze kombiniert werden. Ausgehend von bestehenden Etic-Konzepten sollen Emic-Ansätze helfen, diese für einen neuen kulturellen Kontext zu verstehen und zu verfeinern, um abschließend davon ausgehend wiederum durch Etic-Ansätze (sogenannte *derived etics*) komplettere Generalisierungen treffen zu können (Dietz 2011). Daneben gibt es auch die Möglichkeit, mehrere lokal zentrierte, spezifische (emic) Fallstudien durchzuführen und diese schließlich zusammenzuführen, um übergreifende Aussagen treffen zu können.

Der *Mixed-Methods-Ansatz*

Eine praktikable Lösung zur Kombination quantitativer und qualitativer Datenerhebungsverfahren bietet der Mixed-Methods-Ansatz der empirischen Wissenschaften, der unter anderem in der interkulturellen Psychologie Anwendung findet (Karasz/Singelis 2009). Die paradigmatisch unterschiedlichen Herangehensweisen und das damit einhergehende sogenannte Inkommensurabilitätsproblem (d.h. das Fehlen eines gemeinsamen Maßes) werden von einer pragmatischen Forschungshaltung übertönt (Silva et al. 2009).

Nach Kuckartz (2014) können vier Mixed-Methods-Designs unterschieden werden: (1) Paralleles Design, bei dem Ergebnisse aus zwei zeitgleich durchgeführten Studien zusammengeführt werden; (2) vertiefendes Design, bei dem quantitative durch qualitative Daten näher analysiert werden; (3) verallgemeinerndes Design, bei dem qualitative Erkenntnisse in einer quantitativen Studie skaliert werden, und (4) Transferdesign, bei dem qualitatives Datenmaterial quantitativ analysiert wird und/oder umgekehrt.

Aufgrund der vorwiegend positivistischen Forschungsdesigns mit quantitativen Methoden plädieren Forscher des Interkulturellen Managements zunehmend für qualitative, ethnografische Fallstudien (Holzmüller 1995; D'Iribarne 2011; Birkinshaw 2011; Moore 2011b; Piekkari/Welch 2011) als emischen Ansatz.

Qualitative Fallstudien

Eine Fallstudie kann als Forschungsdesign oder -strategie beschrieben werden, mit der ein konkretes Phänomen detailliert und auf Basis mehrerer, unterschiedlicher Datenquellen in seinem Kontext erforscht wird (Piekkari et al. 2009; Yin 2009). Fallstudien bieten auch die Möglichkeit der Integration sowohl qualitativer wie auch quantitativer Methodik. Ziel ist es, die bestehende Theorie mit der empirisch wahrnehmbaren Welt zu konfrontieren und dadurch das Verhältnis zwischen Theorie und Empirie weiter zu erkunden, zu destabilisieren und zu rekonstruieren. Eine Fallstudie ist damit ein umfassenderes Forschungsprogramm, da es mehr voraussetzt als nur die Wahl einer Methode zur Datenerhebung und -auswertung (Marschan-Piekkari/Welch 2004; Welch et al. 2011).

Yin (2009) unterscheidet zwischen vier grundsätzlich unterschiedlichen Fallstudiendesigns, die sich einerseits durch die Anzahl der Replikationen (Einzel-oder Mehrfallstudien) und andererseits durch die Anzahl der Analyseeinheiten (holistisch oder eingebettet) unterscheiden: So gibt es 1) *holistic single case studies*, 2) *holistic multiple case studies*, 3) *embedded single case studies* und 4) *embedded multiple case studies*. Bei *Einzelfallstudien (single case studies)* wird dabei lediglich eine Instanz eines Phänomens innerhalb eines bestimmten Kontextes untersucht (z. B. ein Start-up in einer bayerischen Kleinstadt), während bei multiplen Fallstudien *(multiple case studies)* mehrere Instanzen eines vergleichbaren oder replizierbaren Falles in ihren jeweiligen Kontexten untersucht werden (z. B. vier Start-ups in vier unterschiedlichen Kleinstädten in Deutschland). Eingebettete bzw. kontextualisierte Designs *(embedded designs)* unterscheiden sich von ganzheitlichen bzw. umfassenden Designs *(holistic designs)* wiederum dahingehend, dass sie sich auf mehrere Analyseeinheiten im untersuchten Phänomen beziehen (z. B. werden sowohl die Gründer des Start-ups als auch die Wahrnehmung des Produktes untersucht), während ganzheitliche Designs lediglich den Fall als Ganzes betrachten (z. B. die Entwicklung des Start-ups in der Gründungsphase). In jedem Fall geht es bei der Fallstudie um das genaue und tiefe Verstehen eines Phänomens und weniger um die Verallgemeinerung der Erkenntnisse.

Quelle: Ghauri (2004); Piekkari et al. (2009); Yin (2009); Woodside (2010)

Die Kombination vielfältiger Erhebungsmethoden in einem Forschungsprojekt kann wie folgt aussehen:

1. Experteninterviews, um die strategische Ausrichtung und das Kalkül der Manager verstehen zu können.
2. Biografische Interviews mit den bikulturellen Mitarbeitern, um deren spezifische Eignung im Internationalisierungsprozess z. B. als *Boundary Spanner* verstehen zu können.

3. Problemzentrierte Interviews oder Fokusgruppen-Interviews mit bikulturellen Mitarbeitern und deren Teamkollegen, um die Effektivität und die Auswirkung des Einsatzes der Bikulturellen auf die Zusammenarbeit zu überprüfen.
4. Teilnehmende Beobachtung in Teamsitzungen, um die Entstehung neuer Arbeitskulturen zwischen bikulturellen und »normalen« Mitarbeitern nachzuvollziehen.
5. Ethnografische Interviews, um diese Informationen zu verdichten und zu überprüfen.
6. Eine Analyse unternehmensbezogener Dokumente (Archive, Protokolle, Rundschreiben, Marketing) durchführen, um den Wachstums- und Internationalisierungsprozess historisch nachvollziehen zu können und Diskurse und Rhetorik der Internationalisierung offenzulegen.
7. Eine Analyse der PR-Medien und zum Beispiel Stellenausschreibungen des Unternehmens durchführen, um dessen »neue« Rhetorik und Ausrichtung nach außen in der Praxis zu evaluieren.
8. Fragebögen an weitere, nicht direkt befragte Mitarbeiter des Unternehmens verteilen, um auf Basis der Erkenntnisse aus (1)-(7) eine umfassendere Analyse der Auswirkung der Internationalisierung des Unternehmens bei Mitarbeitern und Stakeholdern durchzuführen.

Die Möglichkeit, alle diese Datenquellen in der Erforschung eines Phänomens zu kombinieren, stabilisiert die endgültige Aussage eines Fallstudien-Forschungsprojektes. Schwächen einzelner Methoden werden dadurch ausgeglichen: So ist ein solches Forschungsprojekt nicht wie in reinen Interviewstudien auf die subjektiven Diskurse der Befragten angewiesen oder hat mit deren sozial erwünschten Antworten auszukommen (Pugh 2013). Auch Informationen aus Dokumenten bleiben keine »stillen« Quellen, sondern können in Interviews eingesetzt und überprüft werden. Sicherlich gibt die teilnehmende Beobachtung den am tiefsten gehenden Einblick in tatsächliche Prozessabläufe und Interaktionsweisen und ist damit weit aufschlussreicher als Erkenntnisse über Prozesse und Praktiken, die lediglich in Interviews rekonstruktiv abgefragt werden (Waal 2009; Yanow 2009; Eberle/Maeder 2011; Moore 2011a). Hinzu kommt, dass durch die Vielfalt ethnografischer Methoden »offizielle« Diskurse in Interviews – etwa von Führungskräften – kritisch hinterfragt werden können.

Ethnografie als Methode hat in der Interkulturellen Managementforschung einen besonderen Stellenwert und eine lange Tradition (D'Iribarne 2011). Der Begründer der interkulturellen Kommunikation, Edward T. Hall (1959), war Kulturanthropologe und arbeitete ethnografisch. Im Mittelpunkt standen dabei mikrokulturelle Analysen zu Akteuren mit unterschiedlichen kulturellen Hintergründen. Auch sein Fachkollege Clifford Geertz (1973) arbeitete so: Mit seiner Methode der »dichten Beschreibung« hat er das Verständnis des Kulturkonzepts als dichtes Bedeutungsgewebe, welches es von Forschenden zu entwirren gilt, nachhaltig geprägt.

»Ethnography with its two essential elements – fieldwork, including its central building block of participant observation, and a focus on the culture – is, as many have argued, perhaps the most effective method for gaining insight into micro-level embedded cultural phenomena.« (Brannen 2011, 126)

Die physische Präsenz des Forschers im Forschungskontext oder am Forschungsobjekt ist bei Ethnografie als Methode ein zentraler Aspekt, der Wirkung entfaltet. Mahadevan (2015) weist auf die Notwendigkeit hin, sowohl die Anwesenheit des Forschers als solche als auch ihre Art, also Kleidung, Verhalten, Interaktion, Wahrnehmung etc., bewusst zu reflektieren. Sie verleiht damit dem reziproken Verhältnis von Körper und sozialer Umwelt ein relevantes Gewicht. In ihrer Erfahrung stellen sich kulturspezifische Kleidungsnormen wie z. B. das Tragen eines Kopftuches in muslimischen Ländern und Praktiken, z. B. das Verhalten gegenüber Autoritäten oder Begrüßungsformen als wichtige Elemente der ethnografischen Praxis heraus (Mahadevan 2015). Doch nicht nur der beobachtende Teil, sondern auch der analysierende Teil einer ethnografischen Untersuchung bedarf eines reflektierten Umgangs (Clifford/Marcus 1986; Dietz 2011). Zur Reduktion von Subjektivität bedarf es zusätzlicher vergleichender Analysen, um einen Abgleich zwischen Theorie und Praxis zu ermöglichen und wiederkehrende Kategorien und Beziehungsmuster als Voraussetzung einer Theoriebildung zu finden. Dabei machen Brannen (2011) und D'Iribarne (2011) deutlich, dass sich ein qualitativer ethnografischer Ansatz besonders eignet, um neue, wenig erforschte interkulturelle Phänomene in einer induktiven Forschungslogik zu untersuchen, die zudem noch theoriearm sind. Sie schlägt dazu ein »T-Design« (Brannen 2011) vor, in dem die Horizontale des Ts einer vertieften ethnografischen oder qualitativen Studie eines organisationalen Phänomens entspricht. In dieser horizontalen Phase können induktiv Konzepte, Konstrukte, Kategorien oder Modelle emisch abgeleitet werden. Die Vertikale des Ts würde dann der fokussierten Erforschung, z. B. mit quantitativen Methoden und entsprechend größerem Sample und größerer Reichweite eines dieser Konzepte, entsprechen und die Erkenntnisse etisch auf ihre fallübergreifende Verwendbarkeit überprüfen.

Interkulturalität als Aushandlungsprozess

Interkulturalität und interkulturelle Interaktionen

In interkulturellen Entscheidungs- und Führungssituationen, etwa zwischen Führungskraft und Mitarbeitern oder in Teams, findet – bewusst und unbewusst – ein ständiger Abgleich unterschiedlicher Positionen statt: Welche Ziele werden verfolgt? Welche Strategie und Taktik wird angewandt? Welche Idee, Lösung oder Entscheidung erscheint sinnvoll, machbar und vor allem akzeptabel? Welche Organisations- und Arbeitspraktiken werden realisiert? Wer wird an der Umsetzung mitwirken?

Aufgrund unterschiedlicher kultureller Prägungen, beruflicher Sozialisation und Erfahrung haben die Akteure interkultureller Interaktionen ihre eigene Vorstellung über »gute« und »richtige« Lösungen. Werden diese Vorstellungen nicht kommuniziert, können unausgesprochene Divergenzen der Vorstellungen die interkulturelle Zusammenarbeit erschweren.

Als zentrale Prämisse zur Gestaltung *konstruktiver* Interkulturalität in Organisationen gilt, Interkulturalität als dialektischen Prozess zu verstehen, der sich zwischen Unterschieden bewegt und gleichzeitig der Entwicklung von Individuen und Kollektiven dient. Interkulturalität ist somit ein reziproker dialogischer, wenn möglich *symmetrischer*, Kommunikations- und Kooperationsprozess der Aushandlung, bei dem wechselseitige Anpassungs-, Lern- und Entwicklungsprozesse stattfinden.

Notwendige Grundlage eines solchen Verständnisses ist eine sinnvolle Definition von Interkulturalität. Sie kann definiert werden als

> »gegenseitiger Prozess des Austauschs, der Interaktion, der Verständigung, der Interpretation, der Konstruktion, aber auch der Überraschung und der Irritation, ebenso der Selbstvergewisserung, der Deformation, der Erweiterung und des Wandels« (Barmeyer 2012a, 81).

Interkulturalität wird dann relevant, wenn Kulturen auf der Ebene von Gruppen, Individuen und Symbolen miteinander in Kontakt kommen und unterschiedliche Wertorientierungen, Bedeutungssysteme und Wissensbestände aufweisen. Interkulturelle Situationen weisen eine besondere Dynamik auf, da im Prozess etwas Neues entsteht: Während ihrer Interaktion gestalten die Akteure Kommunikations- und

Verhaltensregeln neu, die sich eventuell von den üblichen ihrer Ausgangskultur unterscheiden. Somit wird »das Verhalten von Personen in interkulturellen Situationen nicht nur aufgrund ihrer eigenkulturellen Sozialisation (kontrastiv) erklärt, sondern als Produkt eines wechselseitigen Interpretations- und Anpassungsprozesses, das im Extremfall stark von in den jeweiligen Einzelkulturen praktizierten Verhaltensnormen abweichen kann […] und situative Neuschöpfung zeigt« (Müller-Jacquier 2000, 25).

Elberfeld (2008) verweist darauf, dass der Begriff »Interkulturalität« eine geschichtliche Geschehensform beschreibt, die es schon immer gegeben hat: Aufgrund von Migration, Missionierungen oder Eroberungen kam es zu kultureller Diffusion und zu Auseinandersetzungen zwischen Gemeinschaften.

Interkulturalität ist von Begriffen wie Multikulturalität (Taylor 2009) als dem Nebeneinander von Angehörigen verschiedener Kulturen innerhalb einer Gesellschaft sowie von Transkulturalität (Welsch 2005) als die Verwischung und Aufhebung kultureller Grenzen durch Verflechtung abzugrenzen: »Inter«, zu übersetzen als »zwischen«, »wechselseitig« oder »vermittelnd«, verweist darauf, dass etwas Neues im Prozess entsteht (Elberfeld 2008), dass interagierende Personen also neue Kommunikations- und Verhaltensregeln gestalten und aushandeln, die als Ergebnis wechselseitiger Interpretations- und Anpassungsprozesse von in den jeweiligen Einzelkulturen praktizierten Verhalten abweichen können (Müller-Jacquier 2004).

Interkulturalität entsteht damit, wenn Eigenes und Fremdes bedeutsam werden und wenn es zu wechselseitigen Beziehungen der Akteure kommt (Abb. 9). In

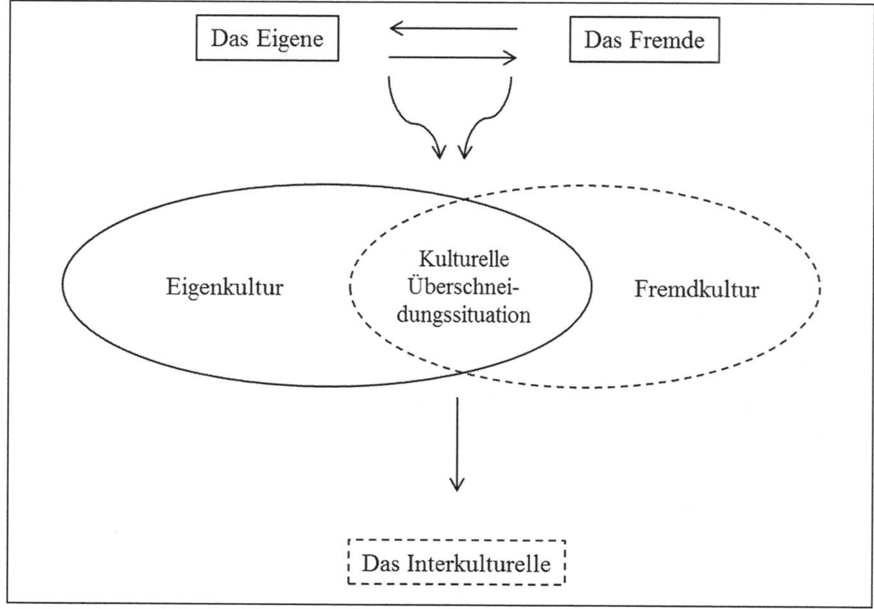

Abb. 9: Dynamik kultureller Überschneidungssituationen (Thomas 2003b, 46)

interkulturellen Situationen wird Uneindeutiges, Vages und Neuartiges als etwas erfahren, das je nach Kontext und Situation bedrohlich oder anregend wahrgenommen werden kann.

Interkulturalität kann verschiedene Ausprägungen annehmen, die in ihrer Extremform entweder positiv-konstruktiv oder negativ-destruktiv sind. Hauptanliegen dieses Buches ist die komplementäre und synergetische Facette von Interkulturalität; auch wenn bewusst Besonderheiten und Unterschiede thematisiert werden. Die negative Thematisierung findet sowohl in der »Erfahrungswelt« der Praxis als auch »Forschungswelt« der Wissenschaft statt.

In Forschung und Praxis zur Interkulturalität wurde interkulturellen Überschneidungssituationen, *Critical Indicidents,* ein besonderer Stellenwert eingeräumt (Müller-Jacquier 2000; Thomas 2003b). Ein Critical Indicident wird definiert als:

»Bedeutsames Ereignis, auch ›kritische Interaktionssituation‹ (Flanagan 1954), während dem es zu typischen Missverständnissen und Konflikten im Rahmen interkultureller Begegnungssituationen kommt (Batchelder 1993). Diese werden ausgelöst durch kulturelle Unterschiedlichkeit (z. B. divergierende Normen und Wertsysteme oder miteinander nicht kompatible kulturelle Regeln) und Fehlinterpretationen des Verhaltens der Interaktionspartner (Barmeyer 2000). Das Verhalten des anderskulturellen Partners wird als merkwürdig, irritierend oder gar verletzend wahrgenommen und lässt die Interagierenden emotional reagieren.« (Barmeyer 2012a, 34)

Hervorzuheben – und dies unterscheidet *inter*kulturelle Konflikte maßgeblich von *intra*kulturellen Konflikten (z. B. Zielkonflikt, Machtkonflikt, Interessenkonflikt, Personenkonflikt) – ist, dass interkulturelle Missverständnisse und Konflikte unbeabsichtigt aus zunächst unerfindlichen Gründen entstehen. Es kann nämlich grundsätzlich davon ausgegangen werden, dass Wille und Bereitschaft für eine gelingende Kommunikation und Kooperation vorhanden sind.

Critical Incidents werden im Sinne einer »dichten Beschreibung« (Geertz 1973) anhand von Kernsituationen konkretisiert, die Ausschnitte der komplexen Wirklichkeit abbilden, nicht aber abstrakte Regelmäßigkeiten beschreiben. Die Analyseeinheit der Situation ist räumlich-zeitlich spezifiziert und zeichnet sich durch einen wechselseitigen Bezug der Interagierenden mit ihrer Umwelt aus (Demorgon/Molz 1996). Die Kernsituation definiert der amerikanische Kulturanthropologe Edward T. Hall deshalb wie folgt:

»The situational frame is the smallest viable unit of culture that can be analyzed, taught, transmitted, and handed down as a complete entity. Frames contain linguistic, kinesic, proxemic, temporal, social, material, personality, and other components. The framing concept is important not just because it provides the basis for identifying analytic units that are manageable when put in the hands of the expert, but framing can be useful when learning a new culture. In addition, framing will ultimately be the basis upon which towns and buildings are planned in the future. Frames represent the materials and contexts in which action occurs –

the modules on which all planning should be based. […] In other words, a situation is a complete entity, just as a sentence is a complete entity. Situational frames are the building blocks of both individual lives and institutions and are the meeting point of: the individual and his psychic makeup, institutions ranging from marriage to large bureaucracies, and culture, which gives meaning to the other two.« (Hall 1981, 129 und 140)

Der Mainstream der Forschung fokussiert eindeutig auf *konfliktuelle* Elemente. Einige wenige Forscher vertreten jedoch – ganz im Sinne einer konstruktiven Interkulturalität – die gegenteilige Meinung: Da dem Begriff durch das Wort *critical* etwas Negatives anhaftet, interkulturelle Situationen aber nicht zwangsläufig negativ ablaufen müssen, sondern auch positiv oder neutral, wird er vereinzelt ersetzt durch neutral konnotierte Begriffe wie *Cultural Analysis* oder *Awareness Episodes* (Batchelder 1993, 102). So können *Critical Incidents* als Ausgangspunkt für persönliche Entwicklung und gegenseitiges interkulturelles Lernen verstanden werden.

Critical Incidents dienen in Wissenschaft und Training der Operationalisierung kultureller Charakteristika, die sich in einer interpersonellen Interaktion zwischen Angehörigen verschiedener Gesellschaften als kulturelle Unterschiede manifestieren und zu Missverständnissen führen können. Allerdings wird die Critical-Incident-Methode in der Forschung aufgrund ihres theoretischen Mangels kritisiert. Die Gefahr besteht, mit der Betrachtung eines Teilausschnitts der Wirklichkeit die Merkmale einer gesamten Gesellschaft verstehen zu wollen, d. h. vom Einzelfall auf die Gesamtheit zu schließen. Somit stellt sich die Frage, inwieweit Critical Incidents tatsächlich verlässlich und repräsentativ die interkulturelle Wirklichkeit abbilden.

Interkulturalität als dialogischer Aushandlungsprozess

Um Interkulturalität zu verstehen und im Endeffekt zu gestalten, ist eine Einbeziehung kultureller *Kontexte* nötig. Als Kontextualisierung wird hier die Berücksichtigung von sinnstiftenden Elementen des sozialen beziehungsweise organisationalen Umfeldes der Interagierenden verstanden, die auf den Handlungsrahmen, also auf die Interaktionen Einfluss haben und zu ihrer Erschließung und Interpretation beitragen. Hierzu gehören beispielsweise die kulturelle Zugehörigkeit der Interaktionspartner und sprachliche Register (Müller-Jacquier 2000), extra-kulturelle Kontexte (Otten 2007) wie Vorgeschichte, institutionelle Faktoren, Recht, Bildungssysteme, Berufskulturen und soziale Schichten (Maurice et al. 1982), Strukturen und Prozesse (Heidenreich 1995) sowie Strategien und Taktiken der Akteure (Crozier/Friedberg 1979).

Im Rahmen des Interkulturellen Managements existieren vielfältige Kontexte mit unterschiedlichen Konstellationen von Akteurs- bzw. Kooperationsbeziehungen. Interkulturalität findet nicht in interessens- und machtfreien Räumen statt, sondern ist auch von »nicht-kulturellen« Sachzwängen und Einflussfaktoren beeinflusst, die wiederum die Qualität der interkulturellen Beziehungen tangieren (Barmeyer 2007a). Konstellationen asymmetrischer Machtverteilung, also der Über- und Unterordnung, existieren und werden vor allem von Forschern mit einem postkolonialen und kritischen Management-Ansatz verfolgt (Jack/Westwood 2009; Primecz et al. 2016; Mahadevan 2017). So herrscht dann ein stärkerer Anpassungsdruck der Minorität an die Majorität, des Mitarbeiters an die Führungskraft, des Sprechers einer wenig verbreiteten Sprache an die Englischsprechenden vor. Asymmetrische Machtverteilung findet sich häufig auch zwischen Mutter- und Tochtergesellschaften (Barmeyer/Davoine 2007). In einer Mutter-Tochter-Beziehung gibt die Muttergesellschaft in der Regel die Strategie vor und verfügt über rechtliche und finanzielle Ressourcen, die ihre Entscheidungsmacht legitimieren. Tochtergesellschaften sind oft »nur« operative Standorte. Die Muttergesellschaft dominiert, auch wenn die Akteure »Kollegen« innerhalb eines Konzerns sind.

Doch es existieren auch Kontexte, in denen die Machtverteilung annähernd symmetrisch ist. Hierzu zählen internationale Netzwerke aus temporären Projektteams mit ihren über Standorte hinweg verteilten komplementären Kompetenzen. Eine weitere Konstellation ist die gleichberechtigte Kooperationsbeziehung eines Joint-Ventures (z. B. ARTE, Alleo) oder einer Allianz ähnlich starker Unternehmen (z. B. Renault-Nissan, Air France-KLM), die ihre Ressourcen in ein neues Unternehmen einbringen (Barmeyer/Mayrhofer 2009).

Der jeweilige Kontext der Kooperationsbeziehungen ist von Bedeutung, da aufgrund unausgeglichener Einfluss- und Machtkonstellationen ein Akteur bzw. eine Akteursgruppe eher dominant sein und Interessen durchsetzen kann, während die andere Seite »stillschweigende« Anpassungen vornehmen muss. Für Interkulturalität bedeutet dies, dass die »schwächeren« Akteure weit mehr interkulturelle Anpassungsprozesse vornehmen müssen als die »mächtigeren«, also stärker von möglichen (finanziellen, emotionalen) Kosten der Interkulturalität betroffen sind und infolgedessen einen höheren Leidensdruck aufweisen.

Wie lässt sich nun die Dynamik einer interkulturellen Interaktion verstehen? Neben dem Kontext sind es die Akteure selbst, die ihre kulturellen Eigenheiten mitbringen.

Wie es die kulturvergleichenden Managementstudien (Hofstede 1980; 2001; Hampden-Turner/Trompenaars 1993) zeigen, werden bipolare Kontinua zur Beschreibung kulturtypischen individuellen Verhaltens in Organisationen genutzt, wobei implizit von relativ homogenen, stabilen kulturellen Nationalkulturen ausgegangen wird (Moosmüller 2007b; Bolten 2015). Dieses »national culture model« geht davon aus, dass Kulturen als abgegrenzte Einheiten wie »Billardkugeln« (Wolf 1982, 6) aneinanderstoßen und, um bei der Metapher zu bleiben, sich sogar abstoßen: »By endowing nations, societies, or cultures with the qualities of internally homogeneous and externally distinctive and bounded objects, we create a model of the world as a global pool hall in which the entities spin off each other like so many hard and round billiard balls.« (Wolf 1982, 6). Allerdings wird es in der Managementforschung unter anderem wie folgt kritisiert: »Culture is not a pre-established monolith. An acknowledgement of internal divisions, gaps and ambiguities inserts an essential element of distance at the heart of tradition and thus the possibility of critical interpretation, action variation and unpredictability within a country« (McSweeney 2009, 936).

Es wird deutlich, dass eine sich vor diesem Hintergrund wahrnehmbare Gegensätzlichkeit der kulturellen Eigenheiten zwischen Akteuren zunächst weder strukturelle und kontextuelle Einflussfaktoren berücksichtigt noch individuelle kulturelle Prägungen, die ausschlaggebend für die Entwicklung hybrider, kulturell diverser Arbeitskulturen und Organisation sind (Brannen/Salk 2000, 458). Vielmehr lassen Entwicklungen der Interkulturalisierung vieler Gesellschaften vermuten, dass kulturelle Identitäten und Praktiken von Personen in interkulturellen Begegnungssituationen neu definiert werden, sich überschneiden und sich entwickeln (Yagi/Kleinberg 2011). Nationale Kategorien verlieren aufgrund steigender interkultureller Komplexität im Arbeitsumfeld und individueller Zugehörigkeit von Menschen zu verschiedenen Kulturkollektiven (Bjerregaard et al. 2009; Hansen 2009) an Bedeutung als Erklärungsansatz: Weil das Individuum und dessen Identitätskonstruktion im Laufe der Zeit stärker in den Vordergrund gerückt sind, eignen sich statische und dekontextualisierte Kulturkonzepte immer weniger zur Beschreibung und Analyse von Interkulturalität (Søderberg/Holden, 2002).

Gegensätze, die in Dichotomien, Unterschieden, Antagonismen, Polaritäten oder Spannungsfeldern angeordnet sind, haben die Menschheit schon seit jeher beschäftigt: etwa in der griechischen Philosophie des Aristoteles, in der mitteleuropäischen Dialektik, in asiatischen Lebensweisheiten des Taoismus – Yin und Yang – (Hansen 2000; Fang 2012), in der Erforschung der beiden Gehirnhälften (Hampden-Turner 1981; Damasio 1994), aber auch in der Religion. Sozial- und Kulturwissenschaften sind ebenso durch Dichotomien geprägt (Chanlat 1990).

In einem konstruktivistischen Verständnis erfüllen Gegensätze viele wichtige Funktionen von Interkulturalität: Sie tragen durch ihre unterschiedlichen Positionen zu Ausgleich und Anpassung bei, zur Relativierung von Perspektiven und Selbstverständlichkeiten, sie schaffen Bewusstsein und ermöglichen die Einnahme von Metaebenen. So kommt es, dass auch in der interkulturellen Forschung Gegensätze in Form von kulturellen Unterschieden oder Kulturdimensionen, Paradigmen und Denkweisen bestehen und zugleich zentraler Betrachtungsgegenstand sind.

Wird Interkulturalität als reziproker, dialogischer, wenn möglich symmetrischer, Kommunikations- und Kooperationsprozess der Aushandlung verstanden, können statische Kulturkonzepte folglich immer weniger Antworten geben, wie wechselseitige Prozesse der Anpassung, des Lernens und der Entwicklung verlaufen können (Chanlat/Pierre 2018). Durch das Zusammentreffen komplexer und dynamischer Kulturen ist ein bewusstes aktionsgeleitetes Interkulturalitätsverständnis Voraussetzung zur Gestaltung von konstruktiver Interkulturalität.

Konzepte und Formen ausgehandelter Interkulturalität

Drittkultur und Interkultur

Interkultur wird verstanden als eine neue, wechselseitig kollektiv gebildete, dynamische dritte Kultur, die aus kommunikativen Handlungen verschiedenkultureller Interaktionspartner entsteht und durch Kulturkontakt konstruiert wird. Da in interkulturellen Situationen unterschiedliche Bedeutungs- und Interpretationsmuster aufeinanderstoßen, handeln Interaktionspartner neue Bedeutungen, Regeln und Verhaltensweisen aus, die akzeptiert, verstanden und gelebt werden. Demzufolge gestalten die Interaktionspartner aus der Kombination und Dynamik verschiedenkultureller Elemente einen neuen gemeinsamen Kommunikations- und Kooperationsraum (Bolten 1995, 32).

»Interkulturen werden permanent neu erzeugt, und zwar im Sinne eines ›Dritten‹, einer Zwischen-Welt C, die weder der Lebenswelt A noch der Lebenswelt B vollkommen entspricht. Weil es sich um ein Handlungsfeld, um einen Prozess handelt, ist eine Interkultur also gerade nicht statisch als Synthese von A und B im Sinne eines 50:50 oder anderswie gewichteten Verhältnisses zu denken. Vielmehr kann in dieser Begegnung im Sinne eines klassischen Lerneffekts eine vollständig neue Qualität, eine Synergie, entstehen, die für sich weder A noch B erzielt hätten.« (Bolten 2001b, 18)

Insofern ist das Verhalten von Personen in interkulturellen Situationen Ergebnis eines wechselseitigen Interpretations- und Anpassungsprozesses mit abweichenden Verhaltensnormen ihrer eigenkulturellen Sozialisation (Müller-Jacquier 2000, 25).

Im Einklang dieses dynamischen Interkulturalitäts-Verständnisses und in Anlehnung an Baxter (1992) entwickelt Casmir (1993, 1999) ein Modell für interkulturelle Interaktionen, das die Entwicklung neuer Prozesse auf der Grundlage gegenseitigen Respekts fördert. Er bezeichnet diesen Prozess als den Aufbau einer dritten Kultur und geht davon aus, dass die gegebenen Antworten mehr auf gemeinsam entwickelten Werten, Organisationssystemen und Kommunikation beruhen als auf Dominanz oder Unterwerfung. Deshalb integriert die dritte Kultur neue, effektive und für beide Seiten akzeptable Wege, um von Beziehungen zu profitieren:

»Using the concept of a third-culture, that is, the construction of a mutually beneficial interactive environment in which individuals from two different cultures can function in a way beneficial to all involved, represents my attempt to evolve a communication-centered paradigm. The focus of my third-culture building is not on short-term interactions, but instead it was developed to assist us in a better understanding of the long-term building processes which are at the root of any cultural construction.« (Casmir 1999, 92)

Dabei werden in dem Entwicklungsmodell (Abb. 10) vier interaktive und auf sich bezogene Phasen der Drittkultur-Bildung unterschieden, die einen Kommunikationsablauf darstellen (Casmir 1999, 109 ff.):

1. *Need:* Die erste Phase betrifft den ersten Ausgangskontakt einer Person mit einem anderskulturellen Element in einem bestimmten soziokulturellen Kontext. Dieser Kontakt kann sich auf ein Objekt, eine Begebenheit oder eine Person beziehen. Dabei kann es sein, dass der Kontakt aufgrund von Ängsten, fehlenden Kompetenzen, Zeitmangel oder anderen Einflussfaktoren abgebrochen wird und der Drittkulturbildungsprozess endet.
2. *Interaction:* Eine zweite Phase beginnt, wenn der Kontakt als interessant, notwendig oder befriedigend empfunden wird. Auch hier kann jedoch der Prozess enden, wenn die Akteure nicht bereit sind, die anderskulturellen Werte, Normen und Regeln zu akzeptieren. Auch andere Faktoren können dazu beitragen, dass der Interaktionsprozess abgebrochen wird. Es kann jedoch auch sein, dass Kontakte erweitert und vertieft werden und somit in der Interaktion Änderungs- und Anpassungsprozesse vorgenommen werden.
3. *Dependence:* In der dritten Phase sind die Akteure aufeinander angewiesen, um gemeinsam bestimmte Ziele zu erreichen. Sie entwickeln im Rahmen ihrer kommunikativen Interaktionen gemeinsam akzeptierte Regeln und Verhaltensweisen und lassen somit eine Drittkultur entstehen.
4. *Interdependence:* Die vierte Phase stellt gleichzeitig eine Weiterentwicklung und Kontinuität der Drittkultur dar, in der die Interakteure durch dialogische Kommunikation gegenseitiges Lernen und Vertrauensbildung ermöglichen.

Casmir betont, dass es sich um ein *Prozess*modell handelt, das keinen Endzustand oder bestimmte Ergebnisse berücksichtigt, sondern ganz in einem postmodernen Verständnis *fluide* ist. Die Bildung einer Drittkultur benötigt Zeit, Verständnis, Dialogfähigkeit und Kreativität.

Das Entwicklungsmodell berücksichtigt zwar die wichtigen Dynamiken des Interaktionsprozesses, aber seine Drittkultur-Bildung ist rein konzeptionell: Studien zur empirischen Überprüfung fehlen noch. Hier liegt die große Schwäche, denn die im Modell beschriebenen einzelnen Phasen könnten andere sein sowie ihr Ablauf anders erfolgen. Dabei werden *emische,* kulturspezifische Aspekte außer Acht gelassen, obwohl Casmir (1999, 96 ff.) selbst mehrmals die *etische* Ausrichtung der kulturvergleichenden und interkulturellen Forschung kritisiert. Dies betrifft insbesondere die Interaktionen, die zur Drittkultur beitragen: Wer sind die Akteure? Aus welchen spezifischen Kulturen stammen sie? Wie anders erfolgt also die Drittkultur-Bildung beispielsweise zwischen Europäern oder zwischen Europäern und Asiaten? Welchen Einfluss haben andere kulturelle Zugehörigkeiten und Identitäten im Sinne des *Multiple-Culture*-Ansatzes?

Casmir bezieht sich bei seinen theoretischen Bezugsrahmen der Drittkultur auf Baxter (1992) und ausgehandelte Kultur im kommunikativen Prozess, nimmt aber interessanterweise keinen Bezug zu Brannen (1998). Brannen wiederum bezieht sich nicht auf Casmir. Es kann vermutet werden, dass die Wissenschaftler sich aufgrund unterschiedlicher disziplinärer Verankerungen (Brannen: Anthropologie; Casmir: Kommunikationswissenschaft) nicht wahrgenommen haben. Casmir beschreibt

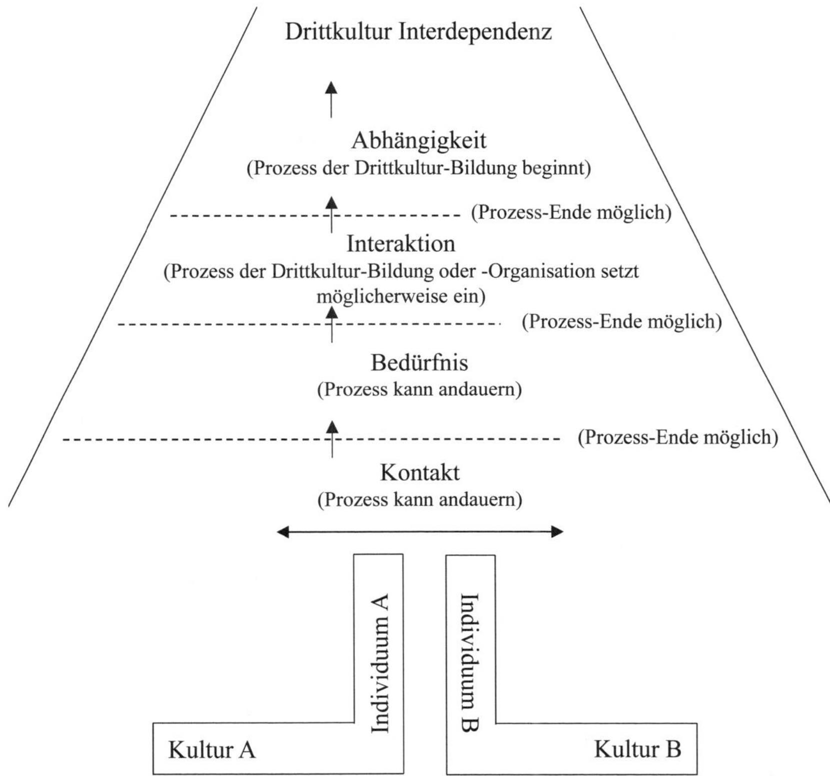

Abb. 10: Dialogisches Kommunikationsmodell der Drittkulturbildung (Casmir 1999, 109, eigene Übersetzung)

zudem nur die Stufen des Prozesses, aber weniger, was den Prozessverlauf genau beeinflusst und welche möglichen Ergebnisse zu erwarten sind.

Ein differenzierteres Modell der Generierung von Interkultur entwirft Martina Maletzky (2010; 2014) auf Basis der allgemeinen Sozialtheorie der Strukturierung des britischen Soziologen Anthony Giddens (1984).

Theorie der Strukturierung von Anthony Giddens (1984)

In seiner Theorie kritisiert Giddens den einseitigen Fokus der bis dahin gängigen, miteinander in heftiger Auseinandersetzung stehenden soziologischen Theorien auf die Makro- oder Mikroebene der Gesellschaft. Makrosoziologische Theorien neigen dabei dazu, individuelle Akteure in ihrer Betrachtung auszuklammern und eine Überformung des Individuums durch die Gesellschaft zu betonen. Mikrosoziologische Theorien stellen die Gestaltkraft des Individuums nach Giddens zu sehr in den Vordergrund und sehen soziale Strukturen im Extremfall als eine Akkumulation individuellen Handelns. Mit seiner Theorie der Strukturierung verbindet Giddens beide Perspektiven und betont, dass soziale Strukturen – bestehend aus Regeln und Ressourcen – das Handeln der Akteure einschränken und gleichzeitig ermöglichen, weil sie eine Orientierung geben und entlastend funktionieren. Soziale Strukturen sind dabei vom Menschen gemacht und können unter bestimmten Prämissen grundsätzlich verändert werden. In der Theorie beschreibt er anhand der *Modalitäten* der Strukturierung, wie soziale Systeme stabil bleiben oder sich verändern können. Stabilität wird dadurch erreicht, dass soziale Strukturen reproduziert werden. Bei einer Ausstattung mit ausreichend Machtressourcen sind jedoch auch Veränderungen von unten – also durch die Akteure – möglich. Soziale Systeme werden durch drei Säulen konstant gehalten: den zugrundeliegenden Sinnstrukturen, Machtverhältnissen und Legitimationsstrukturen, die in der Interaktion über Kommunikation, Machtausübung und Sanktionierung zum Ausdruck kommen. Dabei beziehen sich die Akteure auf gesellschaftlich vermittelte interpretative Schemata und Normen sowie gegebenenfalls auf Machtressourcen. Soziale Strukturen bestehen weiter indem sie in der Interaktion reproduziert werden. Über Sanktionsmechanismen wird von mächtigen Akteuren der Gesellschaft eine Reproduktion nachgehalten. Hat ein Akteur/eine Akteursgruppe ausreichend Macht, kann auch anders gehandelt und eine Struktur transformiert werden.

Als sozialer Prozess unterliegt die Generierung von Interkultur den Prämissen sozialer Systeme. Die Generierung von Interkultur bedeutet dabei nach Maletzky (2014) die Synchronisation inkompatibler Interaktionsroutinen. Ähnlich wie Matrix-Modelle von Thomas und Kilman (1974) oder Adler (2002) und aufbauend auf Zimmermann und Sparrows (2007) Konzept der gegenseitigen Anpassung, kann der interkulturelle Aushandlungs- und Strukturierungsprozess vier mögliche Ergebnisse haben (Abb. 11): (a) eine Anpassung der einen Gruppe an die andere, (b) umgekehrt, (c) eine gegenseitige Anpassung oder (d) eine Separation, das heißt eine Vermeidung des Kontaktes.

In Analogie zur Strukturationstheorie argumentiert Maletzky, dass interkulturelle Interaktion ein Sonderfall von Strukturierung ist und somit denselben Prämissen unterliegen muss. Dementsprechend stellen die Modalitäten der Strukturierung (zugrundeliegende Sinnstrukturen, Machtverhältnisse und Legitimationsstrukturen) Antezedenzien, also Ursachen, der Interkultur dar. Im Interaktions- bzw. Kommunikationsprozess greifen die Akteure auf interpretative Schemata zurück. Normabweichendes Verhalten wird sanktioniert. Der Grad der Sanktionierung bestimmt dabei die Richtung des Interaktions- und Anpassungsprozesses und somit die Ausprägung der Interkultur. In einem interkulturellen Kontext stellt sich jedoch die Frage, welche Normen (der Interaktion) zugrunde gelegt werden. Dies hängt von den vorherrschenden Machtverhältnissen und dem Willen zur Machtausübung ab. Sanktionierung ist somit an Machtverhältnisse gekoppelt, sie kann nur durch solche Personen nachhaltig geschehen, die Zugang zu bestimmten Machtressourcen (Fazilitäten) haben. Je nach Ausprägung der Machtverhältnisse passt sich die eine Gruppe an die andere oder beide Gruppen aneinander an. Bei unüberwindbaren Differenzen kann auch eine Separation die Folge sein. Die Ausprägung der Antezedenzien ist kontextabhängig. Die gegenseitige Wahrnehmung beziehungsweise die zugrundeliegenden Sinnstrukturen sind etwa als Stereotype Teil gesellschaftlicher Wissensvorräte und spiegeln kontextuelle und gesellschaftliche Machtstrukturen wider. Diese können sich aber auch aus supranationalen Machtverhältnissen (z. B. weltsystemische Konstellationen) und Legitimationsstrukturen speisen. So werden beispielsweise bestimmte Minderheiten positiver wahrgenommen als andere. Gleichzeitig geht diese positive Wahrnehmung oft mit einem höheren Grad an Legitimität der Gruppe einher und somit mit einer geringeren Sanktionierung abweichenden Verhaltens. Neben der Makroebene nationaler und supranationaler Institutionen

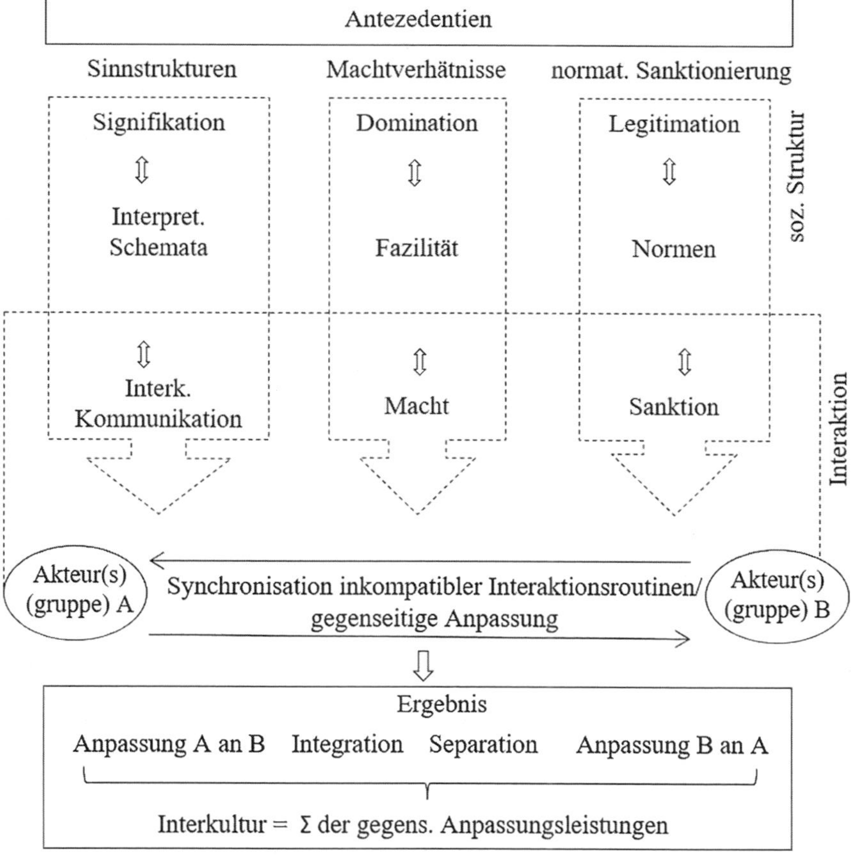

Abb. 11: Generierung von Interkultur (Maletzky 2014, 93)

können auch die Mesoebene von Organisationen (Organisationskultur und Regeln sowie organisationale Machtverhältnisse etc.) sowie die Mikroebene, die an die Person der Akteure gekoppelt sind, beeinflusst werden.

Ob entstandene Interkultur oder Drittkultur nicht nur theoretische Konstrukte sind, weil Interaktionspartner nur bedingt zu gegenseitigen Anpassungen und Kompromissen bereit oder fähig sind, ist bisher wenig empirisch belegt. Aufbauend auf einem gemeinsamen Ziel können sicherlich neue gemeinsame Arbeitsweisen gefunden werden. Schwieriger ist es jedoch, auch neue gemeinsame Vorstellungen und Interpretationen der Wirklichkeit oder neue gemeinsame Wissensvorräte zu entwickeln. Viele von ihnen haben sich über Sozialisation verfestigt und sind nicht leicht modifizierbar (Berger/Luckmann 1966).

Dilemma-Theorie und Taoismus

Zum konstruktiven Umgang mit Interkulturalität sowie als Methode der Problemlösung und Zielerreichung entwickelte Hampden-Turner (1990) die Dilemma-Theorie: Wenn sich zwei mögliche Lösungsformen gegenüberstehen und gegensätzlich zur Zielerreichung beitragen, stehen sie in einem Spannungsverhältnis zueinander und bilden ein Dilemma. Ein Dilemma (griechisch: *δί-λημμα*, zweigliedrige Annahme) ist eine durch eine Zwangslage gekennzeichnete Situation, in der eine Entscheidung zwischen zwei möglichen Alternativen getroffen werden muss. Dies bedeutet, dass zwei Lösungsvorschläge hinsichtlich eines Ziels oder eines Konflikts existieren. Dabei gibt es keine eindeutig falsche oder richtige Lösung.

Wenn beide Lösungen zu einem unerwünschten Resultat führen, wird dies von den Interaktionspartnern als ausweglos oder paradox empfunden. Es handelt sich dann um ein *destruktives* Dilemma, das sich durch die Unmöglichkeit einer Entscheidung selbst zerstört. Auch eine Entscheidung zwischen zwei positiven Möglichkeiten kann ein Dilemma sein: Das *konstruktive* Dilemma führt bei jeder gewählten Entscheidung zu demselben Ergebnis. Existieren drei Lösungen, handelt es sich um ein Trilemma, bei mehr als drei Lösungen um ein Polylemma.

Das Dilemma ist schon seit der klassischen Tragödie und frühen Philosophie Griechenlands Teil sozialer Systeme, von den ursprünglichen Gegensätzen innerhalb des Taoismus, der Psychologie, der Systemtheorie, der Anthropologie, der Betriebswirtschaftslehre bis hin zu den Binärcodierungen der Naturwissenschaften in der heutigen Zeit. Auch griechische Philosophen wie Sokrates, Platon und Aristoteles beschäftigten sich mit Gegensätzen, Paradoxa und Dilemmata, um sich der Wahrheit rhetorisch zu nähern: Dialogisch werden Argumente und Gegenargumente hervorgebracht, Positionen bezogen und diskutiert, um zu Schlussfolgerungen zu kommen. Diese Methode findet sich später im Mittelalter, in der Scholastik und auch in der Aufklärung bei René Descartes (1596–1650) und Georg Wilhelm Friedrich Hegel (1770–1831) wieder. In der heutigen Management- und Organisationsforschung werden Dilemmata ebenfalls als Dualitäten, Polaritäten (Gusfield 1967; Quinn 1988) oder als Paradoxien (Lewis 2000; Evans et al. 1989; Ehnert 2009) bezeichnet. Aufgabe von Akteuren in Organisationen ist es, mit diesen Spannungen umzugehen und sie möglichst zu lösen. Typische Dilemmata in Organisationen sind zum Beispiel Standardisierung versus Differenzierung, Zentralisierung versus Dezentralisierung, Kontinuität versus Wandel, Kooperation versus Wettbewerb, Autonomie versus Abhängigkeit oder Shareholder Value versus Stakeholder Value (Chanlat 1990; Barmeyer/Mayrhofer 2004).

Taoismus und das Interkulturelle Management

Der Taoismus, eine chinesische Philosophie, ist als dialektisches Prinzip interessant für Interkulturalität, weil er die Existenz und den Ausgleich von Gegensätzen thematisiert und damit auch die Relativität von multiplen Standpunkten und Perspektiven, die in Prozessen Annäherung und Verknüpfung finden können (Fang 2012). Dao (Tao) wird mit »Weg«, aber auch »Methode« übersetzt und als Ursprung und Vereinigung von Gegensätzen bezeichnet, aus deren Wandlungen, Bewegungen und Wechselspielen die Welt hervorgeht. Die Gegensätze als zwei gegenüberliegende, aber komplementäre Kräfte sind Yin (Schatten: schwarz) und Yang (Licht: weiß).
Der kanadische Organisationsforscher Henry Mintzberg (2001, 308) beschreibt auf der Basis teilnehmender Beobachtungen eine männliche Führungskraft von Ärzte ohne Grenzen (Yang) und eine weibliche eines Modemuseums in Paris (Yin) – kontrastiv zwei Managementstile mit der Dualität des Taoismus:

	Yin	Yang
Steht für	Dunkel, mysteriös, passiv	Offen, klar, aktiv
Kultur	Konservationistisch: einnehmend, zugänglich	Interventionistisch: aggressiv, aufdringlich
Führung	Wie Krankenpflege	Wie ärztliche Behandlung
Kommunikation	Durch Image, Gespür	Durch Worte, Drama
Arbeiten	Mehr in der Organisation: tun, genau berichten	Mehr außerhalb der Organisation: netzwerken, werben

Der Taoismus besagt, dass die Vereinigung von Yin und Yang einen Ausgleich und Harmonie bedeutet. Taoismus lässt sich somit auch als Haltung verstehen: Wandlungsfähigkeit und Spontaneität sowie Gelassenheit und Nicht-Eingreifen, Ausgeglichenheit und Relativierung von Wertvorstellungen (Fang 2012). Das dualistische, ausgleichende und damit ethnorelative Prinzip sind zentrale Merkmale konstruktiver Interkulturalität und interkultureller Kompetenz.

Je mehr Dilemmata im Gegensatz zueinander stehen, desto konfliktreicher ist ihr Einfluss auf ein soziales System; je mehr sie in Einklang gebracht werden, desto harmonischer wirken sie. Eine wichtige Funktion einer ausgeglichenen und wirkungsvollen Interkulturalität besteht also darin, Gegensätze und Werte-Differenzen als gegenseitige Kräfte positiv aufeinander wirken zu lassen.

»Every culture more or less reconciles its own contrasting values. In other words, preponderantly communitarian cultures succeed to the extent that they nurture the individuality of their members, whereas preponderantly individualist cultures may vindicate their individuality by contributing in a major way to their community and society. In all probability, some bias remains. Americans are perhaps too individualistic, whereas the Chinese are too shaped by their communities. What we are claiming is that cultural intelligence, or transcultural competence, is a measure of the extent to which contrasting values are synergized. We call this the synergy hypothesis.« (Hampden-Turner/Trompenaars 2006, 8)

Um den Ansatz im Kontext von Organisationen einzusetzen, haben Hampden-Turner und Trompenaars (2000, 348) unter anderem folgende Postulate zur Dilemma-Theorie entwickelt:
- geteilte Werte machen Organisation leistungsfähiger
- ungelöste Konflikte verringern die Leistungsfähigkeit von Individuen und Gruppen
- die Kombinationen von Werten führt zu besseren Produkten und Dienstleistungen
- das Bedürfnis, Wertdifferenzen in Einklang zu bringen, kann unaufhörlich sein
- interkulturelle Kompetenz hilft, widersprüchliche Werte in komplementäre Werte zu verwandeln

Gesellschaften sehen sich mit ähnlichen Dilemmata konfrontiert, unterscheiden sich jedoch hinsichtlich der Lösungsfindung (Kluckhohn/Strodtbeck 1961), die es ermöglichen, Gegensätze auf kreative Art zu überwinden. Damit Menschen, Gruppen und Organisationen harmonisch agieren und fortbestehen können, gilt es, bestehende Dilemmata aufzulösen. Werte sind nie absolut, sondern können nur in Relation zueinander auf einem Kontinuum verortet werden (Hampden-Turner 1990, 2000). Hampden-Turner und Trompenaars (2000) nennen dieses Spannungsverhältnis auch Werte-Dilemma, denen Akteure in sozialen Systemen grundsätzlich ausgesetzt sind. Dabei arbeiten die Autoren mit sieben dichotomen Kulturdimensionen, die in ihrer Gegensätzlichkeit auch intrakulturelle Dilemmata hervorrufen können. Um ein Dilemma zu lösen, plädiert die Dilemma-Theorie für die bewusste Integration von Unterschieden, den Ausgleich, *Reconciliation*, von divergierenden Werten:

»Culture is a pattern by which a group habitually mediates between value differences, such as rules and exceptions, technology and people, conflict and consensus, etc. Cultures can learn to reconcile such values at ever-higher levels of attainment, so that better rules are created from the study of numerous exceptions. From such reconciliation come health, wealth, and wisdom. But cultures in which one value polarity dominates and militates against another will be stressful and stagnate.« (Trompenaars/Hampden-Turner 2004, 22–23)

Beim Ausgleich handelt es sich um einen zirkulären Prozess zwischen entgegengesetzten Polen, der weder Anfang noch Ende hat (Hampden-Turner 1992). Dies wird am Beispiel der Wertorientierungen Partikularismus-Universalismus dargestellt (Abb. 12): *Universalismus* findet sich in Organisationen beispielsweise im Zentralismus wieder, der durch Strukturen und Regeln Transparenz und Gleichstellung zum Ziel hat. Die Vereinbarung und Befolgung von Regeln dient der Problemlösung. Wird dies übertrieben, kommt es zu verlangsamten Prozessen durch Bürokratie. Aus diesem Grund wirkt der Wert *Partikularismus* als Gegenpol ausgleichend und schafft durch Autonomie und Prozess wieder Flexibilität. Die Änderung und Interpretation von Regeln, um auf die gegenwärtigen Umstände zu reagieren, dient hier der Problemlösung. Zu viel Individualismus kann jedoch zu Anarchie führen. Also gleicht der Wert Universalismus den Partikularismus wieder aus. Der Ausgleich von Gegensätzen erfolgt in vielen Situationen unbewusst als zirkulärer, ausgleichender Prozess.

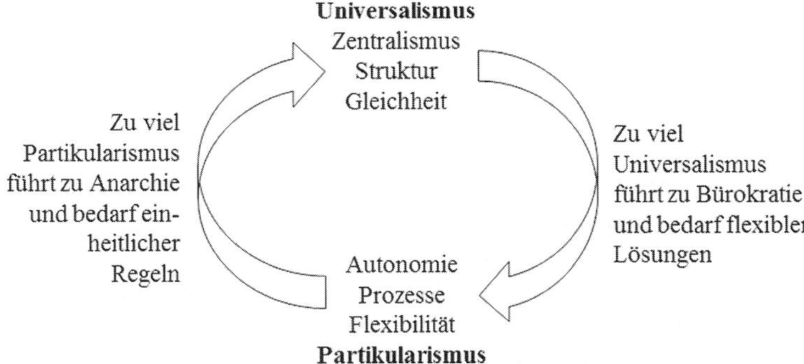

Abb. 12: Ausgleich von Werten in Organisationen am Beispiel von Universalismus und Partikularismus (Barmeyer 2008, 83)

Gegensätze befinden sich hier also nicht als Pole auf einer Linie, sondern sind gegenüberliegende Elemente eines Kreises. Die zirkuläre Darstellung von Interkulturalität verweist auf systemisches Denken und *Kybernetik*, die sich generell mit Zusammenhängen und Wirkungsgefügen in Systemen beschäftigt. Aus den naturwissenschaftlichen Disziplinen – vor allem der Technik und der Biologie – stammend, beschreibt Kybernetik den Aufbau von Systemen, ihre Funktionen und Gesetzmäßigkeiten wie Selbstregulation, lineare und nichtlineare Rückkopplung (Wiener 1952). So werden Zusammenhänge und Wechselwirkungen zwischen komplexen Systemen oder Teilsystemen sichtbar und verständlich.

Symbolisch kann die Tätigkeit eines Steuermanns am Steuerrad eines Schiffs dienen, der durch Kurskorrekturen die Richtung bewahren muss, auch wenn Stürme, Winde und Strömungen dagegen wirken. Auch Kultur ist kybernetisch, wenn sie selbst über ihren Weg entscheidet und diesen Weg trotz Hindernissen beibehält, gegebenenfalls korrigiert. Kultur ändert sich in Einzelelementen, ihre logische Kontinuität bleibt aber bewahrt. Sie kann ein Gleichgewicht und sogar Synergien zwischen unterschiedlichen Werten etablieren und sich trotzdem oder vielmehr insbesondere dadurch weiterentwickeln (Hampden-Turner 1992, 29).

Dilemmata als gegenseitige Kräfte können eine »vitale Spannung« aufweisen und somit konstruktiv aufeinander wirken und sich verstärken. Sie ermöglichen eine positive Entwicklung, wenn Werte vereint, d. h. kombiniert werden. Dies wird von Hampden-Turner (1992) als »Tugendkreis« bezeichnet, in Abgrenzung zum Teufelskreis, in dem Kräfte negativ gegeneinander wirken. Im Tugendkreis können Werte in ein harmonisches Verhältnis gebracht werden. Nachdem jedes soziale System spezifische Werte zur Steuerung seiner Umwelt entwickelt, ergibt sich für den interkulturellen Kontakt ein Spannungsfeld interkultureller Handlung zwischen komplementärer Kombination und synergetischer Entwicklung einerseits und oppositioneller Konfrontation und Krisen andererseits (Demorgon 1998; Hampden-Turner/Trompenaars 2000, 348).

Im Rahmen der organisatorischen Integration ist beispielsweise Airbus (früher EADS) mit mehreren Dilemmata konfrontiert, wie z. B. im Hinblick auf die Rechtsform (Öffentliches Unternehmen versus Privatunternehmen) oder im Hinblick auf die Strategie (zivile versus militärische Luft- und Raumfahrttechnik). Ein weiteres Dilemma in Bezug auf die Organisationsstruktur betrifft die *Zentralisation* versus *Dezentralisation* (Barmeyer/Mayrhofer 2004). Eine nationale Zentralisation erfordert *eine* Verantwortlichkeit, die für strategische Entscheidungen zuständig ist. Auf der anderen Seite braucht die multinationale Dezentralisation *mehrere* lokale Verantwortlichkeiten im Rahmen ihrer zugewiesenen Funktionen wie Forschung & Entwicklung, Produktion, Finanzierung, Marketing, Personalwesen oder Produktsparten (Flugzeuge in Hamburg und Toulouse, Hubschrauber im südfranzösischen Marignane, Satelliten in Bremen). Die folgende Tabelle fasst diese Dilemmata zusammen.

	Nationale Zentralisation	**Multinationale Dezentralisation**
Annahme	Interessen von Aktionären und Stakeholdern (privat und öffentlich) haben sich einer steuernden und bestimmenden Zentralgewalt unterzuordnen.	Interessen von Aktionären und Stakeholdern (privat und öffentlich) der verschiedenen Tochtergesellschaften werden berücksichtigt und verteidigt.
Vorteil	Die Zentralgewalt kann schneller Entscheidungen treffen und effektiver handeln.	Die berücksichtigten Interessen der verschiedenen Beteiligten tragen zu Wertschätzung, Commitment und Motivation der Akteure bei.

	Nationale Zentralisation	Multinationale Dezentralisation
Nachteil	Interessen und lokale Probleme der Akteure werden nicht ausreichend berücksichtigt, was sich negativ auf Motivation und Leistung der Organisation auswirken kann.	Sich stark unterscheidende Interessen erhöhen die Komplexität in der Organisation und können zu Verwirrung und Ressourcenverschwendung führen.

Tab. 46: Nationale Zentralisation versus multinationale Dezentralisation (übersetzt aus Barmeyer/Mayrhofer 2004, 22)

Die Formulierung von Prozessschritten ermöglicht den Nutzen der Dilemma-Theorie für die konstruktive *Interkulturalität* in Organisationen (Hampden-Turner/Trompenaars 2000):

1. Kulturelle Unterschiede *erkennen* und *respektieren:* Beschreibung von Situation und Problem. Bestehende kulturelle Spezifika und Unterschiede können, ausgehend von Critical Incidents, wertfrei wahrgenommen und dargestellt werden. Kulturelle Spezifika und Unterschiede werden also nicht ignoriert oder minimiert, sondern bewusst thematisiert und als berechtigte Alternativen berücksichtigt.
2. Kulturelle Unterschiede *ausgleichen:* Identifikation und Analyse von Dilemmata. Anhand der Anwendung und Integration von Kulturdimensionen bzw. Wertorientierungen, wie z. B. Universalismus versus Partikularismus, die zirkulär erfolgen, soll es durch gegenseitige Perspektivenübernahme gelingen, Dilemmata als solche zu identifizieren und Unterschiede wertschätzend zu integrieren.
3. Best Practices *verwirklichen* und *verankern:* Lösung interkultureller Dilemmata. Kombination der unterschiedlichen Potentiale, d. h. Kombination der jeweiligen Stärken eigentlich gegensätzlicher Ansichten und Wertorientierungen. Auf diese Weise werden auch einseitige interkulturelle Anpassungsprozesse und asymmetrische Über- und Unterordnungen vermieden und dadurch Authentizität und Zufriedenheit der Akteure gesteigert. Eventuell kostspielige Konflikte werden so bereits in einem sehr frühen Stadium vermieden. Synergetisches Handeln wird möglich.

Im Sinne eines Konstruktiven Interkulturellen Managements versteht die Dilemma-Theorie Werte also nicht bipolar, sondern dynamisch-zirkulär. Durch Integration von Unterschieden trägt sie zu einer Dynamisierung und Entwicklung von Kultur und Interkulturalität bei. Damit konkretisiert die Dilemma-Theorie eine Möglichkeit, Interkulturalität für alle Beteiligten angemessen und – wenn möglich – gewinnbringend zu gestalten.

Ausgehandelte (Arbeits)Kultur – Negotiated Culture

Zunehmend entstehen neue *dynamische* Formen von Zusammenarbeit und Arbeitskulturen auf der Basis hybrider Bedeutungen und Praktiken, die zwischen (kulturellen) Gruppen vereinbart bzw. »ausgehandelt« werden (Sackmann/Phillips 2004; Phillips/Sackmann 2015).

Ein interessantes Konzept, das für die Gestaltung konstruktiver Interkulturalität in Organisationen einen zentralen Stellenwert einnimmt, ist die von Mary Yoko Brannen (1998) entwickelte »negotiated culture« oder »ausgehandelte Kultur«. »Negotiated culture« basiert auf dem Konzept der »negotiated social order« des Soziologen Anselm Strauss (1978), der dieses durch Forschungen in Organisationen entwickelt hat.

> »Negotiation [...] is one of the possible means of ›getting things accomplished‹. It is used to get done the things that an actor (person, group, organization, nation, and so on) wishes to get done. [...] Necessarily other actors are involved in such enterprises. Indeed, I would draw a crucial distinction between agreement and negotiation (which always implies some tension between parties, else they would not be negotiating).« (Strauss 1978, 11)

Nach Strauss (1982) wird soziale Ordnung ausgehandelt: Soziale Prozesse und Systeme (wie Identitätsbildung, Kooperation, Konflikt) entstehen durch Interaktionen zwischen Individuen, also dem Zusammenspiel aus Aktion, Reaktion und Anpassung, was bei Akteuren zur Sinnstiftung *(sense-making)* beiträgt und somit zur Konstruktion von Wirklichkeiten (Berger/Luckmann 1966) führt.

Um Aufgaben in sozialen Systemen zu verrichten, werden durch laufende Aushandlungsprozesse der Akteure soziale Strukturen erschaffen, stabilisiert oder verändert. Das Konzept der ausgehandelten sozialen Ordnung bietet die Möglichkeit, sowohl Prozesse, die Strukturwandel und Stabilität beeinflussen, als auch soziale Strukturen und Bedingungen, die diese Prozesse gestalten (Strauss 1982, 1993), zu verstehen.

Ausgehandelter Kultur liegt ein anthropologisch orientierter interpretativer und sozialkonstruktivistischer Kulturbegriff zugrunde (Geertz 1973; Romani 2008; D'Iribarne 2009a): Kultur ist demnach dynamisch und konstituiert sich durch interaktive (Re-)Produktion von Bedeutungs- und Interpretationsmustern, die von einer bestimmten, eingegrenzten Gruppe Individuen geschaffen, geteilt und verändert werden können (Yagi/Kleinberg 2011).

Die Forschung zur ausgehandelten Kultur untersucht Prozesse der Bedeutungsgenerierung zwischen Individuen im organisationalen Kontext. Dabei wird Bedeutung nicht allein über verbalen Informationsaustausch generiert, sondern diverse weitere Parameter der sozialen Interaktion spielen unter Einbezug des umgebenden Kontexts eine entscheidende Rolle (Romani et al. 2011b, 2). D'Iribarne (2009a, 310) verweist in seinen Studien darauf, wie sehr die Kultur eines Kollektivs in der Geschichte verankert und das Ergebnis von gesellschaftlich geteilten Konnotationen, Bedeutungen und Interpretationen ist.

Interagieren Menschen unterschiedlicher kultureller Zugehörigkeit kann miteinander durch die Rekombination und Modifikation kultureller Merkmale eine neue »vereinbarte« Kultur entstehen (Brannen/Salk 2000; Clausen 2007). Bedeutung wird nicht einfach »übertragen«, sondern erzeugt oder »ausgehandelt«, und hängt somit vom Kontext der kommunikativen Handlungen ab (Abb. 13).

»›Negotiate‹ is used as a verb to encourage us to think of organizational phenomena as individual actors navigating through their work experience and orienting themselves to their work settings. Focusing on culture as a negotiation includes examining the cognitions and actions of organizational members particularly in situations of conflict, because it is in such situations that assumptions get inspected. ›Negotiation‹ is identified in the construction and reconstruction of divergent meanings and actions by individual organizational actors.« (Brannen 1998, 12)

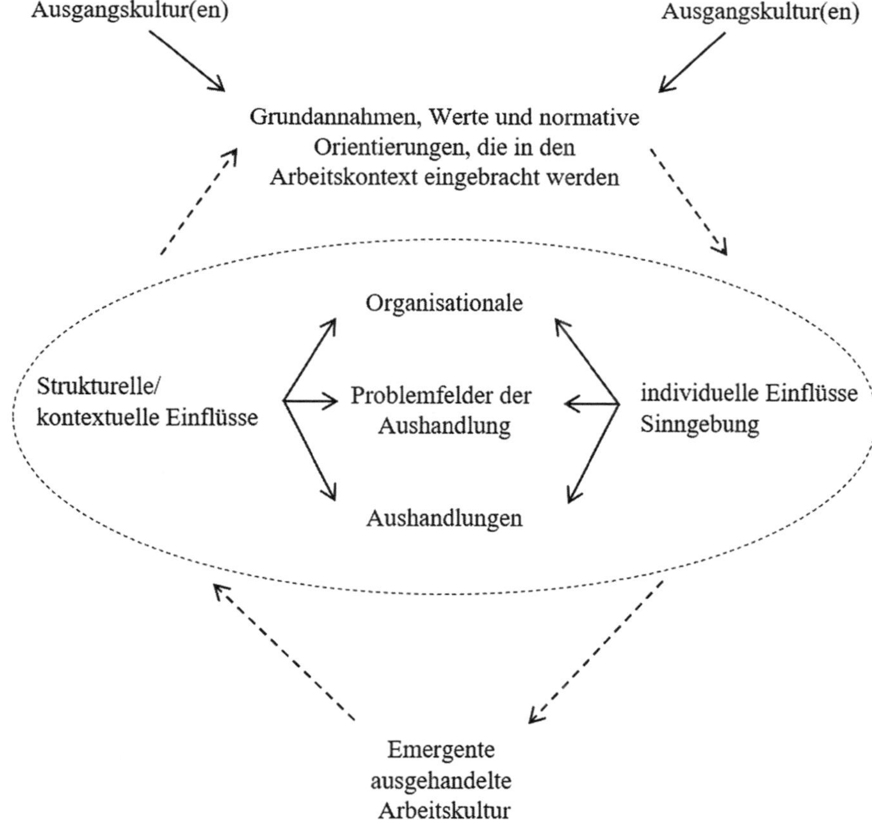

Abb. 13: Modell ausgehandelter Kultur (übersetzt aus Brannen/Salk 2000, 457)

Ausgehandelte Kultur basiert nach Brannen und Salk (2000, 458) auf folgenden systemischen Annahmen:

1. *Die nationalkulturelle Prägung der Mitarbeiter ist Ausgangspunkt und Referenzrahmen für Werte, Normen, Bedeutungen, und Verhaltensweisen, die die Mitarbeiter in den bikulturellen Kontext einbringen.*
   Hier wird der Bezug zu der durch Sozialisation erworbenen Nationalkultur hergestellt. Da nationale Identitäten kontextabhängig und dynamisch sind, kann der anfänglich herangezogene, in der nationalen Identität verankerte Referenzrahmen in neuen multikulturellen Kontexten modifiziert und angepasst werden. Werte, Bedeutungen und Normen werden somit im Laufe der Zeit und im Rahmen von Interaktionen und Aushandlungen rekombiniert oder verändert.
2. *Die Struktur internationaler Organisationen, Charakteristika ihrer Mitglieder, Hierarchie- und Macht- und Abhängigkeitsbeziehungen sowie spezifische Themen, mit denen die Organisationsmitglieder, insbesondere in Bezug auf die zu erledigenden Aufgaben konfrontiert sind, bestimmen, welche Eigenschaften der ausgehandelten Kultur besonders ausgeprägt sind.*
   Hier werden im Sinne eines Multiple-Cultures-Ansatzes (Sackmann/Phillips 2004) verschiedene kontextuelle Einflussfaktoren betont: Eigenschaften der Mitarbeiter beziehen sich zwar auf spezifische Bedeutungs- und Interpretationsrahmen ihrer Herkunftskultur, jedoch gehören Individuen zusätzlich verschiedenen Subkulturen an. Das Zusammenspiel jener Subkulturen mit persönlichen Erfahrungen bestimmt die Positionierung des Individuums im geteilten Bedeutungs- und Interpretationsrahmen. Dabei siedeln sie Individuen an auf einer Skala (Brannen 1998, 12) zwischen
   - *hypernormal:* extreme Ausprägungen bezogen auf die Einstellung gegenüber der eigenen Kultur
   - *kulturnormal:* vorherrschende Einstellung gegenüber kulturellen Normen sowie
   - *kulturmarginal:* von der eigenen Kultur abweichende Einstellungen
3. *Treffen Individuen unterschiedlicher kultureller Zugehörigkeit zusammen, entsteht in der Interaktion eine neue ausgehandelte Kultur.*
   Diese Annahme basiert auf den beiden vorherigen Annahmen und thematisiert die Entstehung einer neuen, ausgehandelten Kultur. Diese enthält einerseits Elemente aus beiden Kulturen, andererseits auch Elemente, die aus dem idiosynkratrischen Entstehungsprozess resultieren, also nicht auf die jeweiligen Konstituenten zurückzuführen sind. Somit ist die ausgehandelte Kultur sowohl von Herkunftskulturen, der individuellen Positionierung innerhalb dieser Kulturen als auch dem organisationalen Kontext geprägt.
4. *Spezifische Eigenschaften ausgehandelter Kultur im multinationalen Kontext entstehen im Prozess und können nicht vorhergesagt werden.*
   Durch die neu entstehenden Verhaltensweisen und -repertoires verändern und entwickeln sich Arbeits- und Organisationskulturen.
5. *Einstellungen der Herkunftskultur des Individuums können unerwartet in bestimmte Bereiche der Arbeits- und Organisationskultur passen.*
6. Diese Annahme impliziert, dass beispielsweise ein Individuum, welches in der Herkunftskultur eher als Außenseiter *(marginal)* galt, im neuen, ausgehandelten

organisationalen Kontext eine normale oder *hypernormale* Position einnehmen könnte. Diese Annahme verweist erneut auf den Prozess ausgehandelter Kultur, die mit der empirischen, ethnographischen Methodik und dem zugrundeliegenden Kulturkonzept im Einklang steht. Es wird hervorgehoben, dass Ergebnisse der Aushandlung nicht vorhersehbar sind.

Brannen und Salk (2000) erforschten mithilfe einer qualitativen Einzelfallstudie in einer Papierfabrik in Deutschland (deutsch-japanisches Joint-Venture) die Herausbildung von ausgehandelter Kultur, bei der eine binationale Strukturierung und eine relativ symmetrische Machtverteilung zu erkennen war. Themen der Studie betreffen Vorerfahrungen mit anderskulturellen Partnern, Vorbereitung auf den Auslandseinsatz, Karriereerwartungen, Arbeitsalltag, Einstellung zur Arbeit und nach auffälligen Aspekten in der Zusammenarbeit mit den Kollegen der Partnerkultur.

Obwohl auch hier obige Annahme (4) besteht, dass ausgehandelte Kultur in ihrer ganzen Komplexität nicht vorhersehbar ist, beeinflussen sieben Variablen den Aushandlungsprozess und helfen, bestimmte Vorhersagen zu treffen (Brannen/Salk 2000, 458):

- Die Historie der Organisation
- Anzahl und Erfahrung der beteiligten Individuen
- Machtsymmetrie und Einfluss von Individuen
- Machtsymmetrie und Einfluss unterschiedlicher nationalen Gruppen
- Art und Intensität der auftretenden Probleme während der Kooperation
- Ausmaß des Vorwissens über die jeweils andere Kultur
- Grad der Internationalisierung der Individuen und der Organisationskulturen

Die Fallstudie zeigt unter anderem, wie eine neue Arbeitskultur entsteht. Dabei sind vier Formen beobachtbar (Brannen/Salk 2000, 478), die in einem dynamischen Interkulturalitätsverständnis nicht statisch, sondern auch evolutiv verstanden werden können:

1. *Arbeitsteilung:* Jede kulturelle Gruppe, ob es sich um Bereichs-, Berufs- oder Nationalkulturen handelt, agiert unter sich. Es findet wenig Interaktion zwischen den verschiedenen kulturellen Gruppen statt, Auseinandersetzung und Aushandlungen werden vermieden. Eine Arbeitsteilung entlang kultureller Gruppierungen in einer kulturell vielfältigen Organisation kann durch pragmatische oder institutionelle Faktoren geprägt sein.
2. *Kompromiss durch eine Gruppe:* Eine kulturelle Gruppe passt sich der anderen an und modifiziert dadurch eigene Arbeitspraktiken. Grund ist in der Regel, dass die über mehr Ressourcen (Einfluss, finanzielle Mittel, Wissen etc.) verfügende Gruppe sich eher/besser durchsetzen kann.
3. *Mittelweg beider Gruppen:* In beiden Gruppen finden durch Aushandlung gegenseitige Anpassungs- und Integrationsprozesse statt, die kulturelle Arbeitspraktiken betreffen. Jede Gruppe integriert neue Praktiken der anderen Gruppe. Dies ist häufig der Fall, wenn ausgeglichene Machtverhältnisse bestehen.

4. *Innovation durch beide Gruppen:* Diese Form ist für das konstruktiv ausgerichtete Interkulturelle Management besonders relevant. Kulturelle Unterschiede in interkulturellen Prozessen werden von beiden Gruppen akzeptiert. Die Aushandlung bringt die unterschiedlichen Positionen, Kompetenzen und Ressourcen der Akteure zum Ausdruck, die bereichernd und ergänzend auf Arbeitsprozesse und Arbeitsergebnisse wirken.

Beispiele (Tab. 47) illustrieren diese evolutive Aushandlung von Interkultur.

Formen	Beispiel
Arbeitsteilung	Aufteilung von Managementaufgaben: Deutsche Manager sind für die Bereiche Produktion und Verwaltung verantwortlich, japanische Manager für Marketing und Verkauf sowie Technologie und Qualitätsmanagement.
Kompromiss durch eine Gruppe	Japanische Manager erwarten nicht mehr, dass ihre Freizeit zusammen mit deutschen Kollegen gestaltet wird.
Mittelweg beider Gruppen	Arbeitsbesprechungen werden seltener und kürzer als es die japanischen Manager gewohnt sind, jedoch häufiger und länger als es die deutschen Manager gewohnt sind.
Innovation durch beide Gruppen	Englisch als Arbeitssprache wird phasenweise auch in gemeinsamen Besprechungen aufgegeben (monolinguales Splitting).

Tab. 47: Formen und Beispiele ausgehandelter Kultur (übersetzt aus Brannen/Salk 2000, 478)

Insgesamt belegt die Fallstudie die Relevanz nationaler Kulturkategorien, die als Ankerpunkte der Teammitglieder fungieren: »[…] the importance of national cultural attributes as conceptual anchors for venture team members.« (Brannen/Salk 2000, 478). Kulturspezifische Eigenschaften spielen also eine wichtige Rolle als Ausgangspunkt, sind allerdings keine verlässlichen Determinanten der Interkulturalität, die sich im multinationalen Kontext entwickeln.

In einer anderen empirischen Untersuchung von Barmeyer und Davoine (2014) beim europäischen Fernsehsender ARTE wurden die vier Formen ausgehandelter Kultur für die Analyse und Interpretation der Studienergebnisse – basierend auf Interviews mit französischen und deutschen Führungskräften – genutzt (Tab. 48).

Formen	Beispiele
Arbeitsteilung …	… begründet durch den Ort Strasbourg in Frankreich, der in das französische Rechtssystem eingebunden ist, das zu einer französisch dominierten Personal- und Rechtsabteilung beiträgt; auch in den Verwaltungsabteilungen wird auf lokale Arbeitskräfte zurückgegriffen. Einige Abteilungen weisen somit keine deutsch-französische Parität auf. Auch ist es einfacher, monokulturell als interkulturell zusammenzuarbeiten, wie es eine französische Führungskraft zum Ausdruck bringt: »Die deutsch-französische Zusammenarbeit erfordert, jederzeit auf die Unterschiede der Mentalitäten einzugehen. Dafür müssen wir französische und deutsche Besonderheiten berücksichtigen. Das ist aber in bestimmten Momenten eine Zusatzbelastung.« Arbeitsteilung dient also auch der Komplexitätsreduzierung.
Kompromiss durch eine Gruppe …	… ergibt sich bei ARTE in modifizierten Arbeitspraktiken: Auf der einen Seite passen sich französische Mitarbeiter z. B. durch Strukturierung von Prozessen und Arbeitssitzungen an; auf der anderen Seite haben sich deutsche Fach- und Führungskräfte angewöhnt, eine informellere Kommunikation zu betreiben und z. B. mehrmals täglich spontan in der Cafeteria am mündlichen Informationsaustausch teilzunehmen. Öfter als in deutschen Organisationen gehen deutsche Führungskräfte in die Büros ihrer Mitarbeiter, um Informationen auszutauschen und die Mitarbeiter direktiver zu führen, als sie es in Deutschland tun würden. Durch die Übernahme der, meist französischen, Arbeitssprache hat sich bei der persönlichen Anrede von Kollegen die Verwendung des Vornamens und das kollegiale »du«/»tu« durchgesetzt. Ebenso wurden französische kommunikative Begrüßungskonventionen von deutschen Führungskräften übernommen, wie es eine französische Führungskraft schildert: »Ich erinnere mich an die Anfangszeit bei ARTE. Die Deutschen waren völlig überrascht, dass wir Franzosen uns morgens mit Bises [Begrüßungsküsse auf beide Wangen] begrüßen. Sie haben sich inzwischen daran gewöhnt.«
Mittelweg beider Gruppen …	… wird auch wahrgenommen, wie es eine französische Führungskraft beschreibt: »Uns ist bewusst, dass wir eine französische Arbeitsweise an den Tag legen müssen, wenn unsere Reaktionsfähigkeit gefragt ist. Wenn aber ein komplexes Projekt bevorsteht mit vielen Dokumenten, Plänen und allem Drum und Dran, dann müssen wir eine deutsche Arbeitsweise anwenden. Und oft entsteht aus beiden Arbeitsweisen eine gute Kombination, die das gesamte Spektrum abdeckt.« Auch in der täglichen funktions- und organisationsbezogenen Fachsprache wird der Mittelweg deutlich: Franzosen gebrauchen deutsche Wörter, wie etwa »PK« – »Programmkonferenz« (anstatt »conférence des programmes«) oder »Mengengerüst« (national verteiltes Volumen an produzierten Sendungen). Deutsche benutzen dagegen französische Wörter wie »Habillage«, das Senderdesign.

Formen	Beispiele
Innovation durch beide Gruppen …	… zeigt sich in Vielfalt und Niveau des ARTE-Fernsehprogramms, ebenso in den zahlreichen internationalen Auszeichnungen und Preisen. Sie entsteht durch gemeinsame Aushandlung, wie es das folgende deutsche Zitat zeigt: »Die Teams von Redakteuren, die die Trailer bearbeiten, sind paritätisch durch Muttersprachler besetzt und da gibt es täglich Diskussionen. Das macht Spaß, ist wichtig und schafft ein ganz interessantes Produkt, was seine Stärken hat.« Innovation wird deutlich durch eine neue Arbeitssprache, wie Neologismen und Wortkombinationen, die sich aus deutschen und französischen Worten zusammensetzen.

Tab. 48: Formen und Beispiele ausgehandelter Kultur bei ARTE (Barmeyer/Davoine 2014, 167 ff.)

Lisbeth Clausen (2007) untersucht auf der Basis eines interpretativen sozialkonstruktivistischen Kulturverständnisses und im Rahmen einer qualitativ ausgerichteten Fallstudie Kommunikationsprozesse zwischen japanischen und dänischen Managern. Sie zeigt dabei, wie Organisationsstrukturen Kommunikationsprozesse beeinflussen. So eignet sich das vertikal organisierte Unternehmen in Japan mit einem direktiven Führungsstil nicht, um die von dem dänischen Unternehmen geforderte Flexibilität, Kreativität und Eigenverantwortlichkeit umzusetzen (Clausen 2007, 324). Ebenso treffen unterschiedliche Sitzungskulturen aufeinander: Während die dänischen Manager erwarten, dass pragmatisch, effizient und zielgerichtet diskutiert wird, um gemeinsam Entscheidungen zu treffen, achten die japanischen Kollegen darauf, dass der jeweilige Status der anwesenden Personen respektiert und dementsprechend bestimmte Konventionen des sozialen Umgangs eingehalten werden (Clausen 2007, 326). Arbeitsbezogene Themen, die neu ausgehandelt werden, sind: Markteintrittsgeschichte der Organisation, Unternehmensphilosophie, Vertrieb, interne/externe Kommunikation, Organisationsstruktur/Verhalten in der Organisation, globale/lokale Strategien, Arbeitskultur, Entscheidungsfindung, Balance zwischen Berufs-/Privatleben (Clausen 2007, 327). Trotz der vielen dänisch-japanischen Unterschiede fanden jedoch nach und nach, so stellt Clausen fest, Annäherungsprozesse statt, etwa wenn das japanische Unternehmen seine eher »konservativ« geprägte Unternehmenskultur an die flexiblere dänische Unternehmenskultur anpasst.

Guy Saint-Léger und Betty Beeler (2012) untersuchen die Rolle von Kultur bei der Einführung eines ERP-Prozesses (Enterprise Resource Planning ist die softwarebasierte Einsatzplanung der Unternehmensressourcen) und stellen Widerstände, die unter anderem aufgrund mangelnder Kommunikation und vorbereitender Ausbildung, fehlender Daten und einem unstrukturierten Vorgehen aufkommen. Für die Herausbildung einer neuen ausgehandelten Kultur halten die Verfasser ein gemeinsames übergeordnetes Ziel, realistisch zu erreichende Etappen und gegenseitiges Vertrauen für erfolgsbestimmend.

Noriko Yagi und Jill Kleinberg (2011) widmen sich im Rahmen einer amerikanisch-japanischen Studie einer individuellen Ebene ausgehandelter Kultur. Hierfür greifen sie auf Konzepte der Identitätsbildung im Sinne von Giddens (1991, 244) und des *Boundary Spannings* zurück. Yagi und Kleinberg betonen, dass bikulturelle Personen über eine Hauptidentität verfügen, neben der multiple periphere Identitäten existieren können. Die Hauptidentität ist immer präsent und dient als Maßstab, während die peripheren Identitäten situationsbedingt »ein- oder ausgeschaltet« werden. Indem der Boundary Spanner sich die Frage stellt, inwiefern in einer peripheren kulturellen Identität zuzuordnendes Verhalten mit der Hauptidentität vereinbar ist, kann er seine Arbeit als Boundary Spanner selbst evaluieren. Im Einklang mit dem Konzept ausgehandelter Kultur können unterschiedliche kulturelle Schemata in der Identität eines Individuums koexistieren und ihm erlauben, in bestimmten Situationen zwischen kulturellen Rahmen *(Cultural Frame Switching)* zu wechseln und sich somit auf das jeweilige Gegenüber und bestimmte aufgabenbezogene Probleme anzupassen. Die Autoren zeigen, welchen vermittelnden Beitrag bikulturelle Personen zugunsten einer erfolgreich ausgehandelten Kultur leisten können.

Sylvie Chevrier (2011) illustriert anhand einer Fallstudie mit der französischen Nicht-Regierungs-Organisation GRET, welche landwirtschaftliche Entwicklungsprojekte durch Mikrofinanzierung in Vietnam betreut, Elemente, die ausgehandelte Kultur im französisch-vietnamesischen Projektmanagement erschweren, aber auch fördern. Sie legt ein Kulturverständnis nach D'Iribarne (2009a) zugrunde: Kultur ist dynamisch und konstituiert sich durch interaktive (Re-)produktion von Bedeutungs- und Interpretationsmustern, die von einer eingegrenzten Gruppe Individuen geteilt werden. Demzufolge untersucht Chevrier die »frameworks for sense-making« (D'Iribarne 2009a, 318), die Bedeutungs- und Interpretationssysteme beider Kulturen. Dabei definiert sich die Position eines französischen Mitarbeiters durch seine soziale Rolle, ebenso lassen Aufgabenbeschreibungen Interpretationsfreiräume zu, die Kreativität und Initiative fördern. Kompetenz zeigt sich darin, über unterschiedliche Lösungsansätze Ziele zu erreichen. Im Gegensatz dazu sind vietnamesischen Mitarbeitern familiäre Beziehungen und Zugehörigkeit zu Gruppen wichtig. Forderungen von diesen Mitarbeitern zu verweigern ist schwierig, diese stellen stärkere Verpflichtungen dar als z. B. berufliche Beziehungen (mit Fremden). Unhöflich ist, Vorgesetzten zu widersprechen und eigene Meinungen zu formulieren. Vietnamesische Mitarbeiter erwarten dagegen von Führungskräften Anweisungen und Lösungsansätze zur Zielerreichung. Kompetenz zeigt sich darin, Know-How zur Lösung einer Aufgabe zu kennen und eigene Fähigkeiten weiterzuentwickeln. Chevrier (2011) kommt in ihrer Fallstudie zu dem Ergebnis, dass die Entstehung einer ausgehandelten Kultur zwischen Franzosen und Vietnamesen zu Beginn des Projektes nicht gelingen konnte. Ursache waren unter anderem fehlende kontextabhängige Bedeutungszuschreibungen von Funktionen, Rollen und Aktivitäten. Ebenso hatten historische Erfahrungen und Postkolonialismus – Vietnam war eine französische Kolonie – einen negativen Einfluss. Für eine erfolgreiche interkulturelle Kooperation war anfangs die explizite Herausarbeitung kultureller Unterschiede wichtig. Darauffolgend entstanden durch Interaktion und (Re-)Produktion herkömmlicher Bedeutungs- und Interpretationsmuster neue gemeinsame Bedeutungs- und Interpretationssysteme.

Barmeyer und Davoine (2015) zeigen anhand von Alleo, einem Joint-Venture der *Deutschen Bahn* (DB) und der französischen *Société Nationale de Chemins de fer Français* (SNCF), wie Systemunterschiede und Arbeitspraktiken in gemeinsamen interkulturellen Aushandlungsprozessen komplementär zusammengeführt und für Management und Organisation genutzt werden. Alleo betreibt gemeinsam grenzüberschreitende Hochgeschwindigkeitszüge, die in zwei nationalen Systemen mit institutionellen und kulturellen Besonderheiten verkehren. Dies erfordert im Rahmen der Unternehmensinternationalisierung eine gewisse Harmonisierung und Standardisierung, die durch gegenseitige Aushandlungs-, Lern- und Anpassungsprozesse geschehen und in gemeinsamen Prozessen und Produkten münden. Alleo bildet somit eine zentrale Schnittstelle, an der zahlreiche Systemunterschiede der beiden Bahnsysteme zusammenlaufen, diskutiert, koordiniert und angepasst werden. Diese Bereiche betreffen unternehmensintern das Management, die Verwaltung, die Kommunikation und Information, das Qualitätsmanagement, aber auch die Technik; extern die Kommunikation und Werbung, die Buchungs- und Preisgestaltung und vor allem den Service an Bord der grenzüberschreitend fahrenden Züge. Bei der konkreten ausgehandelten Kultur von Alleo stehen Praktiken und Artefakte – als Teil sichtbarer Kultur und Manifestation von Werten – im Vordergrund.

Ergebnisse ausgehandelter Kultur bei Alleo

Ein zentrales Ergebnis ausgehandelter Kultur ist der Service an Bord der Züge: Fahrgäste werden während der gesamten Fahrt durch ein deutsch-französisches Zugbegleiter Team betreut; eine Innovation ist der dreisprachige Service in den grenzüberschreitenden Zügen.

Auch in der Gastronomie wurden Innovationen vorgenommen: Seit einigen Jahren ist es in den deutschen Zügen üblich, dass in der 1. Klasse Getränke und Speisen durch das Bordpersonal, auch durch die Zugbegleiter, serviert werden. Diese Service-Leistung traf bei französischen Zugbegleitern – wie übrigens früher in Deutschland bei Einführung auch – auf großen Widerstand. »Wir servieren keinen Café« hieß es einstimmig. Als Lösung wurde gefunden, dass das Personal des Wagon *Restaurant* diesen Service übernahm.

Ein weiterer Diskussionspunkt betraf den Verkauf von Metro-Tickets und die Taxi-Reservierung in Paris. Dieser Service, den 1. Klasse-Reisende in Anspruch nehmen können, sollte ebenso von den Zugbegleitern angeboten werden. Auch hier gab es auf französischer Seite Widerstand. Als Lösung wurde gefunden, dass deutsche Zugbegleiter Metro-Tickets verkaufen, die Taxi-Reservierung jedoch von französischen Zugbegleitern durchgeführt wird.

Nicht nur beim Service, auch bei der Arbeitskleidung finden gegenseitige Anpassungsprozesse statt, die nötig sind, um ein ähnliches Erscheinungsbild der Zugbegleiter

gegenüber den Reisenden zu ermöglichen: Während es in Frankreich üblich ist, dass Zugbegleiter zu ihrer – ehemals grauen – Uniform während der gesamten Arbeitszeit eine Mütze tragen, ist es bei den deutschen Zugbegleitern unüblich, diese zu tragen, vor allem nicht, wenn sie sich im Zug befinden. So verweigerten deutsche Zugbegleiter anfangs das Tragen einer Mütze. Als Kompromiss wurde gefunden, dass sie die Mütze während ihrer Präsenz auf dem Bahnsteig tragen, diese aber im Zug absetzen dürfen. Inzwischen ist auch die französische graue Uniform einer – analog zur deutschen – dunkelblauen gewichen.
Eine weitere, gemeinsam akzeptierte Lösung musste gefunden werden, was die Namensschilder der Zugbegleiter betrifft: In Deutschland ist es üblich, dass Zugbegleiter ein Namensschild tragen – in Frankreich nicht. Seitens der Franzosen wird die Sorge vor Beschwerden durch unzufriedene Kunden als Argument angeführt. Nach anfänglichen Widerständen wurde eine Lösung gefunden: Die französischen Zugbegleiter tragen auch ein Namensschild, jedoch darf auf diesem ein fiktiver, also nicht der richtige Name des Zugbegleiters stehen.

Um die Nachhaltigkeit ausgehandelter Kultur zu gewährleisten, ist die *Institutionalisierung* bestimmter Prozesse und Praktiken in der Organisation, die daraufhin eine Regelmäßigkeit erfahren und zu Routinen des Alltags werden (DiMaggio/Powell 1991), von großer Wichtigkeit. Bei Alleo betrifft dies zum Beispiel verschiedene deutsch-französische Entscheidungs- und Arbeitsgremien unterschiedlichster Hierarchieebenen und Bereiche, die sich in regelmäßigen Abständen treffen und währenddessen gemeinsam akzeptierte Lösungen diskutieren und erarbeiten. Besondere Bedeutung haben hier binationale Arbeitsgruppen, etwa für die Preisgestaltung, die Kommunikation oder die Technik, die zentrale Orte ausgehandelter Kultur und interkultureller Komplementarität darstellen.

Institutionalisierung ausgehandelter Kultur bei Alleo: Deutsch-französische Arbeitsgruppen

Deutsch-französische Arbeitsgruppen sind vermittelnde Instanzen zwischen den Muttergesellschaften DB und SNCF, die aufgrund unterschiedlicher (nationaler) Praktiken und Probleme des grenzüberschreitenden Bahnverkehrs zur Übernahme, Angleichung oder Entwicklung (neuer) beidseitig akzeptierter Regeln und Praktiken beitragen, welche daraufhin institutionalisiert werden. Im Vordergrund steht die Qualität und Verbesserung von Abläufen im grenzüberschreitenden Bahnverkehr. Dabei diskutieren die Arbeitsgruppen Probleme und suchen nach Lösungen, fällen jedoch keine Entscheidungen, sondern bereiten Entscheidungen vor, die von den Muttergesellschaften dann getroffen werden.
Quelle: Barmeyer/Davoine (2015, 435)

Ebenso findet Institutionalisierung auf der kulturellen Ebene der Artefakte statt, wie es das Service-Handbuch von Alleo zeigt. Es stellt somit ein klassisches Ergebnis ausgehandelter Kultur im Sinne einer Innovation durch beide Gruppen nach Brannen und Salk (2000) dar und erfüllt eine wichtige – interkulturelle – Funktion: Es formalisiert und standardisiert auf explizite Weise – Rollen, Aufgaben und Regeln der deutschen und französischen Akteure im Zug und schafft ein einheitliches, normatives Verständnis, das für die interkulturelle Zusammenarbeit von großem Wert ist. Kulturbedingte Interpretationen sind somit nur noch eingeschränkt möglich, was für Klarheit in der Verständigung und Zusammenarbeit sorgt: »Der Zugchef ist verantwortlich für die Einhaltung der Vorschriften von DB und SNCF. Dabei wendet er die Vorschriften des Gebietes an, auf dem sich der Zug befindet: Auf deutschen Gebieten übernimmt er die Rolle des Zugführers und wendet die deutschen Vorschriften an. Auf französischem Gebiet wendet er die französischen Vorschriften an.« (Alleo 2012, 57).

Institutionalisierung ausgehandelter Kultur bei Alleo: Das Service-Handbuch

Um einen einheitlichen und qualitätsvollen Service zu gewährleisten, wurde ein Service-Handbuch für Zugbegleiter und Gastronomiepersonal geschaffen. Es beschreibt auf fast 200 Seiten ausführlich alle wichtigen Informationen und Prozesse in deutscher und französischer Sprache. Es wurde in gemeinsamen Arbeitsgruppen von Franzosen und Deutschen erarbeitet und kommt im grenzüberschreitenden Hochgeschwindigkeitsverkehr täglich zum Einsatz. Zentrale Themen dieses Handbuchs sind »Service-Standards und Servicekette«, »Rollenverteilung und Verantwortlichkeiten innerhalb der deutsch-französischen Teams«, »Rollenverteilung und Verantwortlichkeiten des Gastronomiepersonals«, »Begleitung der Züge durch Führungskräfte«, »Betriebsstörungen« und »Strecken-Handbuch.«
Quelle: Barmeyer/Davoine (2016, 108)

So hat Alleo seit dem Bestehen aus dem Zusammenspiel von National-, Branchen- und Professionskulturen eine besondere interkulturelle Arbeits-und Organisationskultur entwickelt, die sich auch in einer starken Identifikation der Mitarbeiter niederschlägt, wie es eine Befragte unterstreicht: »Wir sind eine kleine, freundliche *équipe,* wo sich jeder kennt und jeder weiß, was der andere arbeitet. Dies ist in großen Organisationen, wie in Frankfurt [DB] und Paris [SNCF], ja gar nicht möglich.« Alleo wurde im Jahre 2015 von der Handelskammer unter der Schirmherrschaft des deutschen und des französischen Wirtschaftsministeriums der Deutsch-Französische Wirtschaftspreis in der Kategorie Personalmanagement verliehen.

Alleo: »Das Beste aus beiden Kulturen«

Alleo ist ein Paradebeispiel eines deutsch-französischen Unternehmens, das zu gleichen Teilen aus deutschen und französischen, bilingualen Mitarbeitern zusammengesetzt ist. Grenzüberschreitende TGVs oder ICEs werden von einem deutschen oder französischen Fahrer geführt und das Bordpersonal im Zug besteht systematisch aus Deutschen und Franzosen. Auch die Unternehmensführung wird durch einen Vertreter der DB und der SNCF gemeinsam gewährleistet, die sich in den Funktionen des CEO und des COO abwechseln. Dies führt zu einer besonderen Unternehmenskultur. Die Unternehmensphilosophie der Alleo GmbH verfolgt die Devise, vom Besten aus jeder Kultur zu profitieren und dank der Sensibilisierung der Angestellten – insbesondere durch eine spezialisierte Ausbildung –, den interkulturellen Austausch von jeweils bewährten Praktiken zu ermöglichen.
Quelle: http://www.francoallemand.com/deutsch-franzoesischer-wirtschaftspreis-2015/finalisten/alleo-personalmanagement/

Die verschiedenen vorgestellten Konzepte haben gemeinsam, dass sie Interkulturalität als dynamischen Prozess der Entstehung und Entwicklung von etwas Neuem verstehen. Sobald persönliche Spezifika der Akteure sich unterscheiden oder sogar widersprechen, können sie sich dennoch gegenseitig beeinflussen, Impulse geben, sich ergänzen oder gar bereichern (Hampden-Turner 1981). Es geht also nicht um Verneinung oder Minimalisierung kultureller Spezifika und Unterschiede, sondern um ihre Akzeptanz sowie um deren dynamische Kombination und Integration.

Dynamisch ausgehandelte Kultur berücksichtigt anstatt bipolarer, essentialistischer Kategorien, die einen Ausgangspunkt darstellen können, Kontext und Mehrdeutigkeiten (Bjerregaard et al. 2009). Kommunikativ und kulturell geprägte Ergebnisse und Folgen interkultureller Interaktionen lassen sich nicht a priori voraussehen oder bestimmen, sondern sie ergeben sich als neue Kultur in fortlaufender Kommunikation, im reziproken Lernen und Wissenserwerb (Brannen/Salk 2000). Ausgehandelte Kultur ist weder das Ergebnis von »eins plus eins«, noch lässt sie sich in ein Kontinuum zwischen den originären »Ursprungs«-Kulturen einordnen.

»[…] a central contribution of the negotiated culture perspective is to introduce sensitiveness to local workplace social processes in shaping the possible emergence of shared cultural meanings, and how possible cultural tensions play out over time. How culture become salient during social interactions cannot, according to this literature, properly be understood without understanding the local context of interaction, which may serve to produce both cultural tensions and convergence […]. Brannen and Salk's (2000) extension of symbolic interactionism, from workplace monoculture to national culture in bicultural work settings, is one seminal contribution.« (Bjerregaard et al. 2009, 212)

Das sogenannte »Billiardkugel«-Modell (Wolf 1982) kann somit nur als Ausgangspunkt dienen: Nationalkulturelle Eigenschaften sind zwar wichtige, aber nicht ausschlaggebende Bestimmungsgrößen zur Entstehung neuer gemeinsamer Arbeitskulturen, da auch strukturelle, kontextuelle und individuelle Einflüsse zu berücksichtigen sind. Es ist folglich schwer vorhersehbar, in welche Richtung sich Arbeitskulturen in einer kulturell komplexen Organisation entwickeln. Kulturen sind somit keine isolierten Einheiten, sondern solche, die verschmelzen und in Synchronisierungsprozessen etwas Neues entstehen lassen können.

Das Konzept der ausgehandelten Kultur bezieht sich – entsprechend dem sozialkonstruktivistischen interpretativen Kulturverständnis als Bedeutungs- und Referenzsystem – vor allem auf Organisationskulturen und Arbeitspraktiken, die in dialogischen Interaktionsprozessen angepasst, kombiniert und entwickelt werden können. Es berücksichtigt ebenso auch vielfältige kulturelle Zugehörigkeiten und Identitäten.

Der Einfluss der Nationalkultur wird zwar anerkannt, jedoch als ein kultureller Einflussfaktor unter vielen. Tieferliegende kulturelle Elemente, wie Grundannahmen und Werte (Kluckhohn/Strodtbeck 1961; Inglehart/Welzel 2005) werden bei diesem Ansatz außen vorgelassen. Diese sind weniger oder gar nicht aushandelbar.

Ausgehandelte Kultur macht zwar deutlich, dass Interkulturalität ein sozialer Interaktionsprozess ist, bei dem die Akteure in unterschiedlicher Art und Weise ihre kulturellen Praktiken modifizieren, aber auch ihre Interessen und Ziele durchsetzen. Hier setzt auch der grundsätzliche Zweifel an, inwiefern es den Interaktionspartnern überhaupt möglich ist, Kultur in expliziten Konkurrenzsituationen auszuhandeln (Bjerregaard et al. 2009).

Obwohl generell kontextuelle Einflussfaktoren auf den Aushandlungsprozess und das -ergebnis thematisiert werden, wie zum Beispiel asymmetrische Macht und Dominanzverhältnisse (Westwood 2006; Jack/Westwood 2009; Mahadevan 2017) in Organisationen, fehlen kulturspezifische Studien und Ergebnisse. So könnte es sein, dass sich bestimmte Kulturen, vor allem solche mit einer kollektivistischen Wertorientierung (Triandis 1995), im Aushandlungsprozess mehr anpassen als andere.

Ausgehandelte Kultur weist eine Nähe zu den Konzepten »Interkultur« (Bolten 1995; Müller-Jacquier 2000; Maletzky 2014), »Drittkultur« (Casmir 1999) und »Hybridkultur« (Fleischmann 2014) auf. Diese Konzepte sind zwar ähnlich, ausgehandelte Kultur berücksichtigt jedoch insbesondere spezifische kontextuelle Determinanten wie Vorgeschichte, Machtverhältnisse sowie kulturspezifisches Vorwissen und Komplexität der Beziehungen (Brannen/Salk 2000; Bjerregaard et al. 2009). Ebenso deutet das Wort »negotiated« auf Aktivität und Reziprozität hin. Gegenseitige Anpassungsprozesse werden folglich nicht nur unbewusst vollzogen, sondern sind auch durch Interessens- und Machteinflüsse geprägt. Anders als die meisten Beiträge zum Konzept der Interkultur ist ausgehandelte Kultur durch Fallstudien empirisch belegt (Brannen/Salk 2000; Clausen 2007; Yagi/Kleinberg 2011; Saint-Léger/Beeler 2012; Barmeyer/Davoine 2015). Diese Studien illustrieren, wie strukturelle und kontextuelle Einflussfaktoren zusammen mit der individuellen kulturellen Prägung ausschlaggebend für die Entwicklung von Organisations- und Arbeitskulturen sind. Die Fallstudien von Alleo und ARTE, als Beispiele interkultureller Organisationen (verschiedenkulturelle Mitarbeiter arbeiten über längere Zeiträume an einem Ort an gemeinsamen übergeordneten Zielen), zeigen, wie die Organisationen von den besonderen ausgeglichenen strukturellen Bedingungen profitieren, in denen Akteure arbeiten, die meist auch beide Sprachen beherrschen und gegenseitige Kulturkenntnisse aufweisen. Dieser Ausgleich ist nur selten in internationalen Organisationen vorzufinden, da häufig ungleiche Interessens- und Machtverhältnisse die Entwicklung einer ausgehandelten Arbeitskultur erschweren. In vielen MNUs scheint nach wie vor eher ein ethnozentrisch geprägtes Nebeneinander oder ein Gegeneinander vorzuherrschen als ein Miteinander.

Interessant wäre es, empirisch zu erforschen, ob die Entstehung einer Interkultur oder Drittkultur im Rahmen von Multikulturalität (z. B. spanische, italienische, englische und deutsche Personen) und ungleichen Machtverhältnissen wahrscheinlicher ist als bei Bikulturalität (z. B. englische und deutsche Personen), da in bikulturellen Konstellationen konkurrierende Ziel-, Macht- und Interessenvorstellungen häufig zu Schwierigkeiten führen (Barmeyer/Mayrhofer 2014).

Interkulturelle Forschungen zur ausgehandelten Kultur sind vielversprechend, weil sie nicht nur interessante Ergebnisse erwarten lassen, sondern auch, weil sie vielen Forderungen der aktuellen Interkulturellen Managementforschung entsprechen (Bjerregaard et al. 2009; Romani 2008; Primecz et al. 2011; Phillips/Sackmann 2015): Sie basieren auf einem dynamischen Prozess- und Entwicklungsverständnis von Interkulturalität, integrieren multiple Kulturen und Referenzsysteme und beachten Kontexte und Akteure. Zugleich verweisen sie, insbesondere bei »Innovationen durch beide Gruppen« auf konstruktive Interkulturalität.

Somit kann ausgehandelte Kultur als Vorstufe interkultureller Komplementarität und Synergie verstanden werden. Sie stellt eine Form der Annäherung, Überschneidung und Vermischung von verschiedenkulturellen Praktiken durch interkulturelle Interaktion dar, die es ermöglicht, Unterschiede und Gegensätze, welche Interkulturalität mit sich bringt, konstruktiv und komplementär zu nutzen.

Interkulturelle Komplementarität und Synergie

Interkulturelle Komplementarität

Im Mittelpunkt *konstruktiver* Interkulturalität in Organisationen finden sich Konzepte wie interkulturelle Komplementarität und interkulturelle Synergie. Sie stehen dafür, dass die Kombination unterschiedlicher Elemente in sozialen Systemen zu einem Mehrwert führt: Denn wenn kulturelle Unterschiede nicht nur hemmend und konflikthaft, sondern bereichernd und komplementär wirken, so stellt Interkulturalität als Kombination von Unterschiedlichkeit eine kreativitätsbehaftete Ressource dar, die Effekte auf die Organisation haben kann im Hinblick auf die Unternehmensleistung oder die Mitarbeiterzufriedenheit.

Komplementarität kommt von dem lateinischen *plenus, complere, complementum* und bedeutet »Erfüllung«, »Ergänzung« oder »Vervollständigung«. In der interkulturellen Komplementarität geht es vor allem um Menschen oder Gruppen und ihre Eigenschaften, die sich ergänzen. Ob natürliches Zusammenpassen oder scheinbare Widersprüchlichkeit – zunächst stehen die Eigenschaften von Menschen oder Gruppen unterschiedlicher kultureller Orientierungssysteme gleichberechtigt, d. h. ohne Überlegenheitsanspruch und Unterordnung, nebeneinander. Diese Eigenschaften können Merkmale, Denkmuster oder Verhaltensweisen sein, die aus interkultureller Perspektive relative Unterschiede zwischen den interagierenden Akteuren darstellen. Interkulturelle Komplementarität versucht nun, diese Unterschiede zu kombinieren und zusammenwirken zu lassen, sodass sie sich ergänzen (Barmeyer 1996).

Ideen- und begriffsgeschichtlich hat sich Komplementarität aus den Naturwissenschaften, insbesondere der Physik entwickelt und hielt nach und nach Einzug in die Sozial- und Kulturwissenschaften (Otte 1990). Bis dahin war Komplementarität vor allem durch Goethes (1810) Farbenlehre bekannt. Sie basiert auf dem elementaren, polaren Gegensatz von Hell und Dunkel, wobei Farben Grenzphänomene zwischen Licht und Finsternis sind. Gelb befindet sich an der Grenze zum Hellen (»zunächst am Licht«) und Blau an der Grenze zum Dunkeln (»zunächst an der Finsternis«). Komplementärfarben liegen sich im Farbkreis gegenüber und werden deshalb auch als Gegenfarben bezeichnet. Als Licht heben sich Komplementärfarben in der Mischung gegenseitig auf und resultieren im Weiß, sie löschen sich also gegenseitig aus. Nebeneinander gemalt bilden Komplementärfarben einen starken Kontrast und verstärken den visuellen Eindruck ihrer Kombination. Auf dieser Idee basieren auch Komplementarität und Synergie in interkulturellen Kontexten: spezifische Elemente und Eigenschaften können sich durch Kombination verstärken.

Der dänische Physiker und Nobelpreisträger Niels Bohr (1885–1962) entdeckte das Konzept für die Physik; später auch Werner Heisenberg (1901–1976) und Carl Friedrich von Weizsäcker (1912–2007). Bereits Bohr nutzte Komplementarität zur vollständigen, holistischen Beschreibung von Objekteigenschaften, Forschungsmethoden und Denkansätzen.

> »Komplementäres Denken bedeutet also, dass man zwei, drei oder mehrere Seiten eines Phänomens [...] untersuchen und beschreiben kann [...], dass die einzelnen Ergebnisse und Aussagen gleichzeitig wahr sind und man ein exaktes Ergebnis nur hat, wenn man beide oder alle beteiligten Seiten ins richtige Verhältnis setzt – man denke etwa an die Komplementärfarben, die nur dann ein klares Weiß ergeben, wenn sie richtig gemischt sind.« (Schirrmacher 2005, 3)

Der Begriff der Komplementarität, der von Max Weber in seinem Essay *Die protestantische Ethik und der Geist des Kapitalismus* (1934) gebraucht wurde, um seine These der »unbeabsichtigten Wahlverwandtschaft« zwischen dem Calvinismus und dem modernen Kapitalismus zu benennen, stammt ursprünglich aus Goethes Roman *Die Wahlverwandtschaften* (1809). Komplementarität wird auch in der neo-institutionalistischen Wirtschaftsystem- bzw. Kapitalismusforschung (Hall/Soskice 2001) gebraucht, etwa wenn es um komplementäre Institutionen geht, die gegenseitig positiv aufeinander einwirken (wie z. B. in Deutschland das Zusammenspiel von Berufsbildungsgesetz, Berufsausbildung durch lokale Unternehmen, Industrie- und Handels- bzw. Handwerkskammern und Berufsschulen). Diese Institutionen stellen bestimmte Ressourcen zur Verfügung, erfüllen bestimmte Aufgaben und ergänzen sich.

Komplementarität trägt systemische und ganzheitliche Elemente in sich, die in Form von zirkulär aufeinander verwiesene Polarität von Bezugssystemen und Beschreibungsebenen zusammenwirken. Der Begriff Komplementarität wird auch in der englischsprachigen Forschung zu Wirtschaftssystemen verwendet (Crouch 2010, 117): »The idea of Wahlverwandtschaften (electifaffinity), is often used to describe this process whereby institutions across many different parts of a society find some kind of intellectual fit together, mainly through cognitive processes and social learning« (Crouch 2010, 122–123). Drei verschiedene Betrachtungsweisen zu Komplementarität finden sich in diesem Zusammenhang in der Literatur (Crouch 2010).

1. Komplementarität basiert auf Gegensätzen, Unterschieden und Widersprüchen: Sie kompensiert Systemdefizite durch Kombination einzelner Elemente bzw. Komponenten, d. h. die einzelnen Elemente benötigen einander, um zu bestehen.
2. Komplementarität basiert auf Gemeinsamkeiten und Ähnlichkeiten: Systemelemente beeinflussen sich gegenseitig und verstärken bestimmte Effekte, was durch »Wahlverwandtschaft« ausgedrückt wird.

3. Komplementarität wird aus ökonomischer Sicht als die Ergänzung von Ressourcen, etwa Produktionsfaktoren, verstanden. Ob Gegensätze (1) oder Gemeinsamkeiten (2): Sinnvoll miteinander verbundene Elemente führen zu Systemstabilität, etwa in sozialen Systemen wie Organisationen oder Institutionsbeziehungen eines Landes.

Dabei ist die Wirksamkeit der Verbindung von Systemelementen ein zentrales Kriterium von Komplementarität, denn Forscher wie Acemoglu und Robinson (2012) weisen auch auf das Gegenteil von institutioneller Komplementarität hin, nämlich institutionelles Versagen – hier gelingt die Kombination einzelner Elemente nicht. Dagegen »erzeugen inklusive Institutionen ein Feedback, eine Art Tugendkreis, der sie in den Stand versetzt, auszuhalten und sich Herausforderungen zu stellen« (Acemoglu/Robinson 2012, 18). Crouch (2010, 120) fasst es pragmatisch zusammen: »A difference becomes a complementarity when it ›works‹«, eine Aussage, der auch konstruktive Interkulturalität zugrunde liegt.

Zur Konkretisierung von Komplementarität dient Abb. 14: Das Entwicklungsmodell visualisiert einen Prozess der Zielerreichung. Das Ziel ist z. B. das Erreichen von »Leistung und Produktivität«. Verschiedene gegensätzliche, zum Teil widersprüchlich erscheinende Lösungsmöglichkeiten der Zielerreichung, die in der Regel von bestimmten Werten beeinflusst sind und meist die Form von Unterschieden annehmen, existieren zusammen. Auf der einen Seite erreichen Menschen und Gruppen das gesetzte Ziel beispielsweise durch »Planung und Organisation«. Auf der anderen Seite erreichen Menschen und Gruppen das Ziel durch »Improvisation und Flexi-

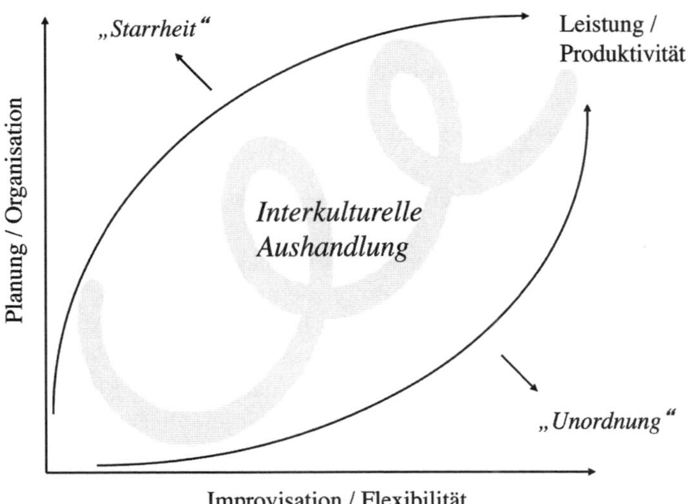

Abb. 14: Komplementarität von Gegensätzen am Beispiel Planung und Improvisation (Barmeyer 2011b, 24)

bilität«. Jede Lösungsmöglichkeit kann zielführend sein, jede hat aber auch Stärken und Schwächen. Wird eine Stärke übertrieben, wird sie zur Schwäche: Zu viel Improvisation und zu große Flexibilität führen zu ungeordneten und uneinheitlichen Prozessen, die fehleranfällig sein können, schlimmstenfalls ins Chaos führen. Zu stark ausgeprägte Planung und Organisation dagegen führen zu Starrheit und Bürokratie und lassen keinen Spielraum mehr für sinnvolle Anpassungen, die eine sich verändernde Umwelt verlangt.

Interkulturelle Komplementarität fokussiert Ressourcen und Stärken, wie es auch die Ansätze der *Positive Organizational Scholarship* (POS) von Cameron et al.(2003, 2017) oder der *Resource Based View* (RBV) (Barney 1991; Colbert 2004) tun, und plädiert für die bewusste Kombination von Widersprüchen oder Unterschieden. Interkulturelle Komplementarität bedeutet in diesem Beispiel, dass in einem – zirkulären, oft temporären – Prozess eine Kombination der jeweiligen Stärken ermöglicht wird, etwa wenn in bestimmten Prozessphasen eines Projekts Improvisation einen hohen Stellenwert einnimmt (Ideengewinnung und Konzeption), in anderen Phasen dagegen Planung (Koordination und Ausführung). So kann am Anfang eines Projekts ein hohes Maß an Improvisation viele und unerwartete Ideen und Lösungen generieren, in einer anderen Phase ist Planung wichtig, um Struktur und Ordnung zu geben. Von besonderer Bedeutung ist der interkulturelle Raum zwischen den beiden Eigenschaften, der von den beteiligten Akteuren aktiv gestaltet werden kann und in dem diese Kombination möglich wird.

Verschiedene Schritte helfen, interkulturelle Komplementarität zu erreichen. Diese basieren allerdings auf einem aktiven Entwicklungsverständnis:

- Die Basis bildet eine offene, wertfreie Grundhaltung. Bestimmte Eigenarten und Merkmale anderer (kultureller) Gruppen werden ethnorelativistisch anerkannt und wertgeschätzt, um die Form von Qualitäten oder Stärken zu erreichen. Es gibt insofern keine Polaritäten wie *entweder – oder* sowie *falsch – richtig,* sondern ein Kontinuum von *sowohl – als auch.*
- Die jeweiligen Eigenschaften werden bewusst als Qualitäten und Stärken angesehen.
- Die jeweiligen Eigenschaften werden situativ eingesetzt und kombiniert.

Auf multinationale Organisationen bezogen kann das europäische Unternehmen Airbus als Illustration interkultureller Komplementarität dienen (Barmeyer/Mayrhofer 2008). Das Beispiel dieses Unternehmens mit Eigentümerstrukturen aus und Produktionsstandorten in mehreren beteiligten europäischen Ländern zeigt, dass unter anderem eine Vision, ein klares Ziel und genau definierte Kompetenzbereiche die erfolgreiche komplementäre Kombination der jeweiligen Stärken ermöglichen. Jede Seite ist mit ihrem Beitrag zufrieden, weil sie entsprechend ihrer Wertorientierungen agiert und ihre Kernkompetenzen einbringen kann. Aus kultureller Sicht ist interessant, dass interkulturelle Komplementarität nicht nur auf einer oberflächlichen Ebene sich ergänzender kultureller Praktiken verstanden werden kann, sondern auch auf einer tieferen Ebene von Werten und Grundannahmen. Die unterschiedlichen Annahmen und Wertorientierungen vor allem auf deutscher und französischer Seite decken sich mit Forschungen zum deutsch-französischen Management und zu Wirtschaftssystemen (Breuer/de Bartha 1993; Ammon 1989; Davoine 2002; Barmeyer et al. 2007; Barmeyer/Mayrhofer 2008). So ist in Frankreich die »Ehren-Logik« (D'Iribarne 2001) hinsichtlich der strategischen Ausrichtung wichtig, während in Deutschland eher eine Rentabilitätslogik herrscht, die sich nach Gewinn und Kosten orientiert (Barmeyer/Mayrhofer 2008). Diese unterschiedlichen Wertorientierungen sind sozialhistorisch entstanden und finden ihre Begründung mitunter in unterschiedlichen Bildungstraditionen. So ist in Frankreich traditionell strategisches Denken von hohem Stellenwert, es wird an den *Grandes Ecoles*, den französischen Elite-Hochschulen, unterrichtet. Zudem existieren zahlreiche Professuren im strategischen Management. In Deutschland prägt bis heute die Kostenrechnung die Betriebswirtschaftslehre und die Unternehmensführung (Locke 1989).

Airbus-Flugzeug als Bespiel interkultureller Komplementarität

Das strategische Ziel von Airbus bzw. der europäischen, vor allem deutschen und französischen Luft- und Raumfahrtunternehmen war es, erfolgreiche europäische Zivilflugzeuge als Alternative und Gegengewicht zu US-amerikanischen Unternehmen wie Boeing zu bauen. Um dieses Ziel zu erreichen, wurde Airbus auf verschiedene Weise auch staatlich unterstützt, etwa mit finanziellen Mitteln. Jedoch finden sich in der Geschichte von Airbus immer wieder divergierende Annahmen der Akteure: So war auf deutscher Seite in erster Linie der betriebswirtschaftliche Erfolg von Bedeutung. Auf französischer Seite dagegen die strategische Positionierung und die Anerkennung bzw. »Ehre«, leistungsfähige Flugzeuge zu bauen – dies wurde besonders deutlich anhand des Projekts des größten Passagierflugzeugs der Welt, des A380.
Diese beiden divergierenden Wertorientierungen bilden ein Dilemma und haben zu jahrelangen Interessensgegensätzen zwischen den französischen und deutschen Akteuren geführt. Allerdings hat jede Seite mit Hinblick auf das gemeinsame Ziel ihren Standpunkt und ihre Ressourcen, insbesondere Kernkompetenzen, produktiv eingebracht. Ein konkretes Beispiel für diese Komplementarität ist der Flugzeugbau, etwa beim Airbus A321, da die Verantwortungs- und Produktionsbereiche entsprechend der jeweiligen Interessen und Kompetenzen verteilt worden sind. Die französische Seite war für kostenintensive, aber strategisch wichtige Flugzeugteile zuständig, nämlich das Cockpit, den Rumpf und den die Flügel zusammenhaltenden Flügelkasten und wird damit der Ehre und der Strategie gerecht; die deutsche Seite kann mit der Massenproduktion von Rumpf und sanitären Anlagen den betriebswirtschaftlichen Anspruch verwirklichen, schnell positive Skaleneffekte zu verwirklichen.
Quelle: Barmeyer/Mayrhofer (2008, 33)

Fallstudien zu interkultureller Komplementarität

In einer quantitativ orientierten Studie untersuchen Krishnan und Kollegen (1997) die Auswirkungen von unterschiedlichen Top-Management-Teams auf die Leistung der Organisation im Rahmen von Unternehmensübernahmen. Die Ergebnisse der Studie basieren auf einer Stichprobe von 147 Akquisitionen in den Jahren von 1986 bis 1988. Im Anschluss daran wurde die Leistung longitudinal über drei Jahre hinweg gemessen, um ausreichend Zeit für die Wirkungen der Integration beider Unternehmen zu geben.

Die Studie zeigt, dass funktionale Unterschiede konstruktiv für die Organisation genutzt werden können. Komplementarität bezieht sich hierbei vor allem auf funktionale Fähigkeiten, also die beruflichen und fachlichen Hintergründe der Mitglieder verschiedener Management-Teams. Während die Homogenität von Teams zwar zu einem höheren »cultural fit« führen kann, liegt die Stärke der Heterogenität in der komplementären Ergänzung fachlicher Kompetenzen, die sich positiv auf die Produktivität auswirkt. Schwächen eines Management-Teams werden durch Stärken des anderen Teams kompensiert, ganz im Sinne sich ergänzender Kernkompetenzen: »Having different sets of functional backgrounds that supplement one another can create synergy because deficiencies in one firm can be offset by strengths in the other firm.« (Krishnan et al. 1997, 363).

Die Studie bestätigt die Annahme, dass unterschiedliche funktionale Hintergründe der Mitglieder des Top-Management-Teams die Leistung des Unternehmens *nach* einer Akquisition positiv beeinflussen können. Diese Komplementarität der Team-Mitglieder führt dann zu einer höheren organisationalen Anpassung (»organizational fit«). Unterschiedliche Ressourcen, die mit funktionalen Fähigkeiten der Manager (wie Produktion oder Marketing) verknüpft sind, helfen, alternative Lösungsvorschläge zu generieren (Harrison et al. 1991). Ebenso wirkt der Transfer von Management-Know-how zwischen Organisationen positiv, da spezifisches Wissen über Abteilungen hinweg weitergegeben wird (Porter 1987). Die Studie zeigt auch, dass Akquisitionsprozesse erfolgreich verlaufen können, wenn organisationales Lernen stattfindet (Argyris/Schön 1996). Dieses kann durch das komplementäre Zusammenwirken von unterschiedlichen Kenntnissen, Fähigkeiten und Erfahrungen der einzelnen Team-Mitglieder wesentlich gefördert und unterstützt werden.

Ein weiteres Ergebnis ist, dass sich der Wechsel von Führungskräften negativ auf die Komplementarität und die Unternehmensleistung auswirkt. Dieses Ergebnis lässt vermuten, dass insbesondere Stabilität auf der Führungsebene für den Integrationsprozess nach der Akquisition von großer Bedeutung ist (Krishnan et al. 1997, 370).

Barmeyer (1996) arbeitet in einer Studie bei grenzüberschreitenden deutsch-französischen mittelständischen Unternehmen heraus, wie sich französische und deutsche Arbeitsweisen ergänzen können: Deutsche und französische Manager wurden dazu befragt, was sie von der anderen Kultur lernen könnten (Tab. 49). Die Aussagen illustrieren, dass die befragten Franzosen methodische Planung, Organisation und Vorgehensweise der Deutschen schätzen, die zum Beispiel die erfolgreiche Durchführung eines Projekts und die geplante Zielerreichung ermöglichen. Deutsche Manager dagegen erwähnten die Art der Franzosen, kreativ und intuitiv zu handeln, improvisieren zu können, Risiken einzugehen und Prioritäten zu setzen und gleichzeitig eine gewisse Gelassenheit zu zeigen. Barmeyer kommt zu dem Schluss, dass das bewusste Anerkennen und Kombinieren dieser komplementären Arbeitsweisen der gesamten Organisation einen Nutzen stiften könne.

Was können Sie von Ihrem französischen bzw. deutschen Kollegen oder Partner lernen?	
Aussagen französischer Manager	**Aussagen deutscher Manager**
»Pragmatismus und Organisation. Franzosen arbeiten gerne in Deutschland, auf deutschen Gebieten und mit deutschen Strukturen – vorausgesetzt, man lässt ihnen Freiheit.« »Methode. Vorausplanung. Eine Sache durchziehen. Nicht nur eine Sache wollen, sondern es auch wirklich tun.« »Kostenmanagement, die Einfachheit der Finanzierung« »Arbeitsauffassung. Nicht der Leichtigkeit und der Improvisation nachgeben.« »Nachdenken, bevor man handelt, nichts dem Zufall überlassen, formeller sein, Detailgenauigkeit, sozialer Konsens im Unternehmen.« »Ausbildung, Umsetzbarkeit, Effektivität, Schnelligkeit, Ernsthaftigkeit, Zuverlässigkeit«	»Intuition, Kreativität, Risikobereitschaft und unkonventionelles Denken« »Franzosen haben Ideen und setzen sie um. Es muss nicht perfekt sein. Die 150-prozentige Perfektion macht Deutschen das Leben so schwer. Spezialisten haben immer Vorbehalte.« »Improvisation, Dinge nicht so eng sehen, Unverkrampftheit, ankommen, auch wenn es mal halb neben dem Ziel ist.« »In bestimmten Situationen sich zu helfen wissen, sich auf ungewohnte Umstände schneller einstellen. ›Bricolage‹ im Leben, aber auch in der Technik« »Gelassenheit, nicht Gleichgültigkeit« »Menschlicher Arbeitsstil. Das Persönliche«

Tab. 49: Gegenseitiges Lernen im deutsch-französischen Management (Barmeyer 1996, 98–99)

Interkulturelle Synergie

Während es bei Komplementarität vor allem um die sich ergänzende Kombination von Gegensätzen geht, steht bei der Synergie explizit der *Mehrwert, die Schaffung von etwas Neuem* dieser Kombination im Mittelpunkt. Interkulturelle Komplementarität kann demnach als Vorstufe interkultureller Synergie dienen.

Der Begriff *Synergie* stammt aus dem Griechischen, zusammengesetzt aus *syn* (zusammen) und *érgon* (Werk, Wirken), und bedeutet das *Zusammenwirken* verschiedener Elemente. Aristoteles (1907, 129) soll bereits als Synergie definiert haben, dass das Ganze mehr als die Summe seiner Teile sei. Die aus dem Zusammenwirken mehrerer Elemente entstehende synergetische Gesamtwirkung ist entweder quantitativ höher oder qualitativ anders als die bloße Addition der Teilwirkungen (z. B. Kitching 1967; Rodermann 1999; Stein 2014, 72–75). Scherm (1998, 64) weist der Synergie drei Attribute zu:

- *Kreativität:* Neues und Originelles wird geschaffen.
- *Übersummativität:* Das Ergebnis ist mehr als die Summe der Einzelelemente, bzw. bestimmte Eigenschaften lassen sich nicht aus der Funktion der Teile erklären.
- *Mehrwert:* Die hervorgebrachten Leistungen ergeben eine höhere Qualität.

Zum Verständnis des Konzepts ist es wichtig, kurz auf die Genese von Synergie einzugehen: Es war vor allem der Organisationspsychologe Abraham Maslow (1954), der den Begriff bereits in den 1950er Jahren, aufbauend auf unveröffentlichten Manuskripten der Kulturanthropologin Ruth Benedict (1887–1948), in den Sozialwissenschaften in Bezug auf soziale und kulturelle Systeme verbreitete:

»I shall call synergy, the old term used in medicine and theology to mean the combined action. In medicine it meant the combined action of nerve centers, muscles, mental activities, remedies which by combining produced a result greater than the sum of their separate actions.« (Maslow/Honigmann 1970, 326).

Ruth Benedict hatte eine umfassende Studie über eine Reihe von verschiedenen Indianerstämmen in Nordamerika und auf pazifischen Inseln durchgeführt (1934). Sie fühlte intuitiv, dass einige Stämme – Zuñi, Arapesh und Dakota – etwas Lebendiges, Sicheres und Sympathisches an sich hatten, während andere Stämme – Chuckchee, Ojibwa, Dobu, Kwakiutl – genau das Gegenteil repräsentierten. Da ihre erhobenen Daten zu einzelnen Stammesmitgliedern die Unterschiedlichkeit nicht erklärte, suchte sie nach einem Muster, das im Ganzen eines Stammes entstehen könnte, aber in keinem seiner Teile allein auftaucht. Sie kam zu der Erkenntnis, dass es einigen sozialen Systemen gelingt, friedvoll und harmonisch zusammenzuleben und sich gemeinsam zu entwickeln – sie nennt dies »high synergy« –, während andere soziale Systeme von Unfrieden und Konflikten geprägt sind, in ihnen herrscht »low synergy«. Benedict entwickelte daraus das Konzept der Synergie, dem somit ein ganzheitliches und systemisches Verständnis zugrunde liegt und das sich vor allem auf Gemeinschaften bezieht (Benedict 1934; Maslow 1964, 153).

»From all comparative material the conclusion emerges that societies where non-aggression is conspicuous have social orders in which the individual by the same act and at the same time serves his own advantage and that of the group … not because people are unselfish and put social obligations above personal desires, but when social arrangements make these identical.« (Ruth Benedict, zitiert in Maslow et al. 1970, 325)

Diese Erkenntnis lässt sich auch für die Gestaltung von Interkulturalität in Organisationen nutzen: Grundlegende Eigenschaften für kollektive, soziale Synergien, die für Klarheit, Stabilität und Kontinuität sorgen, sind gemäß Benedict Großzügigkeit, die Fähigkeit, Beziehungen zu gestalten, kooperative Praktiken und Techniken anzuwenden sowie soziale Institutionen zu entwickeln und herauszubilden. Diesen Gemeinschaften gelinge es, Werte (das, was Menschen wollen) und Normen (das, was von der Gemeinschaft erwartet wird), in Einklang zu bringen (Benedict 1934). Synergetische Gesellschaften weisen also spezifische kulturelle Muster auf: Sie schaffen soziale Verhältnisse, in denen die Aktionen des Individuums gleichzeitig sich selbst *und* dem Kollektiv dienen. Dabei geht es nicht um altruistisches Verhalten, bei dem das Individuum seine Bedürfnisse hinter die der Gruppe zurückstellt, sondern darum, dass seine Bedürfnisse gleichgestellt werden (Maslow/Honigmann 1970, 325).

Somit scheint Reziprozität (Mauss 1924–25) das Grundprinzip von Synergie zu sein. Dies kann sowohl *zwischen* Individuen der Fall sein – »[...] two people have arranged their relationship in such a fashion that one person's advantage is the other person's advantage rather than one person's advantage being the others's disadvantage« (Maslow 1964, 162) – als auch in sogenannten stabilen Gemeinschaften: »It is stable as long as the different groups are really interdependent upon each other for mutual necessities and recognize that they are receiving benefits from the others« (Maslow et al. 1970, 324).

Diese kulturellen Muster lassen sich auch in Organisationen und Unternehmen finden (Adler 1980; Moran/Harris 1983; Harris 2004, 363). Individuen und soziale Systeme können synergetisch agieren, wenn es ihnen gelingt, (Wert-)Gegensätze zu integrieren und zu nutzen, wie es Maslow (1964, 163) formuliert: »High synergy from this point of view can represent a transcending of the dichotomizing, a fusion of the opposites into a single concept.«

Übertragen auf die konstruktive Gestaltung von Interkulturalität in Organisationen bedeutet dies, dass interkulturelle Synergie als die Kombination und das Zusammenwirken von Personen verschiedener kultureller Zugehörigkeit mit unterschiedlichen Fähigkeiten, Erfahrungen, Einstellungen, Werten, Denk- und Verhaltensweisen verstanden wird, was dazu führt, dass die hervorgebrachten Leistungen von höherer Qualität sind als die Summe homogener Gruppen oder individueller Aktionen (Stumpf 1999; Köppel 2007). Tab. 50 zeigt verschiedene, aber in ihrem Kern sehr ähnliche Definitionen (inter)kultureller Synergie. Nancy Adler (1980) war dabei die erste Wissenschaftlerin, die das Konzept in die Interkulturelle Managementforschung einführte.

Adler 1980, 172	»Cultural synergy is as an approach to managing of cross-cultural interaction. [It] is a process in which organization policies and practices are formed on the basis of, but not limited to, the cultural patterns of individual organization members and clients. Culturally synergistic organizations create new forms of management: They transcend the individual cultures of their members. The Cultural Synergy model recognizes both similarities and differences between the nationalities that compose the multicultural organization. This approach suggests that cultural diversity be neither ignored nor minimized, but rather viewed as a resource in the design and development of organizations.«
Harris 2004, 359	»Synergy comes from the Greek word meaning working together. This powerful concept represents a dynamic process; involves adapting and learning; involves joint action by many in which the total effect is greater than the sum of effects when acting independently; creates an integrated solution; does not signify compromise, yet in true synergy nothing is given up or lost; and develops the potential of members by facilitating the release of team energies. Synergy is cooperative or combined action. It occurs when diverse or disparate individuals or groups of people collaborate in a common cause. The objective is to increase effectiveness by sharing perceptions and experiences, insights and knowledge.«
Thomas 2003c, 467	»Kulturelle Synergie ist das Zusammenfügen kulturell unterschiedlich geprägter Elemente wie Orientierungsmuster, Werte, Normen, Verhaltensweisen usw. in einer Art und Weise, dass sich ein die Summation dieser Elemente übersteigendes neues Gefüge ergibt. Das Gesamtresultat ist dann qualitativ hochwertiger als jedes Einzelelement oder die Summe der Elemente.«
Barmeyer 2012a, 153–154	»Interkulturelle Synergie betrifft die Kombination und das komplementäre Zusammenwirken verschiedenkultureller Elemente (z. B. Personen) mit unterschiedlichen Einstellungen, Werten, Denk- und Verhaltensweisen innerhalb eines Systems, die durch gegenseitige zielgerichtete Verstärkung bewirken, dass die hervorgebrachten Leistungen von höherer Qualität sind als die Summe ihrer Einzelelemente. Dabei dient die Unterschiedlichkeit, deren Potenziale und Stärken genutzt werden, als Basis für Perspektivenvielfalt und Kreativität und ermöglicht somit neue unerwartete Lösungen und ein besseres Ergebnis.«

Tab. 50: Definitionen (inter)kultureller Synergie

Interkulturelle Synergie entsteht durch kommunikative Handlungen von Interaktionspartnern aus verschiedenen Kulturen. Sie wird durch Kulturkontakt und wechselseitige Interpretations- und Anpassungsprozesse in spezifischen Kontexten konstruiert bzw. ausgehandelt (Brannen/Salk 2000; Chevrier 2003a; Primecz et al. 2011; Barmeyer/Davoine 2014). Dabei dient die Unterschiedlichkeit, deren Potenziale und Stärken genutzt werden, als Basis für Perspektivenvielfalt (Maddux et al. 2009). Sie ermöglicht somit interkulturelle Kreativität, definiert als »Einfallsreichtum interkulturell handelnder Menschen, mit dessen Hilfe Fach- und Erfahrungswissen, Wahrnehmungen, Informationen und Emotionen der betroffenen Personen so in interkulturellen Interaktionen kombiniert werden, dass sie ihre Ziele des interkulturellen Kommunizierens, des interkulturellen Verhandelns und des interkulturellen Zusammenarbeitens erreichen« (Stein 2010, 69), und damit neue und unerwartete Lösungen (Adler 1980, 2008). Aufgrund sich ergänzender Sichtweisen und Kompetenzen kann ein Mehrwert für soziale Systeme im Allgemeinen und für Organisationen im Besonderen entstehen (Adler 1980), beispielsweise im Ideen- und Innovationsmanagement.

Um interkulturelle Strategie als Verhaltensstrategie in Organisationen von alternativen Verhaltensstrategien abzugrenzen, lässt sich die auf dem *Thomas-Kilmann Conflict Mode Instrument (TKI)* (Thomas/Kilmann 1974) basierende Matrix von Adler (2002) nutzen, die sich zwischen den Dimensionen Eigenkultur und Fremdkultur aufspannt (Abb. 15). In ihr sind fünf grundlegende Verhaltensstrategien positioniert, die von Interaktionspartnern in interkulturellen Situationen eingenommen werden können und Handlungsoptionen zum Umgang mit Interkulturalität darstellen:

1. Die erste der fünf Optionen ist die Vermeidung von Überschneidungen von Eigen- und Fremdkultur. Dies ist jedoch in vielen Kontexten des Berufs- und Arbeitslebens nicht möglich.
2. Eine zweite Option ist »kulturelle Dominanz«, die starke Orientierung an der Eigenkultur und deren Durchsetzung gegenüber anderen Kulturträgern. Diese Verhaltensstrategie findet sich häufig in unausgewogenen Einfluss- und Machtbeziehungen, in denen einige der Akteure zum Beispiel über mehr Ressourcen oder Entscheidungshoheit verfügen. Sie kann aber auch – und dies ist eher unbewusst – aus einer ethnozentrischen Haltung der Akteure resultieren.
3. Eine dritte Option, das Gegenteil der »kulturellen Dominanz«, wäre eine Form der »kulturellen Anpassung« an die Fremdkultur, die dazu führt, dass Akteure ihre eigenkulturellen Positionen zurückstellen, weil sie hierarchisch untergeordnet sind. So können sich Akteure in Organisationen, die zur Minderheit gehören, nur bedingt gegen die Mehrheit durchsetzen, etwa wenn letztere über strategische, finanzielle, personelle oder organisatorische Ressourcen verfügt.
4. Eine vierte Option, das Austarieren von Eigen- und Fremdkultur und die Suche nach einem für beide Seiten akzeptierten Mittelweg, ist der »kulturelle Kompromiss«, der sich im Zentrum des Modells befindet.
5. Die fünfte Option »kulturelle Synergie« stellt eine ausgeprägte Berücksichtigung sowohl der Eigen- als auch der Fremdkultur und deren wechselseitige Integration dar. Dabei werden eigen- und fremdkulturelle Elemente derart kombiniert, dass die Ergebnisse eine höhere Qualität als die der separaten Eigen- und Fremdkultur erreichen.

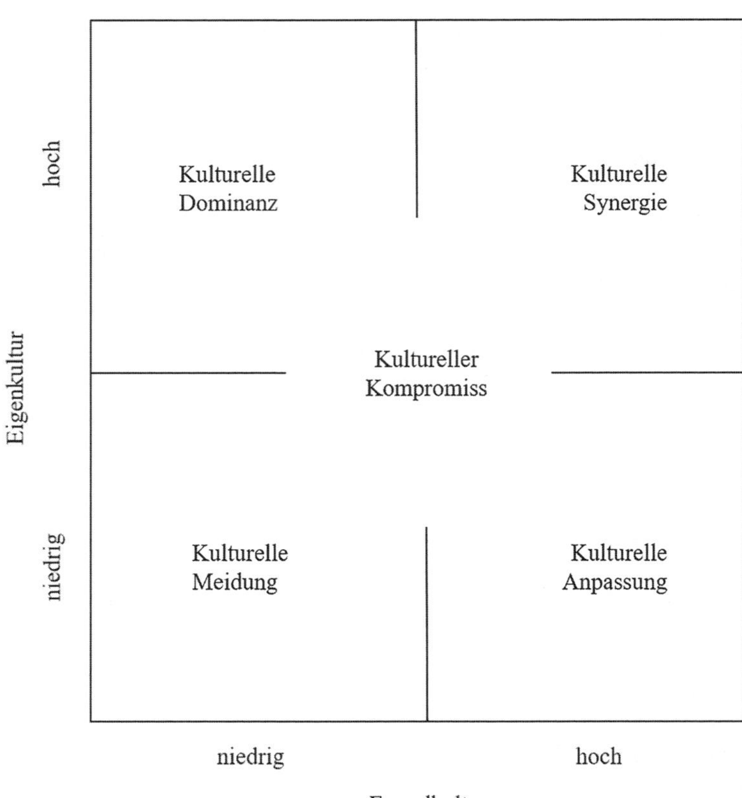

Abb. 15: Strategien interkulturellen Handelns (übersetzt nach Adler 2002, 125)

Adler (1980, 175; 2002, 119) schlägt als Prozess zur Förderung interkultureller Synergien vier Schritte vor: (1) Beschreibung der Situation, (2) Interpretation der kulturellen Hintergründe, (3) Schaffung kultureller Kreativität und (4) Herstellen kultureller Synergie (Abb. 16). Dies entspricht grob dem Dreiklang aus (1) Mapping, (2) Bridging und (3) Integrating, den Maznewski und DiStefano (2000) ihrem teamorientierten MBI-Prozess-Modell zugrunde legen.

Solche und andere Modelle unterstreichen zwar, *dass* zwecks interkultureller Erreichung von Synergie interkulturell verhandelt werden muss, geben allerdings wenig Hinweise dazu, *wie* verhandelt werden soll. Denkbar wären hier Phasen der Annäherung und der Abgrenzung, der bewussten Konfrontation und des Abgleichs von Ergebniserwartungen, der Regelung des Tragens materieller und immaterieller Kosten und der Verteilung materieller und immaterieller Resultate. Am ehesten konkretisiert noch Chevrier (2011, 2016) in ihrem Zweistufen-Ansatz zur Schaffung interkultureller Synergie im Management die Substanz der Verhandlung: Der

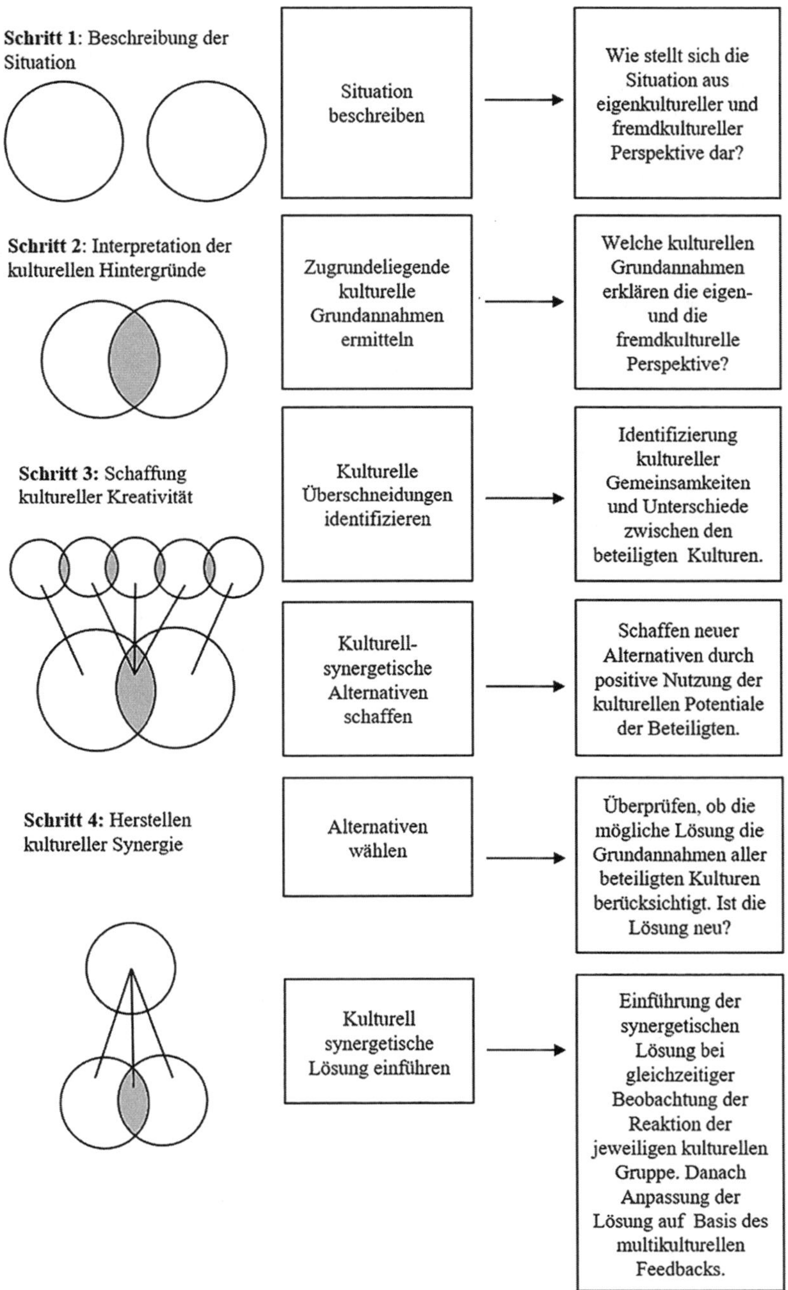

Abb. 16: Prozessmodell zur Schaffung interkultureller Synergie (Adler 2002, 119, unsere Übersetzung)

erste Schritt besteht darin, das jeweils andere Sinnesgestaltungsystem und dessen kulturelle Interpretationen von problematischen Arbeitsthemen zu verstehen. Dieses kulturelle Wissen ermöglicht es den Akteuren, Situationen, die im besten Fall unverständlich und schlimmstenfalls nicht akzeptabel erscheinen, eine Bedeutung zu geben. Eine treffendere Bedeutungszuschreibung hilft, negative Urteile zu vermeiden und gegenseitiges Verständnis zu fördern. Der zweite Schritt ist, diese kognitive Veränderung in entsprechende gemeinsame Praktiken umzusetzen. Wenn Akteure zusammenarbeiten, haben sie gemeinsame Verfahren und Regeln auszuhandeln, ebenso Entscheidungen zu treffen, Arbeit zu kontrollieren oder Konflikte zu lösen. Dies bedeutet nicht, dass die Akteure ihre ursprünglichen kulturellen Bedeutungsrahmen aufgeben. Es gilt vielmehr, herauszufinden, welche Praktiken eine positive Bedeutung in beiden kulturellen Weltsichten aufweisen, auch wenn diese Bedeutungen unterschiedlich bleiben. Menschen haben auf diese Weise die Möglichkeit, Dinge anders zu tun, so lange sich nichts in ihrem legitimen, vorherrschenden, kulturellen Weltbild ändert (Chevrier 2011).

Interkulturelle Synergie stellt die angestrebte »positive« und konstruktiv wirkende Seite von Interkulturalität dar, die versucht, kulturelle Vielfalt als Vorteil zu nutzen und Gegensätze als Ergänzung und Bereicherung zu verstehen. Synergie wird als kreative Synthese, als sozialer Prozess menschlicher Entwicklung verstanden. Interkulturelle Synergie kann durch die Integration und Vereinbarkeit kultureller Unterschiedlichkeit als ein auf einer hohen Entwicklungsstufe bestehender Prozess von Interkulturalität betrachtet werden.

Fallstudien zu interkultureller Synergie

Cirque du Soleil

Mit insgesamt 5000 Mitarbeitern aus 42 Ländern, die 25 Sprachen sprechen, ist der Quebecer *Cirque du Soleil* mit Hauptsitz in Montréal (1800 Mitarbeiter) nicht nur ein multinationales Unternehmen, sondern auch eine besonders multikulturelle Organisation: Als künstlerisch-akrobatischer Zirkus bringt er Bild, Musik, Bewegung und Menschen in eine ästhetisch ansprechende Symbiose und motiviert mehrere hundert Artisten täglich zu Höchstleistungen. Seit 1984 hat der Cirque du Soleil weltweit in über 250 Städten vor fast 100 Millionen Zuschauern gastiert.

Cirque du Soleil

»Anfang der 1980er Jahre wurde in einer idyllischen Kleinstadt namens Baie-Saint-Paul östlich von Quebec City am Nordufer des Sankt-Lorenz-Stroms eine wunderbare Idee geboren. Gilles Ste-Croix gründete ›Les Échassiers de Baie-Saint-Paul‹, die Stelzenläufer von Baie-Saint-Paul, eine bunte Truppe aus Stelzenläufern, Jongleuren, Tänzern,

Feuerschluckern und Straßenmusikanten. Die Einwohner von Baie-Saint-Paul waren begeistert von den Kunststücken der Truppe, zu der auch Guy Laliberté, der spätere Gründer des Cirque du Soleil, gehörte.
1984 feierte Quebec den 450. Jahrestag der Entdeckung Kanadas durch Jacques Cartier. Dazu suchte man nach einer Veranstaltung, die die Feierlichkeiten in die ganze Provinz tragen sollte. Guy Laliberté überzeugte die Organisatoren von der Idee, Künstler des Cirque du Soleil auf eine Tournee durch die Provinz zu schicken und seitdem ist er nicht aufzuhalten.
Die Erfolgsgeschichte des Cirque du Soleil fußt seither auf einer außergewöhnlichen Verbindung zwischen Artisten und Zuschauern aus aller Welt.«
Quelle: http://www.cirquedusoleil.com/de/home.aspx#/de/home/about/details/history.aspx

Der frankokanadische Sohn eines Aluminiumarbeiters, Guy Laliberté, der sich als Feuerschlucker und Straßenkünstler betätigte, hatte die originelle und fantasievolle Vision eines besonders ausgefallenen Zirkus, die er mit komplementär agierenden Menschen umsetzte (Barmeyer 2006). Leslie und Rantisi (2011) sehen vor allem drei die erfolgreiche Entwicklung des Cirque du Soleil als kreative Organisation begünstigende Faktoren: Erstens die Tradition von Straßenkünstlern in der Festival-Stadt Montréal, was den Rückgriff auf komplementäre Kompetenzen und Ressourcen ermöglicht; zweitens das Fehlen eines etablierten Zirkusmodells, das die Entwicklung einer neuen unkonventionellen Form von Zirkus begünstigt hat, weil – anders als in Europa – keine Konkurrenz vorhanden war; drittens die staatliche Unterstützung des kulturellen Sektors (Literatur, Theater, Film und Musik) in Québec, die mit den 450-Jahre-Feiern zur Gründung von Québec im Jahr 1534 zusammenfiel.

Im Sinne konstruktiver Interkulturalität illustriert das Fallbeispiel des Cirque du Soleil, dass kulturelle Vielfalt eine besondere interkulturelle Kreativität schaffen kann, die als genrebildend für eine neue Art des Zirkus gilt. Die kreativitätsfördernde Multikulturalität wird in der Außendarstellung des Cirque du Soleil stark betont, und in der Tat ist das Ergebnis der künstlerisch-artistischen Darbietung äußerst eigenständig, kreativ und erfolgreich. Wie es um die internen interkulturellen Prozesse bestellt ist, bei denen neue Kulturen ausgehandelt werden und Kreativität durch Vielfalt erreicht wird, ist bis dato allerdings noch zu wenig untersucht worden. Auch befand sich der Cirque du Soleil als Start-up lange Zeit in einer Pionierphase des Wachstums und der Entwicklung, die sich nun nach über 30 Jahren einstellt und in eine Konsolidierung mündet. Hinzu kommt, dass der Gründer Guy Laliberté den Zirkus 2015 an den Quebecer Investitionsfonds *Caisse de dépôt et placement* sowie zwei private Investoren aus Texas und China verkauft hat, was sicherlich Auswirkungen auf die zukünftige Organisationskultur haben wird.

Interkulturelle Kreativität beim Cirque du Soleil

»Das Fundament des Cirque du Soleil sind seine Wertvorstellungen und die tiefe Überzeugung; ein Fundament aus Verwegenheit, Kreativität, Vorstellungskraft und Menschen: dem Rückgrat unseres Erfolgs. Im Mittelpunkt aller Anstrengungen steht beim Cirque du Soleil die Kreativität, die grenzenlose Möglichkeiten gewährleistet. Deshalb ist die kreative Aufgabe von größter Bedeutung bei jeder neuen Geschäftsmöglichkeit, sei es eine Show oder irgendeine andere kreative Aktivität. [...]
Der internationale Hauptsitz in Montreal versteht sich als internationale Ideenschmiede, in der die weltbesten kreativen Köpfe, Handwerker, Experten aus verschiedenen Bereichen und Artisten gemeinsam an neuen Projekten arbeiten. Durch das Filtern und Kanalisieren dieser kreativen Energie ist Cirque du Soleil in der Lage, sich mit jedem neuen Kapitel seiner Geschichte völlig neu zu erfinden.«
Quelle: http://www.cirquedusoleil.com/de/home.aspx#/de/home/about/details/creative-approach.aspx

West-Eastern Divan Orchestra

Ein weiteres Fallbeispiel für interkulturelle Synergie ist das 1999 in Weimar von dem deutschen Kulturmanager Bernd Kauffmann, dem israelisch-argentinischen Dirigenten Daniel Barenboim und dem palästinensisch-amerikanischen Literaturwissenschaftler Edward Said ins Leben gerufene *West-Eastern Divan Orchestra.* Name und Ausrichtung dieses Orchesters sind von Goethes Gedichtband *West-östlicher Divan* (1812) inspiriert:

»Wer sich selbst und andere kennt,
Wird auch hier erkennen:
Orient und Okzident
Sind nicht mehr zu trennen.«

Das *West-Eastern Divan Orchestra* ist nicht nur aufgrund seiner hochwertigen Konzertaufführungen und Audioaufnahmen weltweit bekannt, sondern vor allem wegen seines interkulturellen Charakters (Barmeyer 2008, 282). Das aus dem Ursprungsworkshop entstandene Orchester besteht aus israelischen, arabischen und spanischen Musikern, die Konzerte in Europa, den USA und einigen arabischen Ländern wie Marokko oder Palästina geben. Bekannt ist das Orchester zudem wegen seines spezifisch symbolischen Charakters, der Völkerverständigung vorlebt und zum Frieden im Nahen Osten mahnt, in welchem seit seiner Gründung im Jahr 1948 Israel und Palästina in Konflikt miteinander stehen.

West-Eastern Divan Orchestra

»Das West-Eastern Divan Orchestra hat immer wieder unter Beweis gestellt, dass Musik Barrieren einreißen kann, die vorher als unüberwindlich angesehen wurden. Der einzige politische Aspekt, dem die Arbeit des West-Eastern Divan unterliegt, ist die Überzeugung, dass es für den Nahost-Konflikt niemals eine militärische Lösung geben wird und dass die Schicksale der Israelis und Palästinenser untrennbar miteinander verbunden sind. Durch seine Arbeit und durch sein Vorhandensein zeigt das West-Eastern Divan Orchestra, dass Brücken gebaut werden können, durch die Menschen ermutigt werden, einander zuzuhören. Musik allein kann den arabisch-israelischen Konflikt natürlich nicht beilegen. Musik räumt dem Individuum das Recht und die Verpflichtung ein, sich vollständig auszudrücken, während es seinem Nachbarn zuhört. Auf Grundlage dieser Auffassung von Gleichheit, Zusammenarbeit und Gerechtigkeit für alle verkörpert das Orchester eine Alternative zur aktuellen Situation im Nahen Osten.«
Quelle: http://www.west-eastern-divan.org/d/das-orchester

Daniel Barenboim und Edward Said (2002) wirken als interkulturelles Tandem mit komplementären Ressourcen zusammen: Barenboim bringt musikalische Fähigkeiten als Pianist und Dirigent ein, gepaart mit seinem besonderen Charisma und seiner interkulturellen (bezogen auf das Judentum und Israel) und sprachlichen Kompetenz (Englisch, Deutsch, Hebräisch, Spanisch), die auch auf seine bikulturelle Sozialisation als *Third Culture Individual* zurückgeht. Der in Palästina geborene Edward Said beteiligt sich als Professor und Intellektueller mit seinem umfassenden Wissen, seiner analytischen Kompetenz und der Fähigkeit zur abstrakten Beurteilung der Lage in Nahost. Auch er weist aufgrund seiner Sozialisation in Palästina und Ägypten eine besondere interkulturelle Kompetenz bezogen auf den arabischen Kulturraum auf.

Beide vertreten die humanistische Auffassung, dass Bildung generell und vor allem musikalische Bildung spezifisch für junge Musiker aus Israel und den arabischen Ländern zum Kennenlernen, zum Wissensaustausch und zum gegenseitigen interkulturellen Verständnis beitragen – und damit zum Frieden. Die jährlichen Sommer-Workshops finden allerdings im andalusischen Sevilla statt, wo Proben durch Lesungen und Diskussionen ergänzt werden. Andalusien symbolisiert dabei ein besonderes Territorium, auf dem während der Zeit der *Convivencia* (»Zusammenleben«) in Al-Andalus zwischen den Jahren 711–1492 ein durchaus fruchtbares Miteinander dreier Religionen (Islam, Christentum, Judentum) und ein kreativ-symbiotisches Zusammenspiel zum Beispiel in der Philosophie, Mathematik und Medizin (Niclós 2001) stattfand. Während der intensiven Workshops lernen junge Musiker, ihre Vorurteile zu überwinden und friedliche Interkulturalität zu erfahren, auch indem sie mehrere Wochen zusammenleben, diskutieren und auf ein gemeinsames Ziel hinarbeiten. Dabei sind die Musiker ständig an interkulturellen Aushandlungsprozessen beteiligt, die zum einen den kreativen Umgang mit Praktiken und Normen des gemeinsamen Musizierens betreffen, aber auch den Austausch über unterschwellig existierende Themen wie Macht, Religion und Politik. »Knowledge is the beginning«, betont Barenboim immer wieder: Interkulturelles Lernen beginnt mit Wissen über eigene und andere kulturelle Systeme. Dies hat auch Auswirkungen auf nationale Identitäten und deren Bewusstwerden oder Infragestellen (Riiser 2010, 22). Auf diese Weise findet kollektives interkulturelles Lernen und Netzwerken statt, was zu Synergie beiträgt, da sich nach Barenboim »positive Leidenschaften, die Israelis und Araber teilen«, zusammenfügen.

Das West-Eastern Divan Orchestra wird dabei zu einem Dritten Raum, der, losgelöst von örtlich beschränkten Diskursen und Vorurteilen, Aushandlungsprozesse über politische und kulturelle Wertvorstellungen ermöglicht und Synergie auf Basis des gemeinsamen Musizierens und des gemeinsam-kreativen Tätigseins entstehen lässt. In den Workshops und Konzert-Tourneen entsteht so ein interkulturelles Exil, in dem nationale Identitäten und Stereotype verhandelt werden und synergetische Identitätsmerkmale betont werden.

Der europäische Fernsehsender ARTE

Dass interkulturelle Synergie nicht nur ein theoretisches Konstrukt ist, illustrieren auch andere Projekte und Organisationen wie der europäische Fernsehsender ARTE (Barmeyer/Davoine 2014). Durch die tagtägliche Zusammenarbeit von Menschen mit mindestens zwei kulturellen Bezugssystemen an einem Ort entsteht durch ausgehandelte Kultur eine besondere Form von Synergie. Aufgrund sich ergänzender Sichtweisen und Kompetenzen entsteht Mehrwert, etwa im Ideen- und Innovationsmanagement, der in kreativen Sektoren wie den Medien von großer Wichtigkeit ist. Die Vielfalt des ARTE-Fernsehprogramms kann ein Indiz für interkulturelle Synergie sein, ebenso wie die zahlreichen internationalen Auszeichnungen und Preise, die ARTE erhält (Barmeyer/Öttl 2011).

Aussagen zur interkulturellen Synergie bei ARTE Straßburg

»Alles, was neu ist auf dieser Welt, ist durch Auseinandersetzung mit anderem Denken entstanden. Es ist nicht so, dass diese Konfrontation automatisch das Bessere erbringt, aber es ist etwas Neues und wenn man an diesem Neuen weiterarbeitet, dann kommt man oft vielleicht nicht im ersten Schritt, aber im zweiten oder dritten Schritt dazu. Es bringt uns auf ganz neue Gedanken.«

»Was für mich was ganz wesentlich für das Unternehmen ist – es heißt, wir sind ja immer synonym für Kreativität, ARTE!«

»Ich glaube nicht, dass wir a priori kreativer sind als andere Unternehmen, sondern ich glaube, das ist das Ergebnis dieses Zwanges der Zusammenarbeit. Das heißt, wir bohren tiefer, wir stellen viel mehr Sachen in Frage, als ein nationales Unternehmen das tut und dadurch kommt immer Neues zustande.«

»Ich finde, dass wir gemeinsam durchaus stärker sind und ganz gut weit kommen. Es ist sehr spannend. Der französische Ansatz ist oft eben ein anderer und so wird man beide Ansätze vergleichen, diskutieren [...]. Und dementsprechend ist das Produkt ein wirklich binationales. Deswegen ist dieses Team von Redakteuren komplett paritätisch besetzt mit Muttersprachlern [...]. Und das schafft ein ganz interessantes neues Produkt.«
Quelle: Barmeyer/Davoine (2011b, 2014)

Im Arbeitsalltag sind die ARTE-Mitarbeiter in hohem Maße zu gegenseitigen Anpassungen und Kompromissen bereit. Hierzu gehören sowohl das Bewusstsein der Interaktionspartner über eigenkulturelle Verhaltensweisen als auch die Bereitschaft, Vorstellungen, Ziele und Arbeitsverhalten anzupassen oder zu revidieren. Viele dieser flexiblen Verhaltensweisen haben sich über Jahre entwickelt und sind den meisten Mitarbeitern nicht mehr bewusst (Barmeyer/Davoine 2011b). Verschiedene Faktoren begünstigen die interkulturelle Synergie (Barmeyer/Davoine 2012a, 17):

1. *Infragestellung von Selbstverständlichkeiten:* Aufgrund der Unterschiedlichkeit der Denk- und Arbeitsstile der Akteure finden in interkulturellen Arbeitskontexten ständige Infragestellungen der eigenen als »normal« angesehenen und bewährten Arbeitspraktiken und -routinen statt.
2. *Der dritte Weg:* Aufgrund der räumlichen Bindung an einen Ort in Straßburg, wo sich die Zentrale befindet, erleben ARTE-Mitarbeiter täglich arbeitsbezogene Interaktionen. Somit ist es im positiven Sinne Zwang, sich mit anderen Denk- und Arbeitsweisen zu beschäftigen. Die intensive Auseinandersetzung mit anderskulturellen Arbeitspraktiken führt dazu, dass neue Lösungen gefunden werden müssen.
3. *Vielfalt von Lösungen:* Durch das Aufeinandertreffen unterschiedlichster Sichtweisen und Arbeitspraktiken in diversen Projekten sowie die Existenz spezifischer Kompetenzen werden Probleme in ihrer Vielfalt erfasst und kreative Lösungsstrategien entwickelt.

Diese Faktoren können als Impuls für die Praxis verstanden und durch eine kreative interkulturelle Organisationsentwicklung gefördert werden. ARTE ist eine besondere Organisation, die vor allem aufgrund des großen Engagements ihrer Mitarbeiter so erfolgreich funktioniert. Ein ähnlich großes Engagement dieser Art findet sich in der Regel in humanitären und wissenschaftlichen Organisationen, jedoch seltener in gewinnorientierten. Auch ist das tägliche interkulturelle Arbeiten in zwei Sprachen mit mindestens zwei kulturellen Bezugssystemen, die immer wieder aufs Neue zu divergierenden Entscheidungen, Normen und Arbeitspraktiken führen können, nicht nur bereichernd, sondern auch fordernd.

Renault-Nissan

Einige Autoren (Korine et al. 2002; Barmeyer/Mayrhofer 2009, 2016; Stahl/Brannen 2013) halten die Allianz zwischen dem französischen Automobilhersteller Renault und dem japanischen Automobilhersteller Nissan für ein gelungenes Beispiel synergistischer Organisation. Diese Allianz ist auch deshalb interessant, da bekanntlich viele internationale Fusionen wenig erfolgreich sind oder gar scheitern (Stahl/Voigt 2008).

Strategien, Strukturen und Prozesse wurden bei Renault-Nissan so ausgerichtet, dass eine gegenseitige Bereicherung zwischen Berufs-, Bereichs-, Organisations- und Nationalkulturen möglich ist. Für den Vorstandsvorsitzenden Carlos Ghosn, der als »Architekt« der strategischen Allianz gilt, ist es ein wichtiger Erfolgsfaktor, dass die Unternehmen ihre Identität und Kultur bewahren, was bei den meisten Fusionen und Übernahmen selten der Fall ist. In der strategischen Allianz von Renault und Nissan existiert ein hoher gegenseitiger Respekt für Besonderheiten der National- und Unternehmenskultur. So bleiben beide Unternehmen in vielen Aspekten ihrer Organisationskultur und Entwicklung unabhängig. Allerdings wurde mit Renault-Nissan BV in den Niederlanden – also in einem neutralen Drittland und damit als potenzielles Symbol für symmetrischen Einfluss – eine dritte Organisationseinheit geschaffen und so auf behutsame Weise ein Inkubator für Gemeinsamkeit. Ghosn bekundet in einem Interview, wie bewusst bestimmte Kernkompetenzen der jeweiligen Partner wahrgenommen und wertgeschätzt werden, um sie zu kombinieren und so voneinander zu lernen.

> »I could give you lots of other examples where in one national or organizational culture something is a blind spot or weakness and in another culture it's a strength, and by working together, synergy is created. We all know that the Japanese culture is very strong in engineering, very strong in manufacturing, very weak in communication, and very weak in finance. The Renault culture generally is very strong in some of the places where the Nissan culture is weak – for example, in finance, in telling the company narrative, and in artistic and emotionally evocative advertising and marketing. That's why I think the Renault-Nissan Alliance works so well – because the cultures are different, yet complementary.« (Ghosn; Zitat aus Stahl/Brannen 2013, 496).

Die gesichtswahrend austarierte Machtverteilung zwischen dem französischen Unternehmen Renault und dem japanischen Unternehmen Nissan ist relativ ausgeglichen, was sich auch in der arbeitsteiligen Organisationsstruktur der Renault-Nissan-Allianz zeigt. Die mit einem hohen Maß an Autonomie von lokalen Managementteams durchgeführten Projekte werden dann in den Abteilungen umgesetzt. Für jedes einzelne Projekt können interkulturelle und abteilungsübergreifende

Arbeitsgruppen gebildet werden, welche die Verwendung komplementärer Ressourcen und Kompetenzen sowie Lernprozesse erleichtern. Diese hohe Flexibilität fördert gegenseitiges Verständnis und reduziert das Risiko von Konflikten in den Teams. In vielen Aspekten sind Renault und Nissan komplementär, etwa durch die unterschiedliche Markt- und Produktorientierung sowie die kulturelle Vielfalt der Mitarbeiter, insbesondere was Führungspositionen betrifft. Auf der einen Seite nutzt die strategische Allianz die sich ergebende Vielfalt, auf der anderen Seite rekombiniert sie bewusst die kulturellen Ressourcen und bringt sie in neue gemeinsame Abteilungen ein. Tab. 51 veranschaulicht diese Komplementarität.

Funktion	Renault	Nissan
Muttergesellschaft	Sitz an »neutralem« Ort: Niederlande	
Märkte	Europa	Asien und USA
Einkauf	Gemeinsames Einkaufsystem	
Logistik	Gemeinsames Transportsystem	
Information	Gemeinsames Softwaresystem	
Produkte	Dieselmotoren Schaltgetriebe	Benzinmotoren Automatikgetriebe
Entwicklung	Gemeinsame Plattformen	
Top Management	3 (2 Franzosen und 1 Portugiese)	3 Japaner

Tab. 51: Kulturelle Komplementaritäten der Renault-Nissan-Allianz (Barmeyer/Mayrhofer 2016)

Eine zentrale Bedeutung für das komplementäre und synergetische Management bei Renault-Nissan wird dem bikulturellen Vorstandsvorsitzenden Carlos Ghosn zugeschrieben (Emerson 2001; Barmeyer/Mayrhofer 2009). Ghosn ist libanesischer Abstammung und besuchte in Brasilien eine jesuitisch-französische Schule. Er studierte an zwei bekannten französischen Grandes Ecoles Ingenieurwissenschaften, arbeitete für Michelin und dann für Renault, bevor er den Posten des Vorstandsvorsitzenden von Nissan (2001) und dann von Renault (2005) übernahm. Ghosn ist sich der Bedeutung von Synergie bewusst: »Synergy is not only what exists in one company or the other. It is not just about transferring best practices. It's also about creating together something that neither one could have done alone« (Ghosn in Stahl/Brannen 2013, 496).

Der nach außen kommunizierte positive Eindruck der gelungenen und synergetischen Allianz von Renault-Nissan darf nicht darüber hinwegtäuschen, dass auch hier die Interessen- und Machtbalance zerbrechlich ist. Renaults Aktienbeteiligung an Nissan (2016: 44 %) ist größer als umgekehrt (2016: 15 %), was inzwischen von japanischen Managern und sogar der japanischen Regierung öffentlich kritisiert wird. Sie fordern eine gleiche Beteiligung, denn seit vielen Jahren erwirtschaftet

Nissan den größten Teil des Gewinns in der Allianz. Diese Unausgeglichenheit ist historisch bedingt: Als sich Renault im Jahr 1999 an Nissan beteiligte, war das japanische Unternehmen in einer großen Krise und finanziell schwer angeschlagen. Außerdem stellt sich früher oder später auch die Frage, aus welchem Land der Nachfolger des charismatischen Vorstandsvorsitzenden Ghosn kommen wird.

Sprache und Kommunikation

Christoph Barmeyer und Madeleine Bausch

Sprache und interkulturelle Kommunikation

Multinationale Unternehmen sind meist multilinguale, also mehrsprachige Organisationen (Barner-Rasmussen/Björkman 2007). Ob in Geschäftsverhandlungen, Kunden- und Mitarbeitergesprächen, bei der Führung von Mitarbeitern und Arbeitsgruppen oder bei der Koordinierung von Tochtergesellschaften oder Joint Ventures: Sprachwahl und Sprachkompetenzen beeinflussen stets die Beziehung zwischen den involvierten Personen und damit Erfolg oder Misserfolg von Organisationen. Sofern nicht die gleiche Sprache gesprochen wird – und dies gilt für *alle* Organisationen –, kann es zu Missverständnissen und Problemen kommen. Für das Management ist Sprache demnach ein fundamentaler Faktor, um Organisationen zu koordinieren, Informationen und Wissen zu verbreiten sowie Mitarbeiter zu führen, Prozesse zu planen und zu kontrollieren. Sprache, Organisation und wirtschaftliche Internationalisierung sind somit untrennbare Einheiten (Mughan 2015).

Die Rolle und Auswirkungen von Sprache auf multinationale Organisationen und multikulturelle Teams werden in der gegenwärtigen Managementliteratur nur wenig beleuchtet (Brannen/Mughan 2017), selbst im Personalmanagement (Piekkari et al. 2014,). Häufig wird Sprache in der Organisationsforschung als »taken-for-granted« eingestuft (Marschan et al. 1999). Jedoch findet durch die Öffnung und Dynamisierung des Kulturbegriffs derzeitig ein Wandel in der Interkulturellen Managementforschung statt, sodass vermehrt auch Sprache und deren Einwirkungen auf organisationale Prozesse untersucht werden (Mughan 2015). Sprache und Kultur sind eng miteinander verwoben. In der Sprache spiegelt sich Kultur mit Werten, Ritualen, Artefakten und Praktiken wider (Heringer 2014). Als »sichtbarer« Teil einer Kultur befindet sich die Sprache im Zwiebelmodell (Hofstede 2001) auf der äußersten Ebene der Symbole. Als konstitutives Merkmal einer Kultur können Menschen durch Sprache Gedanken und Gefühle externalisieren und teilen. Aufgrund der Komplexität und Fülle der beiden Konzepte Sprache und Kultur bedarf es jedoch in der Forschung einer analytischen Trennung.

Sprache ist Grundlage menschlicher Kommunikation, welche durch die Produktion, Rezeption und Interpretation von Zeichen einen Bedeutungsaustausch zwischen Menschen ermöglicht. Zeichen sind dabei materielle Erscheinungsformen, welchen eine Bedeutung zugeordnet wird (Burkart 2003). Zeichenbedeutungen entstehen dabei in einem bestimmten sozialen und kulturell geprägten Umfeld, welches von historischen, politischen und wirtschaftlichen Bedingungen beeinflusst wird. Das übergeordnete Ziel der Kommunikation ist die Beeinflussung des Interaktionspartners (Keller 1982) sowie die Verständnisgenerierung. Nach Burkart (2003) ist eine kommunikative Handlung deshalb erst dann *gelungen,* wenn alle Beteiligten eine Verständigung erreichen.

Kommunikation äußert sich mündlich oder schriftlich in verschiedenen Formen. Sie umfasst dabei die verbale Kommunikation, die sich in Form von Gesagtem oder Schriftlichem zeigt, wie auch nonverbale, paraverbale und extraverbale Elemente (Bolten 2007). Zu nonverbalen Ausdrucksformen zählen Mimik und Gestik in Form von Gesichts- oder Körperbewegungen, Körperhaltung und Augenkontakt in der mündlichen Kommunikation sowie Bilder, Diagramme oder Farbe in der schriftlichen Kommunikation. Paraverbale Kommunikation beinhaltet in ihrer mündlichen Form unter anderem die Prosodie der Stimme, also Tonfall, Intonation, Lautstärke, Tempo, Rhythmus oder Pausen, sowie in ihrer schriftlichen Form Interpunktion, Schreibweise und Typografie. Zu den Elementen extraverbaler Kommunikation zählen Zeitpunkt und Raum der Zeichenübermittlung sowie die Zielgruppe und Proxemik (räumliche Distanz), Zeitverständnis, haptische Reize (Körperberührungen), olfaktorische Reize (Geruch) und Kleidung. Diese Kommunikationsebenen greifen dabei systemisch ineinander, sie treten gemeinsam auf, beeinflussen und bedingen sich (Bolten 2007). In Bezug auf Organisationen zählen somit neben dem verbal Gesagten zwischen Angehörigen von Organisationen auch Dokumente wie Strategieformulierungen, Verträge, Geschäftsberichte, Kodizes, Richtlinien und Patente zur Sprache.

Der US-amerikanische Kulturanthropologe Edward T. Hall (1981) stellte in seinen Kulturraumstudien Unterscheidungen hinsichtlich der Art der Informationsübermittlung in verschiedenen Kulturen fest und teilte diese in explizite, direkte Kommunikation *(low-context)* und implizite, indirekte Kommunikation *(high-context)* ein. Diese Kulturdimension beschreibt das Ausmaß von Information, welches Gesprächspartner explizit im Gespräch äußern müssen, um richtig verstanden zu werden. In *low-context* Kulturen (z. B. Länder Nordeuropas und Nordamerikas) gehen Angehörige davon aus, dass der Großteil der Informationen noch nicht bekannt ist und interpretieren das Gesagte eher im wörtlichen Sinn. In *high-context* Kulturen hingegen (z. B. Länder Südeuropas, Südamerikas, der arabischen Welt sowie Japan) gehen Gesprächspartner davon aus, dass Kontextinformationen bei allen Beteiligten vorhanden sind und diese nicht explizit erwähnt werden müssen (Abb. 17).

Treffen Menschen mit unterschiedlichen kulturellen Bezugssystemen aufeinander und kommunizieren, handelt es sich um *interkulturelle Kommunikation,* ein

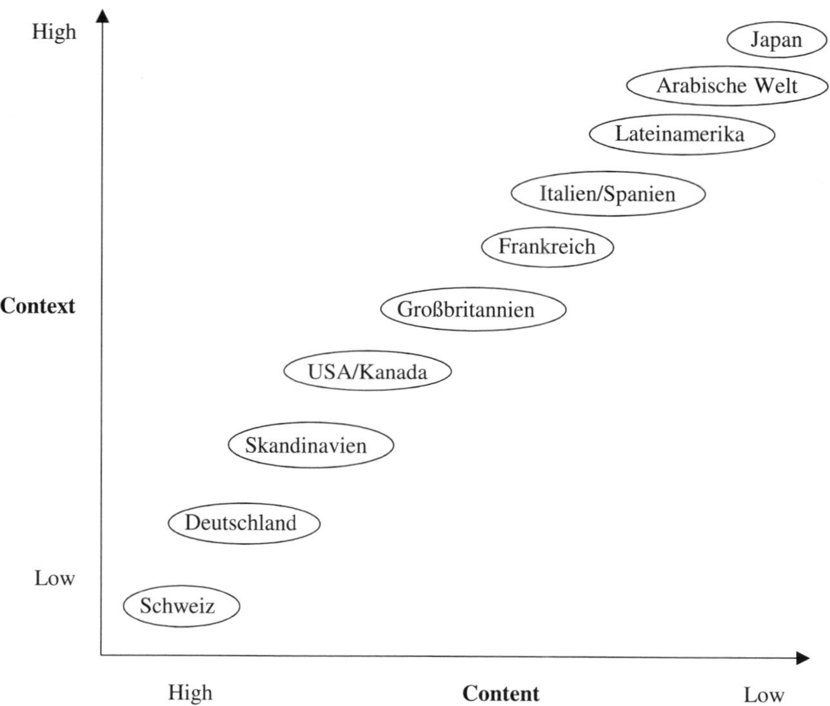

Abb. 17: Länderbeispiele von *high-* und *low-context* Kommunikation (angelehnt an Hall/Hall 1989)

»Austausch- und Interaktionsprozess zwischen Personen und Gruppen mit unterschiedlichem kulturellem Hintergrund, die verbal oder nonverbal über Zeichen (z. B. gesprochene oder geschriebene Sprache, Gestik, Mimik) Ideen, Gefühle und Bedeutungen austauschen« (Barmeyer 2012a, 84). Neben einem durch Sozialisation erworbenen Wertesystem und einem System zur Problemlösung fungiert Kultur auch als Interpretationssystem. Angehörige desselben kulturellen Systems verfügen über einen »gemeinsamen, als selbstverständlich und natürlich erachteten [Vorrat] an Vorstellungen, Zeichen, Symbolen und Bedeutungen, der innerhalb einer Gruppe Eindeutigkeit, Sinnstiftung, geteiltes Wissen, zielführende Kommunikation und Kooperation ermöglicht« (Barmeyer 2012a, 95). Dieses »semantische Inventar« (Geertz 1973) stellt die Basis für gelingende Kommunikation dar.

Interkulturelle Kommunikation ist im Gegensatz zum Kulturvergleich, welcher Merkmale von Kulturen gegenüberstellt, von Interaktionen und Beziehungen zwischen Menschen begleitet. Der Wechselbezug zwischen Kommunikationsprozess und Kultur steht folglich im Vordergrund, wie es auch Hall (1981, 94) formuliert: »Culture is communication«. Dabei wird Kommunikation als »exchange of meaning« oder »creation of commonmeaning« (Bennett 1993, 52) verstanden.

Mit dem Bedeutungsgehalt von Sprache beschäftigt sich die Semantik, die Lehre der Zeichenbedeutungen. Sofern sich Bedeutungsvorräte von Akteuren aus unterschiedlichen Kultur- und Sprachräumen überschneiden oder ähneln, werden vermittelte Informationen gleich oder ähnlich interpretiert – Kommunikation gelingt (Abb. 18). Divergieren Bedeutungsvorräte, wird ein sinngemäßes Verstehen erschwert, da die Interaktionspartner die Zeichen unterschiedlich interpretieren (Adler 2002; Barmeyer/Demangeat 2007). Dadurch kann Kommunikation misslingen.

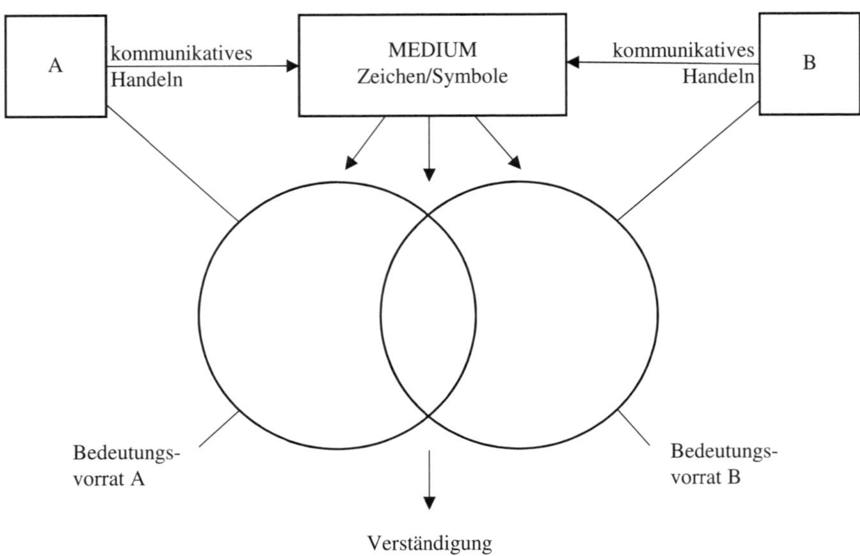

Abb. 18: Zeichenaustausch in der interkulturellen Kommunikation (Burkart 2003, 35)

Menschliche Sprache zeichnet sich durch den Symbolcharakter ihrer Zeichen aus, wobei die Beziehung zwischen Zeichen und deren Bedeutung arbiträr ist, d.h. willkürlich festgelegt wird (Heringer 2014). Dieser Unterschied wurde durch die vom Genfer Sprachwissenschaftler Ferdinand de Saussure (1913/1995) entwickelte Zeichentheorie bekannt. In seinem Werk *Cours de linguistique générale* trennt er zwischen dem Wort, welches eine Aneinanderreihung von Zeichen wiedergibt (*signifiant* = sprachlicher Ausdruck, dt.: Signifikant), und dem Bedeutungsinhalt, also der Vorstellung dessen, was das sprachliche Zeichen bzw. das Wort repräsentiert (*signifié* = sprachlicher Inhalt, dt.: Signifikat). Ausdruck und Inhalt sind also zwei Seiten einer Münze, wobei der Bedeutungsinhalt eines sprachlichen Zeichens kulturgebunden ist: Vorstellungen und Konzepte entstehen in einem bestimmten kulturellen Umfeld und entwickeln sich gemäß den lokalen Gegebenheiten. Die Kulturgebundenheit ist der Grund, warum die gleiche Wortbezeichnung in unterschiedlichen Kulturkreisen andere Vorstellungen hervorrufen kann.

Das Konzept vom »Konzept«

In einer internationalen Projektsitzung, die in englischer Sprache stattfindet, vereinbaren Manager aus Frankreich und Deutschland in getrennten Gruppen ein »Konzept« auszuarbeiten und es in ein paar Wochen zum nächsten Treffen mitzubringen. Beim Wiedersehen bringen die deutschen Projektmanager einen ausgearbeiteten Leitz-Ordner mit, während die Franzosen nur eine Skizze dabei haben. Ärger und Vorurteile treten auf beiden Seiten hervor. Die Deutschen denken: »Diese Franzosen haben wieder nichts gearbeitet – sie wollen wohl nicht mit uns zusammenarbeiten!« Die Franzosen denken: »Nun hat uns die ›deutsche Dampfwalze‹ wieder überrollt. Sie haben die ganze Arbeit ohne uns gemacht – sie wollen wohl nicht zusammenarbeiten!«
Quelle: Barmeyer (2011a, 49)

Eine interkulturell kritische Interaktionssituation wie die Zusammenarbeit von Deutschen und Franzosen bei der Projektplanung, verdeutlicht, dass der Bedeutungsinhalt für die deutschen und französischen Projektmitglieder stark variiert. Während in Deutschland ein »Konzept« schon eine Lösungsskizze darstellt, ist ein »concept« in Frankreich eine erste, formlose Sammlung von Ideen (Abb. 19).

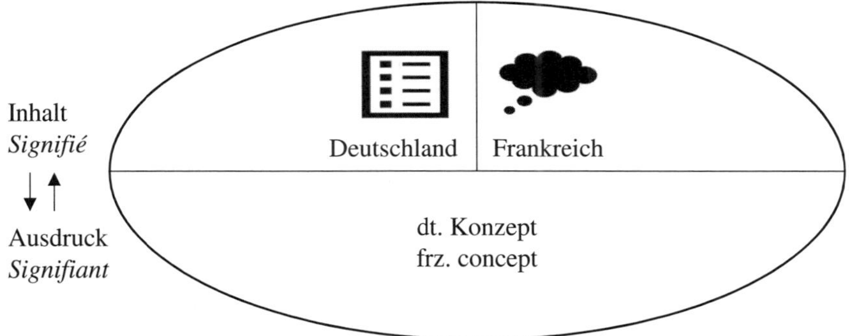

Abb. 19: Ausdruck und Inhalt von »Konzept«/»concept« im Kulturvergleich Deutschland und Frankreich

In ähnlicher Weise zeigt sich, dass in der Zusammenarbeit international zusammengesetzter Projektteams (beispielsweise mit Franzosen und Deutschen) englische Begriffe, die sich in der deutschen und französischen Übersetzung stark ähneln, aufgrund ihrer Bedeutungsvariationen bei den Beteiligten häufig zu Missverständnissen und im Nachhinein zu Frustration führen können (Tab. 52). Die meisten deutschen Definitionen sind expliziter als die der französischen Teammitglieder und haben eine demokratische »Note« (z. B. »equal rights« in Kooperation oder »accepting each other« in Teamarbeit), wohingegen aus den französischen Definitionen die Zielerreichung (z. B. »to achieve the same goal« in *coopération*) und eine klare Kundenorientierung (»fulfill customer needs and expectations« in *qualité*) hervorgehen. Im Sinne konstruktiver Interkulturalität hilft eine Klarstellung der Vorstellungen und Konnotationen wichtiger Begriffe in der Projektarbeit. Dies kann zu einer Auseinandersetzung im Team und einer anschließenden Diskussion und Festlegung gemeinsamer Kommunikationsregeln führen.

	Verständnis der deutschen Teammitglieder	**Verständnis der französischen Teammitglieder**
Kooperation/coopération	»Working together with equal rights and duties with advantages for all partners.«	»Cooperation means to work together to achieve the same goal.«
Projekt/projet	»Solving of a defined task in a limited time, budget and resources.«	»A set of activities delimited with a beginning and the end.«
Qualität/qualité	»Fulfillment of customer requirement with a minimum of failure and good appearance.«	»Quality means to fulfill customer needs and expectations.«
Teamarbeit/travail en équipe	»Working together with personal interaction, supporting and accepting each other to reach a common goal.«“	»Teamwork means every person knows his task and the one of the others to achieve the same goal.«

Tab. 52: Bedeutungsvariation von Begriffen (Barmeyer/Haupt 2010, 50)

Dass Bedeutungen kulturgebunden sind, zeigen auch Übersetzungen. Manche Wissenschaftler und Praktiker nehmen an, dass Übersetzungen in andere Sprachen als eine schlichte Übertragung von Wörtern und Sätzen mühelos möglich sind. Andere jedoch gehen davon aus, dass jede Sprache ihre eigene Logik und Bedeutungsinhalte besitzt und sie nicht einfach wörtlich übersetzt werden kann (Mughan 2015). Das Konstruktive Interkulturelle Management verortet sich hierbei in der zweiten Annahme: Jede Sprache konstituiert sich durch ihr eigenes System an Wörtern (Lexeme), Geräuschen (Phoneme) und Sätzen (Syntax) (Chanlat 2013). Bedeutungen entstehen in bestimmten Kontexten und können daher nicht immer wörtlich übersetzt werden. Kontextsensibilität und Erfahrung im Kultur- und Sprachraum sind wichtige Voraussetzungen, um Bedeutungen »richtig« entschlüsseln und interpretieren zu können.

Sofern Sprecher einer Sprache die Logik ihrer eigenen Muttersprache auf andere Sprachen übertragen oder fremdsprachliche Lexeme mithilfe der Regeln des eigenen Sprachsystems interpretieren, handelt es sich um »Lingozentrismus« (Chanlat 2013), einer Form des auf Sprache übertragenen Ethnozentrismus.

Übersetzungen sind daher dreifach herausfordernd: (1.) Bereits innerhalb einer Sprache finden sich Zwei- und Mehrdeutigkeiten; (2.) zwischen mehreren Sprachen treten Interferenzen auf, und (3.) in manchen Zielsprachen fehlen Begriffe für die der Ausgangssprache (Tab. 53). Beispielsweise illustrieren Holden et al. (2008), wie amerikanisches marktwirtschaftlich geprägtes Managementvokabular nach dem Fall des Eisernen Vorhangs durch multinationale Unternehmen und Beratungsunternehmen Einzug in die russische Gesellschaft hielt und viele der Lexeme nicht oder komplett anders übersetzt und interpretiert wurden. So wurde zum Beispiel das amerikanische Wort *Management* in post-sowjetischer Zeit in Russland in *menedzhment* übersetzt, welches bereits im russischen Vokabular existierte. Da die russische Gesellschaft bis dato jedoch zentralistische Organisationsstrukturen aufwies und das Konzept des dezentralen Koordinators und Managers nicht existierte, wurde das Wort im zentralistischen Sinne interpretiert. Daneben galt das Wort

Phänomen	Bedeutung	Beispiele
1. Zwei- und Mehrdeutigkeit	Bestimmte Wörter (Lexeme) haben mehrere Bedeutungen innerhalb einer Sprache	frz. Il est gentil = dt. Er ist nett/Er ist harmlos engl. *awkward* = dt. peinlich/ungeschickt
2. Interferenz, manifestiert sich auf verschiedenen Ebenen:	Bedeutungsverschiebungen und -übertragungen im Sprachkontakt	
- lexikalisch	Einzelne Wörter, auch »false friends«	engl. *actual* = dt. *tatsächlich*, verwechselt mit *aktuell;* engl. *delay* = dt. *Verspätung* ↔ frz. *délai* = dt. *Frist*
- semantisch	Bedeutungsinhalt	dt. *Konzept*/frz. *concept* sp. *exquisito* = dt. sehr gut/ port. *exquisito* = *dt.* komisch engl. *manager*/russ. *menedzher*
- syntaktisch	Satzstruktur	»Denglisch«: dt. *ich meine* = engl. *I mean* statt: *I think*
- prosodisch	Intonation	Die landestypische Sprechmelodie kodiert auf unterschiedliche Weise Emotionen oder Ironie
3. Fehlen von äquivalenten Begriffen in der Zielsprache	Begriffe entstehen in einem bestimmten Kontext und sind aufgrund ihres kontextuellen Bedeutungsgehalts nur schwer zu übersetzen	port. *o jeitinho*, brasilianisches Portugiesisch engl. *management* dt. *Mittelstand/Zeitgeist/Gedankenexperiment*

Tab. 53: Herausforderungen bei Übersetzungen (in Anlehnung an Kabatek 1997; Glaser 2003; Chanlat 2013)

upravlayat als Pendant zum Manager, allerdings eher auf den Prozess der Entscheidungsumsetzung als auf den der Entscheidungsfindung bezogen. Der *menedzher* war demnach in der Übersetzung – sinnverändernd – eher der »Organisator des zentralisierten Systems statt ein unabhängiger Entscheidungsfinder« (Holden et al. 2008).

Sprache in Organisationen

Sprache in Organisationen ist facettenreich und divers. Entsprechend der vielschichtigen kulturellen und identitären Zugehörigkeit von Mitarbeitern innerhalb eines Unternehmens ist eine differenzierte Betrachtung des Sprachgebrauchs sinnvoll. Die kulturelle Vielfalt von Mitarbeitern bestimmt das Ausmaß der sprachlichen Diversität in einem Unternehmen. Sofern in multinationalen Unternehmen Mitarbeiter aus verschiedenen Ländern und Regionen zusammenarbeiten, sei es an einem Standort oder über Grenzen hinweg, müssen Mitarbeiter eine gemeinsame Sprache finden, um sich auszutauschen und zu verständigen.

Organisationen vereinen nicht nur verschiedene Nationalsprachen, sondern auch Dialekte beziehungsweise Regiolekte, Berufssprachen (z. B. der Physiker, Informatiker oder Berater), Fachsprachen von bestimmten Abteilungen (Abkürzungen, bestimmte Prozessbezeichnungen), hierarchiebezogenes Spezialvokabular und auch Sprachspezifika im Hinblick auf Generationen oder Geschlechter. Etliche Beispiele aus der Praxis zeigen, dass Sprache im Organisationskontext eine zentrale Rolle spielt (Tietze 2004, 2008; Harzing/Feely 2008; Mughan 2015; Brannen/Mughan 2017). Als fundamentaler und »sichtbarer« Teil von Kultur beeinflussen Sprachwahl sowie Sprachniveau der Akteure grundlegende intra- und interorganisationale Prozesse auf verschiedenen organisationalen Ebenen (Tab. 54).

Piekkari et al. (2014) unterscheiden drei Arten von Sprache, die in Unternehmen praktiziert werden und die sich hinsichtlich ihrer Abstufung beeinflussen:

1. *Alltagssprache,* die zwischen Kollegen oder auch mit externen Geschäftspartnern gesprochen wird, gewinnt vor allem durch die Nationalsprache des Landes, aber auch durch Regionalsprachen und Dialekte Einzug in Organisationen. Regional eingebettete Unternehmen können dabei für ihre Organisationssprache bekannt sein, die stark von der lokalen Kultur und Sprache geprägt ist. So ist zum Beispiel die Daimler AG als schwäbisches Unternehmen auch für den schwäbischen Dialekt seiner Mitarbeiter bekannt, der zum Teil auch in Pressemitteilungen oder internationalen Verhandlungen (schwäbisch-englisch) zum Tragen kommt.
2. *Unternehmensjargon* ist voll von Akronymen, organisationsspezifischen Bezeichnungen und Prozessbeschreibungen. Durch die Institutionalisierung von Bezeichnungen verschiedener Strukturen und Prozesse bilden sich beispielsweise Akronyme für bestimmte Positionen, Abteilungen oder Prozessabläufe heraus, technische Begriffe werden in die interne Unternehmenskommunikation aufgenommen oder bestehenden Begriffen wird eine neue Bedeutung im organisationalen Kontext zugeteilt. In bi- oder multikulturellen Organisationen entstehen unter Umständen auch Neologismen durch die Mischung bestehender Bezeich-

Ebene	Faktoren	Wirkt sich aus auf
Organisation	- interne und externe Kommunikation in der Organisation und zwischen Organisationen (Feely/Harzing 2003; Vecchi 2014) - Informationsflüsse und Wissenstransfer (Zølner 2013) - Formen der Informationsbeschaffung (Tange/Lauring 2009) - Übersetzungen - Machtressourcen und Machtbeziehungen (Vaara et al. 2005) - Vertrauen - Wahl von Kommunikationsmedien (Klitmøller/Lauring 2013)	- Steuerung und Koordination - Eintrittsbarrieren in ausländische Märkte - Kommunikation mit Kunden - Kosten - Effektivität und Effizienz - Geschwindigkeit der Kommunikation und Entscheidungsfindung (Harzing et al. 2011)
Team	- Gemeinsame Kommunikationsgrundlage »shared cognition« (Harzing/Feely 2008; Tenzer/Pudelko 2016) - Vertrauen unter Teammitgliedern (Tenzer et al. 2014) - Teamdynamiken (Piekkari 2006) - Machtbeziehungen und hierarchische Stellungen in Teams (Méndez García/Pérez Cañado 2005)	- Kontaktaufnahme und Aufbau von persönlichen Beziehungen - Effektivität und Effizienz der Teamarbeit - Teamklima
Individuum	- Herausbildung sozialer Identitäten durch Möglichkeiten und Einschränkungen der Mitteilung und Wahrnehmung durch andere - Soziale Position innerhalb der Organisation - Beziehung zu anderen	- Arbeitszufriedenheit der Mitarbeiter

Tab. 54: Relevanz von Sprache in Unternehmen

nungen. Diese interne Sprache dient der schnelleren, effizienteren Kommunikation auf Basis eines gemeinsamen Verständnisvorrates und schafft gleichzeitig ein Zugehörigkeitsgefühl durch Rückgriff auf die gemeinsame Sprache.

3. *Technische, beziehungsweise berufsspezifische Sprache* entwickelt sich je nach Branchenzugehörigkeit entlang der im Unternehmen vorhandenen Fachsprachen und Berufskulturen. Markante Beispiele stellen hierbei die Sprache der Informatiker, Ingenieure, Berater oder Wissenschaftler dar. In IT-Unternehmen kann es demnach zu Verständigungsschwierigkeiten zwischen Betriebswirten und Entwicklern kommen, die durch ihre jeweilige berufskulturelle Sozialisation in einem bestimmten Fachbereich nicht über das gleiche semantische Inventar verfügen.

Alltagssprache, Unternehmensjargon und Fachsprache sind nicht als alleinstehende Sprachen zu verstehen, sondern greifen ineinander über und beeinflussen die in einer Organisation gesprochene(n) Sprache(n). Dies lässt sich in Bezug auf alle drei Arten von Sprache illustrieren.

So sickert die *Alltagssprache* in Organisationen ein und kann dort interkulturelle Konflikte unter den Akteuren hervorrufen. Ein eindrückliches Beispiel stammt von Parsons (2008), der anhaltende Spannungen zwischen indigenen und nicht-indigenen Mitarbeitern eines Mineralölkonzerns in Australien beschreibt. Zentrale Begriffe zum Thema soziale Verantwortung tragen in einem interkulturellen Kontext verschiedene Bedeutungen (Tab. 55). So assoziierten nicht-indigene Organisationsmitglieder das Wort »indigenous« als unproblematisch, während die Indigenen das Wort eher als problematisch und ausgrenzend empfanden. Das Wort »Industrie« löste bei nicht-indigenen Organisationsmitgliedern den Gedanken an Arbeitsplätze aus, während indigene Mitarbeiter eher Zerstörung, Ausbeutung und Verlust assoziierten. Je nach Bedeutungssystem findet eine spezifische interdiskursive Konstruktion von Begriffen und Realitäten statt, die maßgeblich die Legitimation des Unternehmens und damit seine Handlungsfähigkeit vor Ort in Australien beeinflusst. Parsons (2008, 122) kommt zu dem Schluss, dass keine Generalisierbarkeit von Begriffsbedeutungen möglich ist: »There is neither a universal ›company worldview‹ nor a ›community worldview‹«.

Begriff	Mitglieder des Mineralölkonzerns	Mitglieder der indigenen Gemeinschaft
Indigen/eingeboren	statisch und nicht verhandelbar, unreflektiert, unproblematisch und allgemein anerkannt, Homogenisierung	Abgrenzung/Identität, problematisch (politisch, wirtschaftlich und sozial), Integrationsbemühungen
Land	wirtschaftliche Ressource	untrennbare Verbindung, Enteignung, Rechte, Ungerechtigkeit
Respekt	Rücksicht, Gegenseitigkeit, Instrumentalisierung	Anerkennung, Verständnis, historische Vorrechte auf das Land

Begriff	Mitglieder des Mineralölkonzerns	Mitglieder der indigenen Gemeinschaft
Entwicklung	natürlicher Fortschritt, von Natur aus angestrebt	kritisch, Ungleichheit (privilegiert westliche, kapitalistische Ideen)
Industrie	unproblematisch, Arbeitsplätze (wünschenswert)	Zerstörung, Ausbeutung, Nachteil/ Verlust

Tab. 55: Divergierende Bedeutungszuschreibungen von Mitarbeitern des australischen Mineralölkonzerns und der indigenen Bevölkerung (übersetzt nach Parsons 2008)

Auch die *Organisationssprache* unterliegt typischen Dynamiken sozialer Systeme (Parsons 1951; Luhmann 1984). Im Zeitverlauf bildet sich, als Teil der Organisationskultur (Schein 1986), häufig eine eigene Unternehmenssprache heraus, in der Literatur auch als »company speak« (Welch/Welch 2008) oder »corporate language« (Fredriksson et al. 2006) bezeichnet. So werden Terminologien, Akronyme, Positionsbezeichnungen oder Prozesse organisationsindividuell bezeichnet (Piekkari 2008; Aichhorn/Puck 2017), von Mitgliedern der Organisation geteilt und häufig auch nur von diesen verstanden. Mitarbeiter der Daimler AG bezeichnen ihre verschiedenen Hierarchieebenen beispielsweise in Buchstaben: Werksleiter als E1, Bereichsleiter als E2, Abteilungsleiter als E3 und Teamleiter als E4. Und auch Google verfügt über eine eigene Unternehmenssprache. So wird der Campus »Googleplex«, eine Wortneuschöpfung aus »Google« und »Complex«, von Mitarbeitern nur »Plex« genannt. Neue Mitarbeiter werden als »Noogler« bezeichnet (sprich: »new-gler«); »Xoogler« hingegen sind Mitarbeiter, die aus dem Unternehmen ausscheiden (sprich: »zoo-gler«). Und der »Googlegeist« ist die jährliche Umfrage, in der Google-Mitarbeiter die Manager und das Leben auf dem Google-Campus bewerten (Carson 2015).

Im Sinne des Konstruktiven Interkulturellen Managements hat eine organisationsspezifische Sprache dabei Auswirkungen auf Kommunikationsprozesse und betriebliche Funktionen wie Marketing, Personalmanagement oder Unternehmensfusionen (Piekkari et al. 2005; Vecci 2014; Aichhorn/Puck 2017). Erstens führt eine gemeinsame Organisationssprache hinsichtlich der Kommunikationsprozesse zur Verbesserung der formalen und informellen Kommunikation in und zwischen den Organisationseinheiten. Wissen wird schneller und effizienter transferiert, da die Organisationsmitglieder über die gleichen semantischen Felder und Interpretationsschemata verfügen (Aichhorn/Puck 2017). Insbesondere in multikulturellen Teams kann eine gemeinsame Organisationssprache trotz sprachlicher Unterschiede eine gemeinsame Kommunikationsbasis darstellen, auf der sich die Teammitglieder verständigen können. Zweitens kann diese auch im Personalmanagement als Sozialisierungswerkzeug von Mitarbeitern eingesetzt werden, welches Zugang zur Organisationsgemeinschaft und -kultur verschafft. Dies führt zur Stärkung der »Corporate Identity« und damit zur Identifikation der Mitarbeiter mit dem Unternehmen. Drittens kann eine gemeinsame Organisationssprache internen und externen

Marketingzwecken dienen und der Organisation einen Wiedererkennungswert verschaffen. Marken werden durch bestimmte sprachliche Zeichen und Lexeme repräsentiert. So stellt Apple fast allen Produkten i- voran, wie etwa dem iPhone, iPad oder iPod; und auch Nestlé vergibt seinen Produkten häufig das Präfix Nes-, wie z. B. Nescafé, Nespresso oder Nesquik (Vecci 2014). IKEA gibt seinen Produkten Namen, damit der Kunde schnell und effizient ein bestimmtes Möbelstück wiederfinden kann. Zuletzt beeinflusst die Organisationssprache auch Aushandlungsprozesse bei Unternehmensfusionen oder -aufkäufen. Sofern zwei unterschiedliche Organisationssprachen aufeinandertreffen, können zwar einerseits Missverständnisse und Konflikte entstehen, andererseits kann aber auch eine dritte, neue Sprache entstehen, die allen Mitarbeitern ein neues Identitätsgefühl verleiht.

Die *Fachsprache/Berufskultur* ist eine »Variante der Gesamtsprache, die der Erkenntnis und begrifflichen Bestimmung fachspezifischer Gegenstände sowie der Verständigung über sie dient und damit den kommunikativen Bedürfnissen im Fach allgemein Rechnung trägt« (Möhn/Pelka 1984, 26). Neben dem Fachwortschatz beziehen sie auch neutrale Wörter aus dem normalen Sprachgebrauch mit ein, indem sie diese fachspezifisch verwenden (Benes 1971). Exaktheit, Präzision, Ökonomie und leichte Handhabung sind wichtige Charakteristika von Fachsprachen (Fluck 1996). In multinationalen Unternehmen kommen Personen aus allen möglichen Fachrichtungen zusammen, die ihre Fachsprachen zudem aus verschiedenen Muttersprachen kennen. Eine Fallstudie zu multikultureller Teamarbeit in einem deutschen IT-Unternehmen von Bausch (2017) ergab beispielsweise, dass die in dem Team vorherrschenden Fachsprachen der Informatik und der Betriebswirtschaftslehre zu Verständnisschwierigkeiten zwischen den Teammitgliedern führten. Manager, Analytiker und Informatiker aus sieben unterschiedlichen Nationalkulturen konnten sich zwar trotz der vorherrschenden Sprachenvielfalt schnell auf eine gemeinsame Unternehmenssprache – Englisch – einigen, die größten Kommunikationshürden führten allerdings aufgrund der täglichen Interaktion über Fachbereiche und ihre Fachsprachen hinweg zu Missverständnissen und Unzufriedenheit. Teammitglieder der administrativen Seite beschrieben, dass sie, sofern sie mit Informatikern kommunizieren wollten, »eine neue Sprache« lernen müssten.

Neben Verständnisschwierigkeiten durch Fachsprachen, die es durch gemeinsames Lernen und Erfahrungsaustausch auszugleichen gilt, können aber die berufskulturelle Zugehörigkeit und das Beherrschen der jeweiligen Fachsprache interkulturelle Kommunikation über nationale Grenzen hinweg auch ermöglichen. Dies zeigt zum Beispiel Jasmin Mahadevan (2011) anhand ihrer Studie in einem deutschen Mikrochip-Unternehmen in Indien, in welchem die Berufskultur eine universalistische Identität ermöglicht: »Engineering communities can be viewed as a transnational and de-localized community of experts with global, partly virtual practices that are considered to be highly universal« (Mahadevan 2011, 91).

Fest steht, dass Arbeitsgruppen in Unternehmen durch eine gemeinsame Kommunikationsbasis – sei es durch die Nationalsprache oder durch die Fachsprache –

schneller und effizienter werden: »They become much quicker once they develop a shared language« (Weber/Camerer 2003, 408).

Ein besonderes Augenmerk auf Mehrsprachigkeit und Interkulturalität findet sich in der multikulturellen Teamforschung (Marschan et al. 1999; Lagerström/Andersson 2003; Fleischmann 2014; Tenzer et al. 2014). Vor allem in *interkulturellen Teams* spielt Sprache eine überaus wichtige Rolle. Die im Team gesprochene(n) Sprache(n) ermöglicht bzw. ermöglichen zum einen die Kommunikation, kann bzw. können sie jedoch auch behindern (Méndez García/Pérez Cañado 2005).

Im konstruktiven Sinn lässt eine gemeinsame Teamsprache formale und informelle Kommunikation zu, erleichtert die Wissensdiffusion zwischen Teammitgliedern, steigert das Vertrauen und die Identifikation der Teammitglieder mit dem Team und lässt eine schnellere Sozialisation in die Organisation zu (Lagerström/Andersson 2003; Piekkari et al. 2005). Allerdings ist dies nur möglich, sofern alle Mitglieder ein bestimmtes Sprachniveau aufweisen und mit der gewählten Teamsprache einverstanden sind. Ist dies nicht der Fall, kann es zu einseitigen Machtverhältnissen und Vertrauensbarrieren kommen, welche die Kommunikation im Team behindern (Lagerström/Andersson 2003). Tenzer et al. (2014) zeigen in ihrer Studie anhand von drei deutschen Automobilkonzernen, wie die Wahrnehmung von Sprachbarrieren und Verständnisproblemen in multikulturellen Teams das Vertrauensverhältnis zwischen den Teammitgliedern negativ beeinflusst und somit auch die Teamleistung. So beantwortete ein japanisches Teammitglied die Frage, ob er die Aufgabe noch nicht erledigt habe, mit »Ja« (im Sinne, dass der Gesprächspartner recht habe), während ein Deutscher die Frage mit »Nein« (im Sinne, »ich habe sie noch nicht erledigt«) beantworten würde. Dieses Beispiel zeigt, dass der Umgang mit Negationen in der interkulturellen Kommunikation zu Schwierigkeiten und Missverständnissen führen kann. Zudem wird das Niveau von Sprachkompetenzen auf die fachliche Kompetenz projiziert: Sofern ein Teammitglied über geringe sprachliche Kompetenzen verfügte, attribuierten die Teamkollegen diesem Mitglied automatisch auch ein geringeres Niveau an Fachwissen. Beherrscht ein Teammitglied die Sprache nicht, kann es zudem zum Ausschluss von diesem aus dem Team kommen (Tenzer et al. 2014; Fleischmann 2014).

In Teams fungiert Sprache demnach als Indikator für Machtbeziehungen (Méndez García/Pérez Cañado 2005): Wer die gemeinsame Organisations- oder Teamsprache besser beherrscht, kann sich gewählter und diverser ausdrücken und bekommt demzufolge mehr Legitimität oder Macht zugesprochen. Dies ist vor allem in Teams der Fall, in welchen eine Nationalität überwiegt (Barmeyer 2007a) oder in denen Muttersprachler in der jeweiligen Teamsprache Teammitgliedern begegnen, die Nichtmuttersprachler sind. Um diesen Herausforderungen zu begegnen, bedarf es der Wahl einer Sprache, in der sich alle Teammitglieder ausdrücken können und die von allen Teammitgliedern akzeptiert wird. Sofern Englisch als Teamsprache gewählt wird, sollte sich der Teamleiter darüber bewusst sein, dass sofern Muttersprachler im Team sind, diese von den anderen Teammitgliedern als kompetenter wahrgenommen werden können als Nichtmuttersprachler. Gerade in bikulturellen

Teams sollte zudem darauf geachtet werden, dass die Anzahl der Teammitglieder beider Kulturen ausgewogen ist, um einer einseitigen Verschiebung der Machtverhältnisse vorzubeugen.

Konstruktive Gestaltung der Sprachpraxis

Um Mehrsprachigkeit in multinationalen Unternehmen konstruktiv zu gestalten, werden im Folgenden einige Möglichkeiten thematisiert: die Einführung einer gemeinsamen Unternehmenssprache *(Lingua Franca),* die Interkomprehension, simultanes und konsekutives Dolmetschen, die Entwicklung der Sprachkompetenz von Fach- und Führungskräften sowie der Einsatz von Boundary Spannern in multinationalen Unternehmen.

Gerade in multikulturellen Organisationen kommen Menschen mit unterschiedlichen Sprachen und Sprachkompetenzen zusammen. In vielen Unternehmen wird deshalb eine *Lingua Franca* – meist Englisch – eingeführt, um eine gemeinsame Kommunikationsbasis für alle Organisationsangehörigen zu schaffen (auch genannt *BELF – Business English as a Lingua Franca*). Als die weltweit meistverbreitete Sprache mit 340 Mio. Muttersprachlern und circa 600 Mio. Sprechern, die sie als Zweitsprache lernen (Ethnologue 2016), ist Englisch die Sprache, auf die sich Unternehmen zumeist in Leitfäden und Kodizes als gemeinsame »corporate language« (Fredriksson et al. 2006) festlegen. Die historischen Gründe, warum gerade Englisch als weltweite Unternehmens- und Managementsprache praktiziert wird, sind vielschichtig: Sie sind unter anderem in der Hegemonie des »British Empire« wie auch in der wirtschaftlichen, politischen, kulturellen und forschungsbezogenen Dominanz der USA, der Durchdringung von Organisationen mit den englischen Begriffen moderner Informationstechnologien sowie im Zuwachs an internationalen Merger & Acquisitions zu finden (Barmeyer 2003b; Tietze 2004, 2008; De Grazia 2005; Frederiksson et al. 2006).

Herkunft der Bezeichnung Lingua Franca

Der Terminus der *lingua franca* geht zurück auf die Pidgin-Sprache, welche im Mittelalter zwischen Kaufmännern und Handelsleuten Südeuropas (vor allem in Spanien, Italien und Portugal) und Sprechern nicht-romanischer Sprachen des Mittelmeers wie Arabisch, Griechisch oder Türkisch entstand. Die Bezeichnung wurde erstmals 1612 von Fray Diego de Haedo erwähnt und im 18. Jahrhundert auf andere weitverbreitete Sprachen wie Englisch, die der Kommunikationsbasis zwischen Sprechenden verschiedener Sprachen dienen, übertragen.
Quelle: Bergareche (1993)

Trotz des Ziels einer durch das Management festgelegten gemeinsamen Organisationssprache gestaltet sich die Realität im Arbeitsalltag häufig anders als geplant: vor allem in Ländern, in denen Englisch weniger verbreitet ist und Mitarbeiter nur über geringe Englischkompetenzen verfügen – wie beispielsweise in Ländern mit romanischen Sprachwurzeln – kommunizieren Mitarbeiter häufig in ihrer Landessprache oder in ihrem Dialekt. Anhand ihrer Studie der Siemens AG zeigen Fredriksson et al. (2006) Diskrepanzen hinsichtlich der gewünschten unternehmenspolitischen Vorstellung, Englisch als Unternehmenssprache einzuführen, und der praktischen Realität der Mitarbeiter, die zwar der technischen Sprache mächtig sind, deren Sprachniveau aber nicht ausreicht, um den unternehmenspolitischen Zielsetzungen gerecht zu werden. Auch eine Fallstudie in einem finnischen Unternehmen zeigt, wie das Unternehmen Mitarbeitern eine gemeinsame Unternehmenssprache auferlegt, um Kommunikationsprozesse effizienter zu gestalten und eine »Corporate Identity« zu schaffen, diese Strategie aber vielen Herausforderungen hinsichtlich der Akzeptanz und Umsetzung durch die Mitarbeiter im Arbeitsalltag begegnet (Marschan-Piekkari et al. 1999).

Arbeitssprache bei Porsche

Der Automobilhersteller schwenkte wieder auf Deutsch als Arbeitssprache zurück, nachdem Englisch als einheitliche Sprache eingeführt werden sollte. Das Unternehmen erkannte schnell, dass kompetente Mitarbeiter mit geringeren Sprachkenntnissen in Teammeetings und Arbeitsgruppen benachteiligt wurden. Kreativität und Innovationsfähigkeit wurden dabei durch fehlende Kommunikationskompetenz gehemmt. Eine besondere Herausforderung betraf hierbei Kenntnisse des technischen Fachvokabulars, welche die Ingenieure auf Englisch nicht parat hatten: »Die Erfahrung zeigt, dass selbst Diplom-Ingenieure – Werksleiter mit bis zu 5000 Mitarbeitern – in ›Meetings‹ nichts sagen, weil ihnen auf Englisch nichts einfällt oder sie sich nicht blamieren wollen.« Insgesamt führte die Sprachumstellung auf Englisch zu trägeren Arbeitsprozessen und gehäuften Missverständnissen – sodass sich das Unternehmen dazu entschied, die »deutsche Ingenieurssprache« zu wahren und zu pflegen.
Quelle: Gentner (2010)

Eine in der Unternehmenspraxis bereits angewandte Alternative zur *Lingua Franca* stellt das Konzept der *Interkomprehension* dar. »Unter Interkomprehension, ›gegenseitige Verständlichkeit‹ (frz. *intercompréhension*, engl. *mutual intelligibility, intercomprehension*), versteht man eine Kommunikationstechnik, die es gestattet, in der eigenen Muttersprache mit einem Sprecher einer anderen Sprache zu sprechen« (Tafel 2009, 5). Dabei geht es darum, sich Sprachen aus gleichen oder ähnlichen Sprachräumen anzunähern und sich zu verständigen, ohne die Sprache vollständig zu beherrschen. Im romanischen Sprachraum ist die Forschung zur Interkomprehension schon beachtlich fortgeschritten (Oleschko/Olfert 2014), da Sprecher des Französischen, Spanischen, Italienischen, Rumänischen oder Portugiesischen sich aufgrund des lateinischen Sprachstamms auch ohne profunde Kenntnisse in der anderen Sprache verständigen können (Tab. 56). Gleiches gilt auch für andere Sprachfamilien wie die germanische oder slawische.

Deutsch	Spanisch	Französisch	Italienisch	Rumänisch	Portugiesisch
Projekt	proyecto	projet	progetto	proiect	projeto
Gemeinschaft	comunidad	communitée	comunità	comunitate	comunidade
Wirtschaft	economía	économie	economia	economie	economia
Ziel	objetivo	objetif	obiettivo	scop	objetivo
Strategie	estrategía	stratégie	strategia	strategie	estratégia

Tab. 56: Interkomprehension romanischer Sprachen

Wie die Fallstudien von Barmeyer und Davoine (2014, 2015) bei Alleo und ARTE zeigen, finden Sitzungen in den Unternehmen in einigen Abteilungen auch über Grenzen von Sprachfamilien hinweg in beiden Sprachen, Deutsch und Französisch, statt. Dabei wird Interkomprehension aktiv praktiziert: Jeder Mitarbeiter spricht in seiner Muttersprache. Dies setzt allerdings voraus, dass alle Beschäftigten über mindestens ein passives Verständnis der Sprache verfügen. Besonders Menschen aus Grenzregionen, wie Elsässer und Lothringer, weisen hier eine hohe doppelte Sprachkompetenz und eine damit einhergehende hohe Flexibilität und Anpassungsbereitschaft auf. So werden manche Begriffe aus dem Deutschen übernommen, andere aus dem Französischen. Beispielsweise nennen auch die französischen ARTE-Mitarbeiter die »conférence des programmes« nur PK, Abkürzung für »Programmkonferenz«, und sprechen vom »Vorstand« anstatt vom »comité de gérance«. Und auch das »Mengengerüst« beschreibt, dass die Hälfte der Programme jeweils von Deutschen und Franzosen erstellt werden müssen. Hingegen nutzen die Deutschen das französische Wort »habillage« für das Senderdesign. Interkulturelle Synergie spiegelt sich insbesondere in einer neuen Arbeitssprache wider, die durch Neologismen und deutsch-französische Wortkombinationen besteht. So entstand zum Beispiel die Bezeichnung für die Prioritätensetzung, die »Schwerpunktisation«, aus der Kombination von »Schwerpunkt« und der französischen Endung »-isation« (Karambolage 2010; Barmeyer/Davoine 2014).

Internationale Kooperationen, die Mitarbeiter aus mehreren Sprach- und Kulturräumen vereinen, greifen zum Teil auf *simultanes und/oder konsekutives Dolmetschen* zurück. Während beim simultanen Dolmetschen ein Übersetzer Gesagtes zeitgleich übersetzt, erfolgt die Übersetzung beim konsekutiven Dolmetschen zeitversetzt: Die dolmetschenden Akteure – zumeist Sitzungsleiter – machen sich Notizen und übersetzen phasenweise in die Zielsprache. Beiden Arten des Dolmetschens verlangen vom Übersetzer nicht nur sehr hohe sprachliche, sondern auch kulturelle Kompetenzen: Denn es gilt, das Gesagte sprachlich formell korrekt wiederzugeben und gleichzeitig die Inhalte kulturspezifisch an den jeweiligen Gesprächspartner zu vermitteln (Glaser 2003). Der Vorteil des simultanen Dolmetschens ist eine sofortige Verständigung zwischen Gesprächspartnern, erfordert jedoch eine hohe Konzentration aller Teilnehmer. Im Vergleich zum simultanen braucht konsekutives Dolmetschen mehr Zeit, jedoch unterstützt diese Art der Übersetzung die Aufmerksamkeit und das aktive Zuhören. Interessanterweise wird hierdurch Zeit zur Reflektion und zum Verstehen frei, und die Informationen werden – anders als im Englischen, da diese Sprache oft für die meisten Beteiligten nicht die Muttersprache ist – besonders deutlich und gut verstanden.

Insbesondere das *Führungspersonal* sollte über ausreichende Kommunikationskompetenzen verfügen, um zielgerichtet und effizient Mitarbeiter unterschiedlicher kultureller Zugehörigkeit zu führen. Ihre Sprachkompetenz ist gleichzeitig wirkungsvolles Karrierekapital (Terjesen 2005). Dementsprechend stellen sprachliche Kompetenzen Möglichkeiten für den beruflichen Ein- und Aufstieg bereit: Je besser eine Person eine Sprache spricht und je mehr Sprachen sie beherrscht, desto eher kann sie Mitarbeiter führen. Sprachkompetenzen – vor allem in Englisch – sind in vielen Unternehmen zwingende Voraussetzung für den Einstieg auf eine leitende Position oder für eine Beförderung (Piekkari 2008; Peltokorpi 2015). Im Rahmen von Auslandsentsendungen beeinflussen Sprachkompetenzen die Auswahl von Expatriates bei Entsendungen und determinieren mitunter auch den Erfolg der Entsendung (Piekkari 2008). Ein hohes Niveau an Sprachkompetenz von Führungskräften begünstigt zuletzt auch den Aufbau von Vertrauen zu Mitarbeitern unterschiedlicher Kulturen und fördert die positive Wahrnehmung von Managern im Ausland (Barner-Rasmussen/Björkmann 2007). Die Entwicklung sprachlicher Kompetenzen hat deshalb in Unternehmen Eingang in die Personalentwicklung und die Programme des lebenslangen Lernens gefunden.

Schließlich haben Unternehmen, die über verschiedene Kultur- und Sprachräume hinweg agieren, die Möglichkeit, *Boundary Spanner* (Yagi/Kleinberg 2011; Barner-Rasmussen et al. 2014) oder auch »interkulturelle Brückenbauer« (Barmeyer/Eberhardt 2017) einzusetzen. Boundary Spanner sind Personen, die mit mehreren Systemen sehr gut vertraut sind und dementsprechend zwischen diesen vermitteln können. Diese Systeme beziehen sich jedoch nicht nur auf Sprach- und Kulturräume, sondern auch auf intraorganisationale Einheiten oder Fachbereiche (Yagi/Kleinberg 2011). Boundary Spanner weisen insbesondere oft eine hohe Anpassungsleistung an verschiedene Sprachen auf und können daher einen wichtigen Beitrag zum landes- und abteilungsübergreifenden Beziehungsaufbau leisten. Als Bindeglieder zwischen organisationalen Einheiten und Vermittler zwischen kulturellen Systemen dienen sie dabei dem Zusammenhalt des organisationalen Netzwerks. In Bezug auf multilinguale Unternehmen sind Boundary Spanner mehrsprachig, wissen diese Mehrsprachigkeit gezielt einzusetzen und verfügen über Kommunikations- und Netzwerkkompetenzen (Barner-Rasmussen 2015).

Insgesamt ist Sprache als gesellschaftliches Kommunikationsinstrument stets dynamischen Veränderungen ausgesetzt und wird von Sprechern an den Kontext angepasst. Multikulturalität und Mehrsprachigkeit in Organisationen kann als Produkt der Aushandlung ihrer Sprecher verstanden werden. Diese Aushandlung lässt, wenn sie zielgerichtet gestaltet wird, neue Wörter, Strukturen und Bedeutungen entstehen und bietet somit Handlungsraum und Kommunikationsbasis für konstruktive Interkulturalität.

Interkulturelle Führung

Christoph Barmeyer und Martina Maletzky

Kulturspezifika von Führung

Die Führung einzelner Menschen in Organisationen ist kulturspezifisch. Dies ist als Grunderkenntnis aus vielen Jahrzehnten der Führungsforschung keine Überraschung, wird allerdings zu einer echten Herausforderung, sobald es um konkretes Führen in interkulturellen Kontexten geht. Denn genau in solchen Kontexten kommt es darauf an, interkulturelle Kompetenz und kulturelle Erfahrungen so einzusetzen, dass die Führungsziele in der ganz konkreten Situation erreicht werden.

Individualführung ist die verhaltensbeeinflussende Tätigkeit einer Führungskraft gegenüber einem Mitarbeiter, um auf der einen Seite die Ziele der Organisation zu erreichen und auf der anderen Seite die Bedürfnisse des Mitarbeiters mindestens so weit zu befriedigen, dass die von ihm geforderte Leistung erbracht wird (z.B. Rosenstiel 2009; Scholz 2014a). Individualführung ist situativ, das heißt, es ist erforderlich, dass die Führungskraft ihre Führungsimpulse an die jeweils herrschenden Rahmenbedingungen anpasst.

Führungsimpulse sind zum Beispiel:

- Definition der Arbeitsinhalte, Entscheidungsbereiche und Verantwortlichkeiten von Mitarbeitern
- Zielvorgaben oder Zielvereinbarungen, mit denen die zu erreichenden Ergebnisse festgelegt werden
- Zuteilen von Ressourcen wie etwa Budgets (finanziell) oder weiterer Mitarbeiterunterstützung (personell)
- Motivationshandlungen wie das Wahrnehmen, Wertschätzen, Geben von Hilfestellungen, Belohnen etc.
- Beurteilen der Leistung in Form von Beurteilungsgesprächen
- gemeinsames Gestalten der langfristigen Weiterbildung und Karriere der Mitarbeiter
- Hilfestellungen bei der Integration von Mitarbeitern in Teams und in der gesamten Organisation

Die Führungskraft braucht hierzu idealerweise ein Bewusstsein über die Gewichtung der Interessen: Stellt sie die Organisationsinteressen in den Vordergrund oder aber die Mitarbeiterinteressen oder stellt sie eine Interessensbalance her? In Abhängigkeit hiervon erscheint die Führungskraft eher organisationsorientiert oder eher mitarbeiterorientiert. Dies ist jedoch klar vom individuellen Führungsstil der Führungskraft zu trennen: Denn bei jeder möglichen Interessenkonstellation kann die Führungskraft immer noch autoritär auftreten, indem sie die Befolgung ihrer Anweisungen erwartet, oder eher partizipativ, indem sie die Mitarbeiter in die zu treffenden Entscheidungen einbindet.

Vor diesem Hintergrund ist interkulturelle Individualführung ebenfalls situativ und führungsstilabhängig. Hinzu kommt aber als zentrale Einflussgröße die kulturelle Unterschiedlichkeit von Führungskraft und Geführtem: Sobald beide aus verschiedenen Kulturen stammen, unterliegen sie auch der interkulturellen Dynamik, die viele mögliche Missverständnisse und Inkompatibilitäten birgt. Aber eben auch viele Chancen, aus der gegebenen Verschiedenheit einen Mehrwert zu schaffen.

Genau dies ist das Ziel der konstruktiven interkulturellen Individualführung – nämlich den gemeinsamen Mehrwert bewusst zu gestalten. Dieses Kapitel behandelt gemäß des interkulturellen Dreischritts zunächst Kulturspezifika der Führung und geht danach auf kulturvergleichende Aspekte ein, bevor die konstruktive Gestaltung interkultureller Führung konkretisiert wird.

Gesellschaftliche Einflüsse wirken auf organisationales Verhalten ein und damit auf Führung, etwa durch Werte, Normen und Praktiken (Delmestri/Walgenbach 2005). Dies haben wissenschaftliche Studien vielfach gezeigt, etwa solche zu den Einflüssen sozialgeschichtlicher Entwicklung auf das Managementverhalten (z. B. D'Iribarne 2001), zu den Einflüssen aus der Gesellschaft (z. B. Maurice et al. 1986; Maurice/Sorge 2000) sowie zu den Auswirkungen von Bildungssystem und Wirtschaftssystem auf das Managementverhalten (z. B. Barmeyer 2000; Maurice et al. 1986; Redding 2005). Führungskräfte und das Ausüben von Führung – samt gegenseitiger Rollenerwartungen – sind eingebettet in kulturelle und institutionelle Kontexte.

Wege zur Führungskraft

Wie Akteure zu Führungskräften werden, ihre Rolle verstehen und sich gegenüber anderen als Führungskraft legitimieren, ergibt sich v. a. durch berufliche Sozialisation. Sie findet im frühen Erwachsenenalter statt und integriert Gesellschaftsmitglieder in die Normen und Werte einer spezifischen Berufskultur (Hurrelmann 1998).

Evans et al. (1989) zeigen in einer Studie verschiedene kulturtypische Muster von Führungskarrieren auf. Wie wird das Potenzial zur Führungskraft in einer Person entdeckt, und wie wird das Potenzial entwickelt, bis eine Führungskraft »ganz oben« angekommen ist? Sie erarbeiten über die Potenzial-Identifikationsphase und die Potenzial-Entwicklungsphase vier Modelle idealtypischer Karrierewege heraus (Abb. 20):

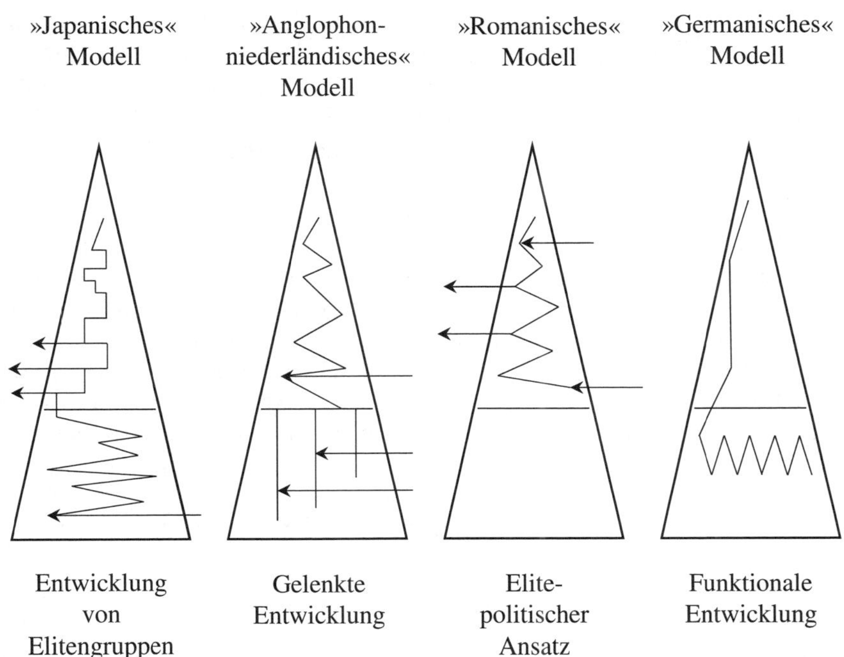

Abb. 20: Kulturelle Muster der Personalentwicklung im Management (nach Evans et al. 1989, 126–127, eigene Übersetzung)

- Das japanische Karrieremodell zeichnet sich durch eine klare Identifizierung zukünftiger Führungskräfte aus. Diese Identifizierung erfolgt über eine spezifische Elite-Pool- oder Kohortenrekrutierung. Dabei steht eine langfristige Karriere in der Organisation im Vordergrund, während es auch Job-Rotation sowie eine intensive Trainingsbetreuung gibt. In japanischen Organisationen wird Chancengleichheit sowie multifunktionale Mobilität angestrebt, jedoch herrscht eine hohe Kompetitivität vor: gute Arbeitsplätze bekommen nur die Besten. Technisch-funktionale Karrieren gelten nur für Minderheitengruppen.
- Im angelsächsischen und niederländischen Karrieremodell sind nicht-elitäre Einstellungspolitiken vorherrschend. Nachwuchsführungskräfte werden aufgrund ihrer Kompetenz für bestimmte technische oder funktionale Tätigkeiten eingestellt. Es existiert zwar eine weniger systematische Leistungsbewertung, jedoch findet die Übereinstimmung von Leistung und Potenzial der Führungskräfte Beachtung. Ebenso existieren sorgfältige Personalentwicklungsstrategien für High-Potential-Manager.
- Das romanische Modell spiegelt die französische Praxis wider, nach der geeignete Kandidaten nicht in einem langfristigen unternehmensinternen Prozess identifiziert werden, sondern direkt von Elitehochschulen (Grandes Écoles) rekrutiert werden (Barmeyer/Stein 1998). Für den Aufstieg im Unternehmen zählt

vor allem der erfolgreiche Wechsel zwischen verschiedenen Unternehmensfunktionen wie zum Beispiel Marketing, Produktion oder Strategie. Dieser Karriereweg ermöglicht nicht nur die Akkumulation sozialen Kapitals (Bourdieu 1979) durch Aufbau informeller Beziehungen und Allianzen, sondern führt auch zu einem generalistischen Verständnis von Führung, die so nicht primär fachbezogen, sondern generalistisch-übergreifend ist (Davoine 2002).

- Das germanische Modell bietet im Rahmen von Berufsausbildungen oder Trainee-Programmen während der Potenzial-Identifikationsphase ein weites Spektrum an Einsatzmöglichkeiten im Unternehmen und damit anfangs eine breite berufliche Sozialisation (Davoine et al. 2000). Hier können die Führungsnachwuchskräfte ihre Stärken und Schwächen ermitteln (Barmeyer/Stein 1998). In der Potenzial-Entwicklungsphase erfolgt eine Spezialisierung in einem abgegrenzten funktionalen Bereich. Wichtigstes Aufstiegs- und Legitimitätskriterium ist das Fachwissen als Spezialist, mit dem sich – neben dem Aufbau sozialen Kapitals – gegen konkurrierende Kollegen durchgesetzt wird. Dementsprechend werden deutsche Führungskräfte auch als »Bergsteiger« (Bauer/Bertin-Mourot, 1996) bezeichnet, ihre Karriereentwicklung auch als »Kaminlaufbahn« (Walgenbach 1994).

Spezifika von Führungskräften ergeben sich somit aus den sozialisationsabhängigen Erwartungen der jeweiligen Länder. So wird in der Regel von der Führungskraft in Deutschland Spezialistentum und Expertise erwartet. Nicht von ungefähr ist der Stellenwert des Doktortitels in Deutschland hoch: Er kann als landesspezifischer Ausdruck der Kulmination von kulturellem und sozialem Kapital und Bildungskapital angesehen werden und legitimiert durch die Verbriefung die Führungskraft als fachkompetent. Opitz (2005) hat in einer Studie belegt, dass etwa 50 % der deutschen Führungskräfte einen Doktortitel haben – eine europäische, wahrscheinlich weltweite Besonderheit.

Beispiel: Ein deutscher Fachspezialist als Vorstandsvorsitzender in Deutschland: Prof. Dr. Martin Winterkorn bei Volkswagen

Die Miene ist finster. Und Martin Winterkorns Stimmung wird keineswegs besser, als er die Lenkradverstellung auf und zu schnappen lässt. »Da scheppert nix«, sagt der VW-Konzernchef trocken. Das kann einem Automanager wie ihm nicht gefallen – denn Winterkorn sitzt auf der Frankfurter Autoschau IAA nicht hinter dem Steuer eines Volkswagens, sondern des Hyundai i30, des neuen Golf-Gegners aus Südkorea. Was dem Perfektionisten Winterkorn besonders bitter aufstößt: »Warum kann's der? BMW kann's nicht, wir können's nicht. Warum kann's der?« Die Lenkradverstellung klappt wieder auf und zu. Neben ihm hockt der eigens herbeigerufene Golf-Designer Klaus Bischoff. Klappe auf, Klappe zu. Erklärungsversuche: »Wir hatten ja mal eine Lösung, die war aber zu teuer.«

Sein von einem unbekannten Messebesucher gefilmter Abstecher zum Hyundai-Stand hat Kultpotenzial. Das unvermittelt startende und oft verwackelte Handyvideo ist bis jetzt schon mehr als 233.000 Mal aufgerufen worden – Tendenz steigend. Kein Wunder: Das vom Rücksitz des i30 aufgenommene Filmchen offenbart fast fünf Minuten lang unfreiwillig tiefe Einblicke in die VW-Konzernseele im Allgemeinen und die von Winterkorn im Besonderen.
Wenn er etwa eine Stablampe aus der Innentasche seines Jacketts zieht und der promovierte Metallphysiker die Verarbeitung des Kofferraumblechs beleuchtet, dann sagt das eine Menge über den Perfektionisten Winterkorn aus. Was genau – darüber zerbricht sich nun das Youtube-Publikum den Kopf. Jedes Detail, jedes Wort wird diskutiert. Bei Hyundai dürfte die Freude über den Auftritt des VW-Chefs, der missmutig über den stoffbespannten Autohimmel des i30 streicht und den Golf-Gegner genau unter die Lumpe nimmt, groß sein.
Quelle: »Da scheppert nix« Winterkorn wird mit Hyundai zum Youtube-Hit http://www.handelsblatt.com/unternehmen/industrie/winterkorn-wird-mit-hyundai-zum-youtube-hit/4668264.html?p4668264=all

Davoine und Ravasi (2013) zeigen in ihrer vergleichenden Studie mit 916 Top-Managern die unterschiedlichen Karrierewege in Frankreich, Deutschland, Großbritannien und der Schweiz (Tab. 57) auf. Die Studie belegt eine relative Stabilität der Existenz legitimitätschaffender typischer Bildungsvoraussetzungen und Karrieremodelle, die in nationale institutionelle Kontexte eingebettet sind. Dazu gehört der hohe Stellenwert des Doktortitels in Deutschland oder das Gewicht von drei Grandes Ecoles in Frankreich (Ecole Polytechnique, HEC und ENA). Gleichzeitig wird betont, dass die Internationalisierung langsam die »klassischen« Karrierewege verändert.

	Frankreich (n = 272) %	**Deutschland (n = 177)** %	**Großbritannien (n = 266)** %	**Schweiz (n = 201)** %
Drei meistbesuchte Hochschulen	38	14	14	18
Promotion	6	45	7	25
»Bergsteiger« Unternehmenskarriere)	52	61	57	59
Universitätsstudium	95	90	72	86
Internationale Erfahrung	56	56	62	74
MBA und ähnliches Programm	10	12	20	29
Wirtschaftsprüfungs- bzw. Beratungsgesellschaft	9	15	14	14

Tab. 57: Divergierende Bildungsvoraussetzungen europäischer Führungskräfte (Davoine/Ravasi 2013, 158, Auszug, unsere Übersetzung)

Individualführung in verschiedenen Kulturräumen

In verschiedenen Kulturräumen hat die Individualführung ganz unterschiedliche Ausprägungen. Kulturell unterschiedliche Idealvorstellungen von Führung variieren bereits zwischen Nachbarländern erheblich, wie das Beispiel Deutschland – Österreich – Schweiz zeigt, bei denen trotz gleicher Sprache die Erwartungen an Führungskräfte und Führungsverhalten deutlich voneinander abweichen.

Es kann davon ausgegangen werden, dass ein Führungsverhalten, das in den Kulturen westlicher Industrieländer angemessen und akzeptiert ist, analog auf nicht-westliche Gesellschaften und dort insbesondere auf Entwicklungs- oder Schwellenländer übertragen werden kann. Das klassische westliche Führungsideal gilt als individualistisch, effizienz- und konkurrenzorientiert. Kritiker eines Kulturtransfers von Führungsverhalten wie Blunt (1997) und Nkomo (2011) weisen darauf hin, dass dies nicht nur zu leichtfertig geschieht, sondern sich die westliche Sichtweise von Führung auch noch mit einer postkolonialen Perspektive verbindet. Auch Liu und Baker (2014) werfen den gängigen Führungstheorien und ihrer Erforschung eine unhinterfragte Heroisierung der Normen und die Idealvorstellung des »weißen Mannes«, wie sie in der *critical whiteness*-Forschung kritisiert werden, vor. Doch gerade in Bezug auf die Individualführung ist eine Berücksichtigung der jeweiligen Situation – die Kontextualisierung – notwendig, und wenn es zudem zu einer Übertragung »westlicher« Führung in ein anderes kulturelles System kommt, die Rekontextualisierung.

Für einige Kulturräume werden im Folgenden beispielhaft Kulturspezifika vorgestellt – wobei immer zu berücksichtigen ist, dass es vielfältige Abstufungen und regionale Unterschiede gibt:

- In *Mittel- und Südafrika* herrschen häufig eine starke und starre bürokratische Kontrolle sowie paternalistisches Führungsverhalten vor (Brubaker 2013). Afrikanische Führung wird mit einer hohen Wertschätzung für Tradition, Kommunalismus, Teamwork und Mythologie in Verbindung gebracht (Nkomo 2011). Die Verbindung zur Natur und dem Übernatürlichen wird stark betont. Dies steht in Bezug zu der traditionellen Philosophie des *Ubuntu,* einer extremen Form des Kollektivismus. Ubuntu kommt in der Interaktion durch die Betonung von Gemeinsamkeit, Menschlichkeit, Achtung, Respekt und Humanismus zum Ausdruck (Nkomo 2011, 376). Das Individuum wird stark als Teil einer Gruppe gesehen: Was dem Individuum geschieht, geschieht auch der Gruppe (Brubaker 2013). Ubuntu drückt sich durch ein Teilen von gemeinsamen Ressourcen aus, was in Großzügigkeit seinen Ausdruck findet. Weitere Aspekte sind Solidarität, Mitgefühl und Respekt.
- Für *nordafrikanische* Länder führt Sidani (2008) das traditionelle Führungsverständnis *Asabiya* des Philosophen Ibn Kaldhun an, das sich bis heute noch in der Einbettung von Führungsbeziehungen in Herkunft, Familienbande, sozialen Netzwerken und religiösen Regeln sowie in der starken Orientierung der Führungskraft an Geführten widerspiegelt.

- Im *US-amerikanischen* Kontext wird eine Führungskraft fast heldenhaft stilisiert (Hoppe/Bhagat 2007). Die Zuschreibungen von heldenähnlichem Charisma beinhalten ein visionäres und eher unkonventionelles sowie unbeirrbares Verhalten. Die Erwartung an eine Führungskraft besteht darin, dass sie ihre Mitarbeiter mitreißt und mit ihrem Enthusiasmus ansteckt, positiv führt, Opportunitäten nutzt und harmonische zwischenmenschliche Beziehungen aufbaut, ohne dabei ihre Richtung zu schnell zu wechseln.
- In vielen Gesellschaften *Ostasiens* sind Harmoniestreben, eine stark ausgeprägte Seniorität und eine Zurückgenommenheit im Zeigen der Führungsposition im Kanon angemessenen Führungsverhaltens prominent vertreten (Blunt 1997). Dennoch wird hierarchisch geführt, oft im Sinne eines Paternalismus, bei dem gleichzeitig die Wichtigkeit von Gruppenzugehörigkeiten und Beziehungsorientierung hervorgehoben wird. Die kollektivistische Grundorientierung trifft auf ein hohes Bewusstsein für Langfristigkeit (Hofstede 2001).
- In *China* ist Führung durch das Zusammenspiel von drei gesellschaftlich tief verwurzelten Aspekten geprägt (Farh/Cheng 2000): autoritäre Führung, die mit zentralisierten Machtstrukturen in Zusammenhang steht; Konfuzianismus, der einen hohen Moralitätsanspruch begründet und Vorbildfunktion sowie Gerechtigkeit betont; reziproke Fürsorge, also die positive, aber auch paternalistische Zugewandtheit zu den Geführten, die ebenfalls in der konfuzianistischen Tradition verankert ist. Chen et al. (2009) betonen die Rolle von *Guanxi* für die Führungsbeziehung. Guanxi ist Ausdruck einer partikularistisch-kollektivistischen Gesellschaft, bei der lang gewachsene und eng verwobene soziale Verflechtungsbeziehungen zwischen Vorgesetzten und Mitarbeitern zu familienähnlichen Beziehungsstrukturen kommen: Dafür, dass ein Mitarbeiter im Unternehmen wie ein Familienmitglied aufgenommen wird, schuldet er dem Unternehmen Leistungsengagement und den Führungskräften Gehorsam.
- In der *lateinamerikanischen* Perspektive stehen Gegenseitigkeit und Personenorientierung im Vordergrund (Maletzky 2010). So betont Ibarra-Colado (2006) zum Beispiel die Wichtigkeit von gemeinsamen Festen, die von außen betrachtet gerade bei geringem Einkommen der Einzelnen als irrational erscheinen, da sie mit hohen Kosten verbunden sind. Durch die hohen Reziprozitätsnormen, also das Aufeinanderangewiesensein, stellen sie jedoch in Bezug auf solidarische Beziehungen eine lohnende Investition dar. Die traditionelle lateinamerikanische Ökonomie ist in diese Verflechtungsbeziehungen eingebettet. Eine kulturelle Grundlage ist das mexikanische *Hacienda-System,* das starke Abhängigkeiten vom Hacendero, also dem Großgrundbesitzer, nach sich zog, die auch heute noch in Organisationen zwischen Führungskräften und Geführten zu beobachten sind und sich in einem paternalistischen Führungsstil ausdrücken (Ibarra-Colado 2006). So sind die sogenannten *Patrones* in ländlichen Gegenden teilweise Wohltäter, die ihren Reichtum in die dörfliche Infrastruktur fließen lassen und Anlaufstelle für Sorgen und Probleme der Angestellten sind. Sie ersetzen in vielerlei Hinsicht das, was der Staat für seine Bürger nicht

leistet – wofür sie aber auf lokaler Ebene ein Machtzentrum mit hoher Autonomie darstellen (Elias 1969).

In vielen spätindustrialisierten und wenig säkularisierten Ländern spielen zudem Spiritualität und Religion im Alltag eine wichtige Rolle und werden auch im Führungsverhalten als wichtiger Bestandteil wahrgenommen. Rituelle und spirituelle Rituale werden mit dem Führungsprozess vermischt (Ngunjiri 2010).

Beispiel: Kulturspezifische Spiritualität in Venezuela

»Ein kleines Vögelchen kam hereingeflogen und drehte drei Runden. Es setzte sich auf einen Holzbalken und begann zu zwitschern. Ich schaute es an und zwitscherte ihm ebenfalls zu. Ich spürte den Geist von ihm (Hugo Chávez). Es war, als wolle er uns seinen Segen geben«, erzählte Maduro, der Nachfolger des venezolanischen Präsidenten Hugo Chavez, im Wahlkampf 2013 im Innenhof von Chávez' Geburtshaus im Bundesstaat Barinas. Auch bei anderen offiziellen Veranstaltungen wie der im Bundesstaat Merida machte er auf die Erscheinung des Vogels aufmerksam und zeichnete dabei den Vogelflug mit der ausgestreckten Hand nach: »Schau, schau, dieses Vöglein sucht mich, schau, hier ist es vorbeigeflogen! Und dann sagen sie, dass ich mir das nur ausdenke, aber es ist vorbeigeflogen und hat ein Lied gezwitschert. Das Vögelchen ist glücklich, weil ich meine Arbeit mache«. Im Wahlkampf und bei weiteren Aktionen zog Maduro immer wieder den Vogel als Begründung und Rechtfertigung seines Verhaltens heran. Offenbar war sich der Präsident seines merkwürdigen Erlebnisses bewusst, denn später forderte Maduro bei einer Wahlkampfveranstaltung seine politischen Gegner auf, sich über seine Erzählung nicht lustig zu machen. »Lassen Sie doch die Intoleranz, die Respektlosigkeit gegenüber der tiefen Spiritualität der christlichen Männer und Frauen, die wie wir fest an die Werte eines Führers glauben, der zu Lebzeiten die Werte Christi verkörperte«, sagte er.
Während sich die internationale Presse über den Vorgang lustig machte, wurde in der lokalen Presse relativ wertneutral berichtet und auf Videos ist der Applaus eines großen Publikums zu sehen.
Quelle: nach http://www.zeit.de/politik/ausland/2013–04/venzuela-maduro-chavez

Kulturvergleichende Führung

Der Kulturvergleich von Führung dient nicht nur dazu, die Vielfalt der Rollenwahrnehmungen von Führung gegenüberzustellen und damit nationalkulturelle Besonderheiten zu illustrieren. So wichtig Wissen hierzu auch ist – mindestens ebenso wichtig ist die Erkenntnis, wie Führung in einer anderen Kultur im Vergleich zu der eigenen Kultur funktioniert, insbesondere wenn man persönlich

Führungsverantwortung in einer anderen Kultur übernehmen und diese bewusst gestalten will.

Beispiel: Deutsch-französische Bedeutungsunterschiede beim Begriff Führung

Bezeichnend ist, dass es im Französischen kein Wort für »Führung« oder »Führungskraft« gibt. Stattdessen wird das englische »leadership« und »leader« bzw. »cadre« und »responsable« benutzt. Der Begriff »cadre« ist ein Indiz dafür, dass die Führungskraft den Mitarbeitern einen »Rahmen«, einen Spielraum mit Aufgaben, Zuständigkeiten und Budget zuweist, innerhalb dessen sie frei handeln können, der Rahmen darf aber nicht überschritten werden. Die französische Führungskraft rahmt ihre Mitarbeiter ein, flankiert, betreut und beschützt sie, wie es das Verb »encadrer« (flankieren) zeigt.
Quelle: Barmeyer/Davoine (2006a)

Länderspezifisches Führungsverhalten in der GLOBE-Studie

Unter den Kulturvergleichsstudien zählt die GLOBE-Studie (House et al. 2004) zu den neueren, größten und methodisch weit fortgeschrittenen. Auf Basis der impliziten Führungstheorie von Lord und Maher (1991), die den Personen eines kulturellen Systems gemeinsame implizite Annahmen und Erwartungen zur Führung zuschreibt, und den werteorientierten Kulturdimensionen von Hofstede (1980) vergleicht sie Führungsverhalten in 62 Kulturen.

Methodisch wird durch die Nutzung eines hypothesengeleiteten, standardisierten, in die jeweiligen Landessprachen übersetzten Fragebogens ein etischer Ansatz verfolgt, der durch einen emischen Ansatz (Interviews, Fokus-Gruppen, Diskussionen, formale Inhaltsanalyse von schriftlichen Dokumenten) komplettiert wird. In einer ersten Erhebungswelle wurden rund 17.000 Manager aus 951 Organisationen der Branchen Telekommunikation, Nahrungsmittelverarbeitung und Finanzdienstleistung in 58 Ländern und 62 Kulturen befragt. Datenerhebung und Datenanalyse dauerten fast zehn Jahre und wurden von annähernd 150 Wissenschaftlern (Javidan et al. 2006, 69) aus über 60 Ländern durchgeführt. Dadurch sollte ein westlicher Kultur-Bias vermieden werden.

Die GLOBE-Studie fragte zunächst auf der Basis eines ausführlichen Literaturüberblicks 112 Attribute des jeweiligen Führungsverhaltens ab, zum Beispiel intelligent, dynamisch, gerecht, formal, gebieterisch. Einige von ihnen sind über alle Länder hinweg erwünscht (z. B. ehrlich, gerecht, vertrauenswürdig), andere über alle Länder hinweg unerwünscht (z. B. unsozial, reizbar, egozentrisch, rücksichtslos). Die Mehrzahl der Attribute wurde kulturabhängig unterschiedlich angemessen beurteilt (z. B. mitfühlend, elitär, formal, statusbewusst, aufopfernd, intuitiv, ambitioniert) – sie bergen im multinationalen Kontext die meisten Probleme, da dort Differenzen bestehen (Javidan et al. 2006, 75).

Die Attribute des Führungsverhaltens wurden zu sechs globalen Führungsdimensionen gruppiert:

- *Charismatisch-wertebasierte Führung:* Hier erzielt die Führungskraft Mitarbeiterleistung durch Inspiration und Motivation. Bestehende Grundwerte werden strikt eingehalten und vorgelebt.
- *Teamorientierte Führung:* Die Führungskraft stellt ein gemeinsames Ziel für die Gruppenarbeit voran und ordnet sich wie auch ihr Führungsverhalten diesem Ziel unter.
- *Partizipative Führung:* Die Führungskraft bezieht die Mitarbeiter in ihre Entscheidungen mit ein.
- *Humanorientierte Führung:* Die Führungskraft unterstützt ihre Mitarbeiter und pflegt einen großzügigen, bedachten Umgang mit ihnen.
- *Autonome Führung:* Hierbei stehen die Unabhängigkeit und Individualität der Führungskraft im Vordergrund.
- *Selbstschützende Führung:* Die Führungskraft achtet auf die Wahrung ihres Gesichts sowie des Gesichts der Gruppe und agiert statusorientiert, selbst-zentriert und konfliktorientiert.

Wie sich diese Führungsdimensionen in verschiedenen Kulturräumen (regionalen Clustern) manifestieren, zeigt Tab. 58. Ersichtlich wird beispielsweise, dass charismatisch-wertebasierte Führung in fast allen regionalen Clustern hoch ausgeprägt ist. Selbstschützende Führung ist dagegen in wenigen Kulturen üblich, jedoch in Osteuropa und in Ostasien hoch ausgeprägt.

In der interkulturellen Interaktion kann es zu Herausforderungen in der Zusammenarbeit von Personen kommen, die laut der Studie eher gegensätzlichen Clustern zugeordnet werden. Stark beziehungsorientierte Mitarbeiter werden einen aufgabenorientierten Vorgesetzten als uninspirierend, trocken und unzugänglich empfinden und sich als Person nicht ernst genommen fühlen. Das kann demotivierend wirken. Ein Vorgesetzter, der an einen partizipativen Führungsstil gewohnt ist, kann wiederum frustriert werden, wenn er auf Mitarbeiter trifft, die einen autoritären Chef gewohnt sind, es also nicht gewohnt sind, ihre Meinung kund zu tun bzw. sich aktiv in den Arbeitsprozess einzubringen. Folge können Fehlattributionen wie Inkompetenz bis hin zu Unzuverlässigkeit sein, die zwar oberflächlich so scheinen, aber nicht der eigentliche Grund für ein Schweigen auf Mitarbeiterseite sind, wenn der Chef um eine Meinung bittet. Treffen Vorgesetzte und Mitarbeiter aus Kulturen mit gegensätzlichen Wertausprägungen aufeinander, ist es in einem konstruktiven Verständnis von Interkulturalität wichtig, Unterschiede zu erkennen und zu verstehen, um dann gezielte Maßnahmen treffen zu können, die zum Beispiel eine Anpassung der einen an die andere Seite ermöglichen.

Kritisch zu sehen ist an der GLOBE-Studie die Beschränkung auf nur drei Branchen, was keine generalisierbaren Rückschlüsse auf Gesamtkulturen zulässt. Ebenso wurde bei der Stichprobenauswahl in heterogenen Ländern wie Indien, China oder den USA die Existenz von Subkulturen nicht berücksichtigt. Trotz der insgesamt

	Charismatisch-wertebasiert	**Teamorientiert**	**Partizipativ**	**Humanorientiert**	**Autonom**	**Selbstschützend**
Lateinamerika	hoch	hoch	mittel	mittel	niedrig	mittel/ hoch
Angloamerika	hoch	mittel	hoch	hoch	mittel	niedrig
Sub-Sahara-Afrika	mittel	mittel	mittel	hoch	niedrig	mittel
Lateinisches Europa	mittel/ hoch	mittel	mittel	niedrig	niedrig	mittel
Osteuropa	mittel	mittel	niedrig	mittel	hoch/ hoch	hoch
Germanisches Europa	hoch	mittel/ niedrig	hoch	mittel	hoch/ hoch	niedrig
Nordisches Europa	hoch	mittel	hoch	niedrig	mittel	niedrig
Konfuzianisches Asien	mittel	mittel/ hoch	niedrig	mittel/ hoch	mittel	hoch
Südasien	hoch	mittel/ hoch	niedrig	hoch	mittel	hoch/ hoch

Tab. 58: Rangausprägungen der Führungsdimensionen für regionale Cluster (House et al. 2004, 684; bei zwei Angaben: absoluter Wert/um Antwortverzerrung korrigierter Wert)

großen Stichprobe ist die Zahl der Befragten – und dies sind nur Führungskräfte und keine Mitarbeiter – pro einzelnem Land nicht mehr sehr groß. Die Stichproben bestehen im Durchschnitt nur aus 300 Managern, womit bedeutende sozioökonomische Aspekte wie Generationen- und Bildungsunterschiede nicht berücksichtigt werden (Graen 2006, 97). Obwohl Forscher unterschiedlicher Nationalität an der Umsetzung beteiligt waren, wird der Studie ein US-Zentrismus vorgeworfen, denn alle 25 Hauptherausgeber sind Absolventen US-amerikanischer Universitäten (Hofstede 2006, 884). Dennoch: Nach der Studie von Hofstede gehört die GLOBE-Studie zu den umfangreichsten kulturvergleichenden Länderstudien. Nicht nur Landeskultur, sondern auch Unternehmenskultur, Branchenkultur und (implizite) Führungskultur von Managern der mittleren Hierarchieebenen wurden erfasst. Ebenso wird zwischen kulturellen Werten (erwünscht) und Praktiken (gelebt) differenziert. Schließlich wird versucht, einen rein ethnozentrischen Blick auf Führungskulturen zu vermeiden. Die GLOBE-Studie war Anstoß für einen großen Korpus an Folgeprojekten, bei denen die Kulturdimensionen mit organisationsrelevanten Aspekten wie etwa Corporate Social Responsibility (Waldman et al. 2006) oder Marketing (Terlutter et al. 2006) in Bezug gesetzt werden.

Führungsrollen im Ländervergleich

Mit Führungsrollen im Ländervergleich beschäftigt sich eine dem emischen Ansatz folgende Studie von Delmestri und Walgenbach (2005), die nicht Kultur, sondern institutionelle Konfigurationen in ihren Mittelpunkt stellt. Die Forscher führen im Rahmen akteurszentrierter, qualitativer Studien 170 Interviews mit deutschen, britischen und italienischen Führungskräften des mittleren (80 %) und höheren Managements durch. Dabei stehen vier Themenbereiche im Mittelpunkt: die Aufgaben und Zuständigkeiten der Führungskräfte, Arbeitsstile (z. B. wie viel Zeit die Führungskräfte für welche Tätigkeit aufwenden), die Netzwerkeinbettung der Akteure und das Managementverständnis, also die Wahrnehmung der Führungskräfte, was von ihnen erwartet wird und was (in)effektives Management ist.

Gemeinsamkeit in den drei betrachteten Ländern ist die soziale Dimension von Führung, die von Managern aller drei Länder als wichtig angesehen wird. So betonen die Führungskräfte für das Erreichen guter Führungsergebnisse die Wichtigkeit des Schaffens einer positiven Atmosphäre und der Konfliktminimierung. Unterschiede ergeben sich hingegen aus der Vorstellung, was Manager tun und können müssen (Tab. 59).

	Aufgaben	**Kompetenzen**
Großbritannien	Vermittlung von Spezialwissen, Team- und Konfliktmanagement	Eher Generalist: Soziale und Managementkompetenzen, Unsicherheitstoleranz bei technischen Dingen
Deutschland	Supervision und Durchführung technischer Problemlösung, Führen von Personen	Eher Spezialist: Soziale und technische Kompetenzen, teilweise Managementaufgaben
Italien	Supervision und Durchführung technischer Problemlösung, Führen von Personen	Eher Spezialist: Soziale und technische Kompetenzen, teilweise Managementaufgaben, Ambiguitätstoleranz bei technischen Dingen, proaktive Haltung gegenüber der Weiterentwicklung von Kompetenzen

Tab. 59: Aufgaben und Kompetenzen von Managern (Delmestri/Walgenbach 2005, 215, unsere Übersetzung)

Erklärt werden können die Ergebnisse durch die institutionelle Einbettung von Organisationen und Führungsidealtypen: So sind unterschiedliche Bildungssysteme und Karrierewege in den Ländern vorherrschend. Positiv anzumerken ist zur

Studie von Delmestri und Walgenbach, dass sie aufgrund des emischen Vorgehens kontextualisierte und differenzierte Ergebnisse liefert. Sie lässt die Beforschten selbst zu Wort kommen und setzt Führungs- und Managementverhalten in Bezug zu verschiedenen kontextuellen Rahmenaspekten der drei Länder. Das qualitative Design lässt jedoch nur beschränkt Generalisierungen zu, gegeben ist also nur ein erster Einblick in das Forschungsfeld. Auch kann davon ausgegangen werden, dass die Auswahl der Hierarchieebene die Ergebnisse beeinflusst hat: Im mittleren Management ist die Erwartung der Italiener und Deutschen, Führungskräfte müssten gute Fachkenntnisse haben, um gute Führungskräfte zu sein, eher wahrscheinlich als auf höheren Hierarchieebenen. Dennoch liefert die Studie gute Anknüpfungspunkte für die weitere kulturvergleichende Führungsforschung.

Eine andere ländervergleichende Umfrage zu Führungskräften wurde im Jahre 2006 von der Personalmanagementberatung DDI (Development Dimensions International) veröffentlicht. Sie illustriert die unterschiedlichen nationalen Vorstellungen von Führung in Deutschland, Frankreich und Großbritannien. Hierzu wurden persönliche Gespräche und Telefoninterviews mit 201 Führungskräften geführt. Aus den kontrastiv dargestellten Ergebnissen leiten die Verfasser der Studie drei länderspezifische Idealtypen von Führungskräften ab, die jeweils einem Land zugeordnet werden: Französische Führungskräfte sind »Autokraten«, die dank ihres Status alleine und schnell entscheiden. Deutsche Führungskräfte sind »Demokraten«, die Entscheidungen im Konsens mit den Fachkompetenzträgern herbeiführen. Britische Führungskräfte sind »Meritokraten«, deren Entscheidungen auf Leistung und Erfolg basieren (Tab. 60).

Idealtyp	Eigenschaften	Exemplarische Aussagen
Autokraten (Frankreich)	- arbeiten stark konkurrenzbezogen - schätzen die Freiheit, Entscheidungen ohne große Absprachen zu treffen - schätzen Hierarchie - haben vor allem mit Menschen der gleichen Hierarchieebene Kontakt	»The advantage of being a leader is the autonomy, the power to take decisions.«
Demokraten (Deutschland)	- tendieren zum Konsens und arbeiten für die Sache - werden durch harte Fakten motiviert - meiden Machtdiskussionen - haben ein soziales Gewissen - machen sich Gedanken darüber, Neid hervorzurufen	»I am constantly aware of this unique opportunity to shape things but also of the enormous responsibility that goes with this position.«

Idealtyp	Eigenschaften	Exemplarische Aussagen
Meritokraten (Großbritannien)	- sehen Verantwortung als ein Privileg an - pflegen einen entspannten und positiven Führungsstil - sehen in einem starken Team den Schlüssel zum Erfolg - denken, dass sich die Macht im Unternehmen von der Führungsspitze ins Mittelfeld verlagert hat	»It is great fun leading people, seeing them grow, seeing them do all the things you are not personally capable of doing. Teamwork is very, very important and understanding that it takes a lot of different skills, a lot of different people to deliver.«

Tab. 60: Idealtypen von Führungskräften in Frankreich, Deutschland und Großbritannien (nach DDI 2006)

Beispiel: Erwartungen zur Führungsrolle deutscher und französischer Manager bei ARTE

Beim deutsch-französischen Fernsehsender ARTE wurden 28 Führungskräfte in Tiefeninterviews zu ihren Rollenerwartungen befragt.

Welche Rollen hat eine Führungskraft im Team?	Quels sont les rôles d'un leader dans une équipe?
- Ausgleichen zwischen starken und schwachen Mitgliedern, die schwachen unterstützen - Gruppenziele definieren und gemeinsam verfolgen - Gruppenprozess steuern - Orientierungspunkte setzen - Klare Aufgaben geben - Fachliche Hinweise aufnehmen - Entscheidungsfindung lenken und den Weg mit der Gruppe erarbeiten - Entscheidungen fällen - Zusammenführen der Gruppe - Konsequent sein - Verschiedene Ansätze und Ideen der Gruppe herausarbeiten - Eine Lösung im Konsens herbeiführen - Zuhören/Verstehen/Erklären	- Définir les objectifs (Ziele festlegen) - Diriger (leiten) - Piloter (steuern) - Réunir (versammeln) - Motiver (motivieren) - Encadrer (»einrahmen«, betreuen) - Montrer le chemin (den Weg zeigen) - Encourager (ermutigen) - Mobiliser (mobilisieren) - Convaincre (überzeugen) - Faire avancer (etwas voranbringen) - Organiser (organisieren) - Coordonner (koordinieren) - Décider (entscheiden) - Soutenir (unterstützen) - Responsabiliser (Verantwortung übertragen) - Accompagner (begleiten)

- Teamgeist fördern, unterstützen und coachen - Informationsverteilung sicherstellen - Teammitglieder respektieren - Freiheit lassen - Gutes Klima herstellen - Feedback geben - Prozesse begleiten - Weiterkommen durch konstruktive Kritik	- Ecouter (zuhören) - Apporter des solutions (Lösungen bringen) - Tirer vers le haut (nach oben ziehen) - Contrôler le progrès (den Erfolg kontrollieren) - Corriger (korrigieren) - Sanctionner (sanktionieren) - Responsabilité globale (Gesamtverantwortung)

Die deutsche Erwartung an eine Führungskraft ist eine partizipative und eher sachliche: Ziele werden vorgegeben und Mitarbeiter haben selbst für ihre Erreichung zu sorgen, dabei werden ihnen in der Regel nicht nur die Aufgaben, sondern auch die Verantwortung übertragen. Weil »Eigeninitiative« und »eigenverantwortliches Handeln« möglich ist, kommen Führungsmethoden wie delegative Führung, Empowerment und Führung durch Zielvorgabe (MBO – Management by Objectives) zum Einsatz. Dabei muss die Führungskraft nicht unbedingt physisch anwesend sein und Kontrolle nicht direkt sein. Die Aufgaben werden vom Mitarbeiter auch ohne Rücksprache mit einer übergeordneten Autorität selbstverantwortlich erfüllt. Interessant sind die deutschen Rollenerwartungen zur Steuerung von Prozessen: Die Führungskraft nimmt die Rolle eines strukturierenden Moderators im Hintergrund ein, sie fördert Zusammenhalt und Teamgeist, lenkt den Prozess in eine Richtung und gibt Feedback.

Die französische Erwartung ist eher eine direktive und persönliche: Die Führungskraft gibt die Richtung vor, motiviert, betreut, fragt kontrollierend nach und greift manchmal in den Arbeitsprozess ein. Interessant ist, dass die befragten französischen Führungskräfte bei der Datenerhebung Verben genannt haben. Diese betonen die Aktivität der Führungskraft als aktiver Motivator. Verglichen mit Deutschland zeigen die französischen Aussagen keine so ausgeprägte Delegation. Französische Führung zeichnet sich vor allem dadurch aus, dass Aufgaben delegiert werden, die Verantwortung bleibt jedoch beim Chef, der bezeichnenderweise »le responsable« (»Verantwortlicher«) heißt.

Quelle: Barmeyer/Davoine (2008)

Interkulturelle Führung

Interkulturelle Führung wird definiert als absichtliche und unmittelbare Einflussnahme von Führungskräften auf Mitarbeiter mittels Kommunikation und Führungsinstrumenten zur Erreichung der Organisationsziele, wobei die Interaktionspartner unterschiedliche kulturelle Hintergründe und somit verschiedenartige Erwartungen, Wahrnehmungen und Wertvorstellungen gegenüber Führungsverhalten aufweisen (z. B. Barmeyer 2003a; Brunstein 1995; Keller 1982). Dabei stehen dynamische interkulturelle Interaktionsbeziehungen im Vordergrund. Führungsprobleme und -konflikte ergeben sich aus voneinander abweichenden Erwartungen zum Beispiel bezüglich der Zielvorgaben, Rollen, Autorität, Partizipation, Delegation oder Handlungsfreiheit (Stüdlein 1997; Keller 1982). Sie lassen sich dadurch abmildern oder sogar lösen, dass Führungskräfte diese Probleme bewusst antizipieren und in ihren Führungsentscheidungen von vornherein berücksichtigen. Es geht also um die führungsbezogene Gestaltung der Interaktion mit den Mitarbeitern.

Interkulturelle Führungssituationen ergeben sich in Umfeldern, in denen die kulturellen Hintergründe von Führungskräften und Mitarbeitern unterschiedlich sind. Dies ist unter anderem bei Expatriates der Fall, die in einem Gastland Führungsverantwortung übernehmen, aber auch bei Führungskräften in kulturell gemischten Teams.

Führen im interkulturellen Kontext

Festing und Maletzky (2011) gehen mit ihrem Konzept der Führungsanpassung der Frage nach, was passiert, wenn die Führungsidealtypen und das tatsächliche Verhalten stellenweise inkompatibel sind. Sie arbeiten heraus, dass Führungskräfte und Geführte die Formen des Miteinanders aushandeln. Es können sich vier Konstellationen ergeben:

1. Die Führungskraft passt sich an die Mitarbeiter an.
2. Die Mitarbeiter passen sich an die Führungskraft an.
3. Beide Seiten bewegen sich aufeinander zu und kreieren etwas Neues.
4. Es kommt zu einer (konfliktbedingten) Kontaktvermeidung.

In welche dieser Richtungen die Anpassung letztendlich geht, hängt von verschiedenen Einflussfaktoren ab: der Wahrnehmung des Gegenübers (positiv, negativ), daran geknüpfte Stereotype sowie die Machtverhältnisse, in welche die Interaktion eingebettet ist. Abhängig von den Machtverhältnissen kann eine Sanktionierung des unüblichen Verhaltens erfolgen.

Beispiel: Westliche Führungskräfte in Russland

In einer qualitativen Studie mit 20 westlichen Expatriates verschiedener europäischer Länder und den USA und 15 russischen Mitarbeitern werden idealtypische russische Führungskräfte als paternalistisch beschrieben, während westliche Führungskräfte in der Studie einen partizipativen Führungsstil aufweisen. Ersichtlich ist, dass russische Mitarbeiter autoritär-paternalistisches Verhalten nicht negativ wahrnehmen, sondern erwarten. Gleichzeitig wird die Erfahrung mit dem partizipativen-westlichen Führungsverhalten als angenehm beurteilt. Es wird jedoch auch sichtbar, dass zu viel Freiraum schnell zu einer Verringerung der Produktivität führt. Somit beschreiben viele Interviewpartner, dass eine Mischung aus beiden Führungsstilen zu Synergien führen kann. Es wird eine neue, teilweise synergetische Führungskultur ausgehandelt.
Ein russischer Interviewpartner beschreibt den idealen interkulturellen Führungsstil seines westlichen Vorgesetzten: »I think that he has a good combination of different leadership styles. Sometimes, when he needs to be more pushing, he can be pushing. The other approach is that he always involves his employees in the decision-making process, and he always listens to what they say, and he really likes the details, I think. Sometimes, when his employees come to him with good analysis, he can change his mind, which is good.«
Quelle: Festing et al. (2009); Kashubskaya-Kimpelainen et al. (2009)

Im Modell der Führungsanpassung können aber nicht nur Synergieeffekte entstehen, sondern auch negative Konsequenzen aus der Inkongruenz von Führungsidealtypen und Führungsverhalten resultieren. Als ein Beispiel für Separation der Akteure, also für die Kontaktminimierung, kann die Studie von Zorzi (1999) zu Schweizer Managern in Japan herangezogen werden, die feststellen, dass es ihnen sehr schwerfällt, die japanische Arbeits- und Führungskultur zu verstehen. Somit nehmen sie sich zu einem hohen Grad zurück und überlassen die Interaktion japanischen Brückenpersonen, die in der direkten Interaktion ihre Vorgaben ausführen.

Beispiel: Vodoo gegen Herrn Müller, den Störenfried in Mexiko

Die Compupimp AG stellt fest, dass ihre dezentrale Unternehmensstrategie, die eine lokale Anpassung an die jeweiligen Auslandsstandorte und -märkte zum Ziel hatte, langsam dazu führt, dass sich die Standorte immer weiter voneinander entfernen und zu »Eigengewächsen« mutieren, die für das Gesamtunternehmen nicht die erwarteten Synergieeffekte bringen. Daher entsendet sie einen Manager ins Ausland, der den Standort Mexiko durch ein Change Management wieder etwas »einfangen« soll, konkret also neueste Innovationen weitergeben und eine Reintegration des Auslandsstandortes in das Gesamtgefüge des Unternehmens befördern soll. Herr Müller bezeichnet sein Entsendeziel so: »Ich soll der *glue* zwischen den Standorten sein.«

Herr Müller ist technischer Experte in seinem Fachgebiet. Nicht bedacht wurde jedoch, dass eine Veränderung ohne notwendige strukturelle Machtressourcen schwierig ist, gerade wenn es darum geht, langfristig gewachsene Strukturen zu verändern und mögliche Privilegien zu reduzieren. Somit erlebt Herr Müller eine schwere Zeit: Auflehnung von Seiten der mexikanischen Führungskräfte, die nicht einsehen, warum eine Fachkraft der mittleren Hierarchieebene ihnen etwas vorschreiben oder empfehlen soll. Kollegen auf gleicher Hierarchieebene bemängeln die Proaktivität und Müllers Hervortun aus der Gruppe. »Ich sag denen hier: Wollt ihr Euer Problem gelöst haben? No Problem, ich löse es für Euch, ich kann Euch das und das zeigen … Es interessiert niemanden. Die erfinden lieber das Rad neu. Keiner nimmt Ratschläge an. Die haben sich schon bei meinem Vorgesetzten in Deutschland beschwert und machen alles, um mich loszuwerden. Ich habe sogar schon eine Vodoo-Puppe in meinem Haus gefunden! Ich will hier so schnell wie möglich weg.«

Einen Schritt weiter gehen Scholz und Stein (2013) mit ihren interkulturellen Wettbewerbsstrategien. Damit bezeichnen sie diejenigen Führungsrollen, die Führungskräfte im interkulturellen Kontakt – vor allem im Rahmen von Auslandsentsendungen – bewusst einnehmen, um in anderskulturellen Wettbewerbsumfeldern ihre Organisationsziele zu erreichen. Im Kern handelt es sich um ein fiktives und antizipatives Aushandeln einer Konstellation zwischen Führungskraft aus dem einen und Geführtem aus dem anderen Kulturraum. Sie differenzieren zunächst drei (der Führungsanpassung ähnliche) Führungsstrategien samt ihrer Konsequenzen für die sich ergebende interkulturelle Interaktion:

1. Beim »Kultur-Chamäleon« passt die Führungskraft ihr Führungsverhalten an die Verhaltensnormen des fremden Kulturraums an. Dabei gibt sie ihre eigenen kulturellen Positionen weitgehend auf, um sich auf die Kultur des Ziellandes einzustellen und dort möglichst nicht unangenehm aufzufallen. Eigene Ziele werden auf diese Weise allerdings nur dann erreicht, wenn sie nirgends anecken.
2. Als »Kultur-Cowboy« überträgt die Führungskraft ihre ethnozentrisch bewährten Verhaltensmuster auf die Führungssituation im anderskulturellen Zielland. Eine solche Verhaltensstrategie wird allerdings häufig als provozierend wahrgenommen, kommt nicht überall in der Welt gut an und verhindert die erfolgreiche Zielerreichung, sofern die Führungskraft keine auszunutzenden Machtpotenziale zur Verfügung hat.
3. Die Führungskraft als »Kultur-Nivellierer« stellt sich überall auf der Welt auf ähnliche Weise darauf ein, dass es globale Kulturunterschiede gibt, indem sie sich mit einer minimalen Berücksichtigung kultureller Unterschiede zufriedengibt. Kulturelle Differenzen sollen eher nicht die Führungsbeziehung stören. Allerdings holt diese Kultur-Nivellierer die kulturell divergente Realität schnell mit interkulturellen Konflikten ein.

Scholz und Stein kritisieren diese einseitigen Verhaltensmuster und plädieren für eine Variante (4): nämlich als »Kultur-Positivist« bei offensivem Vertreten eigener kultureller Positionen gleichzeitig keine »Grenzen« zu überschreiten, ab denen man sich bei Geschäftspartnern unbeliebt macht. Sie zeigen zudem auf, wie dies funktionieren soll: Im ersten Schritt soll die Führungskraft die in einem Zielland vorherrschenden kulturellen Verhaltensnormen wahrnehmen. Im zweiten Schritt soll sie empirisch erfassen, ob sich in diesem Land bereits unter den Einheimischen Führungs- bzw. Geschäftserfolg einstellt, wenn entweder die Verhaltensnormen befolgt werden (positive Korrelation) oder aber wenn die Verhaltensnormen bewusst gebrochen werden, um sich hiervon im Sinne eines Wettbewerbsvorteils abzugrenzen (negative Korrelation). Im dritten Schritt kann die Führungskraft die relevantesten dieser lokalen Erfolgsstrategien differenziert einsetzen – also lokale erfolgsrelevante Verhaltensnormen ganz bewusst ebenfalls befolgen bzw. ebenfalls brechen, gerade weil dies offensichtlich lokal akzeptiert ist. Dadurch baut die Führungskraft im Zielland Attraktivität auf, weil sie sich in ihrer Führungsstrategie Orientierung gibt und erfolgreich agiert. Viele andere Verhaltensnormen im Zielland, die ebenfalls bestehen, aber nicht gleichzeitig erfolgsrelevant sind, können hingegen beliebig ausgestaltet werden, weil es letztlich für den Führungserfolg weitgehend unerheblich ist, ob sich die Führungskraft daran anpasst oder nicht.

Beispiel: Herr Müller als Kultur-Positivist in Mexiko

In Bezug auf den oben beschriebenen »Vodoo-Fall« würde sich Herr Müller als Kultur-Positivist Informationen zu den Kulturspezifika Mexikos beschafft haben. Er würde dann unter anderem wissen, dass offene Konfliktbereitschaft in Mexiko niedrig ausgeprägt ist – und dass es in Mexiko Erfolg bringend ist, sich an dieses kulturelle Verhaltensmuster zu halten und deshalb Konflikte nicht offen auszutragen. Daher passt sich Herr Müller idealerweise von vornherein daran an und kommuniziert im Geschäftsleben pragmatisch, faktenorientiert und unemotional. Er vermeidet persönliche Grenzüberschreitungen und allzu offene Kritik an den Mexikanern, um mögliche Konflikte zu minimieren. Eine weitere erfolgsrelevante kulturelle Verhaltensnorm, an die es sich in Mexiko anzupassen gilt, ist die hohe Repräsentationsorientierung der Mexikaner, die viel Wert auf Außenwirkung und Repräsentation ihrer gesellschaftlichen Stellung legen. Dass er das Repräsentieren von Stellung und Status anerkennt, kann Herr Müller in seiner Kommunikation betonen.
Es gibt aber auch vorherrschende kulturelle Verhaltensnormen, gegen die man in Mexiko ohne nennenswerte negative Konsequenzen für die Wettbewerbsposition handeln kann – weil ein solches Abweichen von der Norm bereits von den Mexikanern untereinander als attraktiv wahrgenommen wird. Dies ist in Bezug auf die hohe Ausprägung des Kollektivismus in Mexiko der Fall, wo abweichend davon gerade ein individualistisches Verhalten in der Wirtschaft geschätzt wird. Herr Müller kann die mexikanischen Mitarbeiter vor diesem Hintergrund stärker in ihrer individuellen Ver-

antwortung ansprechen und sie selbst in die Lösungsverantwortung miteinbeziehen. Gegen eine zweite kulturelle Norm – die stark ausgeprägte Gegenwartsorientierung – kann man handeln, indem man in Mexiko die Zukunftsorientierung forciert. Herr Müller könnte hier die längerfristig wirkenden (und durchaus mit seinem Herkunftsland Deutschland verbundenen) Personalentwicklungsstrategien einführen, um die Mexikaner zu einem strategischeren Verhalten zu bringen.
Quelle: nach Scholz/Stein (2013, insb. 114–118)

Konstruktive interkulturelle Individualführung bedeutet in diesem Ansatz von Scholz und Stein damit zunächst, bewusst die interkulturellen Konfliktsituationen zu vermeiden und trotzdem die eigenen Führungsziele klar zu verfolgen. Es entsteht eine *Win-not-lose*-Situation. Sie wird dann zu einer synergetischen *Win-win*-Situation, wenn die Mitarbeiter ihrerseits von den erzielten Erfolgen profitieren, also beispielsweise sicherere Arbeitsplätze oder bessere Arbeitsumgebungen haben als Mitarbeiter bei lokalen Wettbewerbern. Grundsätzlich gilt, dass die Umsetzung bestimmter Organisationsziele ohne strategisch-strukturelle Maßnahmen der Organisation schwierig zu gestalten ist und dass ein Fehlen eines systematischen Vorausdenkens interkultureller Führungskonstellationen Führungserfolg verhindern kann.

Neuere Ansätze der interkulturellen Managementforschung beachten nicht nur nationalkulturelle Unterschiede, sondern berücksichtigen, dass Interaktion in multiple Kulturen eingebettet ist (Sackmann/Phillips 2004). Sie beachten dabei Gender-, Generationen-, Bereichs- und Professionskulturen. Auch hier kann im weitesten Sinne von interkultureller Führung gesprochen werden. Führung wird dann in Organisationen zum Beispiel zwischen Generationen »interkulturell« im weitesten Sinne, wenn Führungskräfte und Mitarbeiter unterschiedlichsten Alters miteinander arbeiten und Rollen als Führungskraft und Geführte einnehmen, die aufgrund divergierender Wertvorstellungen stark voneinander abweichen. Dies wirkt sich auch auf Führungsanforderungen aus, denn – wie bereits der situative Führungsansatz verdeutlicht – »die« perfekte Führung für alle Geführten gibt es nicht, selbst bei einer kulturell homogenen Gruppe ist Binnendifferenzierung unerlässlich:

- An der Schnittstelle von interkultureller Führung und *Genderkulturen* werden im Ländervergleich männlichen und weiblichen Führungskräften ähnliche Führungseigenschaften attribuiert (z. B. Hernandez Bark et al. 2014). Entscheidender für bestehende Unterschiede der Wahrnehmung und Beurteilung weiblicher und männlicher Führungskräfte scheinen institutionelle und kulturelle Aspekte zu sein, so etwa Gendergleichheit und Initiativen zur Förderung von Frauen in Managementpositionen. So zeigen beispielsweise Hernandez Bark et al. (2014), dass Spanien eine jüngere Geschichte der Gendergleichheit hat als andere EU-Länder und die USA und dass daher noch deutlichere Unterschiede bezüglich der Bewertung des Führungsverhaltens oder der Karrierechancen bestehen als in gendererfahreneren Ländern. Für Vietnam hingegen betont Hang (2008) die lange Tradition der Gendergleichheit, die bereits im Gründungsmythos des Landes verwurzelt sei, in dem Männer und Frauen gleichermaßen für Kindererziehung zuständig sind.

- Interkulturelle Führung mit Berücksichtigung von *Generationenkulturen* bezieht die Tatsache mit ein, dass Unterschiede zwischen Generationen (Babyboomer, Generationen X, Y und Z) sich in verschiedenen Ländern unterschiedlich manifestieren. Hier wirkt sich die landesspezifische Sozialisation der Führungskräfte und der Mitarbeiter auf deren gemeinsame Beziehung aus.
- Auch *Bereichs- und Professionskulturen* wirken sich interkulturell auf Führungsbeziehungen aus. Zu nennen sind zum Beispiel ausgeprägte Abteilungskulturen, bei denen das Wir-Gefühl und die Zugehörigkeit zu einer Berufsgruppe zu Spannungen mit Personen einer anderen Berufsgruppe führt. So zeigt Mahadevan (2009) in einer qualitativen Studie zu Offshoring nach Indien eindeutig, dass die aufkommenden interkulturellen Probleme sich entlang der Techniker- und Managementlinie entzündeten, und zwar sowohl in Indien als auch in Deutschland. Dies war eine Frage von kollektiven Identitäten, die sich nicht immer entlang ethnischer Zugehörigkeiten auftun. Führungskräfte müssen dementsprechend nicht nur auf mögliche interkulturelle Konflikte und Kulturunterschiede achten, sondern auch Normen bestimmter Abteilungs- bzw. Berufskulturen berücksichtigen.

Konstruktive Gestaltung von Führung

Die Kernfrage zum Ende des Kapitels lautet: Wenn eine Führungskraft in einem großen internationalen Unternehmen Führungsverantwortung übernimmt – *was genau* kann sie zwecks konstruktiver interkultureller Individualführung *wie* einsetzen? Gefragt sind also konkrete Handlungsempfehlungen, die zwar immer noch situativ einzusetzen sind, die aber mit hoher Wahrscheinlichkeit zu interkulturellem Mehrwert aus Komplementarität und damit zu interkultureller Synergie führen.

Die erste Empfehlung bezieht sich auf die *strukturelle Verminderung von Machtasymmetrien zwischen interkulturell zusammenarbeitenden Führungskräften.* Viele Erfolgsbeispiele interkultureller Organisationen, wie zum Beispiel die deutsch-französischen Gemeinschaftsunternehmen ARTE (Medien) und Alleo (Bahngesellschaften) und über eine lange Zeit auch das europäische Gemeinschaftsunternehmen Airbus (Flugzeugbau) zeigen, dass sich die Doppelbesetzung von Führungspositionen, also als *Tandems,* bewährt (Barmeyer/Davoine 2015). Beispielsweise führen eine deutsche und eine französische Führungskraft gemeinsam die Finanzabteilung. Diese Form der Tandem-Führung ermöglicht, verschiedene Perspektiven und Kompetenzen zusammenzubringen sowie die jeweiligen nationalen sozialen Netzwerke für die Informationsgewinnung und zur Entscheidungsvorbereitung zu nutzen (Chreim 2015). Sie führt auch zur gleichzeitigen Anerkennung getroffener Entscheidungen durch die Mitarbeiter der beteiligten Kulturen sowie zur Abfederung von Kulturdistanz. Aus formaler Sicht ermöglicht eine systematische Doppelbesetzung der Topmanagementposten die entscheidungsbezogene Gleichberechtigung der beteiligten Länder und Konzernteile, was etwa bei einem Joint Venture nötig sein kann, um organisationskulturelle Unterschiede zu überbrücken und Dominanzeffekte zu vermeiden. Dies wird als positiver Ausgangspunkt für die permanente Aushandlung einer Interkultur benötigt.

Beispiel: Doppelbesetzung von Führungspositionen bei Volkswagen China

Deutsche Unternehmen, die ein Joint Venture in China betreiben, besetzen häufig wichtige Leitungsfunktionen mit deutsch-chinesischen Doppelspitzen. Hintergrund ist, dass einige Schwierigkeiten in der Umsetzung von Vorgaben der deutschen Konzernzentrale – zum Teil bedingt durch Sprachbarrieren und kulturelle Unterschiede – wiederholt auftraten und durch kurzfristige Aufenthalte von Expatriates schwer zu überwinden waren. Im Doppelbesetzungsmodell agieren die längerfristig nach China entsandten deutschen Führungskräfte eher als impulsgebende Weichensteller und Manager, während die chinesischen Führungskräfte als Brückenbauer in ihre lokale Belegschaft hinein dienen und von den deutschen Führungskräften vertretene Entscheidungen in der Interaktion mit den chinesischen Mitarbeitern umsetzen. Folgende Aussagen illustrieren dieses Verhältnis aus Sicht deutscher Führungskräfte: »Von Vorteil ist, dass mein chinesischer Partner die Organisation kennt. Ich kenne zwar die deutsche Seite, aber die chinesische Seite nicht so gut. Wenn wir irgendwas zu erklären haben, macht das mein chinesischer Partner auf der chinesischen Seite.«
»Bildlich gesprochen sitzen wir im selben Auto. Mein chinesischer Partner fährt das Auto. Und ich sitze auf der Rücksitzbank und sage: Fahr doch mal links, fahr doch mal rechts. Aber er hat das Lenkrad in der Hand, weil er hier seine Mitarbeiter hat.«
Quelle: Yuki Liu

Ein alternativer Weg zur strukturellen Verminderung von Machtasymmetrien zwischen interkulturell zusammenarbeitenden Führungskräften besteht darin, bikulturelle Personen als Führungskräfte einzusetzen (Fitzsimmons et al. (2013) – beispielsweise eine in Deutschland aufgewachsene Führungskraft mit türkischen Wurzeln, die in der türkischen Tochtergesellschaft Führungsverantwortung übernimmt. Solche Personen können in multinationalen Unternehmen als *Boundary Spanner* zwischen verschiedenen sozialen und kulturellen Systemen vermitteln (Barner-Rasmussen et al. 2014). Aufgrund ihrer Verwurzelung in beiden an der Interaktion beteiligten Kulturen können sie Unterschiede in der Interpretation kultureller Situationen überbrücken und positiv nutzen, indem sie im besten Fall die positiven Aspekte beider Seiten aktiv vorantreiben, aber auch divergierende Erwartungen ausbalancieren (Fitzsimmons et al. 2011).

Die zweite Empfehlung bezieht sich auf das *bewusste Etablieren eines gemeinsamen interkulturellen Lernkontexts für Führungskräfte.* Ziel interkultureller Führungskräfteentwicklung ist es, ein Bewusstsein für führungsbezogene Kulturunterschiede zu schaffen und Maßnahmen zu entwickeln, die zu einem größeren gemeinsamen Bedeutungssystem zwischen Führungskräften und Mitarbeitern beitragen, um kulturübergreifende Interaktionen zu erleichtern. Missverständnisse, die auf Basis nicht geteilter Bedeutungen entstanden sind, lassen sich durch Austausch und Diskussion verringern und fördern so eine produktive Zusammenarbeit zwischen Führungskraft und Geführten. Dieses Vorgehen erscheint vor allem zu Beginn einer Internationalisierung und beim Anstreben eines transnationalen Unternehmens sinnvoll, bei dem die jeweiligen Auslandsstandorte eng vernetzt sein sollten und ein multidirektionaler Informationsaustausch eine Voraussetzung ist. Der Erfolg einer solchen Etablierung eines gemeinsamen interkulturellen Lernkontexts ist jedoch auch abhängig vom Reifegrad der beteiligten Organisation (Glasl/Lievegoed 2011).

Beispiel: *Leadership-Twinning*-Programm

Das Leadership-Twinning als Maßnahme interkultureller Entwicklung ist ein auf Führungskräfte zugeschnittenes Austauschprogramm, das zwischen der Energie Baden-Württemberg AG und der französischen Electricité de France sowie der britischen EDF Energy durchgeführt wurde. Ziele des Programms sind die Reflektion des Themas »Führung«, Verständnis und Akzeptanz für anderskulturelle Verhaltensweisen, Vermittlung von Best Practices und der Aufbau eines unternehmensweiten Netzwerks, um die interkulturelle Zusammenarbeit zwischen den Organisationen der drei beteiligten Länder zu verbessern. Dies wird folgendermaßen angenähert:

- Schaffung eines Umfeldes, das Managern durch eine praxisnahe Auslandserfahrung ermöglicht, kulturell und individuell andere Wege und Vorgehensweisen zu entdecken, zu reflektieren und umzusetzen.
- Weiterentwicklung des Führungsstils mittels »shadowing« eines Twin-Partners durch persönliche Beobachtung, Austausch von Meinungen und Erfahrungen.
- Beschränkung des theoretischen Inputs sowie Hervorhebung des praktischen Austausches und Lernens vom Partner im Sinnes des Mottos *do things differently* (z. B. Delegieren von Verantwortung, Coaching, Vorgabe oder Vereinbarung von Zielen).
- Schaffung einer langfristigen Beziehung zwischen den Twins für einen zukünftigen Austausch und Suche nach neuen, alternativen Lösungsansätzen im operativen Bereich.
- Wertschätzung des Austauschs und Netzwerkens in einem sich ständig ändernden Markt mit unterschiedlichen Regelwerken und sozialen Bedingungen.

Das eigene Erleben und Entdecken von anderskulturellen Führungsstilen durch die Führungskräfte beinhaltet die fünf Schritte Auswahlphase, Kick-off-Seminar, Twinning-Phase, Debriefing und Umsetzung des Gelernten. In der Auswahlphase wur-

den Teilnehmer nach Sprachkenntnissen und Aufgabenfeldern »getwint«. In einer viertägigen Kick-off-Veranstaltung lernten sich die »Twins« kennen und planten die Twinning-Phase, also den gemeinsamen Austausch, der jeweils im Arbeitsbereich des Twinpartners verbracht wurde. Am Ende beider Twinning-Phasen diskutierten und reflektierten die Teilnehmer gemeinsam ihre wichtigsten Erfahrungen. In der ca. sechs Monate nach der ersten Veranstaltung stattfindenden Debriefing-Sitzung wurden diese Erfahrungen mit den anderen Twins geteilt und Best Practices vorgestellt. Durch das Alumni-Netzwerk bleiben die Teilnehmer in der Folge des Programms miteinander in Kontakt und können sich mit ihren Erfahrungen in der Umsetzung gegenseitig unterstützen und beraten.
Quelle: Barmeyer/Haupt (2007c)

Interkulturelle Arbeitsgruppen

Interkulturelle Teams

Arbeits- und Projektgruppen bilden mit zunehmender Relevanz die Grundstruktur von Organisationen. Sowohl geplant wie auch emergent entstehen mehr und mehr multikulturelle Arbeitsgruppen innerhalb großer globaler Unternehmen. Sie werden zwecks Beschleunigung den neuesten Projektorganisationstrends (»lean« – »agil« – »scrum« – »VUCA«) sowie hohem Kosten- und Effizienzdruck unterworfen. Projektteams sind dabei als temporäre Systeme flexibler und zielorientierter als auf Dauer eingerichtete Arbeitsgruppen in einer Linienorganisation. Für beide gilt, dass die Durchmischung von Personen, die nicht der gleichen Kultur angehören, gegenüber monokulturellen Projektgruppen die sowieso bereits gegebene Komplexität der Zusammenarbeit noch weiter steigert. Gleichzeitig steigt aber auch der »Reichtum« an Perspektiven, sprachlichem Ausdruck und Lösungswegen. Dies ist den sich ergänzenden Kompetenzen der Teammitglieder und der daraus entstehenden interkulturellen Dynamik geschuldet (Chevrier 2003b, 2011; Bounken et al. 2016). Es zeigt sich jedoch, dass selbst bei ausgeprägten Kompetenzen in Fach- und Projektmanagement zumeist keine volle Ausschöpfung des vorhandenen Potenzials stattfindet. Erst die Betrachtung und Beachtung kultureller Elemente birgt die Möglichkeit zu einem komplementären und dadurch synergetischen Verhalten der Projektteammitglieder. Die Herausforderung in internationalen Organisationen besteht also darin, einen zur konstruktiven Komplementarität geeigneten Kontext zu schaffen.

Die Unterscheidung zwischen einem monokulturellen Team und einem interkulturellen Team ist graduell: Ein interkulturelles Team ist eine »Personengruppe, die unterschiedliche kulturelle Zugehörigkeit und Erfahrungen (und damit verschiedene Bedeutungssysteme) aufweist, gemeinsam an einer Aufgabe arbeitet und zur Zielerreichung komplementäre Sichtweisen und Kompetenzen einbringt« (Barmeyer 2012a, 160). In interkulturellen Teams teilen die Mitglieder relativ wenige gemeinsame Wissens- und Erfahrungselemente und weisen divergierende Vorstellungen von Teamarbeit auf, was Prozesse, Effektivität und damit die zu erreichenden Ziele erheblich beeinflussen kann (Barmeyer 2007a). Interkulturelle Teamarbeit kann sowohl vorteilhaft zu Teamproduktivität führen als auch nachteilig Fehlfunktionen,

Spannungen und Konflikte hervorbringen (Tab. 61). Unternehmen setzen interkulturelle Teams auch bewusst aus strategischen Gründen ein, wenn sie beispielsweise Informationen im internationalen Unternehmensnetzwerk verbreiten wollen, eine einheitliche Sozialisation und Identitätsbildung über verschiedene Standorte hinweg erreichen wollen oder kreative Problemlösungen benötigen, die in monokulturellen Teams nicht gefunden werden.

Vorteile	Nachteile
Steigert Kreativität Erweitert das Spektrum verschiedener Ansichten Ruft zahlreiche wie auch fruchtbare Ideen hervor Lässt die Gesamtheit der Beteiligten den Beitrag Einzelner besser wahrnehmen	Beeinträchtigt den Teamzusammenhalt Misstrauen: Stereotype Kommunikationsschwierigkeiten: Verschiedene Sprachen im Team Stress: Spannungen
Gesteigerte Kreativität ermöglicht: - Verbesserte Problemerkennung - Wahl besserer Lösungen - Treffen besserer Entscheidungen Somit kann das Team insgesamt effizienter und produktiver werden	Mangelnder Zusammenhalt erschwert: - Überblick über Ideen und Mitglieder - Erhalt eines Konsens - Einigung über bestimmte Entscheidungen Somit kann das Team insgesamt ineffizienter und unproduktiver werden

Tab. 61: Mögliche Vor- und Nachteile kultureller Vielfalt in Arbeitsgruppen (Adler 2002, Auszüge, unsere Übersetzung)

Im Sinne eines kontextualisierten Ansatzes ist es sinnvoll, die interkulturelle Ausprägung und Zusammensetzung von internationalen Arbeitsgruppen näher zu betrachten. Insofern werden folgend zwei Formen interkultureller Arbeitsgruppen unterschieden: *bikulturelle* und *multikulturelle* Teams/Arbeitsgruppen.

Bikulturelle Arbeitsgruppen bestehen aus Mitgliedern zweier Kulturen. Diese bilden sich häufig im Rahmen von internationalen Fusionen, Allianzen oder Joint-Ventures. Bikulturelle Arbeitsgruppen beinhalten ein großes Potenzial an Synergien, da beide Gruppen ihre jeweilige Perspektive in die Gruppenarbeit einbringen und Prozesse dadurch verbessert werden können. Jedoch sind bikulturelle Teams auch potenziellen Konflikten ausgesetzt, da sich die Mitglieder einer Kultur oft in einer finanziell oder rechtlich dominanten Position befinden, vor allem wenn eine Gruppe die Mehrheit der Mitglieder stellt. Dann ist es wahrscheinlich, dass die dominierende Partei einseitig ihre Ideen, Strategien und Arbeitsmethoden sowie ihre Sprache durchsetzen kann (Barmeyer/Haupt 2016). In diesem Fall ist die andere Partei dann damit beschäftigt, ein taktisches Gleichgewicht herzustellen, anstatt sich auf die tatsächlichen Ziele der Zusammenarbeit zu konzentrieren. Gefühle von Überlegenheit oder Unterlegenheit oder gar Misstrauen sind in diesen Konstellationen häufig. Auch ein Wettbewerb zwischen den Mitgliedern beider Kulturen – teils anregend, teils entmutigend – kann entstehen. Dieser Wettbewerb erfordert klare Regeln, die von allen Teammitgliedern akzeptiert werden sollten, sowie eine starke Führungskraft mit hoher interkultureller Sensibilität, die das Team effektiv steuern kann.

Für das Konstruktive Interkulturelle Management sollten Herausforderungen der Bikulturalität ernst genommen werden, um die Arbeitsgruppe mit den entsprechenden Ressourcen zu begleiten. Dabei sollte dem Problem der Machtasymmetrie in bikulturellen Teams durch strategische und strukturelle Maßnahmen ausgleichend begegnet werden (Barmeyer 2007a; Barmeyer/Haupt 2010) – also beispielsweise kann die zahlenmäßige Dominanz einer Kultur im Team reduziert werden oder eine Doppelbesetzung der Teamführung eingesetzt werden.

In Unterscheidung zu bikulturellen Teams stammen Teammitglieder in *multikulturellen Teams* aus mindestens drei verschiedenen Kulturen. Multikulturelle Teams finden auch aufgrund von kultureller Vielfalt innerhalb einer Organisation immer mehr Verbreitung. Anders als bei bikulturellen Teams steht die Herausforderung des Machtungleichgewichts und des Konkurrenzdenkens weniger im Mittelpunkt; ein Machtgleichgewicht zwischen den Mitgliedern ist leichter zu erreichen. Die Mitglieder schlagen eine Vielzahl von Ideen, Umgangsregeln und Arbeitsmethoden vor und scheinen sich leichter anpassen zu können, indem sie im Konsens Lösungen finden. Chevrier (2004, 34) spricht auch von »interkultureller Höflichkeit«. Auswahl und Akzeptanz einer gemeinsamen Arbeitssprache – in der Regel Englisch – und einer Führungskraft – oft der Kultur des Mutterkonzerns zugehörig – fällt ebenfalls leichter. Der Konkurrenzkampf zwischen Mitgliedern mit unterschiedlichen kulturellen Hintergründen gleicht eher einer Art Wetteifern, die das Team vereint, um gemeinsam angestrebte Ziele zu erreichen.

Für das Konstruktive Interkulturelle Management sollte auf die kulturelle Zusammensetzung des Teams geachtet werden, um Dysfunktionen zu vermeiden. Multikulturelle Arbeitsgruppen werden oft ohne strategische Absicht gebildet, sie sind vielmehr das Ergebnis des Zufalls, kontextabhängiger oder organisatorischer Umstände. Gerade hier könnte ein bewusster strategischer Ansatz (Angehörige welcher Kulturen arbeiten im Team zusammen?) mit strukturellen Entscheidungen (welche Funktionen werden von welchen Kulturangehörigen ausgeübt?) sinnvoll sein.

In interkulturellen Teams sind es neben dem kulturellen Kontext die *Merkmale der Mitglieder,* die einen entscheidenden Einfluss auf das Team und die Arbeitsprozesse ausüben und zur Kompatibilität oder Inkompatibilität der Interaktionen beitragen. Unterschiedlichkeit oder Ähnlichkeit zwischen Teammitgliedern beziehen sich auf Werte und Normen; Kommunikations-, Sprach- und Führungsstile sowie Ähnlichkeiten oder Unterschiede zwischen Berufsgruppen (Canney Davison/Ward 1999). Die Teamleitung sollte im Sinne des Konstruktiven Interkulturellen Managements die Auswirkungen dieser Inputfaktoren auf die Gruppendynamik kennen und diese Faktoren dann nutzen, um den Beginn der Zusammenarbeit im Team zu strukturieren sowie die vielen arbeitsbezogenen und gruppendynamischen Prozesse, die in Teams ablaufen, zu beeinflussen: Dies sind neben den Teamentwicklungsphasen der Aufbau von Vertrauen, der konstruktive Umgang mit Erwartungen und Stereotypen, die Kommunikation, die motivierende Führung und das Konfliktmanagement. Der Teamoutput besteht dann aus der effektiven und effizienten Erreichung der gesetzten Ziele, darüber hinaus aber auch in der Qualität des gemeinsamen Zielerreichungsprozesses. Abb. 21 bietet einen Überblick über die für interkulturelle Arbeitsgruppen geltenden Systemzusammenhänge.

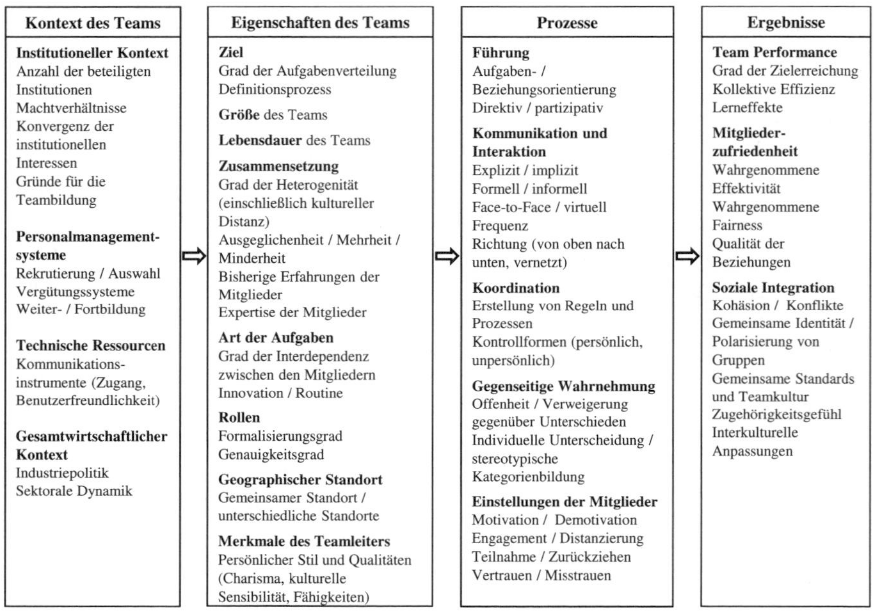

Abb. 21: Leistungsfaktoren für interkulturelle Teams (Chevrier 2012, 57, unsere Übersetzung)

Typische Phasen der Teamentwicklung (Tuckman 1965; Tuckman/Jensen 1977) finden sich auch in interkulturellen Teams (Tab. 62): 1. Forming, 2. Storming, 3. Norming, 4. Performing, 5. Adjourning. Teammitglieder verspüren häufig das Bedürfnis, ihre Interaktionen und die Arbeitsprozesse zu verändern und zu verbessern, um leistungsfähig zu bleiben oder um effizienter zu werden. Allerdings nimmt der Entwicklungsprozess hin zu einem leistungsfähigen Team einige Zeit in Anspruch (Stumpf 2005). Nicht alle Arbeitsgruppen durchlaufen alle Phasen in derselben Reihenfolge; einige Phasen können vermieden oder schnell durchlaufen werden, andere Stadien werden nicht einmal erreicht.

Phasen	Merkmale	Interkulturelle Aspekte
1. Forming Einstiegs- und Findungsphase	Kennenlernen der anderen Team-Mitglieder, Austausch persönlicher und aufgabenbezogener Informationen. Höflich, unpersönlich, angespannt, vorsichtig → Beziehungen noch unklar	Diese Phase wird von multikulturellen Teams oft problemlos gemeistert: Die Teammitglieder beginnen den Austausch mit Neugierde und Höflichkeit. Da Unterschiede noch keine Ursache für Spannungen darstellen, herrscht eine angenehme Atmosphäre vor.
2. Storming Auseinandersetzungs- und Streitphase	Spannungen entstehen, Meinungsverschiedenheiten über Arbeitsabläufe, Einstellungen, Verhalten, Rollenverteilungen, Aufgaben, Mittel und Wege oder die Team-Leitung treten auf. Überraschungen, Begeisterung, aber auch Konflikte, Konfrontationen, Clanbildung, nur mühsam erzielte Erfolge.	In dieser Phase, innerhalb der das Projekt erste Fortschritte macht, werden sich die Team-Mitglieder ihrer unterschiedlichen Erwartungen und Auffassungen bezüglich Aufgaben, verschiedenen Arbeitsweisen und Führungsstilen bewusst. Zu diesem Zeitpunkt werden sich divergierende Meinungen gegenüberstehen und Konflikte verursachen. Zugleich bringen verschiedene Herangehensweisen neue Ansätze zur Problemlösung und originelle Ideen hervor.
3. Norming Regelungs- und Übereinkommensphase	Wenn das Team die Differenzen unter Kontrolle bekommt (durch explizite Normensetzung oder implizite Aushandlung), spannt es gute Beziehungen auf, gegenseitiger Beistand wird ausgebaut, Rollen und Aufgaben werden verteilt. Entwicklung eines neuen Know-Hows, Entwicklung neuer Verhaltensweisen, Zugehörigkeitsgefühle, Feedback, Aufeinandertreffen von Blickwinkeln, Konfliktlösungen	Diese Phase ist grundlegend für die Rückkehr eines Team-Zusammenhalts, der gestattet, das Ziel nicht aus den Augen zu verlieren und motiviert zu bleiben. Diese Phase erfordert eine interkulturell kompetente Moderation oder Team-Leitung. Durch klare Rollenverteilung sowie die Aufstellung und Annahme funktionaler Regeln kann das Team in bessere Übereinstimmung gebracht werden.

Phasen	Merkmale	Interkulturelle Aspekte
4. Performing Arbeits- und Leistungsphase	Beziehungen und operative Aktivitäten erreichen das Reifestadium: Teammitglieder arbeiten aktiv zusammen, lösen Probleme und sind produktiv. Ideenreichtum, Flexibilität, Leistungsfördernde Offenheit, Pflichtbereitschaft.	Während dieser Phase – wie in Phase 2: Umsturz – kann kulturelle Vielfalt ein Trumpf sein: Die Team-Mitglieder schöpfen aus ihren komplementären Ressourcen Kompetenzen, welche einen Mehrwert für die Zielerreichung schaffen.
5. Adjourning Auflösungsphase	Ende des Arbeitsprozesses, da das Ziel erreicht wurde, oder weil es dem Team unmöglich ist, die Zusammenarbeit fortzusetzen. Feiern der Erfolge, schrittweiser Abbau von Wechselbeziehungen der Team-Mitglieder, Beendigung des Arbeitsverhältnisses.	Diese Phase ist unter emotionalem Gesichtspunkt interessant: Das Team, welches für einige Zeit zusammengearbeitet hat und welches Freude und Bereicherung an einem kulturell vielfältigen Arbeitsumfeld gefunden hat, muss sich auflösen um in die ursprünglichen Kontexte zurückzukehren.

Tab. 62: Fünf Entwicklungsstufen interkultureller Teams (angelehnt an Tuckman/Jensen 1977; Stumpf 2005)

Die *Führung interkultureller Teams* erfordert von Führungskräften zumeist anspruchsvollere und komplexere Fähigkeiten in Kommunikation, Kooperation und Führung, als Führung monokultureller Teams, weil kulturell unterschiedlich geprägte Denk- und Arbeitsstile aufeinandertreffen. Wenn Diversität nicht richtig gesteuert oder gar ignoriert wird, können Effizienzverluste entstehen. Da dies oft der Fall ist, arbeiten interkulturelle Teams meist ineffizienter und bleiben hinter den Erwartungen an sie zurück (Adler 2002). Zentrale Störfaktoren sind:

- *Stereotypen:* In emotional geprägten Überforderungs- und Krisensituationen können Mitglieder interkultureller Arbeitsgruppen dazu tendieren, die Situationskomplexität durch vereinfachende Schemata, also Stereotypen, zu reduzieren. Stereotypen, insbesondere negative hinsichtlich der Arbeitsleistung bestimmter Personen, können dazu führen, dass Vorschläge und fachliche Kompetenzen einiger Teammitglieder von vornherein besondere Beachtung finden, die anderer dagegen weniger.
- *Fremdsprachen:* Sie bestimmen in der interkulturellen Kommunikation maßgeblich die Gesprächs- und Arbeitsorganisation in Teams, in denen ein permanenter kommunikativer Austausch von Ideen, aber auch von Einwänden stattfindet. Kommunikationsprobleme in multikulturellen Teams sind auf Ursachen wie eine fehlende *Lingua Franca,* fremdsprachliche Dominanz, sprachliche Ungenauig-

keiten, semantische Differentiale, divergierende Gesprächsstile und Sprecherwechsel sowie unterschiedliches nonverbales Verhalten zurückzuführen. Diese können zu Fehlinterpretationen und damit zu Produktivitätsverlusten führen.
- *Grundannahmen, Wertorientierungen und Arbeitsstile:* Solche kulturellen Grundprägungen können unter anderem Auswirkungen auf den Umgang mit Zeit, Führung, Eigenverantwortung, Problemlösestrategien, Kritik und Teamrollen haben.

Teamführung im Sinne multipler Kulturen könnte sich zudem vermehrt mit den verschiedenen kulturellen Wirkungseinflüssen von Geschlecht, Alter, Beruf und Funktion beschäftigen. Im Sinne eines konstruktiven Ansatzes können auch diese Formen der Diversität zu Komplementarität und Synergieeffekten in interkulturellen Arbeitsgruppen beitragen.

In der Interkulturellen Managementforschung ist es bislang umstritten, inwieweit kulturelle Vielfalt zu gesteigerter Problemlösungs- und Innovationsfähigkeit sowie Produktivität führt. Aufgrund variierender Kontextfaktoren, Forschungsdesigns und Sample-Charakteristika der Fallstudienmethodologie kommen die Studien zu widersprüchlichen Ergebnissen, wie eine Meta-Analyse zeigt (Stahl et al. 2010). Obwohl viele Studien eher Probleme betonen, existieren auch Studien, die eine positive Korrelation zwischen Teamvielfalt, Kreativität und Innovationsfähigkeit finden (Fleischmann 2014). Sie betonen vor allem den Vorteil divergenter Denkansätze und Problemlösungsmechanismen: »Because cultural differences are associated with differences in mental models, modes of perception, and approaches to problems, they are likely to provide strong inputs for creativity« (Stahl et al. 2010, 692). Die Synthese von unterschiedlichem Wissen, Erfahrungen und Fähigkeiten der Teammitglieder birgt nicht nur einen größeren Pool an Informationen und Kompetenzen, sondern auch den Zugang zu sozialen Netzwerken der Mitglieder, von dem die Gruppe profitieren kann. Gegenseitiger Austausch und soziale Interaktion führen dann zu Synergieeffekten, die verbesserte Problemlösungsfähigkeit, Kreativität, Innovation und Anpassungsfähigkeit zur Folge haben können (Stahl et al. 2010; Fleischmann 2014). Es gibt jedoch auch Studien, deren Befunde nahelegen, dass Diversität weder positive noch negative Auswirkungen auf die Leistungserbringung in Organisationen hat. So zeigt etwa eine von Kochan et al. (2003) durchgeführte Feldstudie in vier großen US-amerikanischen Firmen nur sehr geringe Auswirkungen von Vielfalt bezüglich Ethnie und Geschlecht auf die Leistungserbringung.

Das Konstruktive Interkulturelle Management lenkt die Aufmerksamkeit auf die funktionalen Effekte kultureller Unterschiedlichkeit: Demnach bilden divergierende Arbeitsstile im Sinne von Komplementarität und Synergie ein erhebliches Potenzial. Im Rahmen interkultureller Gruppenprozesse kann sich eine dritte Kultur, eine Interkultur, entwickeln, die unter den Interaktionspartnern durch wechselseitige Anpassungs- und Lernprozesse entsteht und/oder ausgehandelt wird. So kann es vorkommen, dass die involvierten Teammitglieder gefordert sind, gesetzte Ziele zu verändern, eigene Verhaltensweisen anzupassen sowie gewohnte Vorstellungen über Arbeitsabläufe infrage zu stellen und zu revidieren. Problematisch kann es sein, wenn durch bestimmte Adaptationsprozesse, insbesondere durch eine unfreiwillige Anpassung, die eigenen Ziele nicht mehr verfolgt werden können. Eine idealtypische – und oft denkbare – »Win-Win«-Konstellation ist hingegen die, in der jedes Teammitglied mit seinen Kernkompetenzen zur Zielerreichung beiträgt und persönliche Zufriedenheit aus der Zusammenarbeit zieht.

Interkulturelle Komplementarität bei einer Team-Simulation

»Im Rahmen eines deutsch-französischen Seminars konnten wir als Teilnehmer eine interessante interkulturelle Erfahrung machen. Wir wurden in acht Gruppen aufgeteilt, die jeweils wieder drei Untergruppen bildeten: eine deutsche, eine französische und eine deutsch-französische. Diese drei Untergruppen arbeiteten im Rahmen einer Team-Übung gegeneinander, jeweils also acht Mal. Es ging darum, mit einer bestimmten Zahl von Holzbausteinen innerhalb von sieben Minuten den höchsten Turm zu bauen. Wie immer bei ARTE, wenn neue, bisher unbekannte Aufgaben in Angriff genommen werden, diskutierten Deutsche und Franzosen in den ›binationalen‹ Gruppen miteinander. Die ›mononationalen‹ Gruppen hingegen bauten zügig los. Am Ende hat in allen acht Gruppen das deutsch-französische Team gewonnen, also den höchsten Turm gebaut. Ganz anders sah es in einigen ›mononationalen‹ Gruppen aus: Die Deutschen verbrauchten in der Regel zu viel Steine, um noch in die Höhe bauen zu können, während die französischen Türme mangels sicheren Fundaments zusammenstürzten … Für meine Erfahrungen bei ARTE ist dieses Erlebnis bezeichnend und lässt sich auf den interkulturellen Arbeitsalltag übertragen: Gemeinsam baut man am Besten – wenn es gelingt, sich zu verstehen und einigen. Jeder bringt seine Stärken ein, der eine vertraut dem anderen. Es dauert länger, da es keine Routine gibt, aber am Ende entsteht etwas Neues.«
Quelle: Schlie (2011, 528)

Prinzipiell sind sich die genannten Forschenden bewusst darüber, dass Heterogenität gleichzeitig Ressource *und* Herausforderung für Organisationen ist (Milliken/Martins 1996; Stahl et al. 2010), diese aber nicht *per se* zu gesteigerter Leistungsfähigkeit führt, sondern nur unter den richtigen Bedingungen und zum richtigen Zeitpunkt im Innovationsprozess konstruktiv genutzt werden kann: »just putting different individuals together in teams may not yield creative teams« (Reiter-Palmon et al. 2012, 301). Milliken und Martins (1996, 403) bezeichnen Diversität demnach als »double-edged sword«, das die Möglichkeiten von kreativem Denken und Handeln je nach Phase des Innovationsprozesses einerseits zwar erhöht, andererseits aber auch zu großer Unzufriedenheit und zu Konflikten unter den Teammitgliedern führen kann. Im Hinblick auf die konstruktive Nutzung von Vielfalt in Teams leiten sich aus der Literatur bestimmte Voraussetzungen auf strategischer und struktureller Ebene ab, die den Innovationsprozess in interkulturellen Teams beeinflussen.

Ein strategisch-strukturelles Element zur konstruktiven Gestaltung von Interkulturalität in Organisationen sind neben interkulturellen Arbeitsgruppen (Cross-Cultural Teams, CCT) abteilungs-, bzw. funktionsübergreifende Arbeitsgruppen, sogenannte »Cross Functional Teams« (CFT).

Funktionsübergreifende Teams (CFT)

Ein funktionsübergreifendes Team setzt sich aus Akteuren mit unterschiedlichen fachlichen Kompetenzen zusammen. Basierend auf dem Prinzip der Vielfalt, bringen diese Teams z. B. Ingenieure und Manager aus verschiedenen Abteilungen zusammen (z. B. Forschung & Entwicklung, Finanzen, Marketing), die gemeinsam an Lösungen arbeiten. Typischerweise umfasst es Mitarbeiter aller Ebenen eines Unternehmens. Mitglieder können aber auch von außerhalb einer Organisation kommen (insbesondere von Lieferanten, Schlüsselkunden oder Beratern). Die Zuweisung einer Aufgabe an ein Team aus multidisziplinären Einzelpersonen erhöht die Kreativität und reduziert das Gruppendenken: Jedes Mitglied bietet eine alternative Sichtweise auf das Problem und eine mögliche Lösung der Aufgabe.

Im Sinne von Komplementarität (und darüber hinaus konstruktiver Interkulturalität) kombinieren CFT unterschiedliche Perspektiven und Kompetenzen, die sich bündeln und kombinieren lassen. CFT fördern Kommunikation und Wissenstransfer und können somit zu Kreativität und Innovation beitragen, wie es z. B. die französisch-japanische Allianz von Renault-Nissan im Automobilsektor zeigt (Barmeyer/Mayrhofer 2016). Zu unterstreichen ist, dass ohne eine strategische Vorgabe und die strukturelle Umsetzung, sich solche Arbeitsgruppen nicht zufällig in Organisationen bilden.

Interkulturelle virtuelle Teams

Mitglieder vieler internationaler Arbeits- und Projektgruppen arbeiten teilweise oder durchgängig an unterschiedlichen Orten in virtuellen Teams zusammen. Interkulturelle virtuelle Teams sind »temporäre Gruppen von Personen, deren Mitglieder sich durch unterschiedliche kulturelle Hintergründe und Arbeitsweisen auszeichnen, *räumlich* und *zeitlich* voneinander getrennt sind, in gegenseitiger Abhängigkeit zueinander stehen und zugleich durch den Einsatz von organisatorischen und IT-Ressourcen an einem gemeinsamen Ziel arbeiten« (Barmeyer 2012a, 158). Die Herausbildung virtueller Teams durch digitale Kommunikationsmedien trägt dabei zu veränderten Anforderungen der Führung von Teams. Tab. 63 stellt die Führung in traditionellen und virtuellen Strukturen gegenüber.

Führung in traditionellen Strukturen	Führung in virtuellen Strukturen
- Stellenbeschreibungen - Klare Kompetenzen (project owner) - Häufig Einzelkämpfer - Verhaltensregeln - Kontrollkultur - Ressortdenken - Feststehende Abteilungen etc. - Kommunikation in hohem Maße face-to-face, viele Besprechungen - Führung mit den alten »3K« – kommandieren, kontrollieren, korrigieren	- Flexibilität - Zusammenarbeit und Koordination, Dezentralisierung von Befugnissen - Interdisziplinäre, z. T. international zusammengesetzte Teams - Eigenverantwortung - Vertrauenskultur - Übergreifende Zusammenarbeit - Häufige Veränderungen, zeitlich befristete Kooperationen - Einsatz neuer Medien zur Kommunikation - Zielvereinbarung und Delegation - Qualifizierte, anspruchsvolle und selbständige Mitarbeiter

Tab. 63: Unterschiede zwischen Führung in traditionellen und virtuellen Unternehmensstrukturen (Rosenstiel 2009, 613)

Interkulturelle virtuelle Teams sind seit den 1990er Jahren zu einer spezifischen und verbreiteten Organisationsform in multinationalen Unternehmen geworden (Scholz/Stein 2003, 2005; Maznevski et al. 2005; Stein 2006), unter anderem auch deshalb, weil dadurch Mitarbeiter nicht mehr an andere Unternehmensstandorte entsendet werden müssen (Duarte/Snyder 2001). Während die Teamarbeit bis dahin in einer räumlichen und zeitlichen Einheit stattfand, änderte sich dies mit dem Einsatz neuer Informations- und Kommunikationstechnologie. Gerade in internationalen Projektteams, zum Beispiel Produktentwicklung, kann modernste Informationstechnologie helfen, eine große Vielfalt von geographisch verteilten komplementären Ressourcen und Kernkompetenzen zu berücksichtigen und zu nutzen (DiStefano/Maznevski 2000).

Beispiel eines interkulturellen virtuellen Teams

Die Organisation einiger Projekte des deutschen Autoradioherstellers Blaupunkt ist ein typisches Beispiel für interkulturelle virtuelle Projektteams. Entwicklung und Produktforschung spielen sich in Deutschland ab, die Software wird in Indien entwickelt, die Fertigung findet in Portugal und Malaysia statt und ein Teil des Vertriebs bleibt in Frankreich, wo sich auch die Großkunden befinden.
Somit sind die Teammitglieder der deutschen Niederlassung in einem kontinuierlichen Austauschprozess mit den französischen Kunden, welche ihnen kundenspezifische Wünsche zur Anpassung der Produktentwicklung mitteilen. Die Deutschen müssen anschließend die indischen Programmierer informieren, die sich dann ihrerseits bezüglich Produktionsdetails und -fristen mit den portugiesischen Kollegen abstimmen.
Quelle: Waxin/Barmeyer (2008, 254)

Durch virtuelle Arbeit wird der Einsatz der kompetentesten Fachkräfte aus den jeweiligen Bereichen ohne Reisetätigkeit weltweit möglich. Darüber hinaus ermöglichen virtuelle Teams einen erheblichen Zeitgewinn, da die gesamten 24 Stunden eines Tages arbeitsteilig vollständig genutzt werden können (Duarte/Snyder 2001): Zum Beispiel kann der japanische Ingenieur, der acht Stunden an dem Projekt gearbeitet hat, die Arbeit an seine Kollegin in Spanien übertragen, die ebenfalls acht Stunden damit verbringt und das Arbeitspaket an ihre amerikanische Kollegin weiterleitet, die ihre Aufgaben nach Beendigung wieder an den japanischen Kollegen übergibt.

Die große Herausforderung virtueller multikultureller Teams sind Missverständnisse auf organisatorischer Ebene (Berücksichtigung von Verzögerungen) sowie auf kommunikativer Ebene (Wegfall des persönlichen Dialogs im engeren Sinne, kaum direkter verbaler Austausch, mehrdeutige Interpretationskontexte etc.). Oft ist es ein Mangel an gelingender Koordination, der den Output solcher Arbeitsgruppen reduziert. Grundsätzlich gründet effiziente Zusammenarbeit auf gegenseitigem Verständnis sowie einer guten Kenntnis der involvierten Beteiligten (DiStefano/Maznevski 2000). Im Sinne des Konstruktiven Interkulturellen Managements sollte versucht werden, zumindest zu Beginn der virtuellen Teamzusammenarbeit persönliche Treffen der Mitglieder zu ermöglichen, die für das Entstehen eines gemeinsamen Teamgeists unerlässlich sind (Maznevski et al. 2005).

Interkulturelle Teamentwicklung

Die interkulturelle Teamentwicklung ist eine Gestaltungsaufgabe des Konstruktiven Interkulturellen Managements, die Unternehmen systematisch verfolgen können. Als Entwicklungsmaßnahme ist sie auf die interkulturelle Kompetenz, Leistungsfähigkeit und Zufriedenheit der beteiligten verschiedenkulturellen Teammitglieder ausgerichtet, um Qualität und Effizienz der Teamarbeit zu steigern (Stumpf 2005). Je nach Entwicklungsphase des Teams kann interkulturelle Teamentwicklung am Anfang in Form des Teambuilding oder während des Teamprozesses begleitend stattfinden, um bei laufenden, neu auftretenden interkulturellen Schwierigkeiten Hilfestellungen zu geben.

Zur interkulturellen Teamentwicklung können in Bezug auf die Einbindung der Adressaten neben formellen Teambildungsmaßnahmen *on the job* auch informelle *off the job* Maßnahmen wie Freizeitaktivitäten beitragen. Dadurch können Vertrauensverhältnisse aufgebaut und das Zusammengehörigkeitsgefühl gestärkt werden.

Zum Design *struktureller Maßnahmen* kann entsprechend dem Drei-Faktoren-Modell (Person – Kultur – institutioneller Kontext) das Einnehmen einer Meta-Perspektive helfen: Sie verdeutlicht die diversen Einflussfaktoren auf die Teamarbeit in ihrem Zusammenhang und ermöglicht eine kulturbewusste Führung und Steuerung (Barmeyer/Haupt 2010). Aus einer solchen Perspektive heraus lassen sich interkulturelle Teams nicht nur einseitig kulturell analysieren und erklären, sondern zudem in einem systemischen Sinne abgestimmt mit weiteren Einflussfaktoren der Person(en) und des Kontexts gestalten (Barmeyer/Haupt 2007b; Hammerschmidt 2010). Für die Praxis gibt das Drei-Faktoren-Modell in der Phase des Projektbeginns Orientierung bei Auswahl und Besetzung des Projektteams sowie in der Durchführungsphase bei der Bearbeitung der Projektaktivitäten und der Findung von Kommunikations- und Informationsprozessen.

Prozessuale Maßnahmen unterstützen die interkulturelle Teamentwicklung. Analog zur monokulturellen Teamentwicklung sollten sich Teammitglieder über ihre jeweiligen – meist divergierenden, aber nicht bewussten oder thematisierten – Erwartungen und Vorstellungen bezüglich der Teamarbeit austauschen (Barmeyer/Haupt 2010). Hierzu gehört ein Bewusstsein über individuelle Rollen im Team (Experte, Kommunikator, Entscheider, Ausgleicher etc.) und gemeinsam ausgehandelte und akzeptierte Arbeitsregeln und -praktiken. Die Kenntnis der klassischen Teamentwicklungsphasen von Tuckman und Jensen (1977) hilft den Teammitgliedern, Gruppendynamiken phasenspezifisch besser einschätzen zu können.

Maznevski und DiStefano (2000) gehen einen Schritt weiter: Sie unterscheiden zur interkulturellen Gestaltung von Teamprozessen drei Phasen der Teamentwicklung und ordnen ihnen Kulturdimensionen zu, die bewusst zu reflektieren sind (MBI):

- *Mapping:* Die verschiedenkulturellen Teammitglieder ermitteln in der ersten Phase des »Team-Lebenslaufs« Unterschiede und Gemeinsamkeiten, die den Teamprozess und damit den Teamerfolg beeinflussen. Dieser Bewusstseinsprozess kann mithilfe von verschiedenen Kulturdimensionen wie z. B. *Machtdistanz, Individualismus* strukturiert werden. Auf diese Weise werden Gemeinsamkeiten und Unterschiede bewusst gemacht und anerkannt, nationalen *Stereotypen* wird entgegengewirkt.
- *Bridging:* Nachdem in der Phase des Mappings ein Bewusstsein für Unterschiede geweckt wurde, können die Teammitglieder in der zweiten Phase versuchen, diese Unterschiede durch eine gelingende Kommunikation zu überbrücken. Hierfür bedarf es allgemein einer Kenntnis über *interkulturelle Kommunikation* (Wortbedeutungen, Kommunikationsstile) und die Beherrschung von Fremdsprachen, in denen das Team kommuniziert.
- *Integrating:* In der dritten und letzten Phase versuchen die Teammitglieder, ihre unterschiedlichen Sichtweisen und Präferenzen, Wertorientierungen und Praktiken derart zu integrieren, dass sich neue, angepasste Handlungsweisen zur Zielerreichung entwickeln. Dabei geht es nicht um die Nivellierung der Unterschiede, sondern – ganz im Sinne von Komplementarität – um integrierende Akzeptanz.

Wie bei anderen (Phasen-)Modellen handelt es sich auch hier um eine idealtypische Darstellung. Da sich Teammitglieder in der Regel stark auf Aufgaben und Projektziele konzentrieren und zwischenmenschliche und gruppendynamische interkulturelle Prozesse häufig in den Hintergrund treten, werden diese drei Phasen in Teams in der Realität weniger idealtypisch verlaufen. Sie können jedoch durch einen Moderator oder Berater bewusst gesteuert werden (Stumpf 2005).

Bezogen auf unterstützende Prozessaspekte virtueller Teams zeigen Maznevski und Chudoba (2000) auf der Basis von drei Fallstudien die Bedeutung und Nutzung einer temporären regelmäßigen Strukturierung – einen »Herzschlag«, der die Produktivität virtueller Teams erhöht: »rhythmically pumping new life into the team's processes before members circulated to different parts of the world and tasks, returning again at a predictable pace« (Maznevski/Chudoba 2000, 486). Dabei wird die Bedeutung des »Herzschlags« nicht nur auf den technischen und sozialen Impuls als rationalen Prozess eines »Rhythmus« *(beat)* beschränkt, sondern bewusst das »Herz« *(heart)* als lebendiges und affektives Element, als menschliche Komponente der sozialen Interaktion, des gegenseitigen Schätzens, der Sympathie und der Empathie betont. Nicht nur Strukturen und Prozesse sind interkulturell zu berücksichtigen und zu gestalten, sondern auch die interkulturellen menschlichen Interaktionen. Um dies zu erreichen, sind – bei aller gegebenenfalls gewollten Virtualität – auch regelmäßige physische Treffen wichtig.

Weitere konkrete Maßnahmen zur konstruktiven Gestaltung interkultureller Arbeitsgruppen stammen von Schneider und Barsoux (1997). Sie stellen eine erste Orientierung dar, die – kritisch betrachtet – tendenziell Positionen von Autoren aus der angloamerikanischen Kultur widerspiegeln, weil sie (für diesen Kulturraum typische) regelorientierte Formalisierungen vorschlagen, wie einen »Verhaltenskodex« oder eine »Teamcharta«. Insofern sollte je nach Kontext der interkulturellen Teamkonstellation noch eine kulturspezifische Ausrichtung erfolgen, die von den Teammitgliedern selbst erarbeitet werden könnte.

Sicherstellung eines effizienten Teamprozesses

- Fragen Sie jedes Teammitglied nach den Merkmalen eines effektiven Teams.
- Erstellen Sie einen Verhaltenskodex oder eine »Teamcharta«, die Aufgaben- und Prozessrichtlinien definiert.
- Gleichen Sie regelmäßig die »Realität« anhand der Charta ab.
- Benutzen Sie einen Moderator, der die Ebenen von Partizipation, Dominanz und Konflikten besprechen kann.
- Bitten Sie jedes Teammitglied, eine interkulturelle Überraschung oder Herausforderung zu thematisieren, die es erlebt hat und wie es sie gelöst hat.
- Ermöglichen Sie ein Training für das Team zu Kulturdimensionen, das einen Rahmen und eine gemeinsame Sprache für die Diskussion von Unterschieden bietet.
- Bitten Sie jeden Einzelnen, seine »Vision von Erfolg« für das Team zu beschreiben. Wie wird das Ergebnis aussehen? Wie sieht der Gruppenprozess aus?

Quelle: Schneider/Barsoux (1997, 206, unsere Übersetzung)

Noch konkreter wird Sylvie Chevrier (2012): Sie schlägt auf der Basis einer kontextuellen und spezifischen Betrachtung von Arbeitsgruppen verschiedene Kernfelder der interkulturellen Teamentwicklung vor, die sich als differenzierte Gestaltungsschwerpunkte interpretieren lassen (Tab. 64). Dabei ist wichtig zu betonen, dass interkulturelle Arbeitsgruppen spezifische Arten aufweisen und somit hochgradig unterschiedlich sind und eigentlich stärker kontextualisiert werden sollten, um ihre Besonderheiten zu verstehen und um die Teamarbeit konstruktiv gestalten zu können.

Art des Teams	Konkreter Ansatzpunkt zur interkulturellen Teamentwicklung
Gemischtes operationales Team/ Gemischtes Einsatzteam	Schaffung kulturelle Synergien Aufbau einer gemeinsamen Organisationskultur
Projektteam	Schaffung kultureller Synergien Entwicklung einer Projektkultur
Business-/Geschäftsteam	Nutzung der Berufskultur
Strategische Koordinierung	Gegenseitige zwischenmenschliche Anpassungen Koexistenz von Handlungsweisen
Schnittstelle zwischen Mutter- und Tochtergesellschaft	Gegenseitige zwischenmenschliche Anpassungen Übersetzung Organisationskultur
Teil eines monokulturellen Teams	Einseitige zwischenmenschliche Anpassungen Nutzung der Berufs- oder Organisationskulturen

Tab. 64: Interkulturelle Teamentwicklungsmodalitäten in Abhängigkeit von der Art der Teams (Chevrier 2012, 149, unsere Übersetzung)

Schließlich ist auch bei der interkulturellen Teamentwicklung das *Boundary Spanning* ein Gestaltungsansatz (Di Marco et al. 2010). Boundary Spanner haben in diesem Zusammenhang nicht zwingend eine leitende Position inne, sondern üben innerhalb eines Teams oftmals mehrere Funktionen aus. So haben Ancona und Caldwell (1992) unterschiedliche Funktionen der Mitglieder eines Produktentwicklungsteams identifiziert wie »Diplomat«, »Anführer«, »Aufgabenkoordinator« oder »Wächter«. Übergeordnet sind es drei Funktionen, die Boundary Spanner in Teams erfüllen: Repräsentation, Informationsbeschaffung und Koordination von Aufgaben. Marrone et al. (2007) zeigen hierbei, dass bestimmte Charakteristika der Individuen und des Teams Boundary-Spanning-Aktivitäten erleichtern können. Zander et al. (2012) betrachten Boundary Spanning als eine wichtige Führungskompetenz in multikulturellen Teams. Sie betonen, dass ein globales *mindset,* kulturelle Intelligenz und Bikulturalität für diese Art von Teamleitern oder Teammitgliedern besonders wichtig sind.

Interkultureller Transfer von Organisationspraktiken

Konzepte und Modelle interkulturellen Transfers

Der interkulturelle Transfer von Wissen, Innovationen und Prozessen war innerhalb und zwischen Organisationen immer schon gängige Praxis – nämlich, Artefakte und Praktiken von einem kulturellen System auf ein anderes zu übertragen und anzupassen. Die Internationalisierung hat die Notwendigkeit und Relevanz dieses interkulturellen Transfers noch weiter erhöht, denkt man allein an die intensiven Austauschbeziehungen zu ausländischen Tochtergesellschaften. Der Transfer auf organisationaler Ebene ist dabei eingebunden in Transferprozesse auf individueller und gesellschaftlicher Ebene (Czarniawska/Sevón 2005) und unterliegt Kontextbedingungen wie etwa Interessen- und Machtasymmetrien (Ybema/Byun 2009).

Langfristiger Erfolg und Wettbewerbsfähigkeit multinationaler Unternehmen hängen immer stärker von der effektiven Zirkulation von Ideen und Wissen ab. Die Konzernzentralen nehmen daher über Koordinations-, Steuerungs- und Kontrollmechanismen direkten Einfluss auf die Tochtergesellschaften. Sie streben – trotz aller Diskurse zu kultureller Vielfalt, Autonomisierung und Liberalisierung – nach wie vor eine breite Harmonisierung und Standardisierung ihrer Strategien, Strukturen, Prozesse und sogar Organisationskulturen an (Geppert/Mayer 2006; Heidenreich 2012), um Komplexität zu reduzieren und Kohärenz und Transparenz zu schaffen.

Fraglich ist jedoch, inwieweit sich organisationale Strategien, Strukturen und Prozesse international angleichen. Sie stehen in Spannungsfeldern aus diametral entgegengesetzten Logiken von Konvergenz und Divergenz, von Homogenisierung und Heterogenisierung oder von Standardisierung und Differenzierung. Die Praxis des Interkulturellen Managements zeigt, dass sich die Annahme einer weltweiten Konvergenz von Werten und Praktiken in unterschiedlichen Wirtschafts-, Unternehmens- und Managementformen trotz allem Internationalisierungsdrucks nicht bewahrheitet. Im Gegenteil: Trotz einer gewissen Oberflächenharmonisierung sind regionale und lokale Kontexte in den Organisationen nach wie vor hochgradig unterschiedlich.

Für den internationalen Transfer bedeutet dies, dass die in der Muttergesellschaft erarbeiteten Konzepte und Standards häufig in den ausländischen Tochtergesellschaften nicht einfach übernommen und integriert werden können. Internationaler Transfer ist somit auch stets ein interkultureller Prozess, bei dem subjektive Wahrnehmung, Interpretation und Sinnstiftung eine zentrale Rolle spielen (D'Iribarne 2012). Insbesondere kann es durch divergierende Bedeutungssysteme und Fehlinterpretationen zu Schwierigkeiten bei der Implementierung kommen. Dies hat zur Folge, dass viele Mitarbeiter in den Tochtergesellschaften die Angemessenheit und Sinnhaftigkeit der – meist von der Muttergesellschaft definierten – Standards und Praktiken in Frage stellen. Aus diesem Grund hat die aktive Gestaltung der Prozesse des internationalen und interkulturellen Transfers einen zentralen Stellenwert in internationalen Organisationen.

Grundsätzlich finden durch internationalen Informations- und Wissensaustausch interkulturelle Transferprozesse auf drei Ebenen statt: Gesellschaften, Organisationen und Individuen (Tab. 65).

Ebene	Konkretisierung
Mikro: Akteure	Mobile Arbeitskräfte/Auslandsentsendungen Internationale Beratung
Meso: Organisation	Organisationspraktiken Management-Instrumente (Unternehmenswerte, Verhaltenskodizes, ERP-Systeme)
Makro: Gesellschaften	Modelle der Berufsausbildung Liberalisierung/Hybridisierung von Wirtschaftsmodellen

Tab 65: Drei-Ebenen-Modell und Beispiele interkulturellen Transfers

In historischer Perspektive ist die Gründung einer ganzen Stadt, Fordlândia, durch das US-amerikanische Automobilunternehmen Ford Motor Company in Brasilien ein bezeichnendes Beispiel für einen ethnozentrisch ausgerichteten Transfer von Ideen sowie Organisations- und Alltagspraktiken auf der Mesoebene, der schließlich scheiterte (Dempsey 1994; Grandin 2009).

Beispiel eines gescheiterten ethnozentrischen Transfers: Fordlândia

Die nach dem Gründer des Unternehmens Henry Ford benannte Stadt Fordlândia befindet sich südlich von Santarém in Amazonien, Brasilien. Hintergrund dieser Unternehmens- und Stadtgründung im Jahr 1928 war die zunehmende Nachfrage nach dem Rohstoff Kautschuk zur Herstellung von Autoreifen. Das Projekt war jedoch nur kurzfristig erfolgreich. Die einheimischen Arbeiter konnten sich nicht an die vorgeschriebenen – puritanisch orientierten – Lebens- und Arbeitsbedingungen nach dem Vorbild der Firmenzentrale in Detroit gewöhnen. Die brasilianischen Arbeiter mussten Ausweiskarten tragen, frühe Arbeitszeiten (von 6 bis 15 Uhr) mit Stechuhren einhalten und sich an die US-amerikanische Lebensweise gewöhnen, inklusive US-amerikani-

schem Essen – wie Hamburger – in den Kantinen, aber auch Haferbrei, Vollkornbrot und Sojasuppe. 1930 kam es zu einem Aufstand gegen die vorgeschriebenen Lebens- und Ernährungsregeln, der jedoch vom brasilianischen Militär niedergeschlagen wurde.
Quelle: Grandin (2009)

Ein weiteres Fallbeispiel auf der Makroebene ist der internationale Transfer von Elementen des deutschen Wirtschaftsmodells, zu dessen Besonderheiten unter anderem die gesetzliche Mitbestimmung und die duale Berufsausbildung zählen, die zum allgemeinen Unternehmenserfolg und zu der hohen Beschäftigungsquote in Deutschland beitragen (Heidenreich 1998). Deutsche Unternehmen, die sich internationalisieren, sind oft mit dem Problem konfrontiert, in den entsprechenden Partnerländern keine entsprechende Fachkompetenz bei der einheimischen Bevölkerung anzutreffen. Insofern sind viele multinationale Unternehmen in Kooperation mit Internationalisierungsakteuren wie den Auslandshandelskammern dazu übergegangen, zentrale Erfolgselemente des deutschen Wirtschaftsmodells wie die duale Berufsausbildung in die Länder der Tochtergesellschaften zu transferieren.

Beispiel: Internationaler Transfer des deutschen Wirtschaftsmodells

»Deutsche Automobilwerke entstehen in Chattanooga, Tennessee, deutsche Chemiefabriken direkt daneben. Der amerikanische Journalist Peter Ross Range, einst Berlin-Korrespondent für das Time Magazine, hat die wichtigsten Ableger deutscher Industriekultur im Auftrag unserer Zeitung besucht. Sein Fazit: Die Deutschen bringen nicht nur Facharbeiter und Fabrikanlagen, sondern transferieren auch ihr Gefühl für den sozialen Ausgleich. Und das Verrückte: Amerika reagiere diesmal nicht abweisend, sondern begeistert. Diese Reportage ist eine Hommage an unsere Art zu leben, zu arbeiten und mitzufühlen.«
Quelle: Handelsblatt Morning Briefing, 03.09.2013

Steht der interkulturelle Transfer von Managementinstrumenten und Organisationspraktiken im Fokus der Betrachtung, so ist zunächst der Begriff der *Organisationspraktiken* zu klären. Organisationspraktiken werden definiert als: »[…] particular ways of conducting organizational functions that have evolved over time under the influence of an organization's history, people, interests, and actions and that have become institutionalized in the organization« (Kostova 1999, 309). Sie unterscheiden sich bezüglich ihrer Form in strategisch/kulturell sowie hochformalisiert/informellen (Kostova 1999), in »people-embodied«/»product-embodied« (Kedia/Bhagat 1988) oder in »soft«/»hard« (Winter 1990). Organisationspraktiken reflektieren das kollektive Wissen einer Organisation und können von Mitarbeitern angenommen oder abgelehnt werden (Kostova/Roth 2002). Ziel ihrer Verankerung ist, dass Mitarbeiter bei der Bewältigung von Unternehmensaufgaben bestimmte Praktiken, Methoden und kognitive Elemente wie Konzepte und Kategorien als selbstverständlich anerkennen, die dann zu einer Art »ungeschriebenem Gesetz« (Kostova 1999) werden. Organisationspraktiken tragen zur Unternehmensidentität und Integrität bei (Cabrera/Bonache 1999). Gerade diese Wertebindung illustriert den Kulturbezug, der für einen strategischen, werte- und überzeugungsbasierten *(»value-infused«)* interkulturellen Transfer von Organisationspraktiken (Blazejewski 2006) wichtig wird.

> »Value-infused practices relate to issues of identity, culture, language, rituals and customs which have over time evolved within the local cultural system and which are continously reconfirmed by the local social environment. The transfer of value-infused practices across MNC sub-units therefore requires not only the transfer of knowledge and behavioural rules but also the change of patterns of meaning, interpretation, symbolic attachment and individual values.« (Blazejweski 2006, 66)

Grundlegend ist der *Systemgedanke des Transfers:* Multinationale Unternehmen sind offene soziale Systeme, in denen die interkulturellen Transferprozesse stattfinden. Systeme werden durch Elemente gebildet, die in bestimmten Relationen zueinander stehen (Luhmann 1984). In Bezug auf den interkulturellen Transfer finden sich verschiedene Systemelemente (Abb. 22): Es gibt *Kontexte* wie Länder und Organisationen, mit zu definierenden Grenzen und unterschiedlichen Graden der Durchlässigkeit von Informationen und Wissen aus anderen Systemen. Außerdem sind Transferprozesse von *Unter- und Überordnung* geprägt, wobei sich die (strategische, finanzielle und juristische) Macht in der Regel stärker bei der Muttergesellschaft konzentriert (Barmeyer/Davoine 2011a). Ebenso beteiligen sich *Akteure* wie Manager, Mitarbeiter, Berater und weitere Stakeholder an Interaktionen. Fach- und Führungskräfte sind – etwa im Rahmen von Auslandsentsendungen – in internationale Transferprozesse eingebunden und nehmen Mittlerfunktionen ein. In den Muttergesellschaften von MNUs existieren Funktionen wie »Transfer-Manager«, die mit dem Aufbau und der Steuerung von Tochtergesellschaften betraut sind und insbesondere IT- und Produktionssysteme einführen. Außerhalb der Organisation nehmen internationale Beratungsgesellschaften (Richter/Niewiem 2009) eine wichtige Rolle als Mittler bei Transferprozessen ein. In den *Interaktionen* realisiert sich der Transfer als Austausch von unternehmensrelevantem Wissen und Arbeitspraktiken, der zu einer Systembeeinflussung und zu Systemveränderungen führt. Die Interaktion kann eindirektional oder reziprok verlaufen und unterschiedlich intensiv stattfinden. Häufig handelt es sich nicht um einen gegenseitigen, sondern um einen *asymmetrischen* Transfer, der meist von der Muttergesellschaft ausgeht (Kostova/Roth 2002). *Inhalte* des Transfers betreffen z. B. Strategien, Ziele, Organisationskultur, Managementinstrumente oder Verhaltensrichtlinien, die dann in den *Objekten* Werte-Charta und Verhaltenskodex materialisiert werden.

Abb. 22: Internationaler Transfer von Konzepten und Instrumenten in MNUs

Institutionelle und kulturelle Perspektiven

Aus *institutioneller Perspektive* wird der Erfolg des Transfers als Grad und Art der »Institutionalisierung« von Praktiken in den aufnehmenden Organisationen definiert (Kostova 1999, 311). Institutionalisierung ist dabei zu verstehen als »[P]rocess by which a practice achieves a taken-for-granted status at the recipient unit – a status of ›this is how we do things here.‹« (Kostova 1999, 311). Die transferierten Praktiken erzielen somit auch eine symbolische Bedeutung für die Mitarbeiter des Empfangsunternehmens. Das von Kostova vorgeschlagene theoretische Modell stützt sich auf zwei Aspekte: »[T]he diffusion of a set of rules […]« und »[T]he transmission or creation of an ›infused-with-value‹ meaning of these rules among the employees of the recipient unit« (Kostova 1999, 311).

Der Transferprozess endet schließlich nicht mit der Übernahme der formalen Regeln und Vorschriften, sondern erst mit ihrer Internalisierung, d. h. der Erschließung der symbolischen Bedeutung für den Mitarbeiter (Abb. 2). Die Ebenen des Transfers spiegeln den qualitativen Stand des Transferprozesses wider, wobei der Grad der Implementierung einzelner Praktiken mit dem Grad der Internalisierung einhergeht. Der Schritt von Implementierung zur Internalisierung einer Organisationspraktik gelingt jedoch nicht immer. Auftretende Hindernisse sind in der Forschungsliteratur differenziert beschrieben (Ferner et. al. 2005; Tempel et. al. 2005). Nach Kostova (1999) ist der Vierklang aus *Motivation, Selbstverpflichtung, Zufriedenheit* und *Eigentumsgefühl* bei den Mitarbeitern die Basis für einen erfolgreichen Transfer. Nur wenn diese Praktiken formal implementiert und auch von den Mitarbeitern internalisiert werden, gewinnen diese an strategischer Wichtigkeit in der Tochtergesellschaft.

1. Implementierung

Grad, zu welchem die Tochtergesellschaft die formalen Regeln der Praktiken der Muttergesellschaft befolgt. Demzufolge ist der Grad an einem bestimmten objektiv beobachtbaren Verhalten bzw. in Prozessen im Empfangsunternehmen erkennbar.

2. Internalisierung

Zustand, in dem die Mitarbeiter in dem Empfangsunternehmen die Praktiken als wertvoll für das Unternehmen erachten und diesen eine symbolische Bedeutung schenken. Messbar ist dieser Zustand an dem Engagement, diese Vorgaben in die Praxis umzusetzen, sowie an der Zufriedenheit mit den neuen Praktiken und der Überzeugung, diese Praktik zu befolgen.

Abb. 23: Zweidimensionales Modell erfolgreicher Transferprozesse von Organisationspraktiken (in Anlehnung an Kostova 1999, 313)

Die *kulturelle Perspektive* schließlich schenkt die meiste Aufmerksamkeit nicht der institutionellen Einbettung von Praktiken, sondern den Varianten der Organisationskultur und der Kultur allgemein, die ihrerseits die Organisationspraktiken prägt. Der Begriff (Kultur-)Transfer umschreibt und erklärt – oft unbewusst – wirkende externe Einflüsse auf Entwicklung und kulturellen Wandel in sozialen Systemen. Ihm liegt die Annahme zugrunde, dass soziale Systeme sich nicht nur durch internen Wandel verändern, sondern auch durch externe Einflüsse aus anderen sozialen Systemen. Dabei handelt es sich folglich um eine punktuelle Betrachtung kultureller Beeinflussung innerhalb des allgemeinen Verständnisses von Kultur und Interkulturalität als kontinuierlicher Prozess von Konstruktion und Dekonstruktion (Barmeyer 2011a).

Transferprozesse von Organisationspraktiken innerhalb MNUs können in verschiedene *Richtungen* verlaufen – von der Muttergesellschaft in die Tochtergesellschaft oder umgekehrt. Möglich, aber äußerst selten ist auch ein Transfer zwischen den Tochtergesellschaften. In der Forschungsliteratur wird an dieser Stelle das EP(R)G-Modell von Perlmutter (1969) angeführt, in dem es auch um die Frage geht, wie sich Tochtergesellschaften gegenüber ihrer Muttergesellschaft bezüglich des Transfers von Organisationspraktiken verhalten und inwieweit und wie genau sie die Organisationspraktiken der Muttergesellschaft übernehmen. Das Modell berührt auch das Thema der Ausrichtung und Orientierung der Organisationskultur und der Führungsphilosophie und damit verbundene Entscheidungskompetenz, Kontrollstandards, Anreizsysteme, Intensität und Richtung der Kommunikation.

Forschungsarbeiten, die dem institutionalistischen Ansatz zugrunde liegen, verstehen Transfer von der Muttergesellschaft zu den Tochtergesellschaften als kontextualisierte Konstruktion von Praktiken, die von ihrem jeweiligen Business System beeinflusst sind (Maurice et al. 1986; Whitley 1999; Maurice/Sorge 2000). Der institutionalistische Ansatz beachtet beim Transfer von Praktiken eine Gesamtheit komplexer Effekte (Wächter/Peters 2004). Almond et al. (2005) nennen vier verschiedene Effekte, denen Tochtergesellschaften beim internationalen Transfer ausgesetzt sind:

1. *Heimatlandeffekte (Country-of-origin-effect):* Muttergesellschaften, vor allem US-amerikanische, tendieren generell dazu, einen zentralistischen und nach Perlmutter (1969) ethnozentrischen Koordinationsmodus aufzuweisen, der sich in formalisierten Systemen des Controllings und Personalmanagements ausdrückt (Ferner/Müller-Camen 2004).
2. *Dominanzeffekte:* Politisch und wirtschaftlich dominierende Staaten, wie die USA, transferieren seit dem 2. Weltkrieg diverse Praktiken, Managementpraktiken oder Produktionstechniken in die Auslandstochtergesellschaften nach Europa (Djelic 1998).
3. *Standardisierungseffekte* basieren auf Standardisierungsdruck, um intraorganisationale Homogenisierung, Kostenreduzierung und Synergie-Effekte zu erreichen (Edwards/Ferner 2002). Geppert, Williams und Matten (2003) nennen diese »global rationale«.
4. *Gastlandeffekte (Host country effects)* hängen von der Offenheit des Landes der Tochtergesellschaft ab, nämlich, ob diese bereit ist von außen kommende neue Impulse und Innovationen aufzunehmen und zu integrieren. Diese Offenheit hängt auch von nationalen Institutionen und Regulierungsmechanismen ab, die sowohl als Zwänge als auch als Ressourcen für die Entwicklung von Praktiken gesehen werden können (Wächter/Müller-Camen 2002).

Zu unterstreichen ist, dass Akteure der Mutter- und der Auslandstochtergesellschaften über gewisse Handlungsfreiheiten zur Formulierung von Strategien verfügen. Auslandstochtergesellschaften können ihre Identität als Unternehmenseinheit verteidigen, indem sie spezifische lokale Praktiken entgegen dem Willen der Muttergesellschaft zur Standardisierung aufrechterhalten (Ferner et al. 2005; Tempel et al. 2005). In Fallstudien, in denen der Transfer von Personalmanagement-Instrumenten in MNU nordamerikanischen Ursprungs nach Europa untersucht werden (Ferner/Varul 2000; Wächter/Peters 2004), wird z. B. der institutionelle Rahmen der Arbeitsbeziehungen in Deutschland von den Akteuren der deutschen Tochtergesellschaften genutzt, um sich dem Transfer von Personalmanagement-Praktiken ihrer Muttergesellschaft zu widersetzen (Friel 2005; Dörrenbächer/Gammelgaard 2011).

Phasen interkulturellen Transfers

Zur Gestaltung des interkulturellen Transfers sind die *Phasen des Transfers* bedeutsam. Dabei geschieht die Übertragung durch die Ausgangskultur anhand ihrer kulturellen Artefakte (z. B. Organisationspraktiken) auf die Zielkultur. Lüsebrink (2012) unterscheidet drei Phasen des Kulturtransfers (Abb. 24): Selektion, Vermittlung und Rezeption. Der *Selektionsprozess* definiert die Transferobjekte materieller und immaterieller Art in der Ausgangskultur. Der darauffolgende *Vermittlungsprozess* bildet die Phase ab, bei der personaler Vermittler und Institution eine zentrale Rolle spielen. Schließlich betrifft der *Rezeptionsprozess* die Integration und dynamische Aneignung transferierter Diskurse, Objekte und Praktiken in die Zielkultur, wobei als Formen Übertragung, Nachahmung, kulturelle Adaption, Kommentatorform und produktive Rezeption unterschieden werden. Gerade dem Rezeptionsprozess in den Tochtergesellschaften wird bislang kaum die Aufmerksamkeit der Interkulturellen Managementforschung gewidmet – vielleicht aufgrund einer meist ethnozentrischen Personalstrategie der Muttergesellschaften.

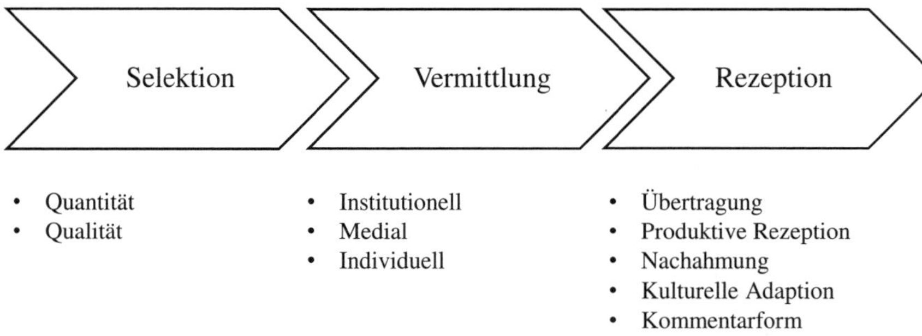

Abb. 24: Kulturtransfer und seine Prozesse (in Anlehnung an Lüsebrink 2012, 148)

Barmeyer und Davoine (2006b) unterscheiden drei idealtypische Reaktions-Muster und Möglichkeiten der Transferrezeption:

1. *Widerstand:* Mitarbeiter wehren sich gegenüber den eingeführten Instrumenten und setzen diese nicht um.
2. *Anpassung:* Mitarbeiter übernehmen und integrieren Instrumente im Anschluss an inhaltliche oder sprachliche Modifikationen, die dem landes- und organisationskulturellen Kontext Rechnung tragen.
3. *Integration:* Mitarbeiter übernehmen und integrieren ohne Infragestellung oder Konflikte die Instrumente.

Diese drei Muster (Abb. 25) sind nicht starr, sondern können Entwicklungsstadien darstellen, die vom (Personal)-Management begleitet werden: Wenn Mitarbeiter einer Tochtergesellschaft *Widerstand* zeigen, so ist dies kein Dauerzustand, denn das Stadium Widerstand kann sich – mit Unterstützung – in das Stadium *Anpassung* oder gar in das Stadium *Integration* verändern. Einerseits kann die Aufgabe von Widerstand *freiwillig* erfolgen: Die Mitarbeiter sehen nach und nach einen Sinn in den organisationskulturellen Werten und Kodizes und akzeptieren diese im täglichen Umgang. Diese Sinngebung kann auch durch gezielte Personal-Maßnahmen erreicht werden. Andererseits kann der Widerstand auch *unfreiwillig* – und das ist in der Praxis oft der Fall – auf Druck des Top-Managements oder gar der Muttergesellschaft in Form von Zwang, Befehl und Androhung von Sanktionen gebrochen werden.

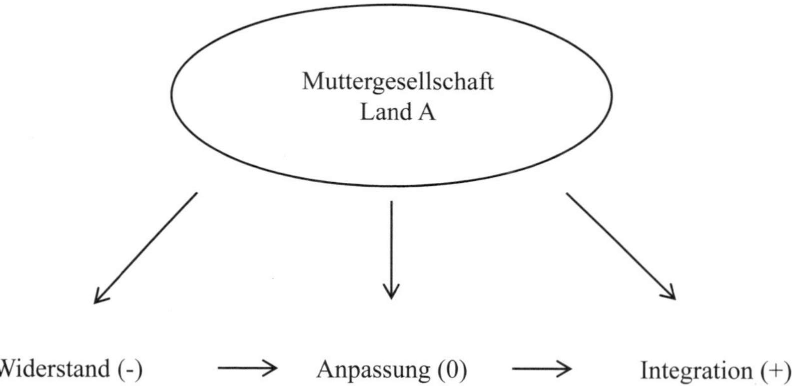

Abb. 25: Transfer-Rezeptionsmuster von Tochtergesellschaften (Barmeyer/Davoine 2006b, 231)

Herausforderungen und Widerstände in der Transferpraxis

Einen besonderen Stellenwert in der Erforschung der Interkulturalität beim Transfer von Managementinstrumenten und -praktiken in multinationalen Unternehmen nehmen organisationskulturelle und Personalmanagementinstrumente ein, vor allem Werte und Verhaltenskodizes (Barmeyer/Davoine 2011a; Tréguer-Felten 2017). Sie stellen organisationskulturelle Instrumente zur Organisationsentwicklung und Kulturbildung dar. Eine »starke« Organisationskultur (Schreyögg 2003) wird – in einem funktionalistisch-positivistischen Paradigma – als Ressource verstanden, die durch Kohärenz zu einer Erhöhung der Wertschöpfung der Organisation beiträgt. Dies trifft im besonderen Maße für MNUs zu, die schließlich eine gewisse Einheitlichkeit in ihrem weltweiten Agieren anstreben.

Blazejewski (2006) untersucht in einer qualitativen Fallstudie den Transfer verschiedener Organisationspraktiken eines deutschen multinationalen Unternehmens in die japanische Tochtergesellschaft. Dabei verweist sie auf das grundsätzlich bestehende Konfliktpotenzial beim Transfer von Organisationspraktiken in multinationalen Unternehmen, die aufgrund ihrer Ausrichtung in verschiedenen institutionellen und kulturellen Kontexten agieren und somit mit verschiedenen Dilemmata konfrontiert sind. Die jeweiligen Unternehmensentitäten werden als »typisch deutsch« und »typisch japanisch« bezeichnet (Blazejewski 2006, 78). Vor allem vier Organisationspraktiken stießen in der japanischen Tochtergesellschaft auf Unverständnis und führten zu Konflikten: Zum einen der Unternehmenswert »Integrität«, der in einem deutschen Verständnis mit Verhaltensleitlinien belegt war, die Preisabsprachen, Verhandlungstaktiken und Korruption betrafen. Die japanischen Manager bekundeten, dass dieser Wert mit lokalen Praktiken kollidierte, da ein Austausch von Geschenken zwischen Geschäftspartnern ein wichtiges Ritual darstellt. Aus japanischer Sicht handelt es sich nicht explizit um illegale Praktiken oder Korruption, sondern vielmehr um Höflichkeitsgesten, die die Beziehungsqualität zwischen Geschäftspartnern stärkt. Ein anderer Konflikt entsteht in der japanischen Tochtergesellschaft durch die Einführung der gemeinsamen Unternehmenssprache Englisch. Diese Konfliktlinie befindet sich zwischen in der Regel jungen englischsprechenden japanischen Mitarbeitern und den hierarchisch höher gestellten älteren Mitarbeitern mit begrenzten Englischkenntnissen. Die Mitarbeiter mit weniger Englischkenntnissen bekundeten, dass sie zunehmend bei Sitzungen weniger partizipieren konnten, Informationen schriftlicher und mündlicher Art missverstanden und dass sie mehr und mehr von der Muttergesellschaft isoliert wurden (Blazejewski 2006). Ein weiteres Konfliktpotenzial waren von der deutschen Muttergesellschaft vorgegebene Qualitätsstandards, die vor allem auf Kostenreduzierung hinwirkten, aber mit dem lokalen japanischen Verständnis von Qualität kollidierten. Qualität hat in Japan eine hohe symbolische Bedeutung, die zu Stolz und Identifikation mit dem Unternehmen und seinen Produkten führt (Blazejewski 2006). Ein vierter Konflikt entstand durch die Einführung eines globalen Bewertungssystems mit Feedback gegenüber Führungskräften, das dem traditionellen Senioritätsprinzip in japanischen Organisationen entgegenstand. Offene Kritik und Konfrontation zwischen Kollegen oder Vorgesetzten ist auch aufgrund des Wertes der Gesichtswahrung nicht verbreitet.

Die Beispiele der Fallstudie zeigen, dass es zu einem Spannungsfeld institutioneller Dualität (Tempel et al. 2005) kommt, in dem die Akteure der Tochtergesellschaften Zwängen ausgesetzt werden, selbst aber nur über geringen eigenen Gestaltungsspielraum verfügen. Verhalten sich die Mitarbeiter der japanischen Tochtergesellschaft nach den Vorgaben der deutschen Muttergesellschaft, setzen sie die Beziehung zu ihren japanischen Geschäftspartnern aufs Spiel. Ebenso führt ein Verhalten nach den Normen der japanischen Gesellschaft zu einem Konflikt mit der deutschen Muttergesellschaft. Diese Situation löst bei den Mitarbeitern Frustration aus und führt schließlich zu Widerstand.

Bezeichnend ist, dass die vollständige Übertragung und Angleichung der Managementpraktiken in der japanischen Tochtergesellschaft zugunsten einer flexibleren regionalen Anpassung verworfen wurde. Blazejewski deckt in ihrer Fallstudie nicht nur Konflikte und ihre Gründe auf, sondern zeigt, wie mit den Konflikten umgegangen wurde, also wie letztlich eine beidseitig akzeptierte Lösung gefunden wurde. Häufig wurde eine dritte Partei, etwa die Personalabteilung oder eine Anwaltsgesellschaft, hinzugezogen, um die Konflikte zu lösen.

Barmeyer und Davoine (2011c, 2013) thematisieren in einer Fallstudie den Transfer von Verhaltenskodizes von der nordamerikanischen Muttergesellschaft auf deren deutsche und französische Tochtergesellschaften. Das Augenmerk richtet sich auf die Analyse der Rezeptionsprozesse in Deutschland und Frankreich und auf die kognitiven Wahrnehmungsmuster der Akteure. Dabei erfolgt die Annahme und Nutzung dieses organisationskulturellen Steuerungsinstruments unterschiedlich; diese hängt nicht nur von der deutschen und französischen Kultur ab, sondern auch von berufs- und abteilungsspezifischen Besonderheiten (Marketing, Forschung & Entwicklung). Generell wird der Transfer des Verhaltenskodex von den befragten Managern der Tochterunternehmen als ethnozentrisch empfunden, weil sie bei der Entstehung und Implementierung kein Mitspracherecht hatten und somit keine lokale Anpassung stattfindet. Auch aufgrund der mangelhaften Übersetzung verliert der Verhaltenskodex an Glaubwürdigkeit und Legitimität.

Aus *institutioneller* Perspektive ist ein starker Zwang seitens der US-amerikanischen Muttergesellschaft festzustellen, die durch Kontrolle einen hohen Standardisierungsdruck ausübt und darüber hinaus selbst noch unter dem Druck der amerikanischen Gesetzeslage steht, die durch zahlreiche Finanzskandale in den USA strenger gestaltet wurde, einheitliche Verhaltenskodizes in allen Niederlassungen aufweisen zu können. Im Gegensatz hierzu stehen die gesetzlichen Rahmenbedingungen der beiden Tochtergesellschaften, die im Grunde vielmehr *gegen* die Implementierung von Verhaltenskodizes sprechen (deutsches Mitbestimmungsgesetz und französische Novartis-Rechtsprechung, EuGH, 29.04.2004 – C-106/01).

Aus *kultureller* Perspektive führen divergierende Grundannahmen in Hinblick auf die Funktion und die Legitimität von Unternehmen zu Widerständen, beispielsweise bei der Frage, inwieweit es als »ethischer Akteur« auch ins Privatleben der Mitarbeiter eingreifen darf. Während in Frankreich Arbeit und Privatsphäre strikt getrennt werden und daher ethische Vorschriften von Seiten des Arbeitgebers nicht akzeptiert werden und in Deutschland aufgrund einer weitreichenden Gesetzgebung die Rolle des ethischen Akteurs eher vom Staat übernommen wird, sind US-amerikanische Unternehmen in der Rolle des ethischen Vorbilds für die Gesellschaft akzeptiert (Palazzo 2002; D'Iribarne 2009b).

Studien des Forschungszentrums *Gestion et Société* am Pariser CNRS um Philippe D'Iribarne (2003) befassen sich mit dem Transfer von Managementinstrumenten und den damit einhergehenden Praktiken von MNUs in nicht-westliche Gesellschaften in Ländern wie China (D'Iribarne 2012), Vietnam (Henry 2011) und Libanon (Yousfi 2010). Samer François Nakhle und Eric Davoine (2016) erforschen den Transfer von Verhaltenskodizes US-amerikanischer und europäischer Muttergesellschaften samt lokaler Reaktionen und Anpassungen in den Libanon. Dabei wird der Libanon aufgrund seiner interkulturellen Vergangenheit, dem starken westlichen Einfluss und einer Vielzahl unterschiedlicher – über 18 – religiöser Gruppen und einem hohen Anteil von Frauen in Führungspositionen als kein typisch arabisches Land beschrieben.

Als Ergebnis ihrer Untersuchung stellen die Forscher zum einen fest, dass die US-amerikanischen MNUs wesentlich strenger auf die formale Umsetzung und Einhaltung der Verhaltenskodizes in den Tochtergesellschaften achten als europäische MNUs. Zum anderen erfahren Nakhle und Davoine (2016), dass die Mitarbeiter der Tochtergesellschaften zwar offiziell gegenüber der Muttergesellschaft keine Kritik oder Widerstand bekunden, dass aber inoffiziell bei verschiedenen Vorgaben und Regeln des Verhaltenskodizes Anpassungen an den libanesischen Kontext sowie Uminterpretation stattfinden.

Konstruktiver Umgang mit Transfer: Rekontextualisierung

Auf der Basis der obigen Fallstudien wird deutlich, dass Managementinstrumente und andere organisationskulturelle Steuerungsinstrumente kulturspezifisch sind und deren Übertragung in andere Kontexte problematisch verlaufen kann. Aus diesem Grund hat ihre *Rekontextualisierung* einen großen Stellenwert. Sie ermöglicht durch angepasste und ausgehandelte Bedeutungen von Organisations- und Managementpraktiken eine adäquatere und sinnvolle, und damit erfolgreichere Rezeption. Zum besseren Verständnis des internationalen Transfers werden drei Kontextualisierungsformen unterschieden (Tab. 66).

Konzept	Zeit	Herausforderung
Kontextualisierung	Vergangenheit	Konzepte erscheinen im eigenen Kontext sinnvoll. Aber: Fehlendes Bewusstsein für eigenkulturelle Besonderheiten
Dekontextualisierung	Gegenwart	Irritation gegenüber »Nicht-Passendem«/Sinnlosem
Rekontextualisierung	Zukunft	Auseinandersetzung mit Bestehendem und Neuem und dialogische Sinnschaffung, um wirkungsvoll zu sein

Tab. 66: Kontexualisierungsformen internationalen Transfers (angelehnt an Barmeyer 2012c, 110)

Kontextualisierung

Als universell angesehene Organisations- und Managementpraktiken sind weder kultur- noch wertfrei (Hofstede 1993; Scholz 2000; Maurice/Sorge 2000). Vielmehr sind sie in bestimmten institutionalistisch-kulturell geprägten Kontexten entstanden, zu einer bestimmten Zeit und in einem bestimmten Raum aufgrund bestimmter Herausforderungen oder Problemstellungen. Sie sind erdacht, konzipiert und entwickelt von Menschen, deren Denken und Handeln auf bestimmten Grundannahmen und Werten basiert, und diese Praktiken wurden in bestimmten Organisationen erprobt und integriert. Managementpraktiken sind also in spezifischen Kontexten sinn- und wirkungsvoll. Bewähren sie sich, werden sie beibehalten, bewähren sie sich nicht, werden sie wieder verworfen. Als Kontextualisierung wird hier die »Berücksichtigung von sinnstiftenden Elementen des organisationalen Umfeldes der Interagierenden verstanden, die auf den Handlungsrahmen, also auf die Interaktionen Einfluss haben und zu einer Erschließung und Interpretation derselben beitragen« (Barmeyer 2012a, 92).

Gemeinsam geteiltes Kontextwissen kann sich auf verschiedene Weise formen, etwa durch kulturelle Zugehörigkeit der Interaktionspartner und sprachliche Register (Müller-Jacquier 2000), institutionelle Faktoren (Maurice et al. 1982), Berufskulturen (Chevrier 2003b; Mahadevan 2008), soziale Schichten (Bourdieu 1997), Strukturen und Prozesse (Heidenreich 1995), Strategien, Taktiken und Interessen der Akteure (Crozier/Friedberg 1979; Mintzberg 1983).

Dekontextualisierung

Im Gegensatz zu ihrem Entstehungskontext werden Organisations- und Managementpraktiken in einem anderen Kontext (z. B. bei der Rezeption in den Tochtergesellschaften) häufig nicht gleich verstanden, weil sich Bedeutung und Sinn im Anwendungskontext ändern. Dadurch, dass Praktiken dekontextualisiert werden, bleiben sie meist sinn- und wirkungslos und die genannten Widerstände im Rezeptionsprozess können als Folge einhergehender interkultureller Missverständnisse erfahrbar werden.

Beispiele für Dekontextualisierung in Transferprozessen

Organisationskulturelle Verhaltenskodizes fordern nach US-amerikanischem Verständnis ein *Commitment* mit den vom Unternehmen vorgegebenen Verhaltensregeln, das mit einer Unterschrift bekundet wird. Jedes »Brechen« der Verhaltensregeln kann zu Sanktionen bis hin zur Kündigung reichen. In Deutschland machte damit unter anderem das US-amerikanische Einzelhandelsunternehmen Walmart Schlagzeilen: Es entließ zwei Angestellte, weil sich ihre kollegiale Beziehung zu einer intimen entwickelte und schließlich zur Heirat führte. Die Ethikrichtlinie wurde jedoch Monate später von

einem deutschen Arbeitsgericht als nichtig erklärt (LAG Düsseldorf, Beschluss vom 14.11.2005, Aktenzeichen: 10 TaBV 46/05) und Walmart musste beide Mitarbeiter wieder einstellen.
Am Anfang vieler US-amerikanischer Verhaltenskodizes findet sich ein Passus, der das Tragen von Schusswaffen im Unternehmen verbietet. Dieser ist auch in den jeweiligen Sprachfassungen der Ländergesellschaften enthalten, obwohl in europäischen Ländern nationale Waffenverbote gelten. Viele Mitarbeiter in deutschen und französischen Unternehmen machten sich über diesen Passus lustig und fragten sich gegenseitig: »Und, wo ist deine Schusswaffe?« In Brasilien führte die Umsetzung – also das Verbot – dazu, dass bisher bewaffnete, sozial schwache Arbeiter, die am Monatsende ihren Lohn in einer Lohntüte erhielten, auf dem Unternehmensgelände überfallen wurden und wehrlos ihr Monatssalär hergeben mussten.
Auch die Regel, dass Verstöße gegen den Verhaltenskodex gemeldet werden müssen (Barmeyer/Davoine 2007), das so genannte *Whistleblowing,* hat sowohl bei französischen als auch bei (ost-)deutschen Mitarbeitern große Widerstände aufgrund negativer historischer Erfahrungen ausgelöst: In Frankreich wurde das Whistleblowing in Verbindung gebracht mit dem »Verpfeifen« von Nachbarn, Kollegen oder anderen Menschen an die deutschen Nationalsozialisten im Rahmen der *Collaboration.* In Ostdeutschland wurden negative Erinnerungen an Stasipraktiken geweckt.
Quelle: Barmeyer (2012b, 104)

Die Forschung zeigt, dass die Implementierung von Managementpraktiken in anderskulturellen *Anwendungs*kontexten durch internationalen Transfer selten reibungslos geschieht (Blazejweski 2006). Im Gegensatz zu ihrem *Entstehungs*kontext werden diese Praktiken häufig nicht richtig verstanden. Dabei kann es auch vorkommen, dass Managementpraktiken nicht zum institutionellen und kulturellen Kontext passen:

»(1) countries differ in their institutional context; (2) organizational practices reflect the institutional environment of the country where they have been developed and established; and, therefore (3) when practices are transferred across borders, they may not »fit« with the institutional context of the recipient environment, which, in turn, may be an impediment to the transfer.« (Kostova 1999, 314)

Rekontextualisierung

Hervorzuheben ist, dass internationale Transferprozesse in multinationalen Unternehmen nicht nur problematische und destruktive Folgen haben, sondern auch konstruktiv wirken können: Sie bringen neue Elemente, Ideen, Impulse und Veränderungen in Organisationen ein. Sie stoßen Veränderungsprozesse und damit auch

Lernprozesse an, die zur Entwicklung von Organisationen beitragen. Damit dies geschieht und Organisations- und Managementpraktiken wirkungsvoll sein können, sollten sie rekontextualisiert werden (Søderberg 2015). Rekontextualisierung wird verstanden als Prozess, bei dem betroffene Akteure Zeichen (wie Sprache) und Objekten in sozialen Systemen Bedeutung und Sinn geben:

»Recontextualization is a notion derived from anthropology that tackles the semantic dimension of internationalization by examining how meanings shift and change in differing cultural contexts. As the term suggests, recontextualization focuses on the context that gives meaning to language, objects, and systems.« (Brannen 2004, 604).

Bei Rekontextualisierung handelt es sich also um einen gegenseitigen dialogischen Aushandlungsprozess von Akteuren, die bevorzugt aus verschiedenen beteiligten Kontexten stammen. Er führt dazu, dass zentrale Elemente (z. B. Praktiken) des Entstehungskontexts (z. B. der Muttergesellschaft) so zum Anwendungskontext (z. B. der Tochtergesellschaft) passen (z. B. durch Kombination), dass sie verstanden, als sinnvoll wahrgenommen und als gemeinsamer Handlungsrahmen akzeptiert werden und dadurch in der Organisation wirkungsvoll werden (D'Iribarne 2003). Es finden lokale Interpretationen oder neue Bedeutungskombinationen statt. Organisationspraktiken werden dann als gemeinsamer Handlungsrahmen akzeptiert.

Entscheidend ist hierbei die Berücksichtigung institutioneller (wie Rechts- und Bildungssysteme, Arbeitgeber-Arbeitnehmer-Beziehungen), kultureller (wie Werte und Praktiken) und sprachlicher (wie Semantik und Interpretation) Faktoren, die sich auch in kultureller (Kogut/Singh 1988) und institutioneller (Lervik 2008) Distanz und Nähe ausdrücken können, die zur erwünschten Passung, »fit«, führen – oder eben nicht (Scholz 2000).

»The social context also influences transferability [...]. Communication and diffusion is more likely between actors that share similar characteristics or perceive themselves to be similar, whereas more arduous relationships limit transfer [...]. The lack of congruence or fit [...] in relation to its cultural or institutional context is not considered.« (Lervik 2008, 302)

Anhand eines multinationalen dänischen Biotechnologieunternehmens untersuchen Gertsen und Zølner (2012) den Transfer von organisationskulturellen Management-Praktiken in die indische Tochtergesellschaft in Bangalore. Dabei zeigen sie anhand von zwei unternehmensweit einheitlich definierten Praktiken, *Work-Life-Balance* und *Empowerment*, wie lokale Anpassungen durch Rekontextualisierung in der Tochtergesellschaft stattfindet. Die amerikanische Organisationspraktik Empowerment soll Mitarbeiter befähigen, Verantwortung zu übernehmen und Entscheidungen zu treffen. Sie ist in angelsächsischen, skandinavischen und deutschsprachigen Ländern verbreitet und basiert auf einem selbstverantwortlichen Menschenbild (Chevrier 2009a). Anfangs stellen Gertsen und Zølner eine Divergenz zwischen skandinavischen und indischen Führungswerten sowie der Unternehmenswerte und Managementpraktiken fest (Tab. 67).

Skandinavische Führungswerte	Techbi's Unternehmenswerte	Indische Führungswerte (»fürsorgliche Führung«)
Flache Hierarchien und proklamierte Gleichheit von Individuen. Niedrige Machtdistanz.	Empowerment: »Führung für jedermann«, Entwicklung von Urteilsvermögen, Initiative zu ergreifen, andere zu motivieren, und Ermutigung, Überzeugungen auszudrücken.	Ausgeprägte und klar sichtbare Hierarchien. Hohe Machtdistanz. Initiativen obliegen der Führungskraft.
Individuelle Orientierung mit großem Spielraum für selbständige Entscheidungen der Mitarbeiter. Partizipatives Management. Konsensorientierung.	Empowerment: Das Unternehmen vertraut, involviert und »empowert« Mitarbeiter, die zu Innovationsentwicklung ermutigt werden.	Führungskräfte leiten Mitarbeiter an, geben explizite Anweisungen und kontrollieren deren Durchführung.
Wohlbefinden der Mitarbeiter.	Work-Life-Balance: Das Unternehmen kümmert sich um seine Mitarbeiter und ermutigt deren berufliche Weiterentwicklung.	Führungskräfte fördern persönliche und berufliche Entwicklung von Mitarbeitern, inklusive individueller Belange der Mitarbeiter und ihren Familien.
Ergebnisorientiert und unpersönlich.	Mitarbeiter arbeiten für das Unternehmen und es wird von ihnen erwartet, dass sie sich loyal gegenüber dessen Richtlinien verhalten.	Mitarbeiter arbeiten für ihre Führungskräfte (persönliche Loyalität).

Tab. 67: Führung und Unternehmenswerte (Gertsen/Zølner 2012, 116, unsere Übersetzung)

Deutlich wird, dass die Unternehmenswerte des multinationalen Biotechnologie-Unternehmens eng mit skandinavischen Managementidealen verbunden sind (Gertsen/Zølner 2012). Diese betreffen z. B. flache Hierarchien, Konsensorientierung, Entscheidungsfreiheit von Individuen, Offenheit gegenüber neuen Ideen oder Work-Life-Balance, die zu einer höheren Lebensqualität beiträgt. Ganz andere Vorstellungen von Organisations- und Managementpraktiken herrschen dagegen in Bangalore: ausgeprägte Hierarchien, personenorientierte Führung und wenig Delegation von Verantwortung und Entscheidungen an Mitarbeiter. Die indische Führungskraft nimmt die Rolle des sorgenden und wohlwollenden Familienoberhaupts ein, das den Mitarbeitern Vorgaben zur Orientierung macht und sie damit professionell unterstützt. Regelmäßiges Nachfragen und »Kümmern« sind in Indien Eigenschaften einer »guten« Führungskraft und dienen der Motivation.

Auf der Basis von Befragungen indischer Fach- und Führungskräfte der Tochtergesellschaft stellen die Autorinnen fest, dass eine Re-Interpretation der beiden eingeführten organisationskulturellen Management-Praktiken Work-Life-Balance und Empowerment stattfindet: So wurde zum Beispiel die Work-Life-Balance von den indischen Mitarbeitern schnell und problemlos angenommen (Gertsen/Zølner 2012, 117), jedoch an den indischen Kontext angepasst. Work-Life-Balance bezieht sich dann nicht nur auf das eigene Wohlbefinden, sondern auch auf die Familienmitglieder. Eine für die Tochtergesellschaft problematische Folge ist jedoch, dass die indischen Mitarbeiter den Arbeitsplatz relativ früh verlassen, auch wenn die zu verrichtende Arbeit noch nicht getan ist.

Auch die Empowerment-Praxis wird re-interpretiert und rekontextualisiert, sodass sie im indischen Umfeld sinnvoll ist. Das angelsächsische Empowerment wird in Indien als Desinteresse der Führungskraft an den Mitarbeitern und als wenig unterstützend interpretiert. Anders als im Entstehungskontext der USA oder der Anwendung in skandinavischen Ländern, bei der Mitarbeiter eigenständig ihre Handlungsspielräume zum Wohl der Organisation nutzen und erweitern können, werden im indischen Kontext Mitarbeiter erst von der Führungskraft dazu befähigt, autonomer handeln zu dürfen. Indische Führungskräfte weisen einen direktiven Führungsstil auf, um Mitarbeiter zu leiten, die indischen Mitarbeiter wiederum sind zurückhaltend, was Feedback gegenüber Vorgesetzten betrifft.

Die Fallstudie zeigt, wie beim Transfer von Organisations- und Managementpraktiken nach wie vor dänische Kulturmerkmale in der indischen Tochtergesellschaft weiterwirken, diese jedoch von den indischen Mitarbeitern neu interpretiert werden, damit sie zum Arbeitskontext passen. Zwei Ergebnisse sind dabei besonders interessant: Zum einen sind lokale Praktiken von sozialisatorisch beeinflussten Bedeutungssystemen geprägt, wie es die indische »fürsorgliche Führung« zeigt. Zum anderen werden die Organisations- und Managementpraktiken auch von persönlichen Strategien und Interessen der Akteure beeinflusst, wie es das Beispiel der Work-Life-Balance und die »Arbeitsniederlegung« zu einer vorgegebenen Uhrzeit zeigt.

Auch wenn die Fallstudie eine gelungene Illustration für Kontextualisierungspraktiken in selten untersuchten Kontexten (Dänemark und Indien) ist, kann kritisch angemerkt werden, dass die Ergebnisse vor allem an nationalkulturellen Unterschieden ausgerichtet sind und weniger am Konzept multipler Kulturen (die gerade in Indien, einem großen Land mit sprachlicher, kultureller und religiöser Vielfalt, vorherrschen). Hier wäre es interessant zu untersuchen, ob in unterschiedlichen indischen Tochtergesellschaften mit anderen Bereichs- und Berufskulturen ähnliche Re-Interpretationen stattfinden (Sachseneder 2013).

Gestaltungsempfehlungen

Um zielführendes Interkulturelles Management – im Spannungsfeld von Globalisierung und Regionalisierung, Standardisierung und Differenzierung, Ethnozentrismus und Ethnorelativismus – zu verwirklichen, sollte ausgleichend nach sinnvollen Lösungen gesucht werden. Wie bei vielen interkulturellen Prozessen in internationalen Organisationen spielt ausgehandelte Kultur (Brannen/Salk 2000) auch beim internationalen Transfer eine wichtige Rolle. So kann es gelingen, bestehende Gegensätze nicht zu ignorieren, sondern sie als Stärken zu vereinen und komplementär wirksam werden zu lassen. Somit nimmt das Konstruktive Interkulturelle Management eine aktive Rolle als »Systemgestalter« in internationalen Transferprozessen ein.

Aufbauend auf der bisherigen Forschung zum internationalen Transfer lassen sich Gestaltungsempfehlungen ableiten. Sie sind als Anregungen für die Analyse des internationalen Organisationskontextes und als Hilfestellungen für das (Personal-)Management und die Unternehmensführung zu verstehen: Ethnorelativistische Rekontextualisierung betrifft die Kombination von erprobtem Vorhandenen und kontextbezogenem Neuen. Dabei können verschiedenkulturelle Akteure, Ideengenerierung, Konzeption und Umsetzung von Organisations- und Managementinstrumenten in gemeinsamen, gemischtkulturellen Arbeitsgruppen vornehmen und somit neue, unerwartete, innovative Lösungen einbringen. Wenn Neues und Anderes, also Differenz, als Ressource und nicht als Störung verstanden wird, lassen sich Lern-, Entwicklungs- und Innovationsprozesse anstoßen, die zu interkultureller Kreativität (Stein 2010) beitragen, welche Organisationen für ihre Zukunftsfähigkeit benötigen. Die konkrete Umsetzung kann wie folgt erfolgen (Barmeyer 2012b):

- *Ethnorelativistische Haltung:* Akteure sollten zunächst ein Bewusstsein für kulturelle Unterschiede entwickeln, also ein Verständnis für interkulturelle Fragestellungen und ihre Konsequenzen für das Management entwickeln. Von den Akteuren wird in vielerlei Hinsicht interkulturelle Kompetenz erwartet, um den Transferprozess konstruktiv und synergetisch zu gestalten. Dazu gehören sowohl ein Bewusstsein für die eigene kulturelle Prägung als auch eine Infragestellung der kontextbezogenen, meist US-amerikanisch geprägten Managementinstrumente.
- *Strategische Impulse:* Die Organisation sollte strategisch und organisationskulturell unterstützen, um eine ethnorelativistische Haltung zu fördern. Diese erlaubt es erst, Praktiken der Landesgesellschaften in Form von Wissen und Kompetenzen als gleichberechtigt anzuerkennen und eventuell für die gesamte Organisation zu nutzen. Dies kann zum Beispiel durch interkulturelle Organisationsentwicklung geschehen.
- *Institutionelle Verankerung:* Eine ethnorelativistische Haltung kann gefördert werden durch vermehrten Kontakt und Austausch mit Kollegen anderer Länder, etwa im Rahmen von gegenseitigen, kurzfristigen Personalaustausch-Aktivitäten, Diskussionsforen und Workshops zu bestimmten Fachthemen, an denen andere

Ländergesellschaften partizipieren. So kann eine Thematisierung von Interkulturalitat auf inhaltlicher und personeller Ebene im Bereich der Managementpraktiken erfolgen und in die Organisation hineinwirken.

Unterstützt werden könnten diese organisationsinternen Prozesse durch Nutzung von Erkenntnissen aus wissenschaftlichen Studien und durch interkulturell kompetente Berater in Organisationen. Sie begleiten dann die Aushandlungsprozesse, die mit der Umsetzung einhergehen.

Die konstruktive Gestaltung internationaler Transfers kann an verschiedenen Phasen des Transferprozesses ansetzen: der Konzeption, der Vermittlung oder der Implementierung und Rezeption.

1. *Ausgehandelte Konzeption:* Bei der – meist in der Muttergesellschaft stattfindenden – Konzeption und Konkretisierung von Managementkonzepten und -instrumenten, wie Unternehmenswerten oder Verhaltenskodizes, sollten auch Mitarbeiter der *ausländischen* Tochtergesellschaften von Anfang an mit einbezogen werden. Auf diese Weise können im Sinne von multiplen Kulturen und *Diversity* (Genkova/Ringeisen 2016) die Vielfalt anderskultureller Vorstellungen, Positionen und Bedeutungen berücksichtigt und direkt integriert werden. Nur dann werden Managementkonzepte und -instrumente nicht ethnozentrisch von der Muttergesellschaft erarbeitet und vorgegeben, sondern ethnorelativistisch von verschiedenen Beteiligten ausgearbeitet. Damit steigt die Wahrscheinlichkeit, dass sich Mitarbeiter ausländischer Tochtergesellschaften stärker mit bestimmten als sinngebend erkannten Managementkonzepten identifizieren.
2. *Ausgehandelte Vermittlung:* Akteure der Mutter- als auch Tochtergesellschaften sollten gemeinsam die Rezeption und die sinnvolle Rekontextualisierung von Management- und Organisationspraktiken vorbereiten und begleiten. Dazu gehört die Erklärung und Verständlichmachung der Organisationspraktiken, die sowohl institutionelle als auch kulturelle Besonderheiten berücksichtigt. Eine wichtige Aufgabe erfüllen hierbei Expatriates, die als Boundary Spanners über multiples Systemwissen verfügen (Søderberg 2015).
3. *Ausgehandelte Rezeption:* Auch bei der Rezeption von Managementkonzepten in ausländischen Tochtergesellschaften sollten Möglichkeiten für eine Rekontextualisierung geschaffen werden, um einen gewissen Spielraum der Interpretation zuzulassen (Barmeyer et al. 2010). Dann können Mitarbeiter – im Rahmen einer gewissen Bandbreite – den Managementkonzepten eine für sie sinnvolle Bedeutung geben. Allerdings sollte dies von der Unternehmensleitung toleriert und erlaubt werden.

Interkulturelle Organisationsentwicklung

Kulturbezug der Organisationsentwicklung

Organisationen – zu denen insbesondere Unternehmen als gezielt gewinnorientierte Organisationen zählen – sind soziale Systeme, die zur Zielerreichung Ressourcen bündeln, koordinieren und nutzen. Sie agieren heutzutage fast zwangsläufig in internationalen Umfeldern und richten sich hierauf vielfältig aus: einerseits nach außen gerichtet in ihren Strategien mit dem Ziel der internationalen Wettbewerbsfähigkeit, andererseits nach innen gerichtet in ihren Strukturen, Prozessen und Organisationskulturen mit dem Ziel der Bewältigung dieser immensen Komplexität. Jehle, Hildebrandt und Meister (2016, 3) zeigen, wie mit dieser Komplexität umgegangen werden kann. Als Ausgangspunkt dienen drei Basis-Bedürfnisse von Menschen in Organisationen. Das Bedürfnis der (1.) Zugehörigkeit zur Organisation und ihren Mitgliedern, das Bedürfnis, (2.) die Organisation zu verstehen und auch mitzugestalten und schließlich das Bedürfnis, (3.) sich mit der Organisation zu entwickeln und zu lernen. Diese drei Basis-Bedürfnisse verweisen auf Organisationsentwicklung. Betroffen sind immer die Akteure: die Stakeholder in der Außenbeziehung und vor allem die Mitarbeiter in der Innenbeziehung.

Veränderungen können bei Menschen eine große Verunsicherung bewirken, wie es die Phänomene der Globalisierung, Digitalisierung und Einwanderung zeigen. Umso wichtiger wird es in der Interkulturellen Managementforschung, die Zusammenhänge und Wirkungsbeziehungen von Einflussmöglichkeiten zu verstehen und zu erklären, um gerade im interkulturellen Kontext die Potenziale einer interkulturellen Organisationsentwicklung zu nutzen (Barmeyer/Bolten 2010).

Die Gestaltung von Begegnungs- und Austauschprozessen ist der Kern der Organisationsentwicklung (OE; im Englischen: *Organizational Development,* OD). Es ist das Ziel der Organisationsentwicklung, den Reaktionen einer Organisation auf externen und internen Veränderungsdruck, dem organisationalen Lernen und der perspektivischen Weiterentwicklung einen langfristigen und bewusst strategisch gestaltbaren Rahmen zu geben (Schein 2000). Organisationsentwicklung hilft, das Fortbestehen einer Organisation in der Zukunft zu sichern, denn in Zeiten extrem hoher Dynamiken ist es alles andere als sicher, dass Organisationen für immer fortbestehen. Folgende Definition enthält zentrale Merkmale von Organisationsentwicklung:

»Unter Organisationsentwicklung verstehen wir einen Veränderungsprozess der Organisation und der in ihr und für sie tätigen Menschen (Stakeholder), welcher von diesen selbst aktiv getragen und bewusst gelenkt wird und somit zur Erhöhung des Problemlösungspotenzials und der Selbsterneuerungsfähigkeit der Organisation führt, wobei die Menschen gemäß ihren eigenen Werten die Organisation und den Veränderungsprozess authentisch so gestalten, dass diese nach innen und außen den wirtschaftlichen, sozialen, humanen, kulturellen und technischen Anforderungen entsprechen können.« (Glasl et al. 2008, 45)

Organisationsentwicklung trägt dazu bei, Veränderungen unter Anwendung sozialwissenschaftlicher Theorien zu planen und diese ganzheitlich umzusetzen, was insbesondere bedeutet, die Organisationsmitglieder mit einzubeziehen. Insbesondere die angelsächsisch geprägte Organisationsentwicklungstradition, die in Deutschland seit Jahrzehnten einen großen Einfluss hat, geht davon aus, dass sich Organisationen und Menschen aktiv »entwickeln« lassen, das heißt mittels kollektivem Lernen in bestimmte Richtungen gestaltbar sind (Sievers 1977, 12; Glasl et al. 2008). Über den Einbezug Einzelner in die Modifikation kommunikativer und struktureller Regel- und Orientierungssysteme werden zugleich kollektive Gestaltungsobjekte wie die Unternehmensidentität beeinflusst. Ausprägungen von Organisationsentwicklung in der Unternehmenspraxis sind beispielsweise Change-Management-Prozesse, Trainings und Coachings, Strategie- und Organisationskultur-Entwicklung, Struktur-Implementierung, Prozessoptimierung und auch Managemententwicklung (Fagenson-Eland et al. 2004). Organisationsentwicklung ist allerdings beispielsweise dem Change-Management konzeptionell übergeordnet, da sie viel proaktiver, langfristiger und holistischer ausgerichtet ist und nicht reaktiv einzelne, jeweils abgegrenzte Veränderungsprojekte betrifft (Piber/Kalcher 2007). Zudem berücksichtigt Organisationsentwicklung sowohl die Zielsetzungen des Unternehmens als auch der betroffenen Mitarbeiter. Somit ist sie auf Bottom-up-Prozesse und Mitarbeiterpartizipation fokussiert.

In international agierenden Unternehmen finden sich zahlreiche Anlässe, Organisationsentwicklung auch international zu planen und umzusetzen (Althauser 2006). Durch die Internationalisierung wird auch die Organisationsentwicklung international; Methoden und Instrumente finden nicht nur im heimischen Kontext Anwendung, sondern kommen auch in den Auslandsgesellschaften zur Anwendung. Dabei steht häufig im Vordergrund, Systeme und Kulturen möglichst über das gesamte multinationale Unternehmen hinweg zu vereinheitlichen, da dies vermeintlich die zentrale Steuerbarkeit ermöglicht. Doch wird Organisationsentwicklung hierdurch mit interkulturellen Herausforderungen konfrontiert, nämlich wie sich Strategien, Strukturen, Prozesse und Gruppen in anderskulturellen Kontexten entwickeln lassen, ohne deren eigenkulturelle und bewährte – und meist erfolgreiche – Spezifität zu zerstören und damit die Effektivität der Organisation zu beeinträchtigen (Barmeyer/Bolten 2010).

Es ist unmittelbar einsichtig, dass Organisationsentwicklung kulturrelativ ist (Fagenson-Eland et al. 2004; Haupt 2010): In unterschiedlichen Ländern sind allgemeines Entwicklungsverständnis, Lernbereitschaft, Reflektionsfähigkeiten und Geschwindigkeit von Verhaltensänderungen unterschiedlich ausgeprägt. Im Allgemeinen unterscheiden sich Haltungen, Grundüberzeugungen, Wissen und Kompetenzen, die auch bei der Organisationsentwicklung benötigt werden, von Kulturraum zu Kulturraum.

Die Ursprünge der Organisationsentwicklung liegen in den USA der 1950er und 1960er Jahre, bevor sie sich dann in angelsächsischen Ländern wie England, Kanada und Australien sowie Norwegen und den Niederlanden verbreitete (French/Bell 1990, 42). Dabei basiert Organisationsentwicklung auf sozialwissenschaftlichen Strömungen, die vor allem von dem Sozialpsychologen Kurt Lewin (1890–1947) mitentwickelt wurden:

- Die *Laboratoriumsmethode* untersucht gruppendynamische Prozesse in unstrukturierten Kleingruppen, insbesondere wechselseitige Interaktionen ihrer Mitglieder, also sich entfaltende Gruppendynamiken. Die Mitglieder entwickeln eine zunehmende Wahrnehmungsfähigkeit über ihre eigenen Verhaltensweisen, die sie dementsprechend positiv beeinflussen können. Nach und nach wurden Methoden und Erkenntnisse dieser sozialen Systeme von Kleingruppen auf Organisationen übertragen. Zentrale Forscher sind Kurt Lewin, Douglas McGregor und Robert Blake.
- Die *Aktionsforschung* kann definiert werden als »[...] der Prozess der systematischen Sammlung empirischer Daten über ein System in Bezug auf dessen Ziele und Bedürfnisse; aus dem Feedback dieser Daten an das System und aufgrund zusätzlicher Hypothesen werden Aktionen zur Veränderung einzelner Systemvariablen entwickelt; durch neue Datensammlungen werden die Ergebnisse dieser Aktionen überprüft und ausgewertet« (French/Bell 1990, 110). Aktionsforschung ist ein Konzept problemorientierter Organisationsveränderung, bei dem die Probleme gemeinsam mit den Beteiligten erhoben werden: »Sie greift anstehende praktische Probleme auf und ist so im wörtlichen Sinn anwendungswissenschaftlich« (Comelli/Jeserich 1985, 62).
- Das *Survey Feedback* (dt.: Daten-Rückkopplungs-Methode) trägt dazu bei, dass in der Organisation Informationen wie beispielsweise zu Einstellungen der Mitarbeiter durch mündliche oder schriftliche Befragung oder durch Beobachtung gewonnen werden. Die aufbereiteten Ergebnisse werden dann an die beteiligten Personen zurückgemeldet, die darauf reagieren können, indem sie zu den Ergebnissen Stellung nehmen sowie partizipativ Veränderungsvorschläge einbringen. Zentrale Vertreter sind Leon Festinger, Douglas McGregor und Rensis Likert.

Die ausgeprägte Partizipation spiegelt die US-amerikanische Grundannahme einer niedrigen Machtdistanz wider. Im deutschsprachigen Raum sind es erst Becker und Langosch (1954) und dann Gebert (1974), welche die ersten Publikationen zur Organisationsentwicklung veröffentlichten, gefolgt von Lievegoed (1974), Glasl und de la Houssaye (1975) sowie Sievers (1977). Der Einfluss der systemischen Theorie in den späten 1980er Jahren (Schmid/Messmer 2005), die Organisationen als lebendiges Ganzes mit Eigendynamiken und folglich nur beschränkter Vorhersehbarkeit und Lenkungsmöglichkeit betrachten, führte insbesondere im deutschsprachigen Raum zur Weiterentwicklung. Das heutige Konzept der Organisationsentwicklung kann inzwischen als »westlich« bezeichnet werden, integriert sie doch die US-amerikanischen und die westeuropäischen Traditionen weitgehend.

Dies bedeutet allerdings keinesfalls, dass die Grundannahmen, Konzepte, Methoden und Instrumente der Organisationsentwicklung universell einsetzbar wären. Im Gegenteil: Sie sind – aufgrund der expliziten Beteiligung der betroffenen Menschen – nur bedingt in jeweils anderskulturellen Kontexten auf die gleiche Weise sinnvoll einsetzbar und wirksam (Barmeyer 2010). Anders ausgedrückt bedeutet dies, dass Organisationsentwicklung je nach beteiligten Kulturvertretern verschieden gestaltet werden muss und unterschiedlich wirkt.

Kulturvergleichende Organisationsentwicklung

Organisationsentwicklung, kulturvergleichend gesehen, betrifft nicht nur unterschiedliche Kontexte und Methoden, sondern auch unterschiedliche Vorstellungen von Organisationen (Lau et al. 1996). Je nach kulturellem Kontext existieren diesbezüglich unterschiedliche Metaphern von Organisationen, wie etwa die funktionale Metapher einer »gut geölten Maschine« oder die personenorientierte einer »Pyramide von Menschen«, wie es Owen James Stevens – auf der Basis von Befragungen bei MBA-Studierenden aus verschiedenen Ländern – herausfand (Hofstede/Hofstede 2005, 244 ff).

Deutsche Befragte nannten die Metapher der »gut geölten Maschine«, um eine Organisation zu charakterisieren: Funktionale Strukturen und Prozesse regeln Verantwortungen, Aufgaben und Abläufe. Die Organisation wird verstanden als eine *heterarchische* Form, deren Funktionieren und Zielerreichung – losgelöst von einer personalisierten und steuernden Autorität – durch Regeln stattfinden. Wichtigstes Steuerungsprinzip sind formale Regeln (Hofstede/Hofstede 2005, 252). Die Maschine läuft, wenn jedes Element eine auf die anderen Elemente abgestimmte Funktion aufweist. Eine Unterscheidung von vertikalen und horizontalen Beziehungen ist kaum bedeutend. Dies setzt jedoch auch eine ausgeprägte fachliche Kompetenz auf allen – auch den unteren – Ebenen voraus (Barmeyer/Davoine 2008). Aus diesem Grund ist ein Eingreifen der Führungskraft nur in außergewöhnlichen Fällen nötig. Dieses implizite Organisationsverständnis spiegelt das in Deutschland anzutreffende Delegationsprinzip wider.

Französische Befragte sahen eine Organisation als eine »Pyramide von Menschen«. Die Führungskraft steht als Autorität an der Spitze der Pyramide und unter ihr die nachgeordneten Akteure. Die Organisation wird verstanden als eine *hierar-*

chische Form, in der sich zwischenmenschliche Beziehungen entwickeln und Machtfragen durch die personalisierte Autorität reguliert werden müssen. Da Macht an der Spitze der Pyramide konzentriert wird, setzten sich die Akteure der unteren Ebene zur Wehr, um nicht vom Gewicht der Pyramidenspitze erdrückt zu werden (Crozier/Friedberg 1977). Es existiert zwar ein System von Regeln, diese können jedoch situativ interpretiert werden (D'Iribarne 2001; Barmeyer 2000). Die vertikalen Beziehungen sind also bedeutender als die horizontalen. Die Metapher der Pyramide steht für eine Zentrierung der Autorität und ebenso für eine klare Strukturierung der Aufgaben. Das wichtigste Steuerungsprinzip ist die *hierarchische Autorität* (Hofstede/Hofstede 2005, 252). In der französischen Organisationspraxis bedeutet dies eine relativ schwach ausgeprägte Delegation und lange Entscheidungszeiten, schließlich müssen Entscheidungen die verschiedenen Ebenen der Pyramide durchlaufen (Crozier 1963).

Britische Befragte nutzten die Metapher des »Wochenmarkts«: Organisationen sind geprägt durch wenig Strukturen und flache Hierarchien. Zur Strukturierung von Aktivitäten existieren nur wenig formelle Regeln. Entscheidungen fallen situativ und lösungsorientiert (Stewart et al. 1994). Es findet ein Aushandeln von Interessen und Zielen statt, im Sinne einer Vertragslogik (D'Iribarne 2001), die möglicherweise finanziell gemessen werden können. Wichtigstes Steuerungsprinzip zwischen Akteuren ist der Wettbewerb (Hampden-Turner/Trompenaars 1993). Selbst Fach- und Kernkompetenzen lassen sich »outsourcen«, wenn dies finanziell sinnvoll erscheint.

Allein die Ausführungen zu den drei Organisationsmetaphern zeigen: Wenn Organisationsentwicklung international und interkulturell wirksam sein soll, sollten kulturspezifische Vorstellungen von Organisationen berücksichtigt und Vorgehensweisen und Instrumente entsprechend adäquat angewendet werden. Der Kontrast unterschiedlicher Auffassung von Organisationsentwicklung anhand zweier konkreter Länder, USA (eher optimistisch-positive Sicht) und Frankreich (eher pessimistisch-kritische Sicht), macht deutlich, wie weit die jeweiligen Auffassungen auseinander liegen (Tab. 68). Es ist anzunehmen, dass sich aufgrund ausgeprägter kultureller Distanzen die Auffassungen zwischen einem westlichen Land und beispielsweise einem afrikanischen Land weit mehr unterscheiden.

Organisationsentwicklung kann in der US-amerikanischen Kultur »funktionieren«, denn:	**Organisationsentwicklung kann in der französischen Kultur »nicht funktionieren«, denn:**
Eine Organisation besteht aus freiwilligen Anstrengungen ihrer sich frei zusammenschließenden Mitglieder.	Eine Organisation ist eine lose Ansammlung ungleicher und miteinander ringender Gruppeninteressen.
Die Entwicklung von Individuen und die Organisationsziele sind kompatibel.	Die Entwicklung von Individuen ist unvereinbar mit den Zielen der Organisation.

Organisationsentwicklung kann in der US-amerikanischen Kultur »funktionieren«, denn:	**Organisationsentwicklung kann in der französischen Kultur »nicht funktionieren«, denn:**
Durch Thematisierung von Kommunikationsproblemen und Missverständnissen zwischen Organisationsmitgliedern wird ein besseres Verständnis geschaffen.	Durch Thematisierung von Kommunikationsproblemen und Missverständnissen werden grundsätzliche Widersprüche zwischen sozio-politischen Zielen aufgedeckt.
Wenn der Einzelne authentisch, offen und vertrauenswürdig ist, werden gemeinsame Bedürfnisse deutlich.	Wenn der Einzelne aufrichtig und offen ist, treten soziale Gründe für Konflikte hervor.

Tab. 68: Sichtweisen auf die Organisationsentwicklung (Amado et al. 1991, in Anlehnung an Hampden-Turner/Trompenaars 1993, 363)

Es kann festgehalten werden, dass weder die Auffassung noch die Praxis von Organisationsentwicklung universell ist: OE geht in diesem Sinne implizit von der Lernwilligkeit und -fähigkeit einzelner Personen und der Entwicklungsfähigkeit von Organisationen aus (Barmeyer 2010). Hierzu gehört auch die hohe Eigenverantwortlichkeit und Selbstregulation von Personen, deren Interessen und Ziele weitgehend deckungsgleich mit denen der Organisation sind.

Interkulturelle Organisationsentwicklung

Interkulturelle Organisationsentwicklung soll die kulturbewusste Ausgestaltung der Organisationsentwicklung konstruktiv vornehmen. Sie ist – in Abgrenzung zur individuellen Mikroebene der interkulturellen Kompetenzentwicklung von Mitarbeitern – auf der kollektiven Mesoebene verortet: Nicht nur Individuen lernen und entwickeln sich in interkulturellen Räumen, auch Kollektive wie Abteilungen und ganze Organisationen. Dabei sind beide Ebenen miteinander verwoben, da das Kollektiv der Organisation aus den einzelnen Mitarbeitern gebildet wird (Ludwig 2006; Bolten 2010a).

In diesem Sinne wird interkulturelle Organisationsentwicklung »als ein kontinuierlicher und nachhaltiger Veränderungs- und Entwicklungsprozess verstanden, der die Gesamtheit der Organisation, also ihre Strategien, Strukturen, Prozesse und Ressourcen mit dem Ziel des effektiven interkulturellen Verhaltens der Organisation optimiert« (Barmeyer 2010, 33).

Somit zielt interkulturelle Organisationsentwicklung auf die konstruktive Gestaltung von Interkulturalität durch Veränderungen und Entwicklung von Menschen und Organisationen unter Berücksichtigung (inter-)kultureller Einflüsse und kultureller Kontexte, in Bezug auf Haltung, Methoden und Inhalte, ab. Sie soll gleichermaßen zur *wertschöpfenden* Entwicklung der Organisation und zur *wertschätzenden* Zusammenarbeit von Mitarbeitern unterschiedlicher Kulturen beitragen.

Erstaunlicherweise findet das Thema der interkulturellen Organisationsentwicklung in der theoretischen Fachdiskussion bislang wenig Resonanz. Ausnahmen bilden einige Erfahrungsberichte zur Implementierung westlicher Organisationsentwicklungs-Instrumente in ausländischen Tochtergesellschaften. Die Publikationen von Wang (2010) bezüglich China und Özdemir (2015) bezüglich der Türkei sind Ausnahmen. Es kann jedoch bezweifelt werden, dass Organisationsentwicklung in internationalen Kontexten problemlos verläuft. Eher sind Maßnahmen der Organisationsentwicklung in nationalen Kontexten – insbesondere in »westlich-nordischen« Gesellschaften – fest etabliert, in multikulturellen Kontexten dagegen nicht. Gründe hierfür liegen zum einen in der komplexen Koordination zwischen internationalen Mutter- und Tochterunternehmen, zum anderen im geringen Bewusstsein über Interkulturalität und Wissen über das Funktionieren anderskultureller Orientierungssysteme bei den Akteuren, was grundsätzlich zu einer Unterschätzung von Unterschiedlichkeit sowie einer »Ähnlichkeitsannahme« (Barmeyer 2012a) führt. Ein solcher Ethnozentrismus verlangsamt die erfolgreiche organisationsinterne internationale Organisationsentwicklung von Unternehmen.

Zentral für das Konzept der interkulturellen Organisationsentwicklung ist die klare Definition der Beteiligten. Während Change-Management-Prozesse auch von außen, das heißt durch Beratende, dominant vorangetrieben werden, ist Organisationsentwicklung vornehmlich innengetrieben (selbst wenn Beratende diesen Prozess unterstützen). Nun bringen die Beratenden ihr eigenes kulturelles Verständnis mit in den Organisationsentwicklungsprozess ein. Damit steigen die kulturelle Vielfalt, die möglichen Irritationen und Verunsicherungen sowohl der Organisationsmitglieder als auch der Beratenden weiter an.

Für die interkulturelle Organisationsentwicklung ist es daher entscheidend, ihr einen Raum zu geben, der zunächst Kultur als erlerntes Orientierungs- und Referenzsystem von Grundannahmen, Werten und Praktiken als »unbewusste Selbstverständlichkeit« (Barmeyer 2012a, 95) akzeptiert und von dort aus behutsam Interkulturalität ermöglicht, also im Idealfall ein gegenseitiges und meist »unbemerktes« Aufeinanderzugehen. Es ist mittels Strukturierung des interkulturellen Organisationsentwicklungsprozesses bewusst zu verhindern, dass sich Vertreter einer dominanten Kultur von vornherein durchsetzen, anstatt dem wechselseitigen interkulturellen Lernprozess Zeit und Raum zu lassen. Die Beratenden sollten in interkulturellen Organisationsentwicklungsprozessen daher unterstützend und impulsgebend sein, nicht aber dominant. Sie sollten sich maximal zurücknehmen und höchstens »Angebote« aus dem eigenen Verständnis als Impulse anbieten, aber keinesfalls als Lösungen vorgeben. Interessanterweise tragen angelsächsische oder deutschsprachige »Organisationsentwicklungs-Schulen« diesem Umstand häufig wenig Rechnung.

Für interkulturelle Organisationsentwicklung heißt das mindestens, dass eine kultursensible, behutsame Anpassung oder Integration vielfältiger Werte und Praktiken unter Beachtung der Eigenarten und Bedürfnisse der anderskulturellen Mitarbeiter stattfindet. Entsprechend der Strategien von Perlmutter (1969), wie Organisationen mit Internationalisierung und der sich daraus ergebenden kulturellen Pluralität bzw. Interkulturalität umgehen, lässt sich ableiten, wie Organisationsentwicklung gestaltet sein könnte (Tab. 69).

Ethnozentrismus	Polyzentrismus	Geozentrismus
Organisationsentwicklung wird als ein Top-down-Prozess verstanden, der den Tochtergesellschaften auferlegt wird.	Organisationsentwicklung findet demzufolge dezentral und unabhängig in den jeweiligen Tochtergesellschaften statt.	Organisationsentwicklung findet koordiniert im gegenseitigen Austausch zwischen Mutter- und Tochtergesellschaften statt.

Tab. 69: Kulturstrategien und Organisationsentwicklung

Eine »gleichberechtigte« – im Sinne Perlmutters (1969) »geozentrische« – interkulturelle Organisationsentwicklung zielt sogar darauf ab, eine Interkultur zu entwickeln, die von allen beteiligten Akteuren unterschiedlicher kultureller Zugehörigkeit geprägt wird (Haupt 2010). Dies folgt dem Prinzip der reziproken Austauschbeziehung der Beteiligten. Die resultierende Organisationskultur ist idealerweise in unterschiedlichen kulturellen Kontexten und bei unterschiedlichen Zugehörigkeiten der Akteure (wie Landes-, Regional-, Berufs-, Abteilungskulturen) akzeptierbar und realisierbar. Schließlich soll sie eine wirksame, konfliktfreie und produktive interkulturelle Zusammenarbeit ermöglichen.

Einen besonderen Stellenwert bei der – interkulturellen – Organisationsentwicklung haben Phasenmodelle, die neben strategischen und strukturellen Elementen auch prozessuale Elemente beachten. Als soziale Systeme durchlaufen Organisationen nach der Gründung verschiedene Phasen des Wachsens, Reifens und der Veränderung. Dabei entwickelt eine Organisation in jeder Phase die passenden Formen des Organisierens und Führens und arrangiert sich mit ihrem Umfeld.

Ein Phasenmodell von Sackmann (2004, 181–192) beschäftigt sich mit Entwicklungsphasen von Organisationen bezüglich der Unternehmenskultur. Verschiedene Phasen folgen aufeinander: Zuerst ist da die Gründungsphase, in der grundlegende Strategien und Strukturen herausgebildet werden, die stark von dem Gründer und seinen spezifischen Werten und Normen geprägt sind, mit denen auch die Mitglieder sozialisiert werden. Eine zweite Phase wird als Entwicklungsphase bezeichnet. Kommunizierte Regeln und Normen festigen sich; bewährte Aspekte bleiben erhalten, andere hingegen werden erweitert oder verbessert. Eine dritte Phase bildet die Reifephase, in der Werte, Normen und Regeln den Verhaltensspielraum der Organisationsmitglieder bestimmen. Möglichkeit zur Entwicklung bzw. Optimierung ist trotzdem gegeben. Eine letzte Phase ist die Krisenphase, bei der sich angewandte Verfahren und Verhaltensweisen als nicht mehr erfolgreich erweisen und somit ein Umdenken der Organisation erfordern. Diese Umorientierung fördert eine Weiterentwicklung, um das Fortbestehen der Organisation zu garantieren.

Das Phasenmodell von Glasl (1994) baut auf einem Phasenmodell von Lievegoed (1974) auf. Demnach entwickeln sich Organisationen von der Pionierphase über die Differenzierungs- und Integrationsphase zur Assoziationsphase. Annahme ist, dass diese Phasen, bzw. Stufen, in vorhersagbarer Abfolge »emergieren«, wobei die folgende Stufe über die Fähigkeiten der vorherigen hinaus geht und die Fähigkeiten der vorherigen einschließt. Jede folgende Stufe ist komplexer und zeichnet sich durch Bewusstheit und größere Fähigkeit aus, mit – interkultureller – Komplexität konstruktiv umzugehen. Die wichtigsten Merkmale zeigt in komprimierter Form Abb. 26.

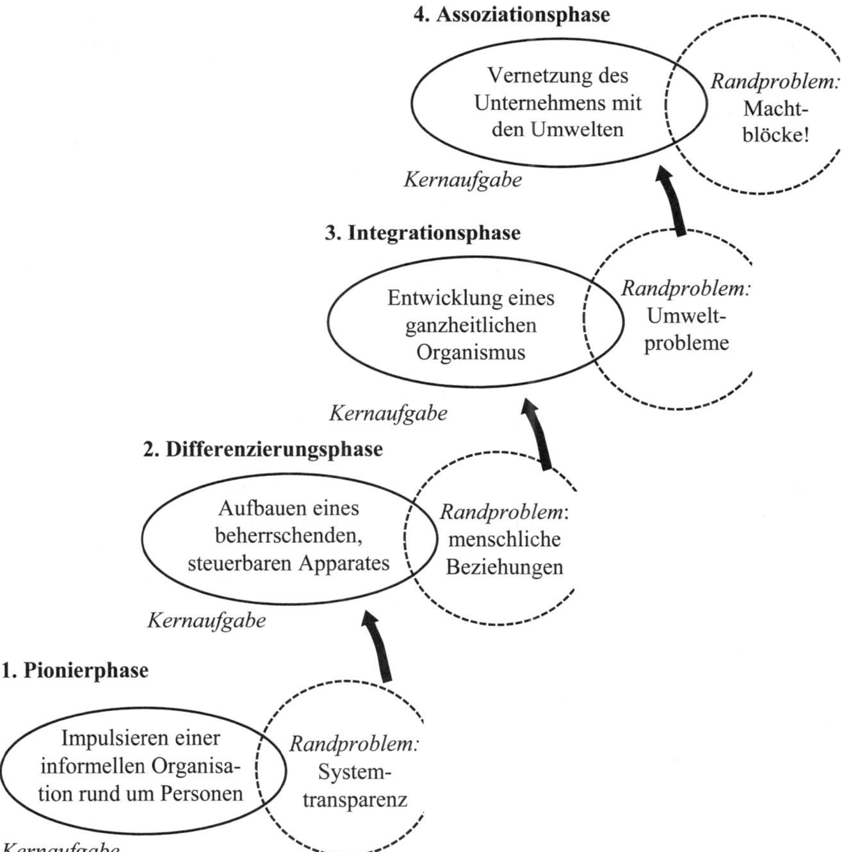

Abb. 26: Entwicklungsphasen von Organisationen (in Anlehnung an Glasl 1994; Glasl/Lievegoed 2011)

Ein beschreibendes Modell unterschiedlicher Grundkonfigurationen einer interkulturellen Organisationsentwicklung stellt die ethnozentrische, polyzentrische und geozentrische (also die »interkulturelle«) Organisationsentwicklung und ihre Rahmenbedingungen gegenüber (»Trigon-Modell«, Glasl et al. 2008). Zur konstruktiven und wirkungsvollen Gestaltung der Organisationsentwicklung ist zu beachten, in welcher Phase sich die Organisation gerade befindet. Dementsprechend sind die jeweiligen Methoden und Instrumente zu wählen und einzusetzen. Aus dynamischer Sicht lässt sich eine grundsätzliche Stimmigkeit mit den Entwicklungsstufen von Organisationen erkennen: Die ethnozentrische Haltung wird am ehesten in Organisationen in der Pionier- oder Differenzierungsstufe anzutreffen sein. Das Verständnis für Autonomie der Tochtergesellschaften reift erst in der Integrationsphase. Die geozentrische Stufe setzt vernetztes Denken sowie ein Verständnis von Interdependenz zwischen Mutter- und Tochtergesellschaften voraus und dürfte sich in der Regel frühestens mit der Integrationsphase entwickeln. Die Assoziationsphase bietet Raum für zahlreiche interkulturelle Vernetzung – auch im Sinne der multiplen Kulturen untereinander.

Um das Entwicklungsmodell für konkrete Interventionen der Organisationsentwicklung nutzbar zu machen, müssen die Entwicklungslinien exakt definiert werden: In Bezug auf welche Indikatoren zeigt sich ethnozentrisches, polyzentrisches oder geozentrisches Verhalten der Organisation? Dies erfolgt im allgemeinen Trigon-Systemkonzept (Glasl et al. 2008) in Bezug auf die sieben Wesenselemente Identität, Strategie, Struktur, Menschen/Gruppen/Klima, Funktionen, Prozesse und physische Mittel.

Wenn nun diagnostiziert werden kann, in welcher interkulturellen Entwicklungsstufe sich eine Organisation befindet (Pionier-, Differenzierungs-, Integrations- bzw. Assoziationsphase), lassen sich sinnvolle Interventionen planen und durchführen, um die Organisation wirkungsvoll auf dem Weg zur interkulturellen Kompetenz zu begleiten. Eine solche Diagnose unterstützt die Fürberger Matrix (Tab. 70). Als ein integratives Diagnoseinstrument für die interkulturelle Organisationsentwicklung beschreibt sie die Art und Weise, wie internationale Organisationen mit Internationalisierung und der sich daraus ergebenden kulturellen Pluralität umgehen.

Wesenselemente (Trigon)/ Kulturstrategien als Entwicklungsstufen (Perlmutter)	**Ethnozentrisch** »Nur das eine« Besonderheiten und Unterschiede werden nicht wahrgenommen, Strategien und Maßnahmen unreflektiert von der Mutter- auf die Tochtergesellschaften übertragen. Standpunkt: Eine Position.	**Polyzentrisch** »Das eine und das andere« Besonderheiten und Unterschiede existieren parallel und werden anerkannt. Standpunkt: Sowohl die eine als auch die andere Position.	**Geozentrisch** »Das neue Dritte« Besonderheiten und Unterschiede werden anerkannt, wertgeschätzt und konstruktiv als Synthese genutzt. Standpunkt: Eine neue Position.

1. Identität	Werte und Prinzipien der Muttergesellschaft sind maßgeblich für alle Tochtergesellschaften.	Tochtergesellschaften entwickeln und leben ihre Werte und Prinzipien eigenständig.	Neue gemeinsame Werte und Prinzipien der Mutter- und Tochtergesellschaften werden durch das Zusammenwirken integriert.
2. Strategie, Policy, Programme	Die Strategie wird in der Muttergesellschaft entwickelt und alle Tochtergesellschaften erhalten Zielvorgaben, die zu erreichen sind.	Jede Tochtergesellschaft entwickelt ihre eigene Strategie und Zielvorgaben unter Einhaltung gewisser Rahmenbedingungen.	Die Entwicklung von Strategie und Zielvorgaben ist ein interaktiver aushandelnder Prozess aller Beteiligten.
3. Struktur der Aufbauorganisation	a. Die Aufbauorganisation der Tochtergesellschaften ist ein Abbild der Aufbauorganisation der Muttergesellschaft. b. Wichtige Schlüsselfunktionen befinden sich zentral in der Muttergesellschaft. c. Wichtige Schlüsselfunktionen aller Tochtergesellschaften werden von Führungskräften der Muttergesellschaft besetzt.	a. Jede Tochtergesellschaft weist eine länderspezifische Aufbauorganisation auf. b. Wichtige Schlüsselfunktionen befinden sich vor Ort in den Tochtergesellschaften. c. Wichtige Schlüsselfunktionen werden von lokalen Führungskräften der jeweiligen Tochtergesellschaften besetzt.	a. Strukturen sind vernetzt und ortsübergreifend und ergeben sich aus den Möglichkeiten und Potentialen der einzelnen Gesellschaften. b. Wichtige Schlüsselfunktionen befinden sich dort, wo sie strategisch am sinnvollsten sind. c. Wichtige Schlüsselfunktionen werden von den kompetentesten Mitarbeitern besetzt, unabhängig ihrer kulturellen Hintergründe (Nationalkultur, Organisationskultur, Berufskultur, Genderkultur, Generationskultur etc.)

4. Menschen, Gruppen, Klima	Führung: Eine einheitliche Führungs- und Kommunikationskultur mit denselben Inhalten, Methoden und Instrumenten wird von der Zentrale vorgegeben. Prinzipien der Zusammenarbeit werden von der Zentrale vorgegeben: Kulturelle Unterschiede sind in der Zusammenarbeit störend. Interkulturelle Kompetenz spielt nur seitens der Akteure der Tochtergesellschaft eine Rolle (Anpassung an die Vorgaben der Zentrale).	Führung: Jede Tochtergesellschaft hat eine eigene Führungs- und Kommunikationskultur mit spezifischen Themen, Methoden und Instrumenten. Zusammenarbeit: Kulturelle Unterschiede sind in der Zusammenarbeit unwesentlich, weil fast kein Austausch stattfindet. Interkulturelle Kompetenz der Akteure spielt eine untergeordnete Rolle, weil eine geringe Kontaktintensität herrscht.	Führung: Durch *Best Practices* entwickelt sich eine neue gemeinsame Führungs- und Kommunikationskultur mit von allen akzeptierten Methoden und Instrumenten. Zusammenarbeit: Kulturelle Unterschiede sind in der Zusammenarbeit komplementär und bereichernd. Interkulturelle Kompetenz spielt eine wichtige Rolle, weil eine hohe Kontaktintensität herrscht.
5. Einzelfunktionen, Organe	Unternehmensübergreifende Projekte werden zentral gesteuert.	Projekte werden standortspezifisch initiiert und gesteuert.	Projekte werden nach verfügbaren Ressourcen (z. B. Kompetenzen) verteilt und gemeinsam gesteuert.
6. Abläufe, Prozesse	Die Muttergesellschaft macht einheitliche Vorgaben für die Gestaltung der Arbeitsabläufe (Prozesslandkarte, IT-ERP). Informations- und Wissensmanagement ist zentralisiert. Die Muttergesellschaft ist zuständig für Innovationen.	Jede Tochtergesellschaft hat eigene Arbeitsabläufe; Information und Wissen ist lokal vorhanden. Innovation geschieht dezentral.	Prozessoptimierung erfolgt durch Erfahrungsaustausch und wertfreie Anerkennung von Stärken. Innovationen zirkulieren und können weltweit von der Organisation genutzt werden.

7. Physisch-materielle Welt	Standards und Systeme werden in der Muttergesellschaft entwickelt und auf die Tochtergesellschaften – ohne zu diskutieren – übertragen. Für Arbeitsmittel und Ausgestaltung des Arbeitsplatzes gelten zentrale Richtlinien.	Lokale Standards und Systeme finden Anwendung im Rahmen budgetärer Vorgaben. Probleme werden dort gelöst, wo sie entstehen. Arbeitsmittel werden lokal besorgt.	Standards und Systeme werden so offen wie möglich und so gemeinsam wie nötig gewählt, sodass sie lokal sinnvoll und passend sowie weltweit nutzbar und wiedererkennbar sind.

Tab. 70: Fürberger Matrix: Wesenselemente und Kulturstrategien internationaler Organisationen (Barmeyer et al. 2012)

Die interkulturelle Organisationsentwicklung in der Interkulturellen Managementpraxis greift auf eine Reihe von Interventionsmaßnahmen zurück, die auch im Coaching, der Mediation und der Prozessberatung zum Tragen kommen. Hierbei ist es im Sinne einer entstehenden Interkultur wesentlich, diese Maßnahmen immer wieder dahingehend zu überprüfen, dass sie tatsächlich

- keine reinen Top-down-Maßnahmen sind,
- andockfähig an die kulturellen Hintergründe der beteiligten Akteure sind,
- einen gleichberechtigten Dialog der Beteiligten fördern, und
- interkulturelle Synergie als Quelle von Wertschöpfungspotenzialen begreifen.

Viele Methoden und Instrumente sind in westlichen Kontexten entstanden, wie zum Beispiel den USA oder den Niederlanden, meist um ein universelles Prinzip zugänglich zu machen. Als Ausgangsbasis geben sie Beratenden zwar die nötige Orientierung, die konkrete Methodenwahl sollte jedoch dem Zielsystem angepasst werden. Nur so kann die nötige Sicherheit oder auch die gewünschte Irritation im Sinn eines Denkanstoßes bei den Mitarbeitern der betroffen Organisationen erreicht werden. Als Illustration für eine kultursensible und angepasste Umsetzung eines OE-Instruments dient folgendes Beispiel eines 360°-Feedbacks.

Beispiel: Kulturangepasste Durchführung eines 360°-Feedbacks

Ein weltweit operierendes KMU mit Sitz in der Schweiz und Tochtergesellschaften in Deutschland und Frankreich beschließt, eine Mitarbeiterbefragung zum Thema Werte und Führung durchzuführen. Als Instrument wird eine 360°-Umfrage eingesetzt und als Pilotländer die Schweiz, Deutschland und Frankreich ausgewählt. Die deutsche Niederlassung steuert und betreut das Projekt. Schnell wird bei der Vorbereitung deutlich, dass in Frankreich nicht das gleiche Vorgehen und der gleiche Fragebogen

angewendet werden können wie in Deutschland und der Schweiz. In Frankreich ist Feedbackkultur (eine vor allem in angelsächsischen und deutschsprachigen Ländern verbreitete Methode) wenig entwickelt. Zudem gelten – bezogen auf Persönlichkeitsrechte – andere Normen und Gesetze.
Über Prinzip und Inhalt des Instruments wird schnell eine Einigung erzielt, einzelne Fragen und der Feedbackprozess müssen allerdings anders gestaltet und dem französischen Kontext angepasst werden. Beim Prozess in Frankreich macht das Top-Management einen ersten Durchlauf, in dem es sich untereinander und von der zweiten Hierarchiestufe Feedback einholt. Das Top-Management wird begleitet, vor allem was die horizontale Auseinandersetzung (also unter Kollegen) mit den Ergebnissen betrifft. Das Feedback an die nächste Hierarchiestufe nach unten erfolgt problemlos. Danach können alle Führungskräfte einbezogen werden. Ein Beratender, der die Organisation schon länger begleitet, führt mit allen Beteiligten ein 60-minutiges Coaching durch. Bei der Formulierung der Fragen muss alles, was mit Subjektivität und Glauben im weitesten Sinn zu tun hat (also auch mit Werten wie Loyalität und Vertrauen), kulturangepasst formuliert werden, da sonst die Gewerkschaften den Prozess blockieren.
Quelle: Barmeyer et al. (2015, 79)

Die neuere Forschung rät dazu, die Interkulturelle Organisationsentwicklung durch Personen moderieren zu lassen, die selbst bereits die Erfahrung von Interkultur gemacht haben. Dies sind die »Boundary Spanner« (Beechler et al. 2006, 122) – Personen, die grenzüberschreitend tätig waren und sich vor dem Hintergrund von Kulturerfahrungen in mehr als einer Kultur als Kulturvermittler eignen. Sie verstehen mehrere Kontexte und können sich sowohl in die Perspektive der Akteure der Muttergesellschaft als auch in die der Akteure der Tochtergesellschaften hineinversetzen. Damit tragen sie entscheidend zu organisationaler Dynamik bei (Barner-Rasmussen et al. 2014). Balogun et al. (2005) sprechen in diesem Zusammenhang sowohl von »Change Agents« als auch von »Boundary Shakern«. Letztere definieren sie folgendermaßen:

»[…] individuals who are tasked with implementing change across existing internal organizational boundaries, in ways that simultaneously alter those boundaries. We refer to such change activity as boundary-shaking as it can involve reconfiguring, if not removing, the boundaries, but also reconfiguring the ways in which work and interactions flow across these boundaries« (Balogun et al. 2005, 261f).

»Boundary Shaker« verändern bestehende Netzwerke innerhalb der Organisation, sie sammeln und nutzen Wissen sowie die Anreize von anderen, um Veränderungsprozesse umzusetzen (Balogun et al. 2005, 262). Oftmals agieren sie hierbei stärker im Hintergrund, als dies sichtbar wird.

Eine herausragende Rolle kommt in diesem Kontext den Third-Country Nationals (TCN) zu: Dies sind Personen aus einem Land A, die von der Zentrale eines multinationalen Unternehmens in Land B zur Arbeit in eine Tochtergesellschaft in Land C entsendet werden (Zeira/Harari 1977). Sie sind zunächst kulturell neutral, da sie die interkulturelle Überbrückung zwischen Land B und C nicht aus einer der beteiligten Kulturen heraus begleiten, sondern aus einer Drittkultur heraus. Sie haben in der Regel eine hohe Sensitivität Kulturunterschieden gegenüber und verfügen über eine hohe interkulturelle Kompetenz (Bartel-Radic 2009; Spencer-Oatey/Franklin 2009), die sie in die Lage versetzt, in und mit unterschiedlichen Kulturen zu kommunizieren und zu handeln. Durch ihre internationale Erfahrung insbesondere in Mediationsrollen (Yagi/Kleinberg 2011) repräsentieren sie von vornherein kulturell-hybride Identitäten (Delmestri 2006). Im Ergebnis sind Third-Country Nationals in der Lage, die extrem hohe Komplexität einer interkulturellen Organisationsentwicklung nicht nur zu bewältigen, sondern auch zu »echter Interkulturalität« beizutragen.

Interkulturelle Kompetenzentwicklung

Genese interkultureller Kompetenzforschung

Kulturelle Spezifika werden zunehmend in interkulturellen Interaktionen erfahrbar, da immer mehr Menschen mit unterschiedlichen kulturellen Hintergründen und Orientierungssystemen in Organisationen arbeiten. Um diese Interaktionen angemessen und zielführend zu gestalten, benötigen Menschen als zentrale Akteure *konstruktiver* Interkulturalität bestimmte Motivationen, Haltungen und Fähigkeiten, die gebündelt als interkulturelle Kompetenz bezeichnet werden. Gezielte Prozesse und Maßnahmen können unterstützend wirken, sodass Akteure in Organisationen interkulturell kompetenter werden. Im Rahmen dieses Buches geht es um die Einnahme und Entwicklung einer konstruktiven Haltung im Umgang mit kultureller Unterschiedlichkeit – und nicht um die von der Praxis geforderten To-do-Ratschläge, die aufgrund der Vielfalt und der kontextuellen Gebundenheit von Situationen und Personen selten hilfreich sind. Interkulturelles Lernen und die Entwicklung interkultureller Kompetenz haben dabei eine zentrale Funktion im Umgang mit Kulturunterschieden und bei der Gestaltung Konstruktiven Interkulturellen Managements.

Für das Verständnis des Themenbereichs ist es sinnvoll, auf die Genese der interkulturellen Kompetenzforschung einzugehen: Grundsätzlich ist die Entwicklung des Forschungsfeldes mit der Entwicklung interkultureller Kompetenz und der Entwicklung interkultureller Trainings eng verbunden (Hoopes 1981; Hart 1999). Insbesondere die Pionierstellung der Forschungsintensität in den USA in der Mitte des 20. Jahrhunderts spielt dabei eine zentrale Rolle. Auch wenn sich in der Vergangenheit schon Reisende, Missionare, Händler oder Eroberer mit unterschiedlicher Intensität und Tiefe mit den Bräuchen und Sitten anderer Länder und deren Kulturen auseinandergesetzt haben, wird der Ursprung interkultureller Kompetenzentwicklung in den USA um die Zeit des 2. Weltkrieges situiert (Pusch 2004; Leenen 2007). Das 1946 gegründete *Foreign Service Institute* (FSI) hatte den Auftrag, eine systematische und fundierte Vorbereitung von Fach- und Führungskräften auf Auslandseinsätze aus den Bereichen Diplomatie, Friedensarbeit, Entwicklungszusammenarbeit und Militär durchzuführen.

»The story of intercultural communication begins at the Foreign Service Institute. In the 1940s many persons recognized that American diplomats were not fully effective abroad, since they often did not speak the language and usually knew little of the host culture. After World War II Americans began to reevaluate their knowledge and understanding of other countries, both in terms of their languages and in terms of their cultural assumptions. Along with general concern about the ability of Americans to interact with foreign nationals, the training and knowledge of American diplomats were issues, since deficiencies in those areas have substantial repercussions.« (Leeds-Hurwitz 1990, 264)

Zu dieser Zeit stellte sich die Frage, welche Eigenschaften und Fähigkeiten die Entsandten haben sollten, um im Ausland erfolgreich zu agieren. Die anfänglich inhaltsorientierten Schulungen, die vor allem aus Länderinformationen bestanden, halfen jedoch den Entsandten in ihrer Praxis kaum, ihre Kommunikations- und Anpassungsprobleme in anderskulturellen Kontexten zu meistern (Hall 1956). Das FSI beauftragte daraufhin in den 1950er Jahren namhafte Anthropologen und Linguisten mit der Vermittlung kulturanthropologischer Erkenntnisse. Jedoch beschäftigte sich die Kulturanthropologie vor allem mit Kultur, nicht jedoch mit Interkulturalität:

»In the past, anthropologists have been primarily concerned with the internal pattern of a given culture. In giving attention to intercultural problems, they have examined the impact of one culture upon another. Very little attention has been given to the actual communication process between representatives of different cultures.« (Hall/Whyte 1960, 12)

Grundsätzlich erwiesen sich kulturanthropologische Erkenntnisse als zu wenig anwendungsorientiert für den beruflichen Alltag (Leenen 2007). Edward Hall (1956, 1992) beschäftigte sich deshalb als erster mit der mikro-kulturellen Analyse interkultureller Situationen: »How can anthropological knowledge help the man of action [gemeint sind Akteure in Arbeitskontexten] in dealing with people from another culture?« (Hall/Whyte 1960, 5). Es ging jedoch weniger um die Vermittlung von Wissen und Fähigkeiten zu Werten und Normen oder Umgang mit Sprache (Thomas/Fitzsimmons 2008), sondern vielmehr um die Bewältigung interkultureller Interaktionen. Hall beschäftigt sich in seinen Forschungen, die in *The Silent Language* (1959) oder *The Hidden Dimension* (1966) veröffentlich wurden, vor allem mit raumzeitlichen und nonverbalen Aspekten interkultureller Interaktion. Nach und nach entwickelten sich Vorbereitungen, meist in Form interkultureller Trainings, die Betroffene befähigen sollten in fremden Kontexten handlungsfähiger zu werden. Die Entwicklung verschiedener Methoden wie der *Critical Incident* (Flanagan 1954) und der *Culture Assimilator* (Fiedler et al. 1971), die auf der mikro-kulturellen Analyse von Interaktionssituationen basieren, tragen zu dieser Befähigung bei.

Eine besondere Bedeutung für die Ausdifferenzierung und Professionalisierung des interkulturellen Lernens kam Mitarbeitern des *Peace Corps* zu, einer von J. F. Kennedy 1961 gegründeten unabhängigen US-amerikanischen Behörde (Stein 1960; Moosmüller 2007a). Aufgabe des Peace Corps war die Förderung des gegenseitigen

Verständnisses zwischen Amerikanern und lokalen Einwohnern sowie ausgebildeten Fachkräften aus anderen Ländern. Amerikaner, die für technische und humanitäre Hilfseinsätze entsandt wurden, sollten letztere bei ihrer Arbeit unterstützen. Dafür waren Freiwillige ca. zwei Jahre im Ausland tätig. Parallel zur *Human-Relations*-Bewegung und der Stärkung von Eigenverantwortung und Partizipation wurde zunehmend mit einem teilnehmerzentrierten Lernansatz gearbeitet, der verstärkt erfahrungsorientierte Interaktionen in den Mittelpunkt der Trainings stellte (Leenen 2007).

Auch entwickelte sich die US-amerikanische Gesellschaft durch Einwanderungswellen zunehmend zu einer multikulturellen Gesellschaft, in der interethnische Probleme in Alltags- und Arbeitssituationen an Bedeutung gewannen und auch zu Diskriminierung und Rassismus führten (Hoopes 1981). Interkulturelle Kompetenz sollte hierbei helfen, die verschiedenen, parallel existierenden Lebenswelten mit ihren divergierenden Werten und Praktiken besser zu verstehen und somit zu einem friedvolleren Miteinander beizutragen. Es wird deutlich, dass beide gesellschaftlichen Entwicklungen – Entsendungen in anderskulturelle Kontexte und innergesellschaftlicher Umgang mit Interkulturalität in Form von Diversität und Multikulturalität – zwei Ziele interkultureller Kompetenzentwicklung beeinflusst haben: individuelle Zielerreichung zum einen und gemeinschaftliches Zusammenwirken zum anderen.

Interkulturelle Kompetenz und kulturelle Intelligenz

Um interkulturelle Interaktionen in Organisationen konstruktiv zu gestalten, sind bestimmte Kompetenzen von Bedeutung, die auch als interkulturelle Kompetenz oder kulturelle Intelligenz bezeichnet werden.

Interkulturelle Kompetenz

Insbesondere die angelsächsische Forschung (Dinges/Baldwin 1996; Deardorff 2009; Fink/Mayerhofer 2009; Bartel-Radic/Giannelloni 2017) setzte sich mit der Konkretisierung interkultureller Kompetenz anhand von Definitionen, Konzepten und Modellen sowie deren Entwicklung auseinander. Aber auch in Deutschland interessieren sich Wissenschaftler und Praktiker für interkulturelle Kompetenz (Knapp/Knapp-Potthoff 1990; Müller 1993a; Barmeyer 2000; Thomas 2003d; Bolten 2001b, 2011; Straub et al. 2007; Dreyer/Hößler 2011). Verschiedene Disziplinen beschäftigten sich mit dem Konzept und beleuchteten es aus ihrer spezifischen Sichtweise. Das Konzept interkultureller Kompetenz umfasst Einstellungen, Persönlichkeitsmerkmale, Wissen und Fähigkeiten. Diese erleichtern einer Person die Kommunikation oder Interaktion mit Individuen, die aus anderen kulturellen Umwelten stammen:

»Interkulturelle Kompetenz zeigt sich in der Fähigkeit, kulturelle Bedingungen und Einflussfaktoren im Wahrnehmen, Urteilen, Empfinden und Handeln bei sich selbst und bei anderen Personen zu erfassen, zu respektieren, zu würdigen und produktiv zu nutzen im Sinne einer wechselseitigen Anpassung, von Toleranz gegenüber Inkompatibilitäten und einer Entwicklung hin zu synergieträchtigen Formen der Zusammenarbeit, des Zusammenlebens und handlungswirksamer Orientierungsmuster in Bezug auf Weltinterpretation und Weltgestaltung.« (Thomas 2003d, 143).

Spencer-Oatey und Franklin (2009) verwenden den Begriff der interkulturellen Interaktionskompetenz (Intercultural Interaction Competence, ICIC):

»We use it partly as an umbrella term for reporting the work of different theorists on this issue, and partly to emphasize our focus on interaction; in other words, we use it to refer to the competence not only to communicate (verbally and non-verbally) and behave effectively and appropriately with people from other cultural groups, but also to handle the psychological demands and dynamic outcomes that result from such interchanges.« (Spencer-Oatey/Franklin 2009, 51)

Drei Charakteristika effektiver interkultureller Interaktion in Arbeitssituationen finden sich wiederholt in Veröffentlichungen zu interkultureller Kompetenz (Brislin 1981; Brislin/Yoshida 1994):
- Wohlbefinden und Zufriedenheit durch Anpassungsfähigkeit
- Entwicklung und Aufrechterhaltung tragfähiger und positiver sozialer Beziehungen mit kulturunterschiedlichen Akteuren
- Effektive Erreichung von Zielen und Aufgabenerfüllung

Auf der Basis dieser drei Charakteristika schlagen Thomas und Fitzsimmons (2008) eine Kategorisierung interkultureller Kompetenz *(skills and abilities)* vor, die verschiedene Kompetenzen beinhaltet (Tab. 71):
- Informationskompetenzen: die Fähigkeit in interkulturellen Interaktionen mit Informationen umzugehen und Andersartigkeit wertschätzend zu beachten.
- Interpersonale Kompetenz, um interkulturelle Interaktionen und Verhalten in anderskulturellen Kontexten konstruktiv zu gestalten.
- Handlungskompetenzen, um in den jeweiligen interkulturellen Kontexten eigenes Verhalten bewusst wahrzunehmen und zu steuern.
- Analytische Kompetenzen, um komplexe Sachverhalte zuzuordnen und kulturelle Metakognition, um Kontrolle über eigene Lern- und Denkweisen auszuüben.

	Effizienzkriterien		
Kompetenzen	**Anpassungsfähigkeit**	**Soziale Beziehungen**	**Aufgabenerfüllung**
Informativ	Kulturelle Empathie, Offenheit, Ambiguitätstoleranz		
Interpersonell	Kommunikationsfähigkeit, Sprachkenntnisse		
Handelnd	Flexibilität, Anpassungsfähigkeit, Selbststeuerungsfähigkeit		
Analytisch	Achtsamkeit, Zuordnungsfähigkeit, kulturelle Metakognition		

Tab. 71: Interkulturelle Kompetenz und interkulturelle Effektivität (Auszug aus Thomas/Fitzsimmons 2008, 207–208, unsere Übersetzung)

Einige Forschungsarbeiten fragen nach dem Kontext interkultureller Kompetenz (Barmeyer/Davoine 2011b; Otten 2007): Ist interkulturelle Kompetenz ein universelles – etisches – Konzept, das sich auf beliebige Kulturen übertragen lässt, oder ist sie vielmehr ein kulturspezifisches – emisches – Konzept, das für jede spezifische Kultur wieder neu zu erlernen ist? Moosmüller und Schönhut (2009) thematisieren, ob interkulturelle Kompetenz nicht grundsätzlich kontextgebunden sei – mit der Konsequenz, dass für jeden spezifischen Kontext (z. B. Schule, MNU) eine ebenso spezielle interkulturelle Kompetenz gebraucht werden würde.

Rathje (2006, 2007a) argumentiert hingegen, dass eine rein kulturspezifische Definition interkultureller Kompetenz (d. h. eine auf eine spezielle Zielkultur ausgerichtete) den Begriff als solchen überflüssig machen würde, da eine kulturspezifische Kompetenz als z. B. Deutschland-, Japan- oder Spanien-Kompetenz bezeichnet werden könnte. Eine solche Definition stehe außerdem im Widerspruch zur »Beobachtung, dass bestimmte Menschen mit Fremdheitserfahrungen in unterschiedlichen Kontexten leichter umgehen können als andere« (Rathje 2006, 4). Gleichzeitig liegt jedoch die Vermutung nahe, dass der Begriff der allgemeinen interkulturellen Kompetenz ähnlich dem der allgemeinen Fremdsprachenkompetenz erst dann praktischen Nutzen gewinnt, wenn er mit spezifischen Inhalten gefüllt wird.

Interkulturelle Kompetenz ist als Resultat eines Lern- und Entwicklungsprozesses zu betrachten (Kammhuber 2000) und kann drei Ansätzen zugeordnet werden, die wechselseitig ineinandergreifen können:

1. *Effektivität:* Dieser eher ökonomisch ausgerichtete Ansatz ist auf Zielerreichung und Effizienzsteigerung fokussiert, also auf ein »reibungsloses« Gelingen interkultureller Kommunikation und Kooperation. Kompetenz und Performanz sind hierbei eng verknüpft (Thomas 2003d). Dieser Ansatz sieht sich dem Vorwurf einer möglichen Beeinflussung ausgesetzt: Interkulturell kompetente Personen nutzen die Machtposition, die aus dem Kompetenzvorsprung entsteht und instrumentalisieren damit die eigene interkulturelle Kompetenz (Rathje 2007a; Otten 2007).
2. *Anpassung:* Erfolgskriterium interkultureller Interaktion des zweiten Ansatzes ist die Anpassung des Individuums an eine andere Kultur. Die Person fügt sich in gegebene kulturelle Verhältnisse ein und übernimmt bestimmte Verhaltensweisen der zunächst fremden Kultur. Gelingt dies in einer Weise, die von den Beteiligten als positiv empfunden wird, so gilt die Person als interkulturell kompetent. Dieser Ansatz sieht sich allerdings mit dem Vorwurf der Idealisierung konfrontiert, da er zentrale mögliche – ökonomische, persönliche oder politische – Anforderungen und Handlungsziele, die an ein Individuum in einer interkulturellen Situation typischerweise gestellt werden, außer Acht lässt (Rathje 2007a; Thomas 2003e). Strittig ist, ob es einen kausalen Zusammenhang zwischen gelungener Anpassung an eine Kultur und der Erreichung bereits zuvor gesetzter Ziele gibt (Scheitza 2007).
3. *Entwicklung:* Ergänzt werden die beiden Ansätze im Sinne des Konstruktiven Interkulturellen Managements durch einen dritten, eher humanistischen-kultur-

wissenschaftlichen Ansatz: Interkulturelles Lernen ist nicht nur ein äußerer Prozess der Zielerreichung, Anpassung und Integration, sondern auch ein innerer Prozess der persönlichen Entwicklung (Barmeyer 2011a). Im Mittelpunkt steht die Reifung des Individuums durch Kulturkontakte. Dies betrifft die Einnahme ethnorelativistischer Haltungen und die Erweiterung von Verhaltensrepertoires in interkulturellen Kontexten.

Seit Beginn der Forschung zu interkulturellem Lernen wurde eine Vielzahl an Modellen zu interkultureller Kompetenz erarbeitet, die u. a. in Beiträgen von Scheitza (2007) und Spitzberg/Changnon (2009) zusammengefasst wurden (Tab. 72).

Modell	Konzept	Autoren
Listenmodelle und Komponentenmodelle	Bestimmte menschliche Eigenschaften und Fähigkeiten werden als Indikatoren aufgelistet oder als Komponenten eingeordnet, wie z. B. *affektive* (wie Unvoreingenommenheit, Respekt), *kognitive* (wie Kenntnisse über Eigenschaften einer fremden Kultur) und *konative* (wie Freundlichkeit, kontrolliertes Verhalten).	Dinges 1983; Spitzberg 1989; Barmeyer 2000; Bolten 2001b; Scheitza 2007
Ko-Orientierungsmodelle	Konzeptualisierung interaktiver Dimensionen, wie Perspektivwechsel, Empathie und kommunikative Gemeinsamkeiten – der gemeinsame Referenzrahmen besteht anfangs lediglich aus grundlegenden menschlichen Bedürfnissen und wird durch Interaktion weiterentwickelt.	Fantini 1995; 2001; Byram 1997; Kupka 2008; Rathje 2007a
Entwicklungsmodelle	Betonung der *zeitlichen* Dimension, die in den bisherigen Modellen vernachlässigt wurde. Entwicklungsmodelle beschreiben die Zunahme interkultureller Kompetenz als einen Lernprozess, in dessen Verlauf mehrere Stadien durchlaufen werden. Es werden also dynamische, systemische Aspekte miteinbezogen.	Hoopes 1981; Bennett 1986; King/Baxter Magolda 2005
Anpassungsmodelle	Aus systemischer Sicht werden am Prozess der interkulturellen Kommunikation beteiligte Akteure *(interactants)* und deren ständiger gegenseitiger Input berücksichtigt. Betont werden ihre Wechselbeziehungen zueinander und der Prozess gegenseitiger Beeinflussung. Im Mittelpunkt steht Anpassungsvermögen *(adaptation)*.	Kim 1988; Berry et al. 1989; Navas et al. 2005

Modell	Konzept	Autoren
Kausalprozessmodelle	Darstellung von Zusammenhängen zwischen Komponenten und Pfadmodellen, bei denen einzelne Komponenten die nachfolgenden Komponenten bedingen oder beeinflussen (Ursache und Wirkung). Ein Set von Voraussetzungen und Fähigkeiten von Individuum und Umwelt führt zu identifizierbaren Ergebnissen.	Ting-Toomey 1999; Hammer et al. 1998; Griffith/Harvey 2000; Deardorff 2006; Arasaratnam 2008

Tab. 72: Modelle interkultureller Kompetenz (Scheitza 2007; Spitzberg/Changnon 2009)

Nachfolgend werden exemplarisch zwei Modelle interkultureller Kompetenz vertieft.

3-Komponenten-Modell

Eine verbreitete und eingängige Strukturierung von Eigenschaften und Fähigkeiten (Komponenten), die sich auf interkulturelle Kompetenz beziehen lässt, basiert auf der US-amerikanischen sozialpsychologischen Forschung (Rosenberg/Hovland 1960), die der Forschungsfrage nachging, inwieweit persönliche Einstellungen Verhalten bestimmen (Eiser 1986, 53). Die Einteilung in Einstellung, Wissen und Verhalten wurde auf Eigenschaften interkultureller Kompetenz übertragen (Gertsen 1990, 346) (Tab. 73):

Die *affektive* Komponente beschreibt die soziale Kompetenz bzw. emotionale Einstellung eines Individuums gegenüber kulturellen Unterschieden, die sich in persönlichen Haltungen wie Empathie und Offenheit gegenüber anderskulturellen Weltbildern äußert.

Die *kognitive* Komponente umfasst sowohl kulturspezifische als auch kulturallgemeine Kenntnisse, welche die individuelle Wahrnehmung von Gemeinsamkeiten und Differenzen zwischen Kulturen sowie deren Werten und Handlungsweisen begünstigen. Hierbei werden Informationen in konkrete Kenntnisse umgewandelt.

Die *konative* Komponente drückt das wahrnehmbare Verhalten aus, das zur angemessenen Interaktion erforderlich ist. Letztere spiegelt somit die notwendige Umsetzung von emotionalen Einstellungen und kulturellen Kenntnissen wider. Dies kann sich im Gebrauch einer Fremdsprache oder der allgemeinen Kommunikationsbereitschaft und -fähigkeit eines Individuums äußern.

Zu betonen ist, dass lediglich durch das Zusammenwirken aller drei Komponenten das Ziel interkultureller Kompetenz erreicht werden kann, da sich diese stets wechselseitig bedingen und ein klares Interdependenzverhältnis besteht (Landis/Bhagat 1996; Barmeyer 2012b).

Affektiv Einstellungen, Werte, Sensibilität	**Kognitiv** Begriffe, Wissen, Verständnis	**Konativ** Fähigkeiten, Eignungen, Handeln
Empathie Offenheit Flexibilität Respekt Rollendistanz Wertfreie Haltung Ethnorelativismus Multiperspektivität Ambiguitätstoleranz Frustrationstoleranz	Kenntnis politischer, gesellschaftlicher und wirtschaftlicher Systeme Kenntnis von Kulturdimensionen und Kulturstandards Fremdsprachenkenntnisse Selbstkenntnis	Fähigkeit, kognitive Kenntnisse anzuwenden Kommunikationsfähigkeit Fähigkeit, Sprachkenntnisse in die Praxis umzusetzen Fähigkeit zur Metakommunikation Flexibles Verhalten Selbstdisziplin

Tab. 73: Schlüsselkomponenten interkultureller Kompetenz (Barmeyer 2000; Bolten 2001b; Scheitza 2007)

Exemplarisch werden im Folgenden aufbauend auf dem Komponentenmodell interkultureller Kompetenz Interviewaussagen von elf deutschen und 19 französischen Führungskräften des Fernsehsenders ARTE präsentiert (Barmeyer/Davoine 2011) (Tab. 74).

Komponenten	Empirische Ergebnisse und Interviewaussagen
Affektiv	»Mein Managementstil ist das Ergebnis der Auseinandersetzung, die ich zu Beginn mit meinen deutschen Kollegen hatte.« (Franzose) »Als die Sitzung vorbei war, kam die Mitarbeiterin zu mir und sagte: ›Wissen Sie, ich kenne Sie ja nun schon lange und Sie haben heute zum ersten Mal entschieden, wie ein Franzose in dieser Situation entscheiden würde. Sie hätten früher, als Sie zu uns kamen, noch als reiner Deutscher, nie so entschieden‹.« (Deutscher)
Kognitiv	»Es gibt eine deutsche Art von Effizienz, die Franzosen nicht eigen ist, und eine französische Art von inhaltlicher Beharrlichkeit, die Deutschen nicht so eigen ist. […] Gerade in so einem kreativen Bereich hat das oft zur Folge, dass man auf Ideen und Möglichkeiten kommt, auf die man sonst nicht gekommen wäre.« (Deutsche) »Wir (Journalisten) arbeiten mit Worten, Menschen, Geschichten … Wir sind Geschichtenerzähler. Deutsche und Franzosen haben aber nicht dieselbe Art, zu erzählen.« (Franzose)
Konativ	»Der Umgang mit Deutschen ist sachlicher, sagen wir, vernünftiger. Beim Umgang mit Franzosen muss ich mehr Subtext einbeziehen und mehr Irrationales.« (Deutscher) »Auf Deutsch kommuniziere ich viel direkter, auf die Gefahr hin, dass es viel kürzer und weniger ausgeschmückt ist. Aber es muss direkter sein, sonst denkt der Deutsche, es sei nur Blabla.« (Französin)

Tab. 74: Aussagen von ARTE-Führungskräften bezüglich interkultureller Kompetenz (Barmeyer/Davoine 2011, 306 ff.)

Die Aussagen machen deutlich, dass die befragten ARTE-Führungskräfte im Arbeitsalltag in hohem Maße zu gegenseitigen Anpassungs- und Integrationsprozessen in der Lage sind, was interkulturelle Kompetenz widerspiegelt: Hierzu gehören sowohl das Bewusstsein über eigenkulturelle Verhaltensweisen (Bewusstsein), die Kenntnis über das jeweils andere kulturelle System (Kognition) sowie die Bereitschaft, Vorstellungen, Ziele und Arbeitsverhalten anzupassen oder zu revidieren (Verhalten).

Entwicklungsmodell: DMIS

Ein zentrales Entwicklungsmodell stammt von Milton Bennett (1993, 2001), das *Developmental Model of Intercultural Sensitivity* (DMIS), das sich zur Darstellung interkultureller Sensibilität von Personen eignet. Es ähnelt dem Entwicklungsmodell von Hoopes (1981) und bietet einen Orientierungsrahmen für interkulturelle Kompetenzentwicklung. Es begründet sich in der Annahme, dass sich interkulturelle Sensibilität durch geführte Lernprozesse entwickeln lässt und Verhaltensänderungen erreicht werden können. Ausgangspunkt des Entwicklungsmodells ist die subjektive Erfahrung einer Person, mit verschiedenen Kulturen umzugehen. Ebenso geht es darum, wie diese Person – im Sinne des Konstruktivismus – Wirklichkeit konstruiert und deutet: In sechs Stufen bzw. Stadien wird die zunehmende Sensibilisierung einer Person gegenüber anderen Kulturen und deren Unterschiede dargestellt. Ausgehend von der auf die eigene Kultur bezogenen Grundhaltung des *Ethnozentrismus* – mit begrenzter interkultureller Interaktionsfähigkeit – hin zu einer toleranten, respektvollen Offenheit für andere Kulturen, dem *Ethnorelativismus* (Tab. 75). Dabei besteht eine »paradigmatische Barriere« (Bennett 1986, 190) am Übergang zwischen Ethnozentrismus und Ethnorelativismus. Je differenzierter die eigene Erfahrung mit kulturellen Unterschieden ist, desto ausgeprägter ist die interkulturelle Kompetenz.

Haltung	Stadium	Beschreibung
Ethnozentrismus	1. Ablehnung	Kulturelle Unterschiede werden nicht wahrgenommen. In diesem Stadium befinden sich Personen, die wenige oder keine interkulturellen Kontakte aufweisen, also über wenig Erfahrung mit divergierenden Werten, Denk- und Arbeitsweisen verfügen.
	2. Abwehr	Kulturelle Unterschiede werden zwar wahrgenommen, aber (unbewusst) als bedrohlich eingestuft. Abwehr äußert sich in Vorurteilen, z. B. gegenüber religiösen, ethnischen oder nationalen Gruppen.
	3. Bagatellisierung	Unterschiede werden weder geleugnet noch ignoriert, sondern als unbedeutend betrachtet. Gemeinsamkeiten werden betont, damit die eigene Gewissheit und Weltsicht nicht in Frage gestellt werden kann.

Haltung	Stadium	Beschreibung
Ethno-relativismus	4. Anerkennung	Dieses Stadium leitet zum Ethnorelativismus über. Statt einer Wertung in negativ oder positiv erfolgt eine wertfreie Akzeptanz und Anerkennung kultureller Unterschiede im Verhalten.
	5. Anpassung	Während im Stadium der Anerkennung kulturelle Unterschiede akzeptiert werden, betrifft dieses Stadium die Änderung eigener Kommunikations- und Verhaltensweisen – unter Fortbestand der eigenen Identität.
	6. Integration	In diesem Stadium wird vorurteilsfrei, konstruktiv und kritisch mit kulturellen Unterschieden umgegangen. Dabei werden anderskulturelle Einstellungen und Praktiken in die eigene Persönlichkeitsbildung integriert.

Tab. 75: Entwicklung interkultureller Sensibilität (Bennett 2001, unsere Übersetzung)

Auch wenn die wissenschaftliche Fundierung von Bennetts Entwicklungsmodell durch empirische Studien belegt wurde (Paige et al. 2003), lässt sich an dem Modell Kritik äußern: So ist etwa die Abfolge der Stadien diskussionswürdig (Reid 2013). Dynamiken wie etwa das Überspringen von Phasen oder gar ein Rückfall entsprechend positiv oder negativ empfundener Erfahrungen ist nicht konzeptualisiert. Ebenso zu kritisieren ist die Universalität des Modells, in Form einer Kultur- und Kontextlosigkeit bezogen auf Zielgesellschaften und Handlungssituationen. Es wäre infrage zu stellen, welche Personen mit anderskulturellen Hintergründen miteinander agieren. In welcher Beziehung stehen sie? Weist z. B. eine deutsche Person bezogen auf bestimmte Zielkulturen besondere Sensibilität und Kompetenz auf (z. B. gegenüber einer vertrauten europäischen Kultur, die sie gegenüber einer asiatischen Kultur nicht empfindet)? Auch basiert die Annahme individueller menschlicher Entwicklung samt der linearen Darstellung des Modells, ebenso wie die Thematisierung der allgemeinen Bereitschaft zur Selbstreflexion auf westlichen, eher positivistischen Grundannahmen.

Zusammenfassend bietet dieses Entwicklungsmodell Orientierung für Themen interkultureller Kompetenzentwicklung, um herauszufinden, inwieweit oder in welcher Form interkulturelle Sensibilität bei bestimmten Personen entwickelt ist. Die Einstufung kann hierbei durch Selbst- oder Fremdeinschätzung, aber auch durch Instrumente wie das *Intercultural Development Inventory* (IDI) erfolgen.

Im Sinne einer konstruktiven Gestaltung von Interkulturalität erlaubt das Instrument Hinweise für bestimmte Entwicklungsstrategien interkultureller Kompetenz – etwa durch Trainings und Workshops (Tab. 76). Somit kann das DMIS nicht nur als analytisches Modell sondern auch als gestalterisches Instrument genutzt werden.

Haltung	Stadium	Entwicklungsziel	Entwicklungsmaßnahmen
Ethno-zentrismus	1. Ableh-nung	Auf behutsame Weise Bewusstsein für kulturelle Unterschiede schaffen	Kulturspezifische Veranstaltungen (»Mexikanische Nacht«) oder Wissensvermittlung (Geschichte, Landeskunde, Reiseberichte) ›Cultural Awareness‹-Aktivitäten, Vermeidung von Diskussionen über kulturelle Unterschiede
	2. Abwehr	Kulturelle Selbst-achtung steigern	Fokus auf Gemeinsamkeiten von Personen Diskussion über Eigen- und Fremdkultur
	3. Bagatelli-sierung	Anerkennung von nicht-absoluter Relativität	Persönliche Geschichten/Erfahrungen ›Culture-Awareness‹-Simulationen Darstellung kultureller Unterschiede als relevante Elemente interkultureller Kommunikation Integration von Repräsentanten anderer Kulturen als ›Hilfe‹
Ethno-relativismus	4. An-erkennung	Erkennen und Respektieren verhaltensbezogener und kultureller Unterschiede	Akzeptanz und Respekt gegenüber unterschiedlichen Kommunikationsstilen, verbalen Gepflogenheiten und Körpersprache als Teil einer ethnorelativistischen Wertediskussion, Verständnis von als beleidigend empfundenen Werten als Teil des jeweiligen kulturellen Weltbildes
	5. An-passung	Anwendung von Wissen zu kulturellen Unterschieden mittels realitätsnaher Interaktionen mit anderskulturellen Akteuren	Erfahrungsaustausch in Zweiergruppen mit anderskulturellem Partner, Diskussion und Interaktionen in multikulturellen Gruppen
	6. Inte-gration	Etablierung eines eigenkulturellen Mittelpunkts oder Wertesystems	Reflektion über eigenen, handlungsleitenden – kulturrelativen – ethischen Bezugsrahmen, Fähigkeiten interkultureller Mediation weiterentwickeln

Tab. 76: Entwicklungsstrategien interkultureller Kompetenz bezogen auf interkulturelle Sensibilität (angelehnt an Bennett 1986, unsere Übersetzung)

Kulturelle Intelligenz

Neben dem Konzept interkultureller Kompetenz hat sich auch das Konzept *kultureller Intelligenz (Cultural Intelligence)* etabliert (Earley/Ang 2003; Barmeyer/Franklin 2016). Das Verständnis von Intelligenz bezieht sich nicht nur auf kognitive und intellektuelle Fähigkeiten im engeren Sinne, sondern – auf Basis des lateinischen Verbs *intellegere* – auf Verstehen, Erkennen und der Wahl zwischen verschiedenen Weltsichten. Nach Gardner (1983) wird Intelligenz verstanden als ein System von interagierenden multidimensionalen Fähigkeiten einer Person, die es ihr ermöglichen, sich durch Anpassung in verschiedenen Umweltkontexten zurechtzufinden (Sternberg 1997). Early und Ang (2003) definieren *Cultural Intelligence* (CQ) als eine spezifische Art von Intelligenz, neben bereits bekannten Konzepten wie *Intelligence Quotient* (IQ) oder *Emotional Intelligence* (EQ) (Goleman 1995). Goleman bezeichnet die Bedeutung von Emotionen, allen voran Empathie und Sympathie als eine genuine Fähigkeit menschlichen Verstehens und Urteilsvermögens. Emotionen helfen, in bestimmten Situationen angemessene Entscheidungen zu treffen. Kulturelle Intelligenz setzt dort an, wo emotionale Intelligenz aufhört (Earley et al. 2006, 5), nämlich wenn es darum geht, mit *anderskulturellen* Situationen und Menschen umzugehen.

> »We define cultural intelligence as: A person's capability for successful adaptation to new cultural settings, that is, for unfamiliar settings attributable to cultural context.« (Earley/Ang 2003, 8)

Kulturell intelligent sind Individuen, die sich nicht nur in einigen bestimmten, für sie fremden, Kulturen zurechtzufinden, sondern in sämtlichen Kulturen:

> »[...] an individual who is effective in a particular cross-cultural situation should not be presumed to have high CQ, as such a judgment is based purely on the outcome of effectiveness, and not from an analysis of the individual's relevant capabilities. [...] CQ is a culture-free concept.« (Ng/Earley 2006, 8)

Ziel der Forschung ist es, herauszufinden, was interkulturell erfolgreiche Personen von solchen unterscheidet, die, unabhängig vom (persönlichen, beruflichen oder wie auch immer gearteten) Erfolg in ihrer Heimatkultur, in Situationen interkultureller Kommunikation scheitern.

Vier Komponenten konstituieren kulturelle Intelligenz: Kognition, Motivation und Verhalten sowie Metakognition als eigenständige Komponente (Tab. 77)

Kulturelle Intelligenz			
Kognitive Dimension	**Metakognitive Dimension**	**Verhaltensdimension**	**Motivationsdimension**
Kenntnisse und Wissen über eigene und andere kulturelle Systeme Orientierungsrahmen für eigen- und anderskulturelle Werte und Verhalten Kenntnisse und Wissen ermöglichen zutreffende Interpretationen und Attributionen anderskulturellen Verhaltens.	Bewusstsein gegenüber eigenen kulturellen *(Self-Awareness)* und anderskulturellen *(Culture Awareness)* Prägungen. Distanz hilft, eine objektivere, wertneutrale Betrachtung der Positionen der Handelnden vorzunehmen und Handlungsregeln zu erkennen. Fähigkeit, kontinuierlich die eigene Situation zu analysieren, das eigene Verhalten zu überdenken und neu erworbenes mit altem Wissen in Beziehung zu setzen und dazuzulernen.	Umsetzung von Kenntnissen und Wissen in interkulturellen Situationen. Handeln an den Situationskontext und die anderskulturellen Interaktionspartner anzupassen, vereinbarte Ergebnisse zu erzielen. *Verhaltensdisponibilität:* Theoretisch Durchschautes muss auch in die Tat umgesetzt werden können. Von herausragender Bedeutung ist in diesem Zusammenhang das *Impression Management,* d. h. die Fähigkeit, den Eindruck, den man selbst auf andere macht, zu identifizieren und kontrollieren zu können.	Motivation hilft immer wieder aufs Neue Fähigkeiten zu aktivieren, um kulturelles Wissen zu erweitern und zu nutzen, um sein eigenes Handeln kulturadäquat zu steuern. Motivation und Begeisterung helfen, in einem interkulturellen Kontext mit all seinen Herausforderungen zu arbeiten.

Tab. 77: Dimensionen kultureller Intelligenz (in Anlehnung an Earley/Ang 2003; Earley et al. 2006)

Kognition: Kulturelle Intelligenz erfordert kognitive Fähigkeiten zur Aneignung neuen Wissens. Dies betrifft zum einen deklaratives Wissen als Wissen über Dinge:

»One characteristic of a culturally intelligent individual is the possession of sufficient knowledge about cultural differences, such as knowing the underlying causes of differences in social relations, the basic rules governing social relations, and how these rules can differ across cultures.« (Earley/Ang 2003, 179)

Zum anderen geht es um prozedurales Wissen – also Wissen darüber, wie etwas funktioniert. Dieses Wissen betrifft Wissen über fremde Kulturen (z. B. Fremdsprachenkompetenz und Landeskunde), aber auch Beobachtung und bewusste Wahrnehmung, da das Wissen über eine neue Kultur ständig erweitert wird und eigene Denkmuster angepasst werden.

Metakognition: Da interkulturelle Situationen die Anwendung (und gegebenenfalls Aneignung) von Wissen und Fähigkeiten in einem gänzlich neuen kulturellen Kontext erfordern, reicht diese Art kulturellen Wissens *(cultural knowledge)* nicht aus. Die neuen Umstände sollten durchschaut und eingeordnet werden können. Dies wird durch Metakognition ermöglicht. Metakognition wird beschrieben als »knowledge and control of cognition« (Ang/Van Dyne 2008, 4) oder »learning to learn« (Earley et al. 2006, 6). Sie beschreibt die Fähigkeit, kognitive Strategien zur Aneignung und Entwicklung von Bewältigungsstrategien auszubilden und einzusetzen. Das Zurechtfinden in einem anderen kulturellen Kontext erfordert eine kontinuierliche Analyse und das Überdenken eigener Situationen, also eine ständige aktive Beobachtung eigenen Verhaltens. Ebenso befähigt Metakognition, abzuwägen, welche bereits gelernten Strategien hilfreich sind und welche nicht – es wird also aus Erfahrung gelernt. Metakognitive Eigenschaften helfen Individuen einen Sinn hinter fremden Kulturen zu erkennen und somit mit ihnen zurechtzukommen.

Motivation: Die dritte der drei Hauptkomponenten ist Motivation, ein Faktor, der nach Berry (2006) sowie Earley und Ang (2003) in der bisherigen Forschung interkultureller Kommunikation vernachlässigt wurde. Motivation als konstituierendes Element in das Konzept der CQ aufzunehmen, scheint aufgrund der engen Verbindung zwischen kognitiven und motivierenden Aspekten sinnvoll: Wissen wird erst dann nützlich, wenn die wissende Person auch motiviert ist, es umzusetzen. Earley und Ang (2003) vermuten, dass die Motive für Motivation zumindest teilweise in eigenen kulturellen Werten begründet sein könnten. Sie verweisen auf die zentrale Rolle von Werten bzw. die Frage, inwieweit sich Menschen überhaupt für etwas engagieren.

Verhalten: Die Thematisierung der Verhaltens-Komponente, »*behavioral component*«, schreiben Earley und Ang (2003, 156) Edward Hall zu, der während seiner Arbeit am *Foreign Service Institute* der USA feststellte, dass deklaratives Wissen nicht ausreicht, um sich in anderen Kulturen angemessen zu verhalten. Theoretisch erworbenes Wissen sollte im Alltag eingesetzt werden, was bedeutet, dass das *Impression Management* (auch: *self presentation*) eines Individuums von herausragender Bedeutung ist:

> »[…] individuals who are able to identify, attend to, and control the impressions they make on others via the production of their social behaviors […] are able to create the impression that they are acting in a more culturally consistent manner, they are seen as more acceptable to members of the host culture, thereby facilitating acculturation.« (Earley/Ang 2003, 181)

Earley und Ang (2003, 157) bezeichnen Menschen, die zwar über die kognitiven, nicht aber über die verhaltenstechnischen Fähigkeiten kultureller Intelligenz verfügen, als »kulturelle Autisten«. Da universelle menschliche Verhaltensweisen nur auf einem sehr hohen Abstraktionsniveau vorkommen und sich in spezifischen Kulturen und Situationen in ihren Erscheinungsformen und Bedeutungen erheblich voneinander unterscheiden, sei die Anforderung an ein kulturell intelligentes Individuum, diese universellen Verhaltensweisen nicht nur auf diesem hohen Abstraktionsniveau zu erkennen, sondern ebenso die feinen Unterschiede in Ausdruck und Bedeutung zu berücksichtigen.

»We believe that a culturally intelligent individual must [...] be able to translate successfully their intention to produce a particular behavioral expression into actual production of that behavior.« (Earley/Ang 2003, 179)

Interkulturelle Kompetenz als Metakompetenz

Für die konstruktive Gestaltung von Interkulturalität spielt im Rahmen der interkulturellen Kompetenz die Metaebene, im Sinne der Metakompetenz (Thomas 2008), eine zentrale Rolle: Eine Metaebene ist eine »übergeordnete, geistig-abstrakte Ebene und Sichtweise, die bewusst von Personen eingenommen wird, um Strukturen, Objekte und Interaktionen mit Distanz zu betrachten, und dadurch besser zu verstehen und zu hinterfragen.« (Barmeyer 2012b, 122). Auch wenn die Metaebene inzwischen als Metakognition im Modell der kulturellen Intelligenz thematisiert wird, stammt das Konzept ursprünglich aus der Gestaltpsychologie (Metzger 1999) und wird etwa in der Systemtheorie von Luhmann (1984) in Verbindung mit Selbstreferenzialität thematisiert. Fischer (2001) problematisiert die Einnahme einer Metaebene durch sein Konzept des »Exzentrierens« auf der Basis von Simmel, der in seinem »Exkurs über den Fremden« (1908) die Bedeutung der Objektivität als »Freiheit« unterstreicht:

»Weil er nicht von der Wurzel her für die singulären Bestandteile oder die einseitigen Tendenzen der Gruppe festgelegt ist, steht er [der Fremde] allen diesen mit der besonderen Attitüde des ›Objektiven‹ gegenüber, die nicht etwa einen bloßen Abstand und Unbeteiligtheit bedeutet, sondern ein besonderes Gebilde aus Ferne und Nähe, Gleichgültigkeit und Engagiertheit ist. Man kann Objektivität auch als Freiheit bezeichnen. Der objektive Mensch ist durch keinerlei Festgelegtheiten gebunden, die ihm seine Aufnahme, sein Verständnis, seine Abwägung des Gegebenen präjudizieren könnten.« (Simmel 1908, 510)

Aus systemischer Sicht dient die Einnahme einer Metaebene zur *Selbststeuerung:* Sie eignet sich, um über die eigene und die andere Kultur zu reflektieren, insbesondere in Bezug auf divergierende Einstellungen, Erwartungen, Wahrnehmungen, Werte und Praktiken. Sie ermöglicht, die Wirklichkeit und interkulturelle Situationen mit Distanz aus einer objektiveren, neutraleren Sicht zu verstehen und zu bewerten. Die

Einnahme einer Metaebene hilft somit auch, situative Handlungsanpassungen vorzunehmen, um interkulturelle Situationen *konstruktiv* zu gestalten. Damit ist die Einnahme einer Metaebene auch nützlich, um steuernden Einfluss auszuüben. Sie kann also nicht nur der individuellen Selbststeuerung dienen, sondern auch der *kollektiven* Systemsteuerung, wie es folgende beschriebene interkulturelle Situationen zeigt. Die Akteurin handelt problemlösungsorientiert interkulturell, indem sie kulturelle Andersartigkeit und Regeln geschickt thematisiert.

Interkulturelle Kompetenz als Metakompetenz zur Problemlösung

Die Assistentin eines österreichischen Industrieunternehmens berichtet: »Es gab einen Kundenbesuch aus China bei uns in Österreich: Geplant war ein Mittagessen mit unserem Geschäftsführer. Ich habe die Kunden ins Restaurant begleitet, der Geschäftsführer war jedoch noch nicht da. Die Kunden aus China blieben alle vor dem Tisch stehen und sahen sich verwundert an. Da fiel mir ein, dass es ja in China Sitzordnungen, insbesondere bei Geschäftsessen gibt – was auch erklärte, dass niemand den Sitzplatz frei wählte. Da ich die Regeln für die Sitzordnung jedoch nicht gut kenne, erklärte ich, dass es bei uns üblich sei, sich frei einen Platz zu wählen und sie sich alle bereits setzen könnten, was die Kunden schließlich auch taten. Durch das Erklären unserer Gewohnheiten und kulturellen Gepflogenheiten konnte ich also mögliche Fehler beim Platzieren vermeiden.«
Quelle: Eigene Erhebung

Barmeyer und Eberhardt (2017) zeigen in ihrer Studie zu Drittkultur-Managern, *Third Country Nationals* (TCN), also Fach- und Führungskräfte aus Drittkulturen in MNU), dass diese zwar Mitglieder der Organisation sind, sich jedoch durch ihre mehrschichtigen, interkulturellen Erfahrungen eine distanzierte Perspektive im Arbeitsalltag bewahren. Durch Einnahme einer Metaebene und einer gewissen Distanz zum Stammland können Unternehmensinteressen reflektierter und differenzierter aufgenommen, umgesetzt, kommuniziert und gegebenenfalls an die Zielkultur angepasst werden.

Eng verbunden mit der Metaebene interkultureller Kompetenz ist *Humor* als innere Haltung und individuelle Fähigkeit, über Umstände und Situationen lachen zu können. Humor ermöglicht es, die eigene Position und die der Interaktionspartner zu relativieren und damit Sachverhalte auf eine Metaebene zu bringen (Kohls 1994; Storti 2001). Dabei geht es nicht darum, humorvoll zu sein bzw. Witze zu machen – diese sind nämlich hochgradig kontextuell und basieren auf kulturspezifischen Wissensvorräten. Vielmehr ermöglicht eine humorvolle Haltung gegenüber anderskulturellem und unverständlich wirkendem Verhalten in interkulturellen Situationen konstruktiv umzugehen. Humor ist zugleich ein Indiz dafür, dass die involvierte Person von der augenblicklichen Situation zurücktreten und sie mit Abstand betrachten kann (Kohls 1996).

Besonders interessant ist es für die Gestaltung konstruktiver Interkulturalität in Organisationen, wenn mehrere anderskulturelle Personen die Fähigkeit besitzen, Metaebenen einzunehmen. Dann können sie beidseitig interkulturelle Erfahrungen und Konflikte thematisieren oder Arbeitspraktiken vereinbaren *(Metakommunikation)*. So können z. B. Teilnehmer in gemischtkulturellen Arbeitsgruppen – auf einer Metaebene – besprechen, welche Prozesse oder Methoden am geeignetsten erscheinen oder welchen Stellenwert und welche Bedeutung die Einhaltung bestimmter Regeln hat.

Im Sinne der konstruktiven Gestaltung von Interkulturalität können psychometrische Instrumente, die wiederum meist US-amerikanischen Ursprungs sind, zur Analyse und Entwicklung interkultureller Kompetenz dienen. Insbesondere um eine erste Einschätzung zu erhalten und um anschließend Entwicklungsschritte (etwa durch Coaching) einzuleiten, kann der Einsatz solcher Selbsteinschätzungs-Instrumente sinnvoll sein (Spencer-Oatey/Franklin 2009), um eine Potentialeinschätzung und Kompetenzentwicklung für Fach- und Führungskräfte in Bezug auf die interkulturelle Zusammenarbeit zu unterstützen (Brinkmann/Weerdenburg 2014). Von den zahlreichen existierenden *Inventories*, die meist von kommerziellen Anbietern stammen, werden nachfolgend bekannte aufgeführt (Tab. 78).

Intercultural Development Inventory (IDI)
The Intercultural Readiness Check (IRC)
The International Profiler (TIP)
The Global Competencies Inventory(GCI)
Intercultural Sensitivity Inventory (ICSI)
Diversity Awareness Profile (DAP)
Inventory for Intercultural Development (I4ID)

Tab. 78: Auswahl von Selbsteinschätzungs-Instrumenten interkultureller Kompetenz

Eine differenzierte kritische Betrachtung

Die seit Jahrzehnten existierende Forschung und Praxis zu interkultureller Kompetenz behandelt diese vor allem als ein *individuelles* und personenbezogenes Phänomen. Wahrscheinlich liegt dies daran, dass die Erforschung interkultureller Kompetenz vor allem von Psychologen vorangetrieben und weiterentwickelt wurde. Andere Disziplinen, wie die Pädagogik oder die (Sozio-)Linguistik, haben sich zwar auch mit interkultureller Kompetenz beschäftigt, jedoch fehlen vor allem die Perspektiven der Soziologie und der Anthropologie, um die Kompetenzen nicht als isoliertes, individuelles, sondern als kollektives, sozial-konstruiertes Phänomen zu verstehen (Barmeyer/Davoine 2012). Es wird deutlich, dass interkulturelle Kompetenz meist durch individuelle Persönlichkeitseigenschaften und Fähigkeiten beschrieben wird. Dabei geht interkulturelle Kompetenz jedoch weit über die individuelle Ebene hinaus, weil sie per se nur in Interaktion (a) *dynamisch* und *reziprok* mit anderen Menschen (b) *kollektiv* wirksam und bedeutend werden kann, sich also in bestimmten (c) *Kontexten* konstituiert (Barmeyer/Davoine 2011b; Bartel-Radic 2013):

Dynamisch und reziprok: Interkulturelle Kompetenz sollte nicht isoliert und individuell betrachtet werden, sondern konstituiert sich innerhalb von Organisationen aus einer komplexen Kombination von interkultureller Sensibilität und Vorwissen, regelmäßigen interkulturellen Interaktionen und einer Organisationsstruktur, in der z. B. Abteilungs- und Teamleiter in verschiedenen Ländern sozialisiert wurden.

Kollektiv: Dieses perspektivische und dynamische Verständnis interkultureller Kompetenz betrifft das zusammenwirkende Kollektiv – es geht um die Aktivierung vielfältiger Ressourcen (wie Wissen und Erfahrung) und Kompetenzen anderskultureller Mitarbeiter durch gemeinsame Arbeit (wie Projekte) in bestimmten Kontexten (wie Strukturen und Abteilungen), um übergeordnete Ziele zu realisieren.

Kontexte: Da (interkulturelle) Kompetenzen erst in sozialen Systemen und Handlungskontexten wirksam werden, bedeutet dies in Bezug auf Organisationen und Management, dass unterschiedliche Kontextfaktoren die Bedeutung und Wertigkeit von interkultureller Kompetenz schwächen oder stärken. Interkulturalität findet nur selten in macht- und interessenfreien Räumen statt. So ist ein zentrales, aber nach wie vor zu selten behandeltes Thema die Frage der gegenseitigen Anpassung in interkulturellen Interaktionssituationen. Wer hat sich anzupassen? Wie weit reichen diese Anpassungen und wie häufig finden sie statt? Die Anpassungsbereitschaft ist auch von asymmetrischen Machtbeziehungen abhängig. Klassische, asymmetrisch verteilte Machtpositionen betreffen etwa Führungskraft und Mitarbeiter, Kunde und Zulieferer oder Mutter-und Tochtergesellschaft. Dies bedeutet, dass Individuen, die sich in Machtpositionen befinden, nicht unbedingt interkulturell kompetent agieren, um ihre Ziele, Regeln und Interessen durchzusetzen. Dagegen sind Personen, die in Unterordnungsbeziehungen stehen, häufig gezwungen, interkulturelle Anpassungsprozesse vorzunehmen. Bei ihnen scheint interkulturelle Kompetenz also einen höheren Stellenwert zu haben.

Maßnahmen interkultureller Kompetenzentwicklung

Multinationale Organisationen sollten ihre Fach- und Führungskräfte interkulturell professionell, d. h. strategisch und nachhaltig unterstützen. Hier setzt interkulturelle Kompetenzentwicklung an, die durch interkulturell ausgerichtete Aus-, Fort- und Weiterbildungsmaßnahmen den Aufbau, den Erhalt oder die Wiederherstellung von Qualifikationen sowie deren Angleichung an Anforderungs- und Kompetenzprofile leistet. Im Vordergrund steht die Entwicklung interkultureller Kompetenz durch Maßnahmen wie Training, Coaching oder Beratung.

Interkulturelle Trainings

Interkulturelles Training ist die in der Organisationspraxis am häufigsten genutzte Maßnahme interkultureller Kompetenzentwicklung. Es handelt sich um methodische, systematische Bildungsmaßnahmen, die bei den teilnehmenden Personen ein Bewusstsein für kulturelle Unterschiede schaffen, und gleichzeitig Fertigkeiten zur konstruktiven Anpassung und zum wirkungsvollen Handeln unter anderskulturellen Bedingungen fördern sollen (Barmeyer 2000). In der Organisationspraxis werden sie genutzt, um interkulturelle Kompetenz betroffener Personen zu fördern, um z. B. Auslandsentsendungen und die Arbeit von Fach- und Führungskräften in Projekten, Teams oder in Kooperationen zu unterstützen. Konkrete Anlässe für interkulturelles Training kann z. B. ein Joint Venture mit einem chinesischen Unternehmen sein, der Transfer und die Einführung von ERP (Enterprise Resource Planning) nach Mexiko, die Gründung einer Produktionsstätte in Serbien oder die Zusammenarbeit in einem virtuellen Team.

Ursprünglich sollte interkulturelles Training helfen, die Anpassungsleistung und das Wohlbefinden von Entsandten in anderskulturellen Kontexten zu verbessern. Ausgehend von staatlichen und gemeinnützigen Organisationen fanden interkulturelle Trainings dann Einzug in privatwirtschaftliche Organisationen, allen voran in multinationale Unternehmen, welche die Verringerung von hohen Abbruchquoten von Auslandsentsendungen zum Ziel hatten. In veränderter und angepasster Form wurde das US-amerikanische Training zunehmend in Europa, vor allem in Deutschland eingesetzt (O'Reilly/Arnold 2005). Vor allem das Thema der kulturellen Vielfalt in Organisationen führte zur Entwicklung von *Diversity Management,* das teilweise auf Konzepte der Interkulturalität oder der interkulturellen Trainings zurückgreift (Barmeyer et al. 2016).

Seit den 1990er Jahren etablierten sich interkulturelle Trainings in der deutschen Weiterbildungslandschaft als Bildungs- und Qualifizierungsmaßnahme, was zu einer Vielzahl von theoretisch und empirisch ausgerichteten Publikationen führte (Kinast 1998; Bosse 2011) und zu einer großen Mitgliederzahl in der interkulturellen Vereinigung *SIETAR (Society für Intercultural Education Training and Research).*

Die verschiedenen Schritte zur Entwicklung eines Trainingsprogramms – (1) Analyse, (2) Programmentwicklung, (3) Durchführung sowie (4) Evaluation – werden in Abb. 27 dargestellt.

Konzeptionell, inhaltlich und methodisch kombinieren interkulturelle Trainings Erkenntnisse der allgemeinen Trainingsforschung und der interkulturellen Forschung (Landis et al. 2004). Tab. 79 präsentiert anhand des Komponentenmodells interkultureller Kompetenz Ziele, Methoden und Lernergebnisse interkultureller Trainings.

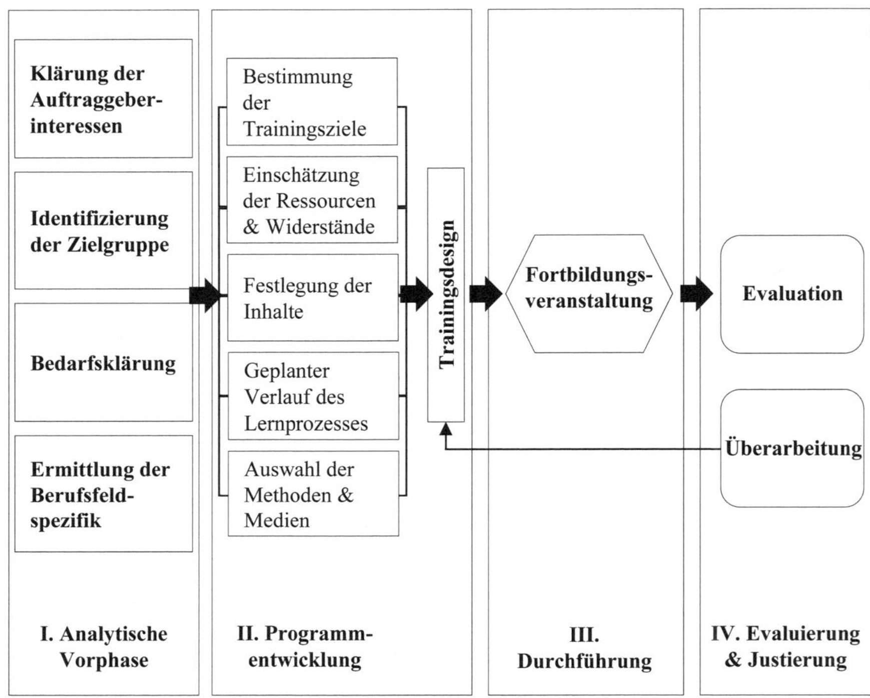

Abb. 27: Schritte bei der Entwicklung eines Trainingsprogramms (Leenen 2007, 779)

	Affektiv Einstellungen, Werte, Sensibilität	**Kognitiv** Begriffe, Wissen, Verständnis	**Konativ** Fähigkeiten, Eignungen, Handeln
Ziele	Entwicklung einer positiven Einstellung gegenüber anderskulturellen Personen und deren fremden Kultur Abbau von Ängsten und Stress	Kenntnis und Beherrschung grundlegender kulturallgemeiner und kulturspezifischer Kenntnisse	Motivation und Interesse, den Kontakt mit anderskulturellen Personen zielführend und bereichernd zu gestalten
Methoden	Kultursimulationen Selbsterfahrungsübungen Diskussionen über Werte *Critical Incidents*	Publikationen (Bücher-Artikel) Vorträge Filme/Videos Erfahrungsberichte Fallstudien Länderstudien	Kommunikationsübungen Rollenspiele Planspiele Interaktionen in multikulturellen Gruppen

	Affektiv Einstellungen, Werte, Sensibilität	**Kognitiv** Begriffe, Wissen, Verständnis	**Konativ** Fähigkeiten, Eignungen, Handeln
Erwünschtes Lernergebnis	Teilnehmer werden mit anderen Werten und Perspektiven konfrontiert und reflektieren eigenkulturelle »Selbstverständlichkeiten«	Teilnehmer verstehen Zusammenhänge und Bedeutungen anderskultureller sozialer Systeme und Akteure	Teilnehmer erreichen gesetzte Ziele, aber verhalten sich kulturadäquat und respektvoll in Bezug auf die anderskulturellen Interaktionspartner

Tab. 79: Ziele, Methoden und Lernergebnisse interkultureller Trainings (Barmeyer 2000, 327; Fowler/Blohm 2004, 46)

Hervorzuheben ist, dass interkulturelle Trainings wie auch interkulturelles Coaching einen geschützten Rahmen darstellen, in dem Teilnehmer temporär aus dem Arbeitsalltag heraus bestimmte Themen auf einer Metaebene ansprechen können. Der Alltag wird abstrahiert, *über* ihn wird nachgedacht und gesprochen. So ist es sinnvoll, Trainings an neutralen Orten, wie z. B. Seminar- und Tagungsorten, stattfinden zu lassen, damit sich die Teilnehmer leichter von ihrem Alltag lösen können. Interkulturelle Trainer fungieren als neutrale Wissensexperten und Moderatoren für Lernprozesse der Gruppe. Dank ihrer Kompetenzen können sie die Fragen zum interkulturellen Arbeitsalltag der Teilnehmer beantworten und einhergehende Probleme verstehen, vielleicht auch deren Lösung vorbereiten.

Trainingsziele

Hauptziel interkultureller Trainings ist die Vorbereitung von Personen auf interkulturelle (Arbeits-)Situationen, damit diese die Herausforderungen des interkulturellen Kontexts besser bewältigen können und typische *Critical Incidents* weitgehend vermeiden. Trainingsziele orientieren sich häufig an Komponenten *interkultureller Kompetenz,* wie Kulturbewusstheit, Wissensvermittlung und Verhaltensänderung. Konkrete Trainingsziele können sein:

- Wecken des Bewusstseins für die eigenkulturelle Prägung und Kulturunterschiede, was zur Entwicklung einer *ethnorelativistischen Haltung* führt
- Schaffung eines Verständnisses für anderskulturelle Logiken, Erreichung von Wertschätzung bezüglich kultureller Eigenarten
- Aufbau und Stabilisierung vertrauensvoller Beziehungen zu anderskulturellen Partnern, um respektvoll zu handeln
- Förderung von Fertigkeiten zur konstruktiven Anpassung und zum wirkungsvollen Handeln unter anderskulturellen Bedingungen

Auf der Ebene der Mitarbeiter ist somit die Entwicklung interkultureller (Handlungs-)Kompetenz ein zentrales Ziel. Auf Ebene der Organisation stehen die Minimierung oder Vermeidung von (Transaktions-)Kosten im Vordergrund, etwa aufgrund gescheiterter Auslandsentsendungen oder multikultureller Projektarbeit.

Trainingsinhalte

Trainingsinhalte sind so vielfältig wie interkulturelle Kontexte und Situationen. Grundsätzlich ist es sinnvoll, Funktionen oder Prozesse in Organisationen, die etwa Teams, Führung und Kommunikation betreffen, miteinzubeziehen. Es empfiehlt sich grundsätzlich, Trainingsinhalte zielgruppenspezifisch oder funktionsbzw. aufgabenspezifisch auszurichten. Nach Möglichkeit beziehen sich Themen auf berufliche Alltagserfahrungen und einhergehende interkulturelle Irritationen der Teilnehmenden.

Zu den Inhalten eines Trainings können einführend allgemeine Merkmale von Kultur (als Werte-, Orientierungs- und Handlungssystem) und ihr Einfluss auf das Arbeitsverhalten gehören, einschließlich Interkulturalität (als gegenseitiger Prozess kommunikativer Wahrnehmungen, Interpretationen, Handlungen und Anpassungen) sowie Stereotypen (als gegenseitige subjektive übertriebene Darstellung von nationalen Merkmalen). Neben der Schaffung eines Kulturbewusstseins im Sinne von Ethnorelativismus hat die kontrastive Darstellung und Analyse kultureller Unterschiede im Management einen großen Anteil. Eine besondere Rolle nehmen i. d. R. auch Kulturdimensionen und Kulturstandards ein, die sich zur vergleichenden Darstellung von Merkmalen wie dem Umgang mit Zeit, Hierarchie oder Unsicherheit eignen. Tab. 80 präsentiert einen prototypischen Ablauf eines interkulturellen Trainings, das sich mit einer bestimmten Kultur beschäftigt.

***Erstes Modul:** Start* Begrüßung und Vorstellung Abklärung von Erwartungen und Zielen Erhebung zentraler Vorerfahrungen mit der Zielkultur (kulturspezifisch) oder mit Interkulturalität (kulturgenerell)
***Zweites Modul:** Zentrale Kulturstandards der Zielkultur und der eigenen Kultur (kulturspezifisch) oder zentrale Kulturdimensionen (kulturgenerell)* Was ist Kultur? Kulturstandards/Kulturdimensionen Kontrastiv angelegte Simulationen/Rollenspiele von Kulturbegegnungen zu besonders bedeutsamen Kulturstandards/Kulturdimensionen (interaktionsorientiert/kulturorientiert)
***Drittes Modul:** Kulturelle Skripts für wichtige Business-Situationen* Fallstudien (verstehensorientiert) Input (informationsorientiert) Reflexion eigener Erfahrungen (verstehensorientiert) Rollenspiele oder Simulationen (kulturorientiert, interaktionsorientiert)

Viertes Modul: Erfolgreiche interkulturelle Kooperation
Modelle und Bedingungen interkultureller Kompetenz (informationsorientiert)
Kritische Interaktion samt ihrer positiven Bewältigung (verstehensorientiert)
Reflexion eigener »Erfolgsstories« und Analyse der Erfolgsfaktoren (kulturorientiert; verstehensorientiert)
Übungen zu Verhaltensänderung und Feedback (interaktionsorientiert)

Tab. 80: Prototypischer Ablauf eines interkulturellen Trainings (Auszug aus Kinast 2003a, 199)

Entsprechend der Konzeption interkultureller Kompetenz können interkulturelle Trainings *kulturallgemein* sein, also zum Ziel haben, ein generelles Bewusstsein für kulturelle Unterschiede zu wecken, oder sie können *kulturspezifisch* sein, d.h. besondere Merkmale einer Kultur, z.B. der USA oder von Italien darstellen. In der Praxis werden häufig Trainings einzelner oder mehrerer Zielkulturen angefragt.

Neben kulturellen und interkulturellen Inhalten ist es sinnvoll, für das Systemverständnis einer Gesellschaft auch die kulturprägenden institutionellen Elemente zu erklären, die auf interkulturelle Situationen wirken. Dies kann z.B. mithilfe des *Business Systems*-Ansatzes von Whitley (1992b, 2007) erfolgen. Exemplarisch werden nachfolgend institutionelle Besonderheiten des deutschen Wirtschaftsmodells dargestellt.

Institutionelle Besonderheiten des deutschen Wirtschaftssystems

Föderalismus mit 16 Bundesländern, die durch eigens gewählte Parlamente eine große Entscheidungs- und Handlungsfreiheit (etwa bei Wirtschafts-, Bildungs- und Kulturpolitik) innerhalb der Bundesrepublik besitzen. Dies führt zu regionalen Stärken, aber auch zu Ungleichgewichten. Die Bundesländer beeinflussen direkt die Unternehmensaktivitäten.

Mittelstandsunternehmen, die leistungsfähig, hochspezialisiert und teils stark internationalisiert sind. Für die deutsche Wirtschaft und Gesellschaft weisen sie eine große Bedeutung auf, weil sie einen großen Anteil zur Wirtschaftsleistung beitragen und ebenso einen Großteil an Arbeitsplätzen stellen.

Mitbestimmung, die eine starke Partizipation von Arbeitnehmern fördert und die durch einen kontinuierlichen, sachlichen, meist konstruktiven Dialog zwischen Arbeitgeber und Arbeitnehmer zur ständigen Verbesserung der Arbeitsbedingungen führt und gleichzeitig die Zahl sozialer Konflikte gering hält.

System der *dualen Berufsausbildung,* bei dem Unternehmen und Berufsschulen Auszubildende durch Vermittlung von Fachwissen in Theorie und Praxis auf einen von mehreren hundert spezialisierten Berufen vorbereiten und somit durch Ausbildung von Fachkräften und Spezialisten eine Basis für die Personalabteilungen der Unternehmen schaffen.

Stellenwert *technischen und naturwissenschaftlichen Wissens,* das sich in einer angesehenen akademischen Ingenieurausbildung und der häufigen Besetzung von Führungspositionen durch Ingenieure in Unternehmen niederschlägt. Die engen Kooperationen zwischen Hochschulen und Unternehmen führen zu hoher Innovationsleistung, insbesondere im Südwesten Deutschlands, in welchem sich die meisten industriellen Weltmarktführer befinden.

Damit Teilnehmende eine konstruktive Haltung gegenüber kultureller Unterschiedlichkeit einnehmen, ist es vor allem wichtig, dass *wertfrei* gearbeitet wird. Kulturelle Unterschiedlichkeit sollte nicht einseitig als Problem, sondern als Ressource und Chance verstanden werden. Insofern sind die Teilnehmenden dazu zu ermuntern, sich auch mit interkultureller Komplementarität und Synergie zu beschäftigen.

Trainingsmethoden

Eine methodische Herausforderung interkultureller Trainings besteht darin, dass zwei Lehr- und Lernparadigmen kombiniert werden müssen (Leenen 2007, 778): zum einen das *Instruktionsparadigma,* bei dem die Vermittlung von Sachinhalten durch den Lehrenden erfolgt, zum anderen das *Konstruktionsparadigma,* bei dem die Teilnehmenden durch Lernaktivitäten selbst die Inhalts- und Problemorientierung bestimmen.

Instruktion		**Konstruktion**
• Der Lehr-Lernzusammenhang wird vom Lehren her konzipiert; Lehren ist im wesentlichen Transfer von Wissensbeständen. • Die Lehrenden vermitteln und präsentieren neuere Lerninhalte. • Lernen ist passive Rezeption und orientiert sich an der Anforderungsstruktur des Lerngegenstandes. • Lernen erfolgt linear und systematisch. • Lerninhalte sind Wissenssysteme, die in ihrer Entwicklung abgeschlossen und klar strukturiert sind (= eher allgemeines Wissen).	**Training**	• Der Lehr-Lernzusammenhang wird vom Lernen her konzipiert. Lernen ist ein Prozess der Wissenserschließung und Wissensgenerierung. • Die Lehrenden unterstützen und moderieren den Lernprozess. • Lernen ist aktive und konstruktive Produktion und orientiert sich an subjektiven Sinnsetzungen des Lerners. • Lernen erfolgt multidimensional und systemisch. • Wissen ist unabgeschlossen und abhängig von individuellen und sozialen Kontexten (= bevorzugt Handlungswissen).

Abb. 28: Interkulturelles Training zwischen Instruktion und Konstruktion (Leenen 2007, 778)

Für das *Konstruktionsparadigma* sind eine interkulturelle Haltung und Reflexionsfähigkeit der Teilnehmenden von großer Bedeutung; für das *Instruktionsparadigma* ist Erfahrung, Legitimität und Expertise des Trainers bezüglich Interkulturalität oder spezifischen Zielkulturen wichtig. Je nachdem ändern sich im Laufe eines Trainings die Lehr- und Lernkonzepte. Trainer vermitteln Wissen, jedoch sind sie auch Initiatoren und Moderatoren von Lernprozessen.

Hierfür kann auf zahlreiche Methoden zurückgegriffen werden, um interkulturelle Trainings didaktisch ansprechend und abwechslungsreich zu gestalten und den Teilnehmern den größten Lernerfolg zu ermöglichen (Tab. 80). Trainingsmethoden können eher wissensorientiert (kognitiv) ausgerichtet sein und zielen durch den Einsatz von Vorträgen, Texten und Filmen auf eine Vermittlung von Wissen über das anderskulturelle System ab. Erlebnisorientierte (affektive und verhaltensorientierte) Trainingsmethoden dagegen basieren auf der Annahme, dass die Trainingsteilnehmer auch emotionale Erfahrungen in laborähnlichen Handlungssituationen machen sollten, um ein anderskulturelles System zu verstehen. Hierbei kommen Rollenspiele, Simulationen, Selbsterfahrungsübungen und Diskussionen zum Einsatz. In der Regel kombinieren interkulturelle Trainings wissens- und erlebnisorientierte Methoden (Fowler/Blohm 2004).

Im folgenden Abschnitt werden aus der Vielfalt von Trainingsmethoden exemplarisch drei dargestellt, die sich je einer Komponente interkultureller Kompetenz zuordnen lassen: *affektiv* – Simulation, *kognitiv* – Kulturassimilator, *konativ* – Planspiel.

Interkulturelle Simulationen

Auf dem Trainingsmarkt existieren inzwischen zahlreiche interkulturelle Simulationen, die es Teilnehmern auf interaktive Weise ermöglichen, Interkulturalität praktisch zu erfahren und zu reflektieren (Fowler/Mumford 1999; Pedersen 2004). Mittels interkultureller Simulationen – von denen Tab. 81 eine Auswahl zeigt – wird auf spielerische Art die Realität kultureller Unterschiede im menschlichen Handeln und die Entstehung von Missverständnissen und Konflikten dargestellt (Hofstede et al. 2002). Die Simulation ermöglicht es, Teilnehmer in kurzer Zeit mögliche interkulturelle Herausforderungen erleben zu lassen und neue Fähigkeiten zu trainieren, die sie dann im Arbeitsalltag einsetzen können. Simulationen weisen in der Regel eine weniger kognitive, dafür mehr affektive und konative Ausrichtung auf. Die Interaktionspartner können entweder tatsächlich unterschiedlichen Kulturen angehören oder sie erhalten Rollenvorgaben und »Spielregeln« für die Interaktion (Fowler/Blohm 2004). Eine besondere Bedeutung hat das an die Simulation anschließende Debriefing, das eine geführte Analyse und Verarbeitung des Erlebten bei den Teilnehmern und den Transfer in die Praxis ermöglicht.

Name	Beschreibung
BaFáBaFá	Simuliert Kulturschocks zwischen Angehörigen verschiedener fiktiver »synthetischer Kulturen« durch Vorgabe bestimmter Verhaltensregeln.
Ecotonos	Wurde bisher hauptsächlich in den USA und in Japan weiterentwickelt und gibt ebenso wie BaFáBaFá Verhaltensregeln vor, die auf Werteorientierungen beruhen.
Albatros	Simuliert die Begegnung der Teilnehmer mit anderskulturellen Einheimischen auf der Insel »Albatros«. Die Teilnehmer nehmen an einer Alltagszeremonie teil. Dort werden fremde Riten und Gewohnheiten beobachtet, die von den Teilnehmern in der Regel fehlinterpretiert werden.
Barnga	Ist eine Simulation, die mit Spielkarten und besonderen Regeln durchgeführt wird. Jeder Teilnehmer bewegt sich nach einer Spielrunde von einer Gruppe zur nächsten. Dabei wird implizit angenommen, dass alle die gleichen Regeln haben und obwohl dies nicht der Fall ist, müssen sie miteinander agieren – ohne mündlich zu kommunizieren.
KultuRallye	Funktioniert ähnlich wie Barnga. In verschieden Gruppen werden von den Teilnehmern jeweils leicht unterschiedliche Spielregeln internalisiert. Nach ein paar Spielrunden wechselt je ein Teilnehmer die Gruppe, die andere Regeln hat – und da Sprechen untersagt ist, herrscht schnell Irritation.

Tab. 81: Auswahl interkultureller Simulationen

Kulturassimilator

Der Kulturassimilator, der auch *Culture Assimilator* oder *Intercultural Sensitizer* genannt wird, ist eine verbreitete Methode innerhalb interkultureller Trainings, die als schriftliches Material oder als IT-gestütztes Instrument eingesetzt wird (Brislin 1986). Diese Trainingsmethode, die in den USA der 1960er Jahre entwickelt wurde (Fiedler et al. 1971), präsentiert und analysiert *Critical Incidents* anhand einer interkulturellen Situationsbeschreibung: Individuen mit unterschiedlichen kulturellen Hintergründen interagieren, verstehen aber das Verhalten der anderskulturellen Personen nicht – auch aufgrund einer Unkenntnis des zugrunde liegenden spezifischen Wertesystems. In der Regel wird das angestrebte Ziel nicht erreicht und gegenseitige Irritationen und Probleme sind das Ergebnis. Hervorzuheben ist, dass nicht kulturunterschiedliches Verhalten an sich problematisch ist, sondern die oft nichtzutreffende Attribution und Interpretation dieses Verhaltens.

Als Attribution wird sowohl Ursachen- und Wirkungszuschreibung von Handlungen und Vorgängen als auch die daraus resultierenden Konsequenzen für menschliches Erleben und Verhalten bezeichnet (Heider 1958; Triandis 1976). Zuschreibungen gegenüber der Wirklichkeit dienen der Ereigniserklärung im Alltag, geben also Orientierung und ersetzen häufig überprüfbares Wissen. In *intrakulturellen* Interaktionssituationen treffen die Zuschreibungen der Individuen meistens zu, sodass auch die eigenen Reaktionen im Normalfall den Erwartungen des Gegenübers entsprechen. Die Zuschreibungen erfolgen also reziprok, sodass die verhaltensbezogene Selbstwahrnehmung der Fremdwahrnehmung entspricht und umgekehrt. Diese Übereinstimmung von Aktion und Reaktion sowie gegenseitig zutreffenden Interpretationen innerhalb eines kulturellen Systems ist aufgrund geteilter Interpretations-, Denk- und Verhaltensmuster möglich. Dieses konsistente Verhältnis von wechselseitig zugeschriebenen und tatsächlichen Handlungsgründen wird als »isomorphe Attribution« (Triandis 1972, 41) bezeichnet. In *interkulturellen* Interaktionssituationen dagegen sind vorgenommene Zuschreibungen nicht immer zutreffend (Shuang et al. 2011, 82), weil sie auf der eigenkulturellen Interpretation basieren. So wird häufig im Kontext von Interkulturalität das Verhalten einer anderskulturellen Person aus der eigenkulturellen – meist ethnozentrischen – Perspektive erklärt, was zu fundamentalen Attributionsfehlern und Fehlinterpretationen führen kann (Brislin 1990; Genkova 2011).

Inhalte des Kulturassimilators sind entweder kultur*allgemein,* um für interkulturelle Situationen als solche zu sensibilisieren, oder kultur*spezifisch,* um wesentliche Informationen einer Zielkultur (wie Werte, Normen, Praktiken etc.) zu vermitteln.

Der Kulturassimilator ermöglicht es anhand einer Situationsbeschreibung und darauffolgenden Analyse, zugrunde liegende Werte der Zielkultur kennenzulernen (Cushner/Landis 1996). Lernenden wird eine problembehaftete Situation mit mehreren Lösungsalternativen präsentiert, von denen die bestmögliche auszuwählen ist. Im Anschluss erfolgt eine Rückmeldung, ob die Lösungsantwort zutreffend war und eine Erklärung hierfür.

Interkulturelle Unternehmensplanspiele

Da zentrale Komponenten interkultureller Kompetenz (wie Wissen, Emotion und Verhalten) in vielen Maßnahmen wie Trainings oder Coachings nicht gleichzeitig und integrativ berücksichtigt werden, bietet sich der Einsatz von interkulturellen Planspielen als integrative und vor allem ganzheitliche Methode an, die somit auch konative Elemente interkultureller Kompetenz fördert (Bolten 1998, 2001a; Stumpf et al. 2003; Strohschneider 2010; Barmeyer/Schirrmacher 2013). Planspiele simulieren modellhafte Abbilder wahrgenommener Realität und versuchen durch Reduktion von Komplexität die wesentlichen Bestandteile eines Systems, einer Organisation, eines Prozesses darzustellen, die dadurch einfacher verständlich werden (Kriz 2004). Planspiele ermöglichen durch hohe persönliche Involvierung und Motivation sowie individuell erlebte Erfahrungen der Teilnehmer die Aktivierung kognitiver, affektiver und verhaltensbezogener Elemente von Kompetenz sowie die Aktivierung unterschiedlicher Lernstile (Kolb 1984). Somit tragen sie zu einem ganzheitlichen und damit effektiven Lernen bei.

Interkulturell ausgerichtete Unternehmensplanspiele erfüllen Forderungen ganzheitlicher interkultureller Kompetenzentwicklung durch Verwendung einer integrativen Methode (Barmeyer/Schirrmacher 2013): sie bilden Arbeitsprozesse und -strukturen samt Managementaktivitäten ab, die international ausgerichtet sind (etwa in Bereichen wie Produktion, IT, Marketing). Dabei ist ein interessanter Aspekt, dass Kulturunterschiede, interkulturelle Konflikte und deren Auswirkungen auf Prozesse dargestellt werden können, sodass die Spieler direkte Konsequenzen ihres Verhaltens (Erfolg oder Misserfolg) erfahren.

Trainingsmethoden und Lernstile

Grundsätzlich sollten Trainingsmethoden sich nicht nur an der interkulturellen Sensibilität der Teilnehmer (Bennett 1993) und ihrer interkulturellen Kompetenz (Deardorff 2006), sondern auch an Persönlichkeitsprofilen (Schirm/Schoemen 2011) und deren Lernstilen (Barmeyer 2001, 2004b) orientieren.

Lernstile, die sich durch Sozialisation in vorschulischen, schulischen sowie familiären und freundschaftlichen Kontexten entwickeln, bezeichnen die bevorzugte individuelle Art und Weise einer Person, Informationen und Gefühle zu verarbeiten und sie in Wissen und Handeln umzusetzen (Kolb 1984). Dabei besteht die Annahme, dass Lernsituationen nicht nur im Rahmen von Bildungsinstitutionen existieren, sondern in *allen* gesellschaftlichen Lebensbereichen, in denen das Individuum *Erfahrungen* macht. Der individuelle Lernstil hat auch Einfluss auf Arbeits-, Management- und Führungsaktivitäten wie Entscheidungsfindung und Problemlösung, sowie die Entwicklung interkultureller Kompetenz.

Ein weit verbreitetes Modell von Lernstilen, das auf der Theorie des Erfahrungslernens *(Experiential Learning)* basiert, stammt von dem Organisationspsychologen David Kolb (1984). Kolb stellte in vielen empirischen Untersuchungen unterschiedliche Lern- und Verhaltensweisen fest, die er auf vier verschiedene Dimensionen reduzierte (Tab. 82). Die vier Phasen oder Stadien, die vom Individuum durchlaufen werden, sind Fühlen, Beobachten, Denken, Handeln. Das heißt, das Individuum ist einer neuen Erfahrung direkt ausgesetzt (Konkrete Erfahrung). Diese Erfahrung wird reflektiert und aus mehreren Perspektiven betrachtet (Reflektierende Betrachtung). Konzepte werden entworfen, um die Betrachtung in logische Theorien zu integrieren (Abstrakte Konzeptualisierung). Schließlich soll das Individuum in der Lage sein, diese Theorien für Entscheidungen und Problemlösungen in der Praxis konkret zu nutzen (Aktives Experimentieren). Der Zyklus beschreibt also, wie Erfahrung aufgenommen und verarbeitet wird und in Konzepte einfließt, die weitere Handlungen beeinflussen.

1. Konkrete Erfahrung	Lernen aus konkreten Erfahrungen Ausgeprägte Personenbezogenheit Sensibel für Gefühle und Menschen
2. Reflektierende Betrachtung	Vorsichtiges Beobachten und Hinhören, bevor Urteile gefällt werden Dinge werden aus verschiedenen Perspektiven betrachtet Dinge werden auf ihren Sinn hin untersucht
3. Abstrakte Konzeptualisierung	Logische Analyse von Ideen Systematische Planung Handeln aufgrund intellektuellen Verstehens einer Situation
4. Aktives Experimentieren	Fähigkeit, Dinge zu erledigen Risikobereitschaft Menschen und Vorgänge in Bewegung bringen

Tab. 82: Merkmale der vier LSI-Dimensionen (Barmeyer 2000, 173, nach Kolb 1984)

Im Sinne konstruktiver Interkulturalität ist die Kenntnis divergierender Lernstile von Bedeutung, um einen besseren Lernerfolg zu erzielen. Dies kann einleitend erfolgen durch Fragen zu Erfahrungen und Selbsteinschätzungen von Teilnehmenden oder durch eine schriftliche Lernstilanalyse, des *Learning Style Inventory* (LSI). Somit können kognitive und methodische Elemente entsprechend ausgerichtet und gewichtet werden. Natürlich ist es nicht möglich, auf alle Lernstile der Teilnehmenden einzugehen, etwa im Falle divergierender Lernstile innerhalb einer Gruppe. Auch im Rahmen eines Coachings kann mithilfe des LSI eine Selbsteinschätzung des individuellen Lernstils vorgenommen werden, indem die vier LSI-Dimensionen in eine bestimmte Anordnung gebracht werden.

Interkulturelles Coaching und interkulturelle Beratung

Neben interkulturellen Trainings und interkultureller Mediation (Busch 2004; Mayer 2006) sind auch interkulturelles Coaching und interkulturelle Beratung als Maßnahmen etabliert. Coaching und Beratung allgemein sind als prozesshafte und individualisierte Maßnahmen zur interkulturellen Kompetenzentwicklung zu verstehen. Inhaltlich ähneln sie den interkulturellen Trainings. Jedoch sind sie methodisch anders gelagert, da es sich meist um Individualsituationen handelt. Außerdem ermöglichten sie eine wesentlich stärkere Kontextualisierung, vertieft auf Situationen und Anliegen des Klienten einzugehen. Beim interkulturellen Coaching handelt es sich um ein unscharfes Konzept (»fuzzy concept«) (Schmid/Möller 2018, 2).

»Interkulturelles Coaching wird verstanden als eine individualisierte und prozesshafte Entwicklungsmaßnahme interkulturellen Lernens, d. h. einen interkulturellen Lernprozess zu initiieren durch einen Coach, die das Ziel verfolgt, den Coachee für Kulturunterschiede zu sensibilisieren und ihm ein Verständnis für kulturelle Systeme zu vermitteln. Der Coach führt den Coachee zu einem kulturellen Perspektivenwechsel, der es ihm ermöglicht, die

Realität aus unterschiedlichen Perspektiven zu erleben, Gemeinsamkeiten und Unterschiede zu analysieren und deren Wechselwirkungen zu erfahren und besser zu verstehen.« (Barmeyer/Haupt 2007a, 787)

Es geht vor allem darum, dass der Coachee zur Selbstreflexion angeregt wird, sodass er in zukünftigen interkulturellen beruflichen oder privaten Lebenssituationen proaktiv und wirklichkeitsgestaltend handeln kann (Kinast 2003b; Rosinski 2003). Somit können auftretende interkulturelle Konflikte überdacht, potentielle Schwierigkeiten leichter gelöst und zukünftige Entscheidungen situationsgerecht getroffen werden (Barmeyer 2007b).

Interkulturelles Coaching kann vorbereitend, begleitend – etwa in Krisensituationen als problem- und emotionsorientierte Beratung – oder nachbereitend erfolgen. Im Vordergrund stehen die Verarbeitung von Erfahrungen und die *dialogische, interaktive* Erarbeitung von sinnvollen Handlungsstrategien. Dabei gibt der Coach keine konkreten Handlungsempfehlungen, sondern hilft beim Verständnisprozess strukturierend und beratend. Lösungen hat der Coachee – entsprechend seiner Persönlichkeit und den spezifischen Situationskontexten – selbst zu finden (Barmeyer 2002).

Es können zwei Formen unterschieden werden: *Inhaltscoaching,* auch Expertencoaching und Fachcoaching genannt, das auf die Vermittlung von Wissen und Kenntnissen abzielt (kognitiv) sowie *Prozesscoaching,* das die Selbstreflexion des Coachees über Standpunkte und Perspektiven fördert, aus denen sich die Beziehung zum anderskulturellen System verstehen bzw. entwickeln lässt (affektiv). Inhaltscoaching und Prozesscoaching schließen sich nicht aus, sondern ergänzen sich (Abb. 29).

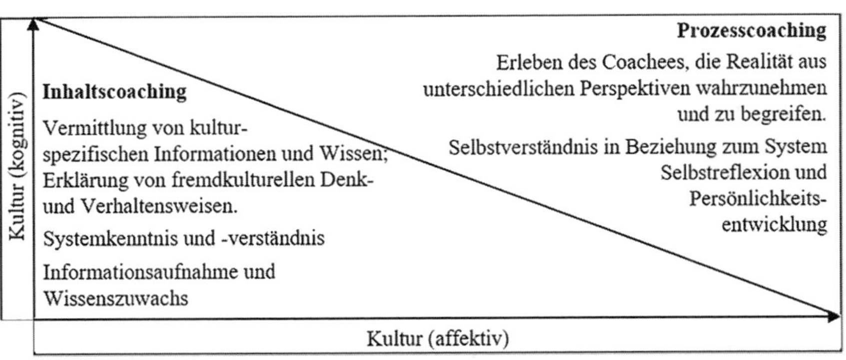

Abb. 29: Merkmale von Inhaltscoaching und Prozesscoaching (Barmeyer/Haupt 2007a, 789)

Durch eine individualisierte, vertrauliche Herangehensweise und ein kontinuierliches dialogisch-prozessorientiertes Vorgehen kann Coaching die arbeits- und personenbezogene Selbstreflexion einer Person besser fördern als ein punktuelles inhaltsorientiertes interkulturelles Training.

Um der Kritik an hermetischen (nationalen) Kulturbegriffen und der damit verbundenen Heterogenität und Dynamik von Kultur(en) besser zu begegnen (Genkova/Ringeisen 2016), benötigt interkulturelles Coaching – im Sinne konstruktiver Interkulturalität – ein kulturreflexives Vorgehen (Nazarkiewicz 2018, 34): »Ziel kulturreflexiven Vorgehens ist das systematische Bemühen, ein und dieselbe Situation und auch das Arbeiten innerhalb des Coachingprozesses mit drei Metakonzepten aus unterschiedlichen Perspektiven zu beleuchten.« Um ein differenziertes, kontextualisiertes Coaching zu ermöglichen, können drei Metakonzepte herangezogen werden (Tab. 83).

Konzepte für kulturreflexive Begleitung	**Deuten mit der natürlichen Weltanschauung**	**Machtreflexive Praxis**	**Systemisch-konstruktivistische Perspektivenvielfalt**
Besonderer Fokus	Berücksichtigung von kulturübergreifendem und spezifischem Wissen »Interkulturell«	Berücksichtigung von Makroeinflüssen auf Identitätsfaktoren und Interaktionen »Transkulturell«	Mehrperspektivischer lösungsorientierter Blick (konstruktives Nicht-Wissen) »Multikulturell«
Kulturbegriff	Essentialistisch Lebensweisen »Länder«	Kohäsiv Differenz- und diversityorientiert, ideologie- und machtkritisch	Systemisch »Spielregeln«, Muster, »Sinnattraktoren«
»Fremdheit«	Unbekannt	Ausgeschlossen	Kontingent
Interkulturelle Kommunikation	»Missverständnisse«	»Ideologie«	»Störungen«
Herangehensweise	Arbeit mit Vorannahmen Wissen erwerben und anwenden, deuten, verstehen und damit umgehen	Arbeit an Voraussetzungen Wer spricht zu wem? Dekonstruktion und (Re-)Konstruktion von kulturbedingten Identitätsformationen	Arbeit mit dem Nicht-Wissen Selbstreflexiv und lösungsorientiert: Bilden und Verwerfen von Hypothesen, emergierende Lösungsvarianten

Tab. 83: Drei Metakonzepte interkultureller Coachingprozesse (Nazarkiewicz 2018, 34)

Neben interkulturellem Coaching trägt interkulturelle Beratung zum Konstruktiven Interkulturellen Management bei. Zwei Arten interkultureller Beratung sind zu unterscheiden: die interkulturelle Beratung von Einzelpersonen und die interkulturelle Beratung im Sinne der klassischen Unternehmensberatung (Hegemann/Lenk-Neumann 2002; Rathje 2007b). Dabei betrifft die interkulturelle Unternehmensberatung die Bewältigung der auf einer Mesoebene angesiedelten organisationalen Themen, z. B. die interkulturelle Organisationsentwicklung. Tab. 84 zeigt Kernbereiche in Organisationen samt Anwendungsbeispielen und Funktionen.

Kernbereiche	Anwendungsbeispiele	Funktionen
Personalmanagement	Auswahl von zu entsendenden Mitarbeitern, Konzeption interkultureller Personalentwicklung	Human Resources
Externe Unternehmenskommunikation	Anpassung von Marketing- bzw. Kommunikationskonzepten an kulturelle Unterschiede, internationale Public Relations der Unternehmen	Marketing, Public Relations, Vertrieb
Interne Unternehmenskommunikation	Gestaltung interkultureller Unternehmenswerte und -vision in internationalen Unternehmen	Unternehmenskommunikation, Strategie
Begleitung von Internationalisierungsprozessen	Vorbereitung von Mergers and Acquisitions, Integration kultureller Aspekte in den Due-Diligence-Prozess	Strategie, Business Development
Organisationsentwicklung	Konzeptentwicklung zur Optimierung interkultureller Zusammenarbeit, zur Realisierung interkultureller Synergien	Je nach betroffenem Bereich (z. B. Produktion)

Tab. 84: Kernbereiche interkulturellen Consultings (Rathje 2007b, 802)

Allgemein fällt auf, dass interkulturelle Beratung aus wissenschaftlicher Sicht nur in Grundzügen beschrieben und erforscht ist. Dies hat auch mit der bisherigen Ausrichtung interkultureller Trainings zu tun, die häufig von Beratern und Trainern mit psychologischem, pädagogischem oder kulturwissenschaftlichem Hintergrund durchgeführt werden (Rathje 2007b). Weil diese nur über begrenzte Kenntnis und Erfahrung hinsichtlich der Organisationsforschung verfügen, ist häufig ein Fokus auf die Themen Kultur und Interkulturalität gelegt, ohne die spezifischen organisationalen Kontexte zu berücksichtigen. Im Sinne eines konstruktiven Verständnisses bietet es sich deshalb an, Interkulturalität im Gesamtkontext der Organisation zu verorten, anstatt sie nur losgelöst auf Individuen oder Teams zu beziehen. An der Schnittstelle von Interkulturalität und Organisationsforschung weist interkulturelle Beratung in der Zukunft noch ein großes Entwicklungspotenzial auf.

Herausforderungen interkultureller Kompetenzentwicklung

Es existieren mehrere Herausforderungen interkultureller Kompetenzentwicklung:

Akzeptanzbarrieren: Interkulturelle Maßnahmen treffen häufig auf Akzeptanzbarrieren, da sie eventuell aufdecken, dass sich die Betroffenen in interkulturellen Situationen nicht kulturadäquat verhalten. Dieses ›Fehlverhalten‹ kann als Kompetenzschwäche gesehen werden. Hier eignen sich insbesondere individualisierte Formen der Kompetenzentwicklung wie interkulturelles Coaching und interkulturelle Beratung.

Berater- und Trainerqualifizierung: Auf dem Weiterbildungsmarkt agieren Berater und Trainer mit unterschiedlichsten Ausbildungen. Sie erfüllen nicht immer die hohen und umfassenden Anforderungen an Wissen, Methodik und Erfahrung. Bestrebungen, einheitliche Qualitätsstandards auf dem unüberschaubaren Markt interkultureller Maßnahmen zu erarbeiten und durchzusetzen, blieben bisher erfolglos. Sowohl Auftraggebern als auch Personalverantwortlichen in Unternehmen fällt es insofern sehr schwer, die Qualifizierung einzuschätzen. Profunde Kenntnisse der Kultur, der Gesellschaft, der Sprache, des sozialen Kontextes sowie pädagogische und kommunikative Fähigkeiten und Arbeitserfahrungen in der Zielkultur sind für interkulturelle Berater unerlässlich.

Kulturfokus: Berater und Trainer können oft keine Arbeitserfahrung in Organisationen vorweisen, ihre Kenntnisse über Organisationen und Management sind daher recht begrenzt. Deshalb findet in vielen Maßnahmen als Erklärung für Probleme und Missverständnisse eine einseitige Fokussierung auf Kultur und Sprache statt. Zielführend ist es dagegen, andere systemische Kontextfaktoren, wie Historie, Branche, Strategien, Interessen und Machtbeziehungen, zu berücksichtigen.

Evaluation: Inwieweit interkulturelle Kompetenz entwickelt werden kann und wie nachhaltig interkulturelle Maßnahmen wirklich sind, versucht die Evaluationsforschung seit Jahrzehnten herauszufinden (Renwick 1981; Ehnert 2004; Kinast 1998; Bosse 2011). Orientierung gibt hierbei Kirkpatrick (1998) anhand von vier Evaluationsebenen: 1. Reaktion (Akzeptanz der Teilnehmenden), 2. Lernfortschritt (tatsächliche Lernerfolge), 3. Verhalten (Transfer erworbener Kompetenzen in die Praxis), 4. Ergebnisse (Wirkungen auf organisationaler Ebene). Die Effektivität interkultureller Kompetenzentwicklungsmaßnahmen ist jedoch schwierig zu evaluieren, da zahlreiche Einflussgrößen situativer, persönlichkeits- und kontextbezogener Art Erfolg oder Misserfolg interkultureller Interaktionen beeinflussen. Insofern müssen Evaluationen multiperspektivisch sein, Selbst- und Fremdeinschätzungen berücksichtigen sowie Erhebungsergebnisse zu unterschiedlichen Zeitpunkten vergleichen (Leenen 2007).

Ethnozentrismus interkultureller Kompetenzentwicklung

Eine grundsätzliche Kritik betrifft den Ethnozentrismus interkultureller Kompetenzentwicklung, der angelsächsisch-westeuropäisch geprägt ist. Forschung und Praxis interkultureller Kompetenz basieren auf folgenden Grundannahmen:

- *Menschenbild:* Personen als Individuen sind lern- und anpassungsfähig
- *Ziele:* Interkulturelle Kompetenz lässt sich durch Maßnahmen »entwickeln« und ist nicht (nur) in der Persönlichkeit angelegt
- *Methoden:* Interaktive Methoden stehen im Vordergrund, wie Simulationen, Selbstreflexionen und andere teilnehmeraktivierende Verfahren
- *Inhalte:* Kulturen, Stereotypen, interkulturelle Missverständnisse, Planung, Feedback oder das Eingestehen eigener »Defizite«

Diese ethnozentrisch-westliche Ausrichtung lässt sich durch die Genese der Kompetenzentwicklung erklären: Die meisten Interkulturalisten dieser Zeit stammen aus den USA (Roth 2006; Kulich 2012) oder aus westeuropäischen Ländern. Ihre Grundannahmen basieren auf einer selbstbestimmten, freiheitlichen, egalitären und partizipativen Konzeption von Menschenbild, Gemeinschaft und Organisation. Bis heute finden sich nur wenige Impulse und Veröffentlichungen aus Ländern wie China, Indien, Russland sowie von dem afrikanischen oder südamerikanischen Kontinent.

Diesen Ethnozentrismus von westlich geprägten Grundannahmen und Methoden beschreibt der Interkulturalist Elias Jammal auf amüsante Weise anhand eines Workshops in seiner Zeit als Berater in der deutschen Entwicklungszusammenarbeit im Jemen. Es wird deutlich, wie unausgesprochene Grundannahmen und Erwartungen sowie die ethnozentrische Grundhaltung der deutschen Trainerin zu gegenseitigen Irritationen führen und letztendlich die Zielerreichung erschweren.

Ethnozentrismus bei einem Entwicklungszusammenarbeits-Workshop

»Ich bekam auch weitere Aufträge von anderen Organisationen und ›das Geschäft‹ wuchs. Mein erster Auslandseinsatz als Selbständiger war ein Stadtentwicklungsprojekt im Jemen. Ich sollte als Co-Moderator bei einem Planungsworkshop mitwirken. Ich kam mit meinem deutschen Pass um 03:00 Uhr morgens in Sana'a an und fuhr mit dem Taxi ins Hotel. Sana'a liegt auf ca. 2.200 Meter Höhe und ist eigentlich eine Stadt aus der Vorzeit mit atemberaubender Lehmarchitektur.

Die Moderatorin, die ich gleichsam als ›Auszubildender‹ in Sachen Moderation begleitete, war eine hochgewachsene kräftige Blondine, die mit farbigen Metaplan-Kärtchen hantierte und den Jemeniten diese Visualisierungstechnik beibringen wollte.

Die farbigen Kärtchen brachten die Runde zum Lachen. Man lachte herzlich und war aus Höflichkeit bemüht, die Deutsche zufriedenzustellen. Ich verstand natürlich die Scherze in Arabisch und die Moderatorin fragte mich immer wieder, worüber die Herren lachen würden. Ich antwortete ausweichend. Sie war dadurch irritiert und ich musste eben das tun, wofür ich bestellt war: vermitteln zwischen den Kulturen.

Brisant wurde es, als die Dame alle aufforderte, sie mögen einen Zeitplan zur Implementierung des Projekts mit eindeutigen Zuständigkeiten festlegen. In den Augen der Moderatorin waren die Herren sehr großzügig und unrealistisch in ihrer Planung.

Man war es auch tatsächlich. Den Jemeniten war es eigentlich egal, was wann von wem zu erledigen wäre. Sie wussten, dass es ohnehin anders kommen würde. Sie waren eigentlich nur bestrebt, den Wunsch des Gastes zu erfüllen. Auf die Sache kam es mitnichten an.«
Quelle: Jammal (2013, 96ff)

In der Forschung wird häufig Kritik an interkultureller Kompetenzentwicklung, vor allem an interkulturellen Trainings, geübt. Der Kulturanthropologe Dahlén (1997) moniert, dass mit veralteten, hermetisch wirkenden Kulturkonzepten gearbeitet wird, ebenso mit übertriebenen Dichotomien – wie vereinfacht dargestellten Kulturdimensionen – Stereotypen reproduziert und eklektisch Konzepte und Methoden aus unterschiedlichen Disziplinen und Epochen integriert werden. Trotz dieser Kritik wird betont, dass interkulturelle Kompetenzentwicklung für das Konstruktive Interkulturelle Management wichtig ist, ermöglicht sie doch, Irritationen und Konflikte anders – nämlich interkulturell – zu deuten, als es aufgrund bisheriger Attributionen (»die Person ist komisch«, »die Sachzwänge begründen dies« etc.) möglich war.

Damit nicht nur die vorherrschende »Differenzthematik« (Leenen 2007, 777) im Vordergrund steht, sondern auch die Vielfalt von Kulturen und die häufig nicht vorhersehbare Komplexität interkultureller Situationen, ist es wichtig, multiple Kulturen und dynamische Interkulturalität zu berücksichtigen. Hierzu gehören Aspekte von Organisations-, Branchen-, Abteilungs- und Berufskulturen, aber auch Spezifika von Akteuren und die Beachtung struktureller und situativer Arbeitskontexte samt der Macht- und Ressourcenverteilung (Bjerregard et al. 2009). Somit kann einer kritisierten »kulturalistischen Engführung« (Leenen 2007, 777) entgegengewirkt werden.

Entsprechend den gesellschaftlichen Veränderungen und Entwicklungen zunehmender Internationalisierung, Interkulturalisierung, Digitalisierung, Flexibilisierung und Partizipation wird sich auch die interkulturelle Kompetenzentwicklung verändern. Dies betrifft sowohl Ziele, Inhalte als auch Methoden. Voraussichtlich werden »klassische« interkulturelle Maßnahmen ersetzt werden durch integrierte kontextualisierte Maßnahmen, welche die jeweiligen spezifischen Herausforderungen und Themen berücksichtigen. Dabei lässt sich auf die Erkenntnisse, Methoden und Inhalte der jahrzehntelang existierenden Praxis und Forschung interkultureller Kompetenzentwicklung zurückgreifen. Anders als bisher wird in den Maßnahmen, bei denen die Themen- und Methodenwahl vor allem von Beratern oder Trainern ausging und entsprechend vermittelt wurde, eine stärkere Partizipation und Einbindung von Teilnehmern erfolgen.

Konstruktive Interkulturalität fördern

»We shall not cease from exploration.
And the end of all our exploring
Will be to arrive where we started
And know the place for the first time.«
T. S. Eliot

Ein integratives Rahmenmodell

Dieses Buch zum Konstruktiven Interkulturellen Management macht deutlich, dass Interkulturalität nicht nur Ursache von Missverständnissen und Schwierigkeiten ist, sondern dass sich auch immer wieder interkulturell zusammengesetzte Organisationen, Abteilungen oder Arbeitsgruppen finden, die *erfolgreich* miteinander agieren. Die genauen Gründe sind jedoch wenig bekannt: Die bewusste Gestaltung konstruktiver Interkulturalität wird in Forschung und Praxis kaum thematisiert (Sackmann et al. 2011; Barmeyer/Davoine 2016). In diesem Sinne ist die Essenz dieses Buches, dass Interkulturalität ein dynamischer, gegenseitiger Anpassungs- und Entwicklungsprozess ist, der durch beteiligte Akteure in bestimmten Kontexten ausgehandelt wird, und, dass kulturelle Unterschiedlichkeit zu Komplementarität oder sogar zu Synergie führen kann.

Ziel dieses letzten Kapitels ist es deshalb, in einer systematisch-integrativen Weise diejenigen Faktoren darzustellen, die zur Gestaltung *konstruktiv*er Interkulturalität in Organisationen beitragen. Sie wurden bereits in den verschiedenen Kapiteln dieses Buches thematisiert. Diese Faktoren können für die Wissenschaft als Anregung dienen, konstruktive Interkulturalität verstärkt zu erforschen; für die Praxis stellen sie strategische, kulturelle, strukturelle und prozessuale Gestaltungsmöglichkeiten dar.

Folgende Tab. 86, welche als integrativer Rahmen zu verstehen ist, ist ein Versuch, auf Basis empirischer Forschung zentrale begünstigende Faktoren systematisch aufzuführen, die zu interkultureller Komplementarität oder Synergie beitragen. Wichtig ist, dass nicht nur *kulturelle* Einflussfaktoren berücksichtigt werden, sondern auch solche, die auf den ersten Blick nicht mit Kultur in Beziehung stehen, wie der Kontext oder die Persönlichkeiten und Identitäten der interagierenden

Personen. Dabei dient zum einen das Drei-Ebenen-Modell mit Mikro-, Meso- und Makroebene als Strukturierung, zum anderen auch Elemente, die Management und Organisationen betreffen (Miles et al. 1978; Galbraith 1995; Barmeyer/Mayrhofer 2016): *Strategie, Kultur, Struktur* und *Prozesse.*

Strategie: Organisationen entstehen, entwickeln sich und bestehen fort aufgrund ihrer strategischen Ziele und ihrer Ausrichtung. In diesem Sinne hilft ein systematischer und gesteuerter Ansatz nicht nur die Effekte konstruktiver Interkulturalität (im Sinne von Output) zu steigern, sondern er macht auch bewusst, welche konkreten Bedingungen gegeben sein sollten, um interkulturelle Komplementarität und Synergie zu erreichen. Somit stellen sich Fragen wie: Wird explizit mit Interkulturalität umgegangen und gearbeitet? Inwiefern wird Interkulturalität als strategische Ressource, die Wettbewerbsvorteile schafft, erkannt, operationalisiert und gefördert (z. B. durch Rekrutierung bikultureller Mitarbeiter, interkulturelle Kompetenzentwicklung oder Diversity Management)? Inwiefern richtet sich die Strategie an interkulturalitätsfördernden Maßnahmen aus?

Kultur: Kultur als Werte-, Bedeutungs- und Problemlösungssystem beeinflusst Akteure auf den drei Ebenen und kann wiederum von der Strategie geprägt sein – wie etwa im Falle einer gemeinsamen Organisationskultur mit bestimmten Visionen und Zielen. Interkulturelle Komplementarität und Synergie entstehen durch die dynamische Kombination dieser unterschiedlichen Werte-, Bedeutungs- und Problemlösungssysteme, die sich durch interkulturelle Aushandlung ergänzen und einen Mehrwert bilden. Es stellen sich folgende Fragen: Werden interkulturelle Lern- und Entwicklungsprozesse auf individueller Ebene und organisationaler Ebene gefördert? Trägt eine offene, vertrauensvolle Organisationskultur zu konstruktiver Interkulturalität bei? Wird kulturelle Unterschiedlichkeit durch soziale Aushandlung komplementär und synergetisch genutzt? Welche Spielräume für kulturelle Anpassungsprozesse gibt es auf den verschiedenen Aktionsebenen?

Strukturen und *Prozesse* sind weitere zentrale Faktoren, die sich etwa in Organisationsaufbau und -ablauf widerspiegeln. Sie sind zur Schaffung interkultureller Komplementarität und Synergie in Organisationen wichtig, wie Adler (1980, 173) unterstreicht: »A cultural synergistic organization is one in which structures and processes reflect the best aspects of all members' cultures without violating the norms of any single culture.« Dabei stellen sich Fragen wie: Werden Strukturen geschaffen, damit interkulturelle Komplementarität entstehen und zielgerichtet eingesetzt werden kann (z. B. durch interkulturell ausgewogene (Doppel-)Besetzung von Positionen wie bei Führungs-Tandems oder funktionsübergreifenden Teams)? Werden (Arbeits-)Prozesse in bestimmten zeitlichen und räumlichen Rahmen (z. B. Sitzungen) umgesetzt und gesteuert, bei denen bewusst die kulturelle Unterschiedlichkeit durch Austausch und Diskussion genutzt wird (z. B. interkulturell gestaltet wird durch *Boundary Spanning* oder *MBI, Mapping, Bridging, Integrating*)?

Abschließend und als Zusammenfassung zeigt Tab. 85 einen analytischen Rahmen als erstes »Inventar«, dessen Faktoren in Zukunft durch weitere empirische Forschungen zu konstruktiver Interkulturalität erweitert werden sollen.

	Strategie Zieldefinitionen und Umsetzung	**Kultur** Identitätsstiftendes Referenzsystem	**Struktur** Interessen und Machtbalance	**Prozesse** Aushandlung und Innovation
Individuen	Auswahl und Einsatz von Fach- und Führungskräften Nutzung von Ressourcen und Kernkompetenzen Entwicklung interkultureller Kompetenzen Mitarbeiteraustausch und Entsendung	Interkulturelle Haltung, Erfahrung und Sensibilität (Ethnorelativismus) Bewusster Umgang mit Stereotypen Interkulturelle Kompetenz/Kulturelle Intelligenz Sprachkompetenzen	Interkulturelle Netzwerke Doppelbesetzung von zentralen (Führungs-) Positionen: Binome, Tandem-Führung Einsatz von TCN, TCI, TCK als Boundary Spanner	Ausgehandelte Identitäten Stadien interkultureller Sensibilität Interkulturelles Handeln Interkulturelle Kompetenzentwicklung Boundary Spanning
Organisation	Interessen- und Machtbalance Geozentrische Internationalisierungsstrategie Wertschätzung und Förderung von (kultureller) Diversität	Vertrauensvolle, wertschätzende und innovationsfördernde Organisationskultur Lernende Organisation	Explizieren von Regeln der Zusammenarbeit Steuerung und Führung von interkulturellen (CCT) und abteilungsübergreifenden (CFT) Arbeitsgruppen	Ausgehandelte Kultur, Interkultur, Dritte Kultur, Dilemma-Theorie MBI Entwicklungsphasen von Organisationen Transfer und Rekontextualisierung Organisationsentwicklung
Gesellschaft	Nachhaltigkeit Multikulturelle Gesellschaft	Offene Gesellschaften Funktionierende, wirksame Institutionen Werte wie Vertrauen, Kooperationsfähigkeit	Kapitalismusarten Business System Multikulturelle Gesellschaft	Transfer führt zu Impulsen Isomorphie, Hybridisierung, Lernen

Tab. 85: Faktoren, die konstruktive Interkulturalität begünstigen

Damit die vielfältigen Faktoren konstruktiv kombiniert und weiterentwickelt werden können, bedarf es individueller (Kolb 1984; Barmeyer 2000) sowie organisationaler Lernprozesse (March 1991; Argyris/Schön 1996), die durch Maßnahmen interkultureller Kompetenz- und Organisationsentwicklung initiiert, gefördert und begleitet werden.

Multikulturelle Akteure als Brückenbauer

Um interkulturelle Komplementarität und Synergie im Arbeitskontext durch individuelles und kollektives Lernen zu verwirklichen, sind vor allem *Akteure* mit besonderen Erfahrungen und Kompetenzen samt einer ethnorelativistischen Haltung von großer Wichtigkeit (Lee 2010).

Barmeyer und Eberhardt (2017) zeigen, dass Drittkultur-Manager (TCN) besondere Kompetenzen aufweisen und an Schnittstellen von Mutter- und Tochtergesellschaften wichtige vermittelnde Funktionen für den interkulturellen Austausch übernehmen (Yagi/Kleinberg 2011): Sie agieren in drei zentralen Bereichen als interkulturelle *Boundary Spanner* zwischen verschiedenen sozialen und kulturellen Systemen – ob organisationskulturell, professions-, bereichs-, oder länderübergreifend (Tab. 86).

Bereiche	Sprachsysteme	Kulturelle Systeme	Organisations- und Managementsysteme
Inhalte	Bedeutung, Sinn und Interpretation	Werte und Identitäten, berufliche Normen und Arbeitspraktiken	Strukturen, Prozesse, Verfahren und Systeme
Funktion von Drittkultur-Managern	Leisten sprachliche Übersetzungen und schaffen Vertrauen durch gemeinsame Sprache bzw. Sprachkompetenz.	Vermitteln zwischen unterschiedlichen kulturellen Systemen und schaffen gegenseitiges Verständnis.	Schlichten bei Konflikten der Mitarbeiter und bei Auseinandersetzungen zwischen Mutter- und Tochtergesellschaften.
Kompetenz	Sprachkompetenz	Interkulturelle Kompetenz	Managementkompetenz

Tab. 86: Drittkultur-Manager als Brückenbauer in interkulturellen Schnittstellenpositionen (Barmeyer/Eberhardt 2017, 15)

Diese vermittelnden Funktionen können auch von interkulturellen Tandems, also zwei Funktionsträgern mit unterschiedlichem kulturellem Hintergrund, ausgeübt werden (Barmeyer/Davoine 2015). Sie können zu einer gewissen Symmetrie der Interessen beitragen und verfügen über spezifisches Wissen sowie ein soziales Netzwerk in ihren nationalen Kontexten. Somit können sie Sachverhalte erklären und Probleme effizienter lösen.

Insbesondere bikulturelle bzw. multikulturelle Personen (TCI, TCK), die oft mehr als nur ein sprachliches und kulturelles Bezugssystem verinnerlicht haben, spielen für das Konstruktive Interkulturelle Management eine zentrale Rolle (Brannen/Thomas 2010; Mahadevan 2016). Aufgrund ihrer Insider/Outsider-Zwischenstellung können sie sich in verschiedene Bedeutungs- und Handlungssysteme hineinversetzen und besser neutrale Metapositionen einnehmen als Menschen, die nur in einem Sozialisationskontext aufgewachsen sind: Multikulturelle Fach- und Führungskräfte können in Schnittstellenfunktionen in und zwischen Organisationen bei Synergiebildung unterstützend wirken. *Boundary Spanner* und *Interfaces* leisten – oft unbewusst – wertvolle Beiträge zum Verständnis und zum Funktionieren von Organisationen (Barner-Rasmussen et al. 2014; Barmeyer/Eberhardt 2017).

Fitzsimmons, Lee und Brannen (2013) sehen diese Personen, die auch als *Marginals* bezeichnet werden, als *Global Leaders,* die in der Lage sind, Herausforderungen wie Diversität, Komplexität und Unsicherheit konstruktiv zu begegnen. *Global Leadership* definieren Mendenhall und Kollegen (2012, 500) als: »process of influencing others to adopt a shared vision through structures and methods that facilitate positive change while fostering individual and collective growth in a context characterised by significant levels of complexity, flow and presence.«

Es wird deutlich, dass neben kontextuellen Faktoren auch personenbezogene Faktoren, insbesondere die Bi- und Multikulturalität von Akteuren, einen besonderen Stellenwert einnehmen: Multikulturelle Fach- und Führungskräfte sind somit wichtige Akteure multinationaler Unternehmen, die neuen gesellschaftlichen Kontexten wie Hybridisierungstendenzen und dynamischen multiplen Kulturen als interkulturelle Brückenbauer Rechnung tragen (Fitzsimmons et al. 2011). Die an komplementären und synergetischen Lösungen beteiligten multikulturellen Fach- und Führungskräfte sind sich nicht nur ihrer eigenkulturellen und fremdkulturellen Prägung und Spezifika bewusst, sondern es gelingt ihnen auch oft, die jeweiligen Besonderheiten synergetisch zu kombinieren und damit komplexe Systeme wie Organisationen zu steuern und zu entwickeln. Dies setzt ein hohes Maß an gegenseitiger Akzeptanz voraus und die Bereitschaft, Andersartigkeit, also anderskulturelle Spezifika, als Stärke zu akzeptieren und wertzuschätzen.

Im Sinne des Konstruktiven Interkulturellen Managements können internationale Organisationen die Kompetenzen von multikulturellen Fach- und Führungskräften strategisch als Ressource organisationalen Lernens und organisationaler Entwicklung einsetzen (Tab. 87).

Hauptvorteile	Mögliche Probleme
Multikulturelle Mitarbeiter sind besser in der Lage, interkulturelle Interaktionen, sei es im Team, bei Verhandlungen oder Fusionen, zu gestalten, weil sie den Einfluss von Kultur besser verstehen und nutzen können als monokulturelle Mitarbeiter.	Multikulturelle Mitarbeiter können in Organisationen mit starken, monolithischen Kulturen an den Rand gedrängt werden oder ihre kulturelle Identität unterdrücken.
Wie Unternehmen Nutzen ziehen und Probleme vermeiden	
1. Sichtbare Zeichen setzen, um multikulturelle Mitarbeiter wertzuschätzen. 2. Fähigkeiten von Mitarbeitern bestmöglich einsetzen. 3. Mitarbeiter durch multikulturelle Vorbilder auf Senior-Ebene begleiten. 4. Interkulturelle Kompetenzen aller Mitarbeiter durch erfahrungsorientierte Lernprogramme entwickeln.	

Tab. 87: Hauptvorteile, mögliche Probleme und organisatorische Lösungen multikultureller Mitarbeiter (Fitzsimmons et. al. 2011, 204, unsere Übersetzung)

Weitere Erkundung konstruktiver Interkulturalität

In diesem Buch wurde deutlich, dass Konstruktives Interkulturelles Management auf einer Vielzahl von kombinierten Einflussfaktoren basiert, die miteinander verbunden sind und sich gegenseitig bedingen. Diese wurden im vorliegenden Buch anhand ausgewählter empirischer Studien erläutert und illustriert. Der hier präsentierte konzeptionelle, integrative Rahmen erlaubt es, Faktoren komplementärer und synergetischer Zusammenarbeit zu identifizieren. Dabei steht die Erkundung und Erforschung konstruktiver Interkulturalität erst am Anfang.

Die Wissenschaft könnte zukünftig an integrierten systemischen Modellen arbeiten, welche die schon bekannten Einflussfaktoren in Beziehung setzen und ihre Wirkungszusammenhänge aufzeigen – welchen Einfluss hat z. B. die Bikulturalität von Führungskräften auf die internationale Strategie? Wie wirken bikulturelle Tandems konstruktiv auf Prozesse ein? Wie hängt die Entwicklung interkultureller Kompetenz mit Organisationskultur zusammen? Ebenso ist empirische Forschung nötig, um weitere Einflussfaktoren zu finden, die zu konstruktiver und synergetischer Interkulturalität beitragen.

Der Praxis dient das Rahmenmodell gleichzeitig als Orientierung, um die erreichten Ergebnisse analytisch und kritisch zu betrachten. Auch kann es helfen, bestimmte synergiebildende Faktoren bewusst zu schaffen und diese in Anwendung zu bringen, damit internationale Organisationen lernen, konstruktiv mit Interkulturalität umzugehen. Es dient ebenso als Hilfestellung bei der Koordination und Steuerung von Kooperationen, damit diese ihr volles Potenzial entfalten können. Darüber hinaus könnte die Forschung strategischer an *Best Practices* arbeiten, auch um gegenseitige Lerneffekte von Unternehmen anderer Branchen zu nutzen.

Wissenschaftliche Projekte, die seit Jahrzehnten Interkulturalität erforschen, und Praktiken, die seit Jahrzehnten von Interkulturalität geprägt sind, werden sich zukünftig verstärkt mit konstruktiver Interkulturalität beschäftigen müssen. Dabei sind Organisationen mit lebenslangen Lernprozessen konfrontiert, die oft keinen klaren Anfang und kein klares Ende haben, sondern Zyklen darstellen. Konstruktives Interkulturelles Management wird dabei immer wieder aufgefordert sein, Anstöße zur Förderung von Entwicklungen zu geben. Das oben zitierte Gedicht von T. S. Eliot (1959, 46) lässt sich dahingehend interpretieren, dass sich Wissenschaft und Praxis nur kreisförmig entwickeln. Am Ausgangspunkt stehen wir nun, bereichert vom Weg – und sehen Vertrautes aus neuer Perspektive.

Bibliographie

Acemoglu, D./Robinson, J. (2013): Warum Nationen scheitern. Die Ursprünge von Macht, Wohlstand und Armut. Frankfurt a. M., S. Fischer.

Adler, N. J. (1980): Cultural Synergy: The Management of Cross-Cultural Organizations. In: Burke, W. W./Goodstein, L. D. (Hg.): Trends and Issues in Organizational Development: Current Theory and Practice. San Diego, Pfeiffer & Company, 163–184.

Adler, N. J. (1983): A Typology of Management Studies Involving Culture. In: Journal of International Business Studies 14(2), 29–47.

Adler, N. J. (1986): International Dimensions of Organizational Behavior. Boston, PWS Kent.

Adler, N. J. (2002): International Dimensions of Organizational Behavior. Cincinnati, South Western.

Adler, N. J. (2008): International Dimensions of Organizational Behavior. Cincinnati, South Western.

Adler, N. J./Harzing, A.-W. (2009): When Knowledge Wins: Transcending the sense and nonsense of academic rankings. In: The Academy of Management Learning & Education 8(1), 72–95.

AIB (2017): About AIB. Abgerufen 06.11. 2017 (https://aib.msu.edu/aboutaib.asp).

Aichhorn, N./Puck, J. (2017): Bridging the Language Gap in Multinational Companies: Language Strategies and the Notion of Company-Speak. In: Journal of World Business 52(3), 386–403.

Albert, M. (1991): Capitalisme Contre Capitalisme. Paris, Seuil.

Alleo (2012): Service-Handbuch/Guide du Service Alleo. Saarbrücken.

Almond, P./Edwards, T./Colling, T./Ferner, A./Gunnigle, P./Müller-Camen, M./Quintanilla, J./Wächter, H. (2005): Unraveling home and host country effects: An investigation of the HR policies of an American multinational in four european countries. In: Industrial Relations 44(2), 276–306.

Althauser, U. (2006): Organisationsentwicklung International. Themen, Trends und Perspektiven. In: Gruppendynamik und Organisationsberatung: Zeitschrift für Angewandte Sozialpsychologie 37(1), 117–126.

Alvesson, M. (2002): Understanding Organizational Culture. London/Thousand Oaks/New Delhi, Sage.

Alvesson, M./Willmott, H. (1992): On the Idea of Emancipation in Management and Organization Studies. In: The Academy of Management Review 17(3), 432–464.

Amado, G./Brasil, V. H. (1991): Organizational Behaviors and Cultural Context: The Brazilian »jeitinho«. In: International Studies of Management and Organization 21(3), 40–64.

Amado, G./Faucheux, C./Laurent, A. (1990): Changement Organisationnel et Réalités Culturelles. In: Chanlat, J.-F. (Hg.): L'individu dans l'organisation. Québec, PUL, 629–661.

Amado, G./Faucheux, C./Laurent, A. (1991): Organizational Change and Cultural Realities: Franco-American Contrasts. In: International Studies of Management & Organization 21(3), 62–95.

Ammon, G. (1989): Der französische Wirtschaftsstil. Grenzen und Horizonte. München, Eberhard.

Ancona, D. G./Caldwell, D. F. (1992): Bridging the Boundary. External Activity and Performance in Organizational Teams. In: Organization Science Quarterly 37(4), 634–665.

Ang, S./Dyne, L. v. (2008): Conceptualization of Cultural Intelligence: Definition, Distinctiveness, and Nomological Network. In: Ang, S./Dyne, L. v. (Hg.): Handbook of Cultural Intelligence. Armonk, M.E. Sharpe, 3–15.

Angwin, D./Vaara, E. (2005): Connectivity in Merging Organizations: Beyond Traditional Cultural Perspectives. In: Organization Studies 26(10), 1445–1453.

Anteby, M. (2013): Relaxing the Taboo on Telling Our Own Stories: Upholding Professional Distance and Personal Involvement. In: Organization Science 24(4), 1277–1290.

AOM (2017): »About«. Abgerufen 06.10.2017 (http://aom.org/about/).

Arasaratnam, L. A. (2008): Further testing of a new model of intercultural communication competence. New York, NY, Annual meeting of the International Communication Association.

Archer, M. S. (1988): Culture and Agency: The Place of Culture in Social Theory. Cambridge, Cambridge University Press.

Archer, M. S. (2000): Being Human. The Problem of Agency. Cambridge, Cambridge University Press.

Arellano, E. B./Wakamatsu, A./Ribas, R. (2013): Organizational Values in the Brazilian Public Sector. An Analysis Based on the Tri-axial Model. In: Cross Cultural Management 20(4), 578–585.

Argyris, C./Schön, D. (1996): Organizational Learning: Theory, Method and Practice. Mass, Addisson-Wesley.

Aristoteles (1907): Metaphysik. Ins Deutsche übertragen von Adolf Lasson. Jena, Diederichs.

ATLAS (2017): »Presentation«. Abgerufen 06.10.2017 (http://www.atlas-afmi.com/preacutesentation.html).

Balogun, J./Gleadle, P./Hailey, V./Willmott, H. (2005): Managing Change Across Boundaries. Boundary-Shaking Practices. In: British Journal of Management 16(4), 261–278.

Barenboim, D./Said, E. (2002): Parallels and Paradoxes: Explorations in Music and Society. London, Bloomsbury.

Barmeyer, C. (1996): Interkulturelle Qualifikationen im deutsch-französischen Management kleiner und mittelständischer Unternehmen. St. Ingbert, Röhrig Universitätsverlag.

Barmeyer, C. (2000): Interkulturelles Management und Lernstile. Frankfurt a. M., Campus.

Barmeyer, C. (2001): Lernen mit Erfolg?! Der Einsatz der Lernstilanalyse in interkulturellen Trainings. In: Reineke, R.-D./Fussinger, C. (Hg.): Interkulturelles Management in Training und Beratung. Wiesbaden, Gabler, 243–261.

Barmeyer, C. (2002): Interkulturelles Coaching. In: Rauen, C. (Hg.): Handbuch Coaching. Göttingen, Hogrefe, 199–231.

Barmeyer, C. (2003a): Interkulturelle Personalführung. Frankreich – Deutschland. In: Personal. Zeitschrift für Human Resource Management 6, 18–22.

Barmeyer, C. (2003b): Interkulturelles Personalmanagement in internationalen Fusionen: Von Konflikten zu Komplementarität. In: Schwaab, M.-O./Frey, D./Hesse, J. (Hg.): Fusionen. Herausforderungen für das Personalmanagement. Heidelberg, Recht und Wirtschaft, 169–191.

Barmeyer, C. (2004a): Interkulturelle Kommunikation im deutsch-französischen Management – Entwicklungen, Methodik und Forschungsperspektiven. In: Deutsch-Französisches Institut (Hg.): Frankreich Jahrbuch 2003. Kulturelle Vielfalt gestalten. Wiesbaden, Springer, 79–99.

Barmeyer, C. (2004b): Learning Styles and their Impact on Cross-cultural Training. An International Comparison in France, Germany and Quebec. In: International Journal of Intercultural Relations 28(6), 577–594.

Barmeyer, C. (2006): Frankreich in Amerika? Zur kulturellen Ausnahmestellung von Québec. In: Wiecha, E. A. (Hg.): Amerika und wir. US-Kulturen – Neue europäische Ansichten. München, Rainer Hampp, 157–170.

Barmeyer, C. (2007a): Management interculturel et styles d'apprentissage. Etudiants et dirigeants en France, en Allemagne et au Québec. Québec, PUL.

Barmeyer, C. (2007b): Coaching von Führungskräften in interkulturellen Kontexten. In: Otten M./Scheitza A./Cnyrim A. (Hg.): Interkulturelle Kompetenz im Wandel. Band 1. Grundlagen, Konzepte, Diskurse. Frankfurt a. M., IKO, 217–235.

Barmeyer, C. (2008): La GRH et les organisations face aux dynamiques culturelles. In: Waxin, M.-F./Barmeyer, C. (Hg.): Gestion des Ressources Humaines Internationales. Paris, Editions de Liaisons, 57–102.

Barmeyer, C. (2010): Das Passauer 3-Ebenen-Modell. Von Ethnozentrismus zu Ethnorelativismus durch kontextualisierte interkulturelle Organisationsentwicklung. In: Barmeyer, C./Bolten, J. (Hg.): Interkulturelle Personal- und Organisationsentwicklung. Methoden, Instrumente und Anwendungsfälle. Sternenfels/Berlin, Wissenschaft & Praxis, 31–56.

Barmeyer, C. (2011a): Interkulturalität. In: Barmeyer, C./Genkova, P./Scheffer, J. (Hg.): Interkulturelle Kommunikation und Kulturwissenschaft. Grundbegriffe, Wissenschaftsdisziplinen, Kulturräume. Passau, Karl Stutz, 37–77.

Barmeyer, C. (2011b): Kultur in der Interkulturellen Kommunikation. In: Barmeyer, C./Genkova, P./Scheffer, J. (Hg.): Interkulturelle Kommunikation und Kulturwissenschaft. Grundbegriffe, Wissenschaftsdisziplinen, Kulturräume. Passau, Karl Stutz, 13–35.

Barmeyer, C. (2011c): Kulturdimensionen und Kulturstandards. In: Barmeyer, C./Genkova, P./Scheffer, J. (Hg.): Interkulturelle Kommunikation und Kulturwissenschaft. Grundbegriffe, Wissenschaftsdisziplinen, Kulturräume. Passau, Karl Stutz, 87–117.

Barmeyer, C. (2012a): Taschenlexikon Interkulturalität. Göttingen, UTB/Vandenhoeck & Ruprecht.

Barmeyer, C. (2012b): Stichwort »Interkulturelle Kompetenz«. In: Barmeyer, C.: Taschenlexikon Interkulturalität. Göttingen, UTB/Vandenhoeck & Ruprecht, 86–90.

Barmeyer, C. (2012c): »Context matters«: Zur Bedeutung von Rekontextualisierung für den internationalen Transfer von Personalmanagementpraktiken. In: Stein, V./Müller, S. (Hg.): Aufbruch des strategischen Personalmanagements in die Dynamisierung. Baden-Baden, Nomos, 101–115.

Barmeyer, C. (2013): Kulturspezifische und kulturvergleichende Perspektiven auf Führung und Organisation in deutschen und französischen Kooperationen. Eine Anwendung des Passauer Drei-Ebenen Modells. In: Wawra, D. (Hg.): European Studies – Interkulturelle Kommunikation und Kulturvergleich. Frankfurt a. M., Peter Lang, 255–282.

Barmeyer, C./Boll, K./Davoine, E. (2010): Die Integration von interkultureller Personalentwicklung und Unternehmenskulturentwicklung am Beispiel des multinationalen Unternehmens Bosch. In: Barmeyer, C./Bolten, J. (Hg.): Interkulturelle Personal- und Organisationsentwicklung. Sternenfels/Berlin, Wissenschaft & Praxis, 201–216.

Barmeyer, C./Bolten, J. (Hg.) (2010): Interkulturelle Personal- und Organisationsentwicklung. Methoden, Instrumente und Anwendungsfälle. Sternenfels/Berlin, Wissenschaft & Praxis.

Barmeyer, C./Davoine, E. (2006a): Interkulturelle Zusammenarbeit und Führung in internationalen Teams. Das Beispiel Deutschland-Frankreich. In: ZfO – Zeitschrift Führung + Organisation, 75 (1), 35–39.

Barmeyer, C./Davoine, E. (2006b): International corporate cultures? From helpless global convergence to constructive European divergenc. In: Scholz, C./Zentes, J. (Hg.): Strategic Management – New Rules for Old Europe. Wiesbaden, Gabler, 227–245.

Barmeyer, C./Davoine, E. (2007): Internationaler Transfer von Unternehmenskulturen zwischen Nordamerika und Europa. In: Oesterle, M.-J. (Hg.): Internationales Management im Umbruch – Globalisierungsbedingte Einwirkungen auf Theorie und Praxis Internationaler Unternehmensführung. Wiesbaden, Gabler, 257–289.

Barmeyer, C./Davoine, E. (2008): Culture et gestion en Allemagne: La »machine bien huilée«. In: Davel, E./Dupuis, J.-P./Chanlat, J.-F. (Hg.), Gestion en contexte interculturel: approches, problématiques, pratiques et plongées, Québec, Presse de l'Université Laval et TÉLUQ/UQAM.

Barmeyer, C./Davoine, E. (2011a): Die Implementierung wertefundierter nordamerikanischer Verhaltenskodices in deutschen und französischen Tochtergesellschaften. Eine vergleichende Fallstudie. In: Zeitschrift für Personalforschung 25(1), 5–27.

Barmeyer, C./Davoine, E. (2011b): Kontextualisierung interkultureller Kompetenz in einer deutsch-französischen Organisation: ARTE. In: Dreyer, W./Hößler, U. (Hg.). Perspektiven interkultureller Kompetenz. Göttingen, Vandenhoeck & Ruprecht, 299–316.

Barmeyer, C./Davoine, E. (2011c): The Intercultural Challenges in the Transfer of Codes of Conduct from the USA to Europe. In: Primecz, H./Romani, L./Sackmann, S. (Hg.): Cross-Cultural Management in Practice. Culture and Negotiated Meanings. Cheltenham, Edward Elgar, 53–63.

Barmeyer, C./Davoine, E. (2012): Le développement collectif de compétence interculturelle dans le contexte d'une organisation binationale: le cas ARTE. In: Gérer et Comprendre – Annales des Mines 107(1), 63–73.

Barmeyer, C./Davoine, E. (2013): »Traduttore, Traditore«? La réception contextualisée des valeurs d'entreprise dans les filiales françaises et allemandes d'une entreprise multinationale américaine. In: Management International 18(1), 26–39.

Barmeyer, C./Davoine, E. (2014): Interkulturelle Synergie als »ausgehandelte« Interkulturalität: Der deutsch-französische Fernsehsender ARTE. In: Moosmüller, A./Möller-Kiero, J. (Hg.): Interkulturalität und kulturelle Diversität. Münster, Waxmann, 155–181.

Barmeyer, C./Davoine, E. (2015): Konstruktive Interkulturalität. Impulse für die Zusammenarbeit in internationalen Organisationen am Fallbeispiel Alleo. In: ZfO – Zeitschrift für Führung + Organisation 6(84), 430–437.

Barmeyer, C./Davoine, E. (2016): Konstruktives interkulturelles Management – Von der Aushandlung zur Synergie. In: Interculture Journal: Online Zeitschrift für interkulturelle Studien 15(26), 97–116.

Barmeyer, C./Demangeat, I. (2007): Notions partagées ou malentendus interculturels. Regards sur quelques »mots-clés« dans les coopérations managériales franco-allemandes. In: Behr, I./Hentschel, D./Kauffmann, M/Kern, A. (Hg.): Langue, économie, entreprise. Le travail des mots. Paris, Presse Sorbonne, 371–391.

Barmeyer, C./Eberhardt, J. M. (2017): Interkulturelle Brückenbauer: Die Funktion des Drittkultur-Managers. In: Wirtschaftspsychologie aktuell 24(2), 13–15.

Barmeyer, C./Franklin, P. (Hg.) (2016): Intercultural Management. A Case-based Approach to Achieving Complementarity and Synergy. New York, Palgrave Macmillan.

Barmeyer, C./Ghidelli, E./Haupt, U./Piber, H. (2015): Organisationsentwicklung im interkulturellen Raum. Ein Orientierungsmodell für Organisationsberater. In: Organisations-Entwicklung 4, 75–81.

Barmeyer, C./Haupt, U. (2007a): Interkulturelles Coaching. In: Straub, J./Weidemann, A./Weidemann, D. (Hg.): Handbuch Interkulturelle Kommunikation und Kompetenz. Stuttgart, Metzler, 784–793.

Barmeyer, C./Haupt, U. (2007b): Der Brückenschlag. Zielorientierte Situationsanalyse aus drei Perspektiven. In: Rauen, C. (Hg.): Coaching Tools 2. Bonn, managerSeminare, 133–139.

Barmeyer, C./Haupt, U. (2007c): Die dritte Kultur. Internationale Führungskräfteentwicklung. Personal. In: Zeitschrift für Human Resource Management 59(9), 12–15.

Barmeyer, C./Haupt, U. (2010): Internationale Projektteams interkulturell managen. Ein deutsch-französisches Fallbeispiel. In: Wirtschaftspsychologie aktuell 4, 48–50.

Barmeyer, C./Haupt, U. (2016): Future+: Intercultural Challenges and Success Factors in an International Virtual Project Team. In: Barmeyer, C./Franklin, P. (Hg.): Intercultural management: A case-based approach to achieving Complementarity and Synergy. London, Palgrave, 204–216.

Barmeyer, C./Haupt, U./Ghidelli, E./Piber, H. (2012): Interkulturelle Organisationsentwicklung – ein Werkstattbericht. In: Trigon Newsletter (4), 1–5. Abgerufen 07.05.2013 (http://www.trigon.at/newsletter/2012-04/Interkulturelle_Organisationsentwicklung.pdf).

Barmeyer, C./Ivens, B. (2011): Wissenstransfer in der Betriebswirtschaftslehre: Eine Untersuchung anhand ausgewählter akademischer Zeitschriften in Deutschland und Frankreich. In: Zeitschrift für Management 6(2), 117–142.

Barmeyer, C./Mayrhofer, U. (2004): Le changement organisationnel dans les fusions internationales: le cas EADS. In: Froehlicher, T./Walliser, B. (Hg.): La métamorphose des organisations. Design organisationnel: créer, innover, relier. Paris, L'Harmattan, 11–32.

Barmeyer, C./Mayrhofer, U. (2008): The Contribution of Intercultural Management to the Success of International Mergers and Acquisitions: An Analysis of the EADS group. In: International Business Review 17(1), 28–38.

Barmeyer, C./Mayrhofer, U. (2009): Management interculturel et processus d'intégration: une analyse de l'alliance Renault-Nissan. In: Revue Management & Avenir 22(2), 109–131.

Barmeyer, C./Mayrhofer, U. (2014): How has the French cultural and institutional context shaped the organization of the Airbus Group? In: International Journal of Organizational Analysis4(22), 440–462.

Barmeyer, C./Mayrhofer, U. (2016): Strategic Alliances and Intercultural Organizational Change: The Renault-Nissan Case. In: Barmeyer, C./Franklin, P. (Hg.): Intercultural Management: A Case-based Approach to Achieving Complementarity and Synergy. London, Palgrave, 303–317.

Barmeyer, C./Öttl, S. (2011): Interkulturalisierung nationaler Mediensysteme? ARTE als Laboratorium für grenzüberschreitenden Medienwandel. In: Institut für interdisziplinäre Medienforschung (IfIM) (Hg.): Medien und Wandel. Berlin, Logos, 129–160.

Barmeyer, C./Romani, L./Pilhofer, K. (2016): Welche Impulse liefert interkulturelles Management für Diversity Management? In: Genkova, P./Ringeisen, T. (Hg.): Handbuch Diversity Kompetenz: Gegenstandsbereiche. Wiesbaden, Springer, 63–84.

Barmeyer, C./Schirrmacher, U. (2013): Interkulturelle Kompetenzentwicklung durch (Unternehmens-)Planspiele als Instrumente für ganzheitliches Lernen an Hochschulen. In: Helmolt, K. v./Berkenbusch, G./Jia, W. (Hg.). Interkulturelle Lernsettings. Konzepte, Formate. Erfahrungen. Stuttgart, Ibidem, 217–240.

Barmeyer, C./Schlierer, H.-J./Seidel, F. (2007): Wirtschaftsmodell Frankreich. Märkte. Unternehmen, Manager. Frankfurt a. M./New York, Campus.

Barmeyer, C./Stein, V. (1998): Deutschland denkt's, Frankreich tut's. Die virtuelle Personalabteilung im Kulturvergleich. In: Barmeyer, C./Bolten, J. (Hg.): Interkulturelle Personalorganisation. Sternenfels/Berlin, Wissenschaft & Praxis, 71–106.

Barner-Rasmussen, W./Ehrnrooth, M./Koveshnikov, A./Mäkelä, K. (2014): Cultural and Language Skills as Resources for Boundary Spanning within the MNC. In: Journal of International Business Studies 45(7), 886–905.

Barner-Rasmussen, W. (2015): What do Bicultural-Bilinguals do in Multinational Corporations? In: Holden, N./Michailova, S./Tietze, S. (Hg.): The Routledge Companion to Cross-Cultural Management. London, Routledge, 142–150.

Barner-Rasmussen, W./Björkman, I. (2007): Language Fluency, Socialization and Inter-Unit Relationships in Chinese and Finnish Subsidiaries. In: Management and Organization Review 3(1), 105–128.

Barney, J. B. (1991): Firm Resources and Sustained Competitive Advantage. In: Journal of Management 17(1), 99–120.

Barsoux, J.-L./Lawrence, P. (1990): Management in France. London, Cassell.

Bartel-Radic, A. (2009): La compétence interculturelle: état de l'art et perspectives. In: Management International 13(4), 11–26.

Bartel-Radic, A. (2013): Estrangeirismo and Flexibility: Intercultural Learning in Brazilian MNCs. In: Management International 17(4), 239–253.

Bartel-Radic, A./Giannelloni, J.-L. (2017): A Renewed Perspective on the Measurement of Cross-Cultural Competence: An Approach through Personality Traits and Crosscultural Knowledge. In: European Management Journal 35(5), 632–644.

Bartlett, C./Ghoshal, S. (1997): Transnational Management: Text, Cases, and Readings in Cross-Border Management. Boston, Irwin.

Batchelder, D. (1993): Using Critical Incidents. In: Gochenour, T. (Hg.): Beyond Experience. The Experiential Approach to Cross-Cultural Education. Yarmouth, Intercultural Press, 101–112.

Bauer, M./Bertin-Mourot, B. (1996): Vers un modèle européen de dirigeants? Ou trois modèles contrastés de production de l'autorité légitime au sommet des grandes entreprises. Paris, Boyden/CNRS.

Baumgart, F. (2008): Theorien der Sozialisation. Bad Heilbrunn, Klinkhart.

Bausch, M. (2017): Der Einfluss von Vielfalt auf Kreativität und Innovationsprozesse in multikulturellen Teams: Eine Fallstudie in einem deutschen IT-Unternehmen. Masterarbeit, Universität Passau.

Baxter, L. A. (1992). Interpersonal Communication as dialogue: A Response to the »Social Approaches« Forum. In: Communication Theory 2(4), 330–337.

Beck, U. (1997): Was ist Globalisierung? Irrtümer des Globalismus, Antworten auf Globalisierung. Frankfurt a. M., Suhrkamp.

Becker, H./Langosch, I. (1954): Produktivität und Menschlichkeit. Organisationsentwicklung und ihre Anwendung in der Praxis. Stuttgart, Ferdinand Enke.

Beechler, S./Søndergaard, M./Miller, E. L./Bird, A. (2006): Boundary Spanning. In: Lane, H. W./Maznevski, M. L./Mendenhall, M. E./McNett, J. (Hg.): The Blackwell Handbook of Global Management: A Guide to Managing Complexity. Oxford, Wiley-Blackwell, 121–133.

Benedict, R. (1934): Patterns of Culture. Boston, Houghton-Mifflin.

Benedict, R. (1943): Franz Boas. In: Science 97(2507), 60–62.

Benedict, R. (1946): The Crysanthemum and the Sword. Patterns of Japanese Culture. Cleveland, Meridian Books.

Benes, E. (1971): Fachtext, Fachstil und Fachsprache. In: Mosner, H. (Hg.): Sprache und Gesellschaft: Beiträge zur soziolinguistischen Beschreibung der deutschen Gegenwartssprache. Düsseldorf, Schwann, 118–332.

Bennett, J. M. (1993): Cultural Marginality: Identity Issues in Intercultural Training. In: Paige, R. M. (Hg.): Education for the Intercultural Experience. Yarmouth, Intercultural Press Inc., 109–135.

Bennett, J. M./Bennett, M. J. (2004): Developing Intercultural Sensitivity. An Integrative Approach to Global and Domestic Diversity. In: Landis, D./Bennett, J. M./Bennett, M. J. (Hg.): Handbook of Intercultural Training. London, Sage, 147–165.

Bennett, M. J. (1986): A Developmenetal Approach to Training for Intercultural Sensitivity. In: International Journal of Intercultural Relations 10, 179–198.

Bennett, M. J. (1993): Towards Ethnorelativism: A Developmental Model of Intercultural Sensitivity. In: Paige, R. M. (Hg.): Education for the Intercultural Experience. London, Intercultural Press, 21–71.

Bennett, M. J. (2001): Developing Intercultural Competence for Global Leadership. In: Reineke, R.-D./Fussiger, C. (Hg.): Interkulturelles Management: Konzeption, Beratung, Training. Wiesbaden, Gabler, 206–225.

Bergareche, B. C. (1993): Lingua franca y lengua de moros. In: Revista de Filología Española 73(3), 417–426.

Bergemann, N./Sourisseaux, A. L. J. (Hg.) (1992): Interkulturelles Management. Heidelberg, Physica.

Berger, P./Luckmann, T. (1966): The Social Construction of Reality: A Treatise in the Sociology of Knowledge. New York, Doubleday.

Bergmann, A. (1993): Interkulturelle Managemententwicklung. In: Haller, M. et al. (Ed.): Globalisierung der Wirtschaft. Bern, Verlag Paul Haupt, 193–216.

Berry, J. (1990): Psychology of acculturation: Understanding individuals moving between cultures. In: Brislin, R. (Hg.): Applied Cross-Cultural Psychology. Newbury Park, Sage, 232–253.

Berry, J. W. (1989): Imposed Etics-Emics-Derived Emics. The Operationalization of a Compelling Idea. In: International Journal of Psychology 24(6), 721–35.

Berry, J. W. (1990): Psychology of Acculturation: Understanding Individuals Moving between Cultures. In: Brislin R. (Hg.): Applied Cross-Cultural Psychology. Newbury Park, Sage, 232–253.

Berry, J. W. (2006): Commentary on »Redefining Interactions Across Cultures and Organizations«. In: Group & Organization Management 31(1), 64–77.

Berry, J. W./Kim, U./Power, S./Young, M./Bujaki, M. (1989): Acculturation in plural societies. In: Applied Psychology: An International Review 38(2), 185–206.

Berry, J./Dasen, P. (1971): Culture and Cognition. Readings in Cross-Cultural Psychology. Los Angeles, Methuen.

Beugelsdijk, S./Kostova, T./Roth, K. (2017): An Overview of Hofstede-inspired Country-level Culture Research in International Business since 2006. In: Journal of International Business Studies 48(1), 30–47.

Beugelsdijk, S./Maseland, R./Hoorn, A. v. (2015): Are Scores on Hofstede's Culture Dimensions Stable Over Time? A Cohort Analysis. In: Global Strategy Journal 5(3), 223–240.

Bhagat, R. S./Steers, R. M. (2009): Cambridge Handbook of Culture, Organizations, and Work. Cambridge, Cambridge University Press.

Bhawuk, D./Triandis, H. (1996): The Role of Culture Theory in the Study of Culture and Intercultural Training. In: Landis, D./Bhagat, R.S. (Hg.): Handbook of Intercultural Training. Newbury Park, Sage, 17–34.

Bieri, P. (2011): Wie wollen wir leben? Salzburg, Residenz.

Bird, A./Fang, T. (2009): Cross Cultural Management in the Age of Globalization. In: International Journal of Cross Cultural Management 9(2), 139–143.

Birkinshaw, J./Brannen M.Y./Tung R. L. (2011): From a Distance and Generalizable to up close and Grounded: Reclaiming a Place for Qualitative Methods in International Business Research. In: Journal of International Business Studies 42(5), 573–81.

Bjerregaard, T./Lauring, J./Klitmøller, A. (2009): A Critical Analysis of Intercultural Communication Research in Cross-cultural Management Introducing Newer Developments in Anthropology. In: Critical Perspectives on International Business 5(3), 207–228.

Blazejewski, S. (2006): Transferring Value Infused Organizational Practices in Multinational Companies. In: Geppert, M./Mayer, M. (Hg.): Global, National and Local Practices in Multinational Companies. Houndmills, Palgrave Macmillan, 63–104.

Blunt, P. (1997): Exploring the Limits of Western Leadership Theory in East Asia and Africa. In: Personnel Review 26(1/2), 6–23.

Boas, F. (1949): Race, Language, and Culture. New York, Vintage.

Bolten, J. (1995): Grenzen der Internationalisierungsfähigkeit. Interkulturelles Handeln aus interaktionstheoretischer Perspektive. In: Bolten, J. (Hg.): Cross Culture – Interkulturelles Handeln in der Wirtschaft. Sternenenfels/Berlin, Wissenschaft & Praxis, 24–42.

Bolten, J. (1998): Integrierte interkulturelle Trainings als Möglichkeit der Effizienzsteigerung und Kostensenkung in der internationalen Personalentwicklung. Interkulturelle Planspiel. In: Barmeyer, C./Bolten, J. (Hg.): Interkulturelle Personalorganisation. Sternenfels/Berlin, Wissenschaft & Praxis, 157–178.

Bolten, J. (2001a): InterAct. Zur Konzeption eines interkulturellen Unternehmensplanspiels. In: Bolten, J./Schröter, D. (Hg.): Im Netzwerk interkulturellen Handeln. Sternenfels/Berlin, Wissenschaft & Praxis, 94–99.

Bolten, J. (2001b): Interkulturelle Kompetenz. Erfurt, Landeszentrale für politische Bildung Thüringen.

Bolten, J. (2007): Einführung in die interkulturelle Wirtschaftskommunikation. Göttingen, UTB/Vandenhoeck & Ruprecht.

Bolten, J. (2010a): Können Organisationen interkulturelle Kompetenz ausbilden? Zum Zusammenspiel von interkultureller Organisations- und Personalentwicklung und interkulturellen Wissensmanagement. In: Barmeyer, C./Bolten, J. (Hg.): Interkulturelle Personal- und Organisationsentwicklung. Sternenfels/Berlin, Wissenschaft & Praxis, 91–114.

Bolten, J. (2010b): »Fuzzy Diversity« als Grundlage interkultureller Dialogfähigkeit. In: Erwägen, Wissen, Ethik 21(2), 136–139.

Bolten, J. (2011): Unschärfe und Mehrwertigkeit. »Interkulturelle Kompetenz« vor dem Hintergrund eines offenen Kulturbegriffs. In: Dreyer, W./Hoessler, U. (Hg.): Perspektiven interkultureller Kompetenz. Göttingen: Vandenhoeck & Ruprecht, 55–70.

Bolten, J. (2014): »Diversität« aus der Perspektive eines offenen Interkulturalitätsbegriffs. In: Moosmüller, Al./Möller-Kiero, J. (Hg.): Interkulturalität und kulturelle Diversität. Münster: Waxmann, 47–60.

Bolten, J. (2015): Einführung in die interkulturelle Wirtschaftskommunikation. Göttingen, UTB/Vandenhoeck & Ruprecht.

Bosse, E. (2011): Qualifizierung für interkulturelle Kommunikation: Trainingskonzeption und -evaluation. München, Iudicium.

Bouncken, R./Brem, A./Kraus, S. (2016): Multi-Cultural Teams as Sources for Creativity and Innovation. In: International Journal of Innovation Management 20(1), Artikel-Nummer 1650012, 1–34.

Bourdieu, P. (1977): Outline of a Theory of Practice, translated by Richard Nice. New York, Cambridge University Press.

Bourdieu, P. (1979): La distinction. Critique sociale du jugement. Paris, Editions de Minuit.

Boussebaa, M./Morgan, G. (2008): Managing Talent across National Borders: The Challenges Faced by an International Retail Group. In: Critical Perspectives on International Business 4(1), 25–41.

Boyacigiller, N./Kleinberg, J./Phillips, M./Sackmann, S. (2004): Conceptualizing Culture. Elucidating the Streams of Research in International Cross-cultural Management. In: Punnett, B. J./Shenkar, O. (Hg.): Handbook for International Management Research. Ann Arbor, University of Michigan Press, 99–167.

Brannen, M. Y. (1998): Negotiated Culture in Binational Contexts: A Model of Culture Change Based on a Japanese/American Organizational Experience. In: Anthropology of Work Review 18(2/3), 6–17.

Brannen, M. Y. (2004): When Mickey Loses Face: Recontextualization, Semantic Fit, and the Semiotics of Foreignness. In: Academy of Management Review 29(4), 593–616.

Brannen, M. Y. (2011): Using multiple case studies to generalize form ethnographic research. In: Piekkari, R./Welch, C. (Hg.): Rethinking the Case Study in international Business and Management Research. Cheltenham, Edward Elgar, 124–145.

Brannen, M. Y./Mughan, T. (Hg.) (2017): Language in international business: Developing a field. Cham, Palgrave Macmillan.

Brannen, M. Y./Salk, J. E. (2000): Partnering across borders: Negotiating Organizational Culture in a German-Japanese Joint Venture. In: Human Relations 53(4), 451–487.

Brannen, M. Y./Thomas, D. C. (2010): Bicultural Individuals in Organizations: Implications and Opportunity. In: International Journal of Cross Cultural Management 10(1), 5–16.

Braudel, F. (1986): L'identité de la France. Les hommes et les choses. Paris, Flammarion.

Braudel, F. (1990): L'identité de la France. Les hommes et les choses. Paris, Flammarion.

Breninger, B./Kaltenbacher, T. (2012): Tracking Cultural Vision. Eyetracking as a new methodology in intercultural trainings. In: Breninger, B./Kaltenbacher, T. (Hg.): Creating Cultural Synergies. Multidisciplinary Perspecitves on Interculturality and Interreligiosity. Newcastle, Cambridge Scholars, 24–54.

Breuer, J./Bartha, P. de (1993): Managen mit Franzosen: Vive la différence. In: Harvard Business Manager 15(2), 9–16.

Brinkmann, U./Weerdenburg, v. O. (2014): Intercultural Readiness. Four Competences for Working across Cultures. Hampshire, Palgrave Macmillan.

Brislin, R. (1980): Translation and content analysis of oral and written material. In: Triandis, H./Berry, J. (Hg.): Handbook of cross-cultural psychology. Methodology. Boston, Allyn and Bacon, 389–444.

Brislin, R. (1981): Cross-cultural Encounters: Face-to-face Interaction. Elmsford, Pergamon.

Brislin, R. (1986): A Culture General Assimilator: Preparation for Various Types of Sojourns. In: International Journal of Intercultural Relations 10(2), 215–234.

Brislin, R. (1990): Applied Cross-Cultural Psychology: An introduction. In: Brislin, R. (Hg.): Applied Cross-Cultural Psychology. Newbury Park, Sage, 9–33.

Brislin, R./Yoshida, T. (Hg.) (1994): Improving Intercultural Interactions: Modules for Cross-Cultural Training Programs. London, Sage.

Brock, D. M. (2005): Multinational acquisition integration: the role of national culture in creating synergies. In: International Business Review 14(3), 269–288.

Brökelmann, S./Thomas, A./Fuchs, C. M./Kammhuber, S. (2012): Beruflich in Brasilien: Trainingsprogramm für Manager, Fach-und Führungskräfte. Göttingen, Vandenhoeck & Ruprecht.

Broodryk, J. (2002): Ubuntu: Life lessons from Africa. Pretoria, Ubuntu School of Philosophy.

Brown, A. (1998): Organisational Culture. London, Financial Times Pitman.

Brubaker, T. A. (2013): Servant Leadership, Ubuntu, and Leader Effectiveness in Rwanda. Emerging Leadership Journeys 6(1), 95–131.

Brunstein, I. (1995): Kulturabhängigkeit der Führung. In: Kieser, A./Reber, G./Wunderer, R. (Hg.): Handwörterbuch der Führung. Stuttgart, Schäffer-Poeschel, 466–480.

Buckley, P. J./Clegg, J./Tan, H. (2006): Cultural awareness in knowledge transfer to China. The role of guanxi and mianzi. In: Journal of World Business 41, 275–288.

Burkart, R. (2003): Kommunikation als soziale Interaktion. In: Bolten, J./Ehrhardt, C. (Hg.): Interkulturelle Kommunikation. Texte und Übungen zum interkulturellen Handeln. Sternenfels/Berlin, Wissenschaft & Praxis, 17–42.

Burrell, G./Morgan, G. (1979): Sociological paradigms and organisational analysis: Elements of the sociology of corporate life. London, Heinemann.

Busch, D. (2004): Interkulturelle Mediation. Eine theoretische Grundlegung triadischer Konfliktbearbeitung in interkulturell bedingten Kontexten. Frankfurt a. M., Peter Lang.

Busch, D. (2014): Im Dispositiv interkultureller Kommunikation. Dilemmata und Perspektiven eines interdisziplinären Forschungsfelds. Bielefeld, Transkript.

Byram, M. (1997): Teaching and assessing intercultural communication competence. New York: Multilingual Matters.

Cabrera, E. F./Bonache, J. (1999): An expert HR system for aligning organizational culture and strategy. In: Human Resource Planning 22(1), 51–60.

Cameron, K. S. (2008): Paradox in positive organizational change. In: The Journal of Applied Behavioral Science 44(1), 7–24.

Cameron, K. S. (2017): Cross-cultural research and positive organizational scholarship. In: Cross Cultural & Strategic Management 24(1), 13–32.

Cameron, K./Dutton, J. E./Quinn, R. E. (Hg.) (2003): Positive Organizational Scholarship. Foundations of a New Discipline. San Francisco, Berrett-Koehler.

Campbell, D./Werner, O. (1970): Translating, working through interpreters and the problem of decentering. In: Narol, R./Cohen R. (Hg.): A Handbook of Method in Cultural Anthropology. New York, Natural History Press, 398–420.

Canhilal, S. K./Borgonovi, E./Vera, E. (2013): Exploring the values in the Italian public sector using the tri-axial model. In: Cross Cultural Management 20(4), 544–558.

Canney Davison, S./Ward, K. (1999): Leading International Teams. London, McGraw-Hill, 279–280.

Caprar, D. V./Devinney, T. M./Kirkman, B. L./Caligiuri, P. (2015): Conceptualizing and measuring culture in international business and management: From challenges to potential solutions. In: Journal of International Business Studies 46(9), 1011–1027.

Carr, A. (2006): What it means to be critical in relation to international business. A case on the appropriate conceptual lens. In: Critical Perspectives on International Business 2(2) 79–90.

Carrithers, M./Candea, M./Sykes, K./Holbraad, M./Venkatesan S. (2010): Ontology is just another word for culture: against the motion. Critique of Anthropology 30(2), 152–200.

Carson, B. (2015): 14 words you understand only if you work at Google. In: Businessinsider. Abgerufen 29.01.2018 (http://www.businessinsider.com/14-words-you-only-understand-if-you-work-inside-google-2015-9?IR=T/#fixits-fixits-started-out-as-a-way-for-google-engineers-to-hunker-down-and-focus-on-back-burner-issues-they-were-originally-24-hour-events-but-fixits-have-evolved-into-shorter-bursts-to-clear-backlogged-projects-15).

Casmir, F. (1993): Third-culture building: a paradigm shift for international and intercultural communication. In: Communication Yearbook 16. Newbury Park, Sage, 407–428.

Casmir, F. (1999): Foundations for the Study of Intercultural Communication based on a Third-Culture Building Model. In: International Journal of Intercultural Relations 23(1), 91–116.

Cedarbaum, G. (1983): Paradigms. In: Studies in History and Philosophy of Science 14, 173–213.

Chanlat, J.-F. (1990): L'individu dans l'organisation. Quebec, Les Presses de l'Université Laval.

Chanlat, J.-F. (2013): Intercultural analysis and the social sciences. In: Chanlat, J. F./Nolan, S./Whittemore, L. (Hg): Cross-Cultural Management: Culture and Management Across the World. Oxon, Routledge, 11–40.

Chanlat, J.-F. (2014): Language and thinking in organization studies: The visibility of French OS production in the Anglo-Saxon OS field. In: International Journal of Organizational Analysis 22(4), 504–533.

Chanlat, J.-F./Davel, E./Dupuis, J.-P. (2013): Cross-Cultural Management. Culture and Management Across the World. London, Routledge.

Chanlat, J.-F./Pierre, P. (2018): Le management interculturel. Evolutions, tendances et critiques. Paris, EMS.

Chao, G. T./Moon, H. (2005): The cultural mosaic: A metatheory for understanding the complexity of culture. In: Journal of Applied Psychology 90(6), 1128–1140.

Chapman, M. (1997): Preface: Social anthropology, business studies, and cultural issues. In: International Studies in Management & Organization 26(4), 3–29.

Chen, C. C./Chen, X.-P./Huang, S. (2013): Chinese Guanxi (2013): An Integrative Review and New Directions for Future Research. In: Management and Organization Review 9(1), 167–207.

Chen, Y./Friedman, R./Yu, E./Fang, W./Lu, X. (2009): Supervisor-subordinate guanxi: Developing a three-dimensional model and scale. In: Management and Organization Review 5(3), 375–399.

Chevrier, S. (2003a): Le Management interculturel. Paris, PUF.

Chevrier, S. (2003b): Cross-Cultural Management in Multinational Project Groups. In: Journal of World Business (38) (2), 141–149.

Chevrier, S. (2004): Le management des équipes interculturelles. In: Management International 8(3), 31–40.

Chevrier, S. (2009a): Empowerment: a practice embedded in cultural contexts. A comparison between the United States and France. In: Hansen, C./Lee, Y.-T. (Hg.): Culture and Human Resource Development. Basingstoke, Palgrave Macmillan, 77–89.

Chevrier, S. (2009b): Is National Culture Still Relevant to Management in a Global Context? The Case of Switzerland. In: International Journal of Cross Cultural Management 9(2), 169–184.

Chevrier, S. (2011): Exploring the Cultural Context of Franco-Vietnamese Development Projects: Using an interpretative approach to improve the cooperation process. In: Primecz, H./Romani, L./Sackmann, S. (Hg.): Cross-Cultural Management in Practice: Culture and Negotiated Meanings. Cheltenham, Edward Elgar, 41–52.

Chevrier, S. (2012): Gérer des équipes internationales. Québec, PUL.

Chevrier, S. (2016): A Tough Day for a French Expatriate in Vietnam: The Management of a Large International Infrastructure Project. In: Barmeyer, C./Franklin, P. (Hg.): Intercultural management: A case-based approach to achieving Complementarity and Synergy. London, Palgrave, 228–239.

Child, J. (2000): Theorizing about organization cross-nationally. In: Cheng, J. L. C./Peterson, R. B. (Hg.): Advances in international comparative management 13, 27–75.

Chreim, S. (2015): The (non)distribution of leadership roles: Considering leadership practices and configurations. In: Human Relations 68(4), 517–543.

Clausen, L. (2007): Corporate Communication Challenges: A »Negotiated« Culture Perspective. In: International Journal of Cross-Cultural Management 7(3), 317–332.

Clifford, J./Marcus, G. E. (Hg.) (1986): Writing culture. The poetics and politics of ethnography: a School of American Research advanced seminar. Berkeley, University of California Press.

Colbert, B. A. (2004): The Complex Resource-Based View: Implications for Theory and Practice in Strategic Human Resource Management. In: Academy of Management Review 29(3), 341–358.

Comelli, G./Jeserich, W. (Hg.) (1985): Training als Beitrag zur Organisationsentwicklung. München, Wien, Hanser.

Cox, T. (1993): Cultural Diversity in Organizations. Theory, Research and Practice. San Francisco: Berrett-Koehler Publishers.

Crouch, C. (2010): Complementarity. In: Morgan, G./Campbell, J./Crouch, C./Pedersen, O. K./ Whitley, R. (Hg.): Comparative institutional analysis. Oxford, University Press, 117–137.

Crozier, M. (1963): Le phénomène bureaucratique. Paris, Éditions du Seuil.

Crozier, M./Friedberg, E. (1977): L'acteur et le système. Paris, Éditions du Seuil.

Crozier, M./Friedberg, E. (1979): Macht und Organisation: Zwänge kollektiven Handelns. Königstein, Athenäum.

Cushner, K./Landis, D. (1996): The Intercultural Sensitizer. In: Landis, D./Bhagat, R. (Hg.): Handbook of Intercultural Training. London, Sage, 185–198.

Czarniawska, B. (1986): The Management of Meaning in the Polish Crisis. In: Journal of management Studies 23(3), 313–331.

Czarniawska, B./Sevón, G. (2005): Global Ideas. How Ideas, Objects and Practices Travel in the Global Economy. Malmö, Liber & Copenhagen Business School Press.

D'Iribarne, P. (1989): La Logique de l'Honneur. Gestion des Entreprises et Traditions Nationales. Paris, du Seuil.

D'Iribarne, P. (1991): Culture et »effet sociétal«. In: Revue française de sociologie 32(4), 599–614.

D'Iribarne, P. (Hg.) (1998): Cultures et Mondialisation. Gérer par-delà les frontières. Paris, Seuil.

D'Iribarne, P. (1994): The Honour Principle in the Bureaucratic Phenomenon. In: Organization Studies 15(1), 81–97.

D'Iribarne, P. (2001): Ehre, Vertrag, Konsens. Unternehmensmanagement und Nationalkulturen. Frankfurt a. M., Campus.

D'Iribarne, P. (2003): Le Tiers-Monde qui réussit. Nouveaux modèles. Paris, Odile Jacob.

D'Iribarne, P. (2007): Succesful Companies in the Developping World. Managing in Synergy with Cultures. Paris, Agence Française de Developpement.

D'Iribarne, P. (2009a): National Cultures and Organisations in Search of a Theory: An Interpretative Approach. In: International Journal of Cross Cultural Management 9(3), 309–332.

D'Iribarne, P. (2009b): L'épreuve des différences. L'expérience d'une entreprise mondiale. Paris, Seuil.

D'Iribarne, P. (2010): In China, between guanxi and the celestial bureaucracy. In: Gérer et comprendre 100(2), 37–47.

D'Iribarne, P. (2011): How to use ethnographical case studies to decipher national cultures. In: Piekkari, R./Welch R. (Hg.): Rethinking the Case Study in international Business and Management Research. Cheltenham, Edward Elgar, 453–473.

D'Iribarne, P. (2012): Managing corporate Values in diverse national cultures. The challenge of differences. London, Routledge.

D'Iribarne, P. (2014): Theorizing National Cultures. Paris, Agence Francaise de Developpement.

D'Iribarne, P./Henry, A./Segal, J.-P./Chevrier, S./Globokar, T. (2002) : Cultures et Mondialisation. Gérer par-delà les frontières. Paris, Points.

D'Iribarne, P./Henry, A./Segal, J.-P./Chevvrier, S./Globokar, T. (Hg.) (1998): Cultures et Mondialisation. Paris, Éditions du Seuil.

Dahlén, T. (1997): Among the Interculturalists. An Emergent Profession and its Packaging of Knowledge. Stockholm, Almqvist & Wiksell.

Damásio, A. (1994): Descartes' Error: Emotion, Reason, and the Human Brain. New York, Putnam.

Davel, E./Dupuis, J.-P./Chanlat, J.-F- (2008): Gestion en contexte interculturel: Approches, problématiques, pratiques et plongées. Québec, Presse de l'Université Laval.

Davoine, E. (2002): Zeitmanagement deutscher und französischer Führungskräfte. Wiesbaden, Gabler.

Davoine, E./Gmür, M. (2012): Beyond the »anglo-saxonization« of french- and german-language human resource management research: A comparative and longitudinal approach through co-citation networks. In: Revue de Gestion des Ressources Humaines 86(4), 3–20.

Davoine, E./Ravasi, C. (2013): The relative stability of national career patterns in European top management careers in the age of globalisation: A comparative study in France/Germany/Great Britain and Switzerland. In: European Management Journal 31(2), 152–163.

Davoine, E./Walliser, B./Riera, J.-C. (2000): La formation professionnelle initiale en France et en Allemagne: une analyse des mécanismes de confiance et de mé- fiance à travers deux études de cas. In: Revue de Gestion des Ressources Humaines, novembre 2000, 57–69.

DDI (2006): Leaders on Leadership. An ultimate view of life at the top of Europe. In: Research Report, Januar.

De Grazia, V. (2005): Irresistible Empire. America's Advance Through Twentieth-Century Europe. Cambridge, Belknap Press/Harvard University Press.

Deardorff, D. K. (2006): Identification and assessment of intercultural competence as a student outcome of internationalization. In: Journal of Studies in Intercultural Education 10(3), 241–266.

Deardorff, D. K. (Hg.) (2009): The SAGE Handbook of Intercultural Competence. Thousand Oaks, Sage.

Deetz, S. (1996): Describing Differences in Approaches to Organization Science: Rethinking Burrell and Morgan and Their Legacy. In: Organization Science 7(2), 191–207.

Delmestri, G. (2006): Streams of Inconsistent Institutional Influences. Middle Managers as Carriers of Multiple Identities. In : Human Relations 59(11), 1515–1542.

Delmestri, G./Walgenbach, P. (2005): Mastering techniques or brokering knowledge? Middle managers in Germany, Great Britain and Italy. In: Organization Studies 26(2), 197–220.

Demorgon, J. (1989): L'exploration interculturelle. Pour une pédagogie internationale. Paris, Armand Colin.

Demorgon, J. (1998): Histoires interculturelles des sociétés. Paris, Anthropos.

Demorgon, J./Molz, M. (1996): Bedingungen und Auswirkungen der Analyse von Kultur(en) und interkulturellen Interaktionen. In: Thomas, A. (Hg.): Psychologie interkulturellen Handelns. Göttingen, Hogrefe, 43–80.

Dempsey, M. A. (1994): Fordlandia. In: Michigan History 78(4), 24–33.

Denison, D. (1990): Corporate Culture and Organizational Effectiveness. New York, Wiley.

Di Marco, M. K./Taylor, J. E./Alin, P. (2010): Emergence and Role of Cultural Boundary Spanners in Gobal Engineering Project Networks. In: Journal of Management in Engineering 26(3), 123–132.

Dietz, G. (2011): Towards a doubly reflexive ethnography: A proposal from the anthropology of interculturality. In: AIBR Revista de Antropologia Iberoamericana 6(1), 3–26.

DiMaggio, P. J./Powell, W. W. (Hg.) (1991): The New Institutionalism in Organizational Analysis. Chicago, Univ. of Chicago.

Dinges, (1983): Intercultural Competence. In: Brislin, R. W./Triandis, H. C. (Hg.): Handbook of Intercultural Training. New York, Pergamon, 176–202.

Dinges, N./Baldwin, K. D. (1996): Intercultural Competence. A Research Perspective. In: D. Landis, D./Bhagat, R. D. (Hg.): Handbook of Intercultural Training. Thousand Oaks, Sage, 106–123.

DiStefano, J. J./Maznevski, M. L. (2000): Creating value with diverse teams in global management. In: Organizational Dynamics 29(1), 45–63.

Djelic, M.-L. (1998): Exporting the American Model. The Postwar Transformation of European Business. Oxford, Oxford University Press.

Dolan, S. L./Garía, S./Richley, B. (2006): Managing by Values: A Corporate Guide to Living in the 21st Century. Basingstoke, Palgrave Macmillan.

Dolan, S.L./Diez-Pinol, M./Fernandez-Alles, M./Martin-Prius, A./Martinez-Fierro, S. (2004): Exploratory study of within-country differences in work and life values: the case of Spanish business students. In: International Journal of Cross Cultural Management, 4 (2), 157–180.

Donaldson, L. (2003): Organization theory as a positivist science. In: Tsoukas, H./Knudsen, C. (Hg.): The Oxford Handbook of Organization Theory. New York, Oxford University Press, 39–62.

Dörrenbächer, C./Gammelgaard, J. (2011): Subsidiary power in multinational corporations: the subtle role of micro-political bargaining power. In: Critical perspectives on international business 7(1), 30–47.

Dreyer, W. (2011): Hofstedes Humbug und die Wissenschaftslogik der Idealtypen. In: Dreyer, W./Hossler, U. (Hg.): Perspektiven Interkultureller Kompetenz. Göttingen, Vandenhoeck & Ruprecht, 82–96.

Dreyer, W./Hößler, U. (Hg.) (2011): Perspektiven interkultureller Kompetenz. Göttingen, Vandenhoeck & Ruprecht, 299–316.

Duarte, D. L./Snyder, N. T. (2001): Mastering Virtual Teams. San Francisco, Jossey-Bass.

Duarte, F. (2006): Exploring the Interpersonal Transaction of the Brazilian Jeitinho in Bureaucratic Contexts. In: Organization 13(4), 509–527.

Dubar, C. (1991): La Socialisation. Construction des identités sociales et professionnelles. Paris, Colin.

Dülfer, E. (2001): Internationales Management in unterschiedlichen Kulturbereichen. München, Oldenbourg.

Dupuis, J.-P. (2014): New approaches in cross-cultural management research: The importance of context and meaning in the perception of management styles. In: International Journal of Cross Cultural Management 14(1), 67–84.

Durkheim, É. (1911): Education et sociologie. Paris, PUF.

Duval, G. (2013): Made in Germany. Le modèle allemand au-dela des mythes. Paris, Seuil.

Earley, P. C./Ang, S. (2003): Cultural intelligence. Individual interactions across cultures. Stanford, Stanford Business Books.

Earley, P. C./Ang, S./Tan, J.-S. (2006): CQ. Developing cultural intelligence at work. Stanford, Stanford Business Books.

Eberle, T./Maeder, C. (2011): Organizational Ethnography. In: Silverman, D. (Hg.): Qualitative Research. Issues of Theory, Method and Practice. London, Sage, 53–73.

Edwards, T./Ferner, A. (2002): The renewed ›American Challenge‹: a review of employment practice in US multinationals. In: Industrial Relations Journal 33(3), 94–111.
EGOS (2017): About EGOS. Abgerufen 06.09.2017 (www.egosnet.org/egos/about_egos).
Ehnert, I. (2004): Die Effektivität von interkulturellen Trainings. Hamburg, Dr. Kovac.
Ehnert, I. (2009): Sustainable Human Resource Management. Heidelberg, Springer.
EIBA (2017): Mission. Abgerufen 06.09.2017 (www.eiba.org/r/mission).
Eiser, J. R. (1986): Social Psychology. Attitudes, cognition and social behaviour. Cambridge, Cambridge University Press.
Elberfeld, R. (2008): Forschungsperspektive »Interkulturalität«. Transformationen der Wissensordnungen in Europa. In: Zeitschrift für Kulturphilosophie 2(1), 7–36.
Elias, N. (1969): Die höfische Gesellschaft. Frankfurt a. M., Suhrkamp.
Elias, N. (1979): Über den Prozess der Zivilisation. Soziogenetische und psychogenetische Untersuchungen. Frankfurt a. M., Suhrkamp.
Eliot, T. S. (1959): Four Quartets. London, Faber & Faber.
Emerson, V. (2001): An Interview with Carlos Ghosn, President of Nissan Motors, Ltd. and Industry Leader of the Year (Automotive News, 2000). In: Journal of World Business 36(1), 3–10.
Esteve, M./Grau, M./Valle, R. C. (2013): Assessing public sector values trough the tri-axial model. Empirical evidence from Spain. In: Cross Cultural Management 20(4), 528–543.
Ethnologue (2016): https://www.ethnologue.com.
EURAM (2015): Mission Statement. Abgerufen 6.10.2017 (www.euram-online.org/2015-03-02-14-07-17/mission-statement.html).
Evans, P./Lank, E./Farquhar, A. (1989): Managing human resources in the international firm. In: Evans, P./Doz, Y./Laurent, A. (Hg.): Human Resource Management in International Firms. London, McMillan Press, 113–125.
Fagenson-Eland, E./Ensher, E. A./Burke, W. W. (2004): Organization development and change interventions. A seven-nation comparison. In: Journal of Applied Behavioral Science 40(4), 432–464.
Fang, T. (2006): From »onion« to »ocean«: Paradox and change in national cultures. In: International Studies of Management and Organization 35(4), 71–90.
Fang, T. (2012): Yin Yang: A New Perspective on Culture. In: Management and Organization Review 8(1), 25–50.
Fantini, A. E. (1995): Language, culture, and world view: Exploring the nexus. In: International Journal of Intercultural Relations 19(2), 143–153.
Farh, J. L./Cheng, B. S. (2000): A Cultural analysis of paternalistic leadership in Chinese organizations. In: Li, J. T./Tsui, A. S./Weldon, E. (Hg.). Management and Organizations in the Chinese Context. London, Macmillan, 94–127.
Feely, A. J./Harzing, A. W. (2003): Language management in multinational companies. Cross Cultural Management: An International Journal 10(2), 37–52.
Ferner, A./Almond, P./Colling, T. (2005): Institutional theory and the cross-national transfer of employment policy: The case of workforce diversity in US multinationals. In: Journal of International Business Studies 36(3), 304–321.
Ferner, A./Müller-Camen, M. (2004): Herkunftsland USA. Prägung der Personalpolitik durch das amerikanische »Business System«. In: Wächter, H./Peters, R. (Hg.): Personalpolitik amerikanischer Unternehmen in Europa. München, Rainer Hampp, 65–82.
Ferner, A./Varul, M. (2000): Vanguard subsidiaries and the diffusion of new practices a case study of German multinationals. In: British Journal of industrial relations 38, 115–140.

Festing, M./Maletzky, M./Frank, F. (2009): Erfolgreich führen in Moskau. In: Personal 61(4), 14–16.

Festing, M./Maletzky, M. (2011): Cross-Cultural Leadership Adjustment – A Framework Based on the Theory of Structuration. In: Human Resource Management Review 21(3), 186–200.

Fiedler, E./Mitchell, T./Triandis, H. (1971): The culture assimilator: an approach to cross-cultural training. In: Journal of Applied Psychology 55(2), 95–102.

Fink, G./Mayerhofer, W. (2009): Cross-cultural competence and management – setting the stage. In: European Journal of Cross-Cultural Competence and Management 1(1), 42–65.

Fischer, J. (2001): Der Dritte. Zur Anthropologie der Intersubjektivität. In: Essbach, W. (Hg.): wir/ihr/sie. Identität und Alterität in Theorie und Methode. Würzburg, Ergon, 103–136.

Fitzsimmons, S. R./Lee, Y.-T./Brannen, M. Y. (2013): Demystifying the myth about marginals: implications for global leadership. In: European J. International Management 7(5), 587–603.

Fitzsimmons, S. R./Miska, C./Stahl, G. (2011): Multicultural employees: Global business' untapped resource. In: Organizational Dynamics 40(3), 199–206.

Fivelsdal, E.,/Schramm-Nielsen, J. (1993): Egalitarianism at work: Management in Denmark. In: D. J. Hickson (Ed.) : Management in Western Europe: Society, culture and organisation in 12 nations. Berlin, de Gruyter, 27–45.

Flanagan, J. (1954): The critical incident technique. In: Psychological Bulletin 51 (4), 327–358.

Fleischmann, C. (2014): Interkulturalisationsprozesse in multikulturellen Kreativteams. Theoretische Konzeption und empirische Überprüfung. Bamberg, University of Bamberg Press.

Fluck, H. R. (1996): Fachsprachen. Einführung und Bibliographie. Tübingen, Franke.

Foucault, M. (1982): The Archaeology of Knowledge. New York, Pantheon Books.

Fougère, M. (2004): Organizing (with) thirdness. A dialogic understanding of bicultural interactions in organizations, Working Paper #504. Helsinki, Swedish School of Economics and Business Administration.

Fougère, M./Moulettes, A. (2012): Disclaimers, dichotomies and disappearances in international business textbooks: A postcolonial deconstruction. In: Management Learning 43(1), 5–24.

Fowler, S./Blohm, J. (2004): An analysis of methods for intercultural training. In: Landis, D./Bennett, J./Bennett, M. (Hg.): Handbook of intercultural training. London, Sage, 37–84.

Fowler, S./Mumford, M. (1999): Intercultural sourcebook: Cross-Cultural training methods. Maine, Intercultural Press.

Fredriksson, R./Barner-Rasmussen, W./Piekkari, R. (2006): The multinational corporation as a multilingual organization: The notion of a common corporate language. In: Corporate Communications 11(4), 406–423.

French, W. L./Bell, C. H. (1990): Organisationsentwicklung. Sozialwissenschaftliche Strategien zur Organisationsentwicklung. Bern, Haupt.

Frenkel, M./Shenhav, Y. (2003): From Americanization to colonization: The diffusion of productivity models revisited. In: Organization Studies 24(9), 1537–1562.

Friedberg, E. (2000): Societal or systems effects? In: Maurice, M./Sorge, A. (Hg.): Embedding organizations: societal analysis of actors, organizations and socio-economic contexts. Amsterdam, John Benjamin, 57–70.

Friedberg, E. (2005): La culture »nationale« n'est pas tout le social. In: Revue française de sociologie 46(1), 177–193.

Friel, D. (2005): Transferring a lean production concept from Germany to the United States: The impact of labor laws and training systems. In: Academy of Management Executive 19(2), 50–58.

Frost, P. J./Moore, L. F./Reis Louis, M./Lundberg, C. C./Martin, J. (Hg.) (1985): Organizational Culture. Beverly Hills, Sage.

Frost, P. J./Moore, L. F./Reis Louis, M./Lundberg, C. C./Martin, J. (Hg.) (1992): Reframing Organizational Culture. Thousand Oaks, Sage.

Galbraith, J. R. (1995): Designing organizations: An executive briefing on strategy, structure, and process. San Francisco, Jossey-Bass.

Galtung, J. (1981): Structure, culture, and intellectual style: An essay comparing saxonic, teutonic, gallic and nipponic approaches. In: Social Science Infomation 20(6), 817–856.

Galtung, J. (1983): Struktur, Kultur und intellektueller Stil. In: Leviathan. Zeitschrift für Sozialwissenschaft 11(3), 303–337.

Gannon, M. J. (2004): Understanding Global Cultures. Metaphorical Journeys through 28 Nations, cluster of nations and continents. London, Sage.

Gannon, M. J. (2008): Paradoxes of Culture and Globalization. Thousand Oaks, Sage.

Gannon, M. J. (2009): The Cultural Metaphoric Method: Description, Analysis, and Critique. In: International Journal of Cross Cultural Management 9(3), 275–287.

Gannon, M. J./Newmann, K. L. (2002): The Blackwell Handbook of Cross-Cultural Management. Oxford, Blackwell.

Gannon, M. J./Pillai, R. (2011): Understanding Global Cultures. Metaphorical Journeys through 31 Nations, cluster of nations and continents. London, Sage.

Gardner, H. (1983): Frames of Mind: The Theory of Multiple Intelligences. New York, Basic Books.

Garsten, C. (1994): Apple World. Core and periphery in a trans-national organizational culture. Stockholm, Gotab/Almqvist & Wiksell.

Gebert, G. (1974): Organisationsentwicklung. Stuttgart, Kohlhammer.

Geertz, C. (1964): The Religion of Java. London, Free Press.

Geertz, C. (1973): The Interpretation of Culture. New York, Basic Books.

Geertz, C. (1975): Kinship in Bali. Chicago, University of Chicago Press.

GEM&L (2017): Groupe d'Études Management et Langues. Abgerufen 6.10.2017 (www.geml.eu).

Genkova, P. (2011): Psychologische Aspekte der Interkulturellen Kommunikation. In: Barmeyer, C./Genkova, A./Scheffer, J. (Hg.): Interkulturelle Kommunikation und Kulturwissenschaft. Grundbegriffe, Wissenschaftsdisziplinen, Kulturräume. Passau, Stutz, 325–364.

Genkova, P. (2012): Kulturvergleichende Psychologie. Ein Forschungsleitfaden. Wiesbaden, Springer.

Genkova, P./Ringeisen, T. (Hg.) (2016): Handbuch Diversity Kompetenz: Gegenstandsbereiche. Wiesbaden, Springer.

Gentner, S. (2010): Schlechtes Deutsch besser als gutes Englisch. In: Süddeutsche Zeitung, 11. Mai 2010. Abgerufen 03.02.2018 (http://www.sueddeutsche.de/wirtschaft/beispiel-porsche-sprache-in-firmen-schlechtes-deutsch-besser-als-gutes-englisch-1.292633).

Geppert, M./Mayer, M. (2006): Global, National and Local Practices in Multinational Companies. Houndmills Basingstoke, Palgrave Macmillan.

Geppert, M./Williams, K./Matten, D. (2003): The social construction of contextual Rationalities in MNCs: an Anglo-German Comparison of subsidiary choice. In: Journal of Management Studies 40(3), 617–641.

Gerhardt, U. (2001): Idealtypus. Zur methodischen Begründung der modernen Soziologie. Frankfurt a. M., Suhrkamp.

Gertsen, M. C. (1990): Intercultural competence and expatriates. In: International Journal of Human Resource Management 1(3), 341–362.

Gertsen, M. C./Søderberg, A.-M./Zølner, M. (2012): Global Collaboration: Intercultural Experiences and Learning. Houndmills, Palgrave Macmillan.

Gertsen, M. C./Zølner, M. (2012): Recontextualization of the Corporate Values of a Danish MNC in a Subsidiary in Bangalore. In: Group & Organization Management 37(1), 101–132.

Ghauri, P. (2004): Designing and conducting case studies in international business research. In: Piekkari, R./Welch, C. (Hg.): Handbook of qualitative research methods for international business, Chelkuham, Edgar Elgar, 109–124.

Giddens, A. (1984). Constitution of Society: Outline of the Theory of Structuration. Cambridge, Polity Press.

Giddens, A. (1991): Modernity and self-identity: Self and society in the late modern age. Stanford, Stanford University Press.

Glaser, B. (2007): Doing formal Grounded Theory. A proposal. Mill Valley, Sociology Press.

Glaser, B./Strauss, A. (1967): The Discovery of Grounded Theory: Strategies for Qualitative Research. Chicago, Aldine.

Glaser, E. (2003): Fremdsprachenkompetenz in der interkulturellen Zusammenarbeit. In: Thomas, A./Schroll-Machl, S./Kammhuber, S./Kinast, E. U. (Hg.): Handbuch Interkulturelle Kommunikation und Kooperation. Göttingen, Vandenhoeck & Ruprecht, 74–93.

Glasl, F. (1994): Das Unternehmen der Zukunft: Moralische Intuition in der Gestaltung von Organisationen. Stuttgart, Freies Geistesleben.

Glasl, F./de la Houssaye, L. (1975): Organisationsentwicklung. Bern, Haupt.

Glasl, F./Kalcher, T./Piber, H. (2008): Professionelle Prozessberatung. Das Trigon-Modell der sieben OE-Basisprozesse. Bern, Haupt.

Glasl, F./Lievegoed, B. (2011): Dynamische Unternehmensentwicklung. Wie Pionierbetriebe und Bürokratien zu schlanken Unternehmen werden. Bern, Haupt.

Gmür, M. (2006): From Charts and Sails. Metaphors of Management and Organization in Germany and France. In: Problems and Perspectives in Management, 1, 175–186.

Gmür, M. (2007): Wird die deutschsprachige Organisationsforschung immer amerikanischer? Eine bibliometrische Analyse. In: Die Unternehmung 61(3), 227–248.

Goethe, J. W. v. (1810): Zur Farbenlehre. Tübingen, Cotta.

Goleman, D. (1995): Emotional Intelligence. New York, Bantam Books.

Graen, G. B. (2006): In the eye of the beholder: cross-cultural less in leadership from project GLOBE: a response viewed from the Third Culture Bonding (TCB) Model of cross-culture leadership. In: Academy of Management Perspectives, 45(2), 95–101.

Grandin, G. (2009): Fordlandia: The Rise and Fall of Henry Ford's Forgotten Jungle City. New York, Metropolitan Books.

Griffith, D. A./Harvey, M. G. (2000): An intercultural communication model for use in global interorganizational networks. In: Journal of International Marketing 9(3), 87–103.

Gudykunst, W. B./Kim, Y. Y. (Hg.) (1983): Intercultural Communication Theory. Current Perspectives. London.

Gusfield, J. R. (1967): Tradition and Modernity: Misplaced Polarities in the Study of Social Chan-ge Author(s). In: American Journal of Sociology 72(4), 351–362.

Haas, H. (2009): Übersetzungsprobleme in der interkulturellen Befragung. In: Interculture Journal 9(10), 61–77.

Hall, E. T. (1956). Orientation and training in government for work overseas. Human Organization 15(1), 4–10.

Hall, E. T. (1959): The silent language. New York, Anchor Books.

Hall, E. T. (1966): The Hidden Dimension. New York, Anchor Books.

Hall, E. T. (1976): Beyond culture. New York, Doubleday.

Hall, E. T. (1981): The Silent Language. New York, Doubleday.
Hall, E. T. (1983): The Dance of Life. The Other Dimension of Time. New York, Anchor Books.
Hall, E. T. (1992): An Anthropology of Everyday Life. New York, Doubleday/Anchor Books.
Hall, E. T. (1994): West of the Thirties. New York, Doubleday.
Hall, E. T./Hall, M. R. (1989): Understanding Cultural Differences. Yarmouth, Intercultural Press.
Hall, E.T./Whyte, W.F. (1960): Intercultural communication. A guide to men of action. In: Human Organization, 19(1), 5–12.
Hall, P. A./Soskice, D. (2001): Varieties of Capitalism: The Institutional Foundations of Comparative Advantage. Oxford, Oxford University Press.
Hammer, M. R./Wiseman, R. L./Rasmussen, J. L./Bruschke, J. C. (1998): A test of anxiety/uncertainty management theory: The intercultural adaptation context. In: Communication Quarterly 46(3), 309–326.
Hammerschmidt, A. (1997): Fremdverstehen: Unterkulturelle Hermeneutik zwischen Eigenem und Fremdem. München, Iudicium.
Hammerschmidt, A. (2010): Sic! Ein Diagnoseinstrument zur Orientierung in der transkulturellen Unübersichtlichkeit. In: Barmeyer, C./Bolten, J. (Hg.): Interkulturelle Personal- und Organisationsentwicklung. Sternenfels/Berlin, Wissenschaft & Praxis, 217–232.
Hampden-Turner, C. (1981): Maps of the Mind: Charts and Concepts of the Mind and its Labyrinths. New York, Macmillan.
Hampden-Turner, C. (1990): Charting the Corporate Mind. London, Free Press.
Hampden-Turner, C. (1992): La culture d'entreprise. Des cercles vicieux aux cercles vertueux. Paris, Seuil.
Hampden-Turner, C. (2000): What we know about Cross-Cultural Management after Thirty Years. In: Donal, L./Pilbeam, A. (Hg.): Heritage and progress. From the past to the future in intercultural understanding. Bath, LTS/SIETAR, 17–27.
Hampden-Turner, C./Trompenaars, F. (1993): The Seven Cultures of Capitalism. New York, Doubleday.
Hampden-Turner, C./Trompenaars, F. (1997): Response to Geert Hofstede. In: International Journal of Intercultural Relations 21 (1), 149–159.
Hampden-Turner, C./Trompenaars, F. (2000): Building Cross-Cultural Competence: How to Create Wealth from Conflicting Values. Chichester, Wiley.
Hampden-Turner, C./Trompenaars, F. (2006): Cultural Intelligence: Is such a Capacity Credible? In: Group & Organization Management 31(1), 56–63.
Hancké, B./Rhodes, M./Thatcher, M. (2007): Beyond Varieties of Capitalism: Conflict, Contradictions, and Complementarities in the European Economy. Oxford, OUP.
Hang, T. T. (2008): Women's Leadership in Vietnam: Opportunities and Challenges. In: Signs: Journal of Women in Culture and Society 34(1), 16–21.
Hansen, C. D. (2000): A Daoist Theory of Chinese Thought: A Philosophical Interpretation. New York, Oxford University Press.
Hansen, K.-P. (2003): Kultur und Kulturwissenschaft. Tübingen, Fancke.
Hansen, K.-P. (2009): Kultur, Kollektiv, Nation. Passau, Stutz.
Harris, M. (1989): Kulturanthropologie. Frankfurt/New York, Campus.
Harris, M. (1990): Emics and Etics revisited. In: Headland, Thomas. N./Pike, Kenneth. L./Harris, M. (Hg.): Emic and Etics. The Insider/Outsider-Debate. London, Sage, 48–60.
Harris, P. R. (2004): European leadership in cultural synergy. In: European Business Review 16(4), 358–380.

Harrison, J. S./Hitt, M.A./Hoskisson, R. E./Ireland, R. D. (1991): Synergies and postacquisition performance: Differences versus similarities in resource allocations. In: Journal of Management 17(1), 173–190.

Hart, W. B. (1999): Interdisciplinary Influences in the Study of Intercultural Relations: A Citation Analysis of the International Journal of Intercultural Relations. In: International Journal of Intercultural Relations 23(4), 575–589.

Hartmann, M. (2006): The Sociology of Elites. London, Routledge.

Harzing, A. W./Feely, A. J. (2008): The language barrier and its implications for HQ-subsidiary relationships. In: Cross Cultural Management 15(1), 49–61.

Harzing, A. W./Köster, K./Magner, U. (2011): Babel in business: The language barrier and its solutions in the HQ-subsidiary relationship. In: Journal of World Business 46(3), 279–287.

Harzing, A. W./Pudelko, M. (2014): Hablas vielleicht un peu la mia language? A comprehensive overview of the role of language differences in headquarters-subsidiary communication. In: International Journal of Human Resource Management 25(5), 696–717.

Hasse, R./Krücken, G. (2008): Systems Theory, Societal Contexts, and Organizational Heterogeneity. In: Greenwoord, R./Oliver, C./Suddaby, R./Sahlin, K.(Hg.): The SAGE Handbook of Organizational Institutionalism. London, Sage, 539–559.

Hatch, M. J./Yanow, D. (2003): Organization theory as an interpretive science. In: Tsoukas, H./Knudsen, C. (Hg.): The Oxford Handbook of Organization Theory. New York, Oxford University Press, 63–87.

Haupt, U. (2010): Systemische Organisationsentwicklung aus der Beraterperspektive. Internationale, interkulturell und kulturangepasste Organisationsentwicklung. In: Barmeyer, C./Bolten, J. (Hg.): Interkulturelle Personal- und Organisationsentwicklung. Methoden, Instrumente und Anwendungsfälle. Sternenfels, Wissenschaft & Praxis, 235–254.

Headland, T./Pike, K./Harris, M. (1990): Emic and Etic. The Insider/Outsider-Debate. Newbury Park, Sage.

Hegemann, T./Lenk-Neumann (Hg.) (2002): Interkulturelle Beratung. Berlin, Wissenschaft und Bildung.

Heidenreich, M. (1995): Informatisierung und Kultur. Die Einführung und Nutzung von Informationssystemen in Unternehmen. Opladen, Westdeutscher Verlag.

Heidenreich, M. (1998): Die duale Berufsausbildung zwischen industrieller Prägung und wissensgesellschaftlichen Herausforderungen. In: Zeitschrift für Soziologie, 27 (5), 321–340.

Heidenreich, M. (2012): The social embeddedness of multinational companies: a literature review. Socio-Economic Review 10, 549–579.

Heidenreich, M./Barmeyer, C./Koschatzky, K./Mattes, J./Baier, E./Krüth, K. (2012): Multinational Enterprises and Innovation: Regional Learning in Networks. New York/London, Routledge.

Heidenreich, M./Schmidt, G. (Hg.) (1991): International vergleichende Organisationsforschung. Opladen, Westdeutscher Verlag.

Heider, F. (1958): The Psychology of Interpersonal Relations. New York, Wiley.

Henry, A. (2011): Les traductions vietnamiennes d'un code d'éthique français. In: Gérer et comprendre 104(2), 48–60.

Heringer, H. J. (2014): Interkulturelle Kommunikation. Stuttgart, UTB.

Hernandez Bark, A. S./Escartín, J./van Dick, Rolf (2014): Gender and Leadership in Spain: a Systematic Review of Some Key Aspects. In: Sex Roles 70(11), 522–537.

Hickson, D. J./McMillan C. J. (1981): Organization and nation: the Aston program IV. Farnham, Gower.

Hillmann, K.-H. (1994): Wörterbuch der Soziologie. Stuttgart, Kröner.

Hofstede, G. H. (1980): Culture's Consequences. International Differences in Work-Related Values. London, Sage.
Hofstede, G. H. (1986): Cultural Differences in Teaching and Learning. In: International Journal of Intercultural Relations 10, 301–320.
Hofstede, G. H. (1993): Interkulturelle Zusammenarbeit. Wiesbaden, Springer.
Hofstede, G. H. (2001): Culture's Consequences: Comparing Values, Behaviors, Institutions and Organizations Across Nations. Thousand Oaks, Sage.
Hofstede, G. H. (2002): Dimensions do not exist. A reply to Brendan McSweeney. In: Human Relations 55(11), 1355–1361.
Hofstede, G. H. (2006): What did GLOBE really measure? Researchers' minds versus respondents' minds. In: Journal of International Business Studies 37(6), 882–896.
Hofstede, G. H./Hofstede, G. J./Minkov, M. (2010): Cultures and organizations. Software of the mind. Intercultural cooperation and its importance for survival. New York, McGraw-Hill.
Hofstede, G. H./Hofstede, G. J./Pedersen, P. (2002): Exploring Culture. Exercises, stories and synthetic cultures. Yarmouth, Intercultural Press.
Hofstede, G./Hofstede, G. J. (2005): Cultures and Organizations. Software of the Mind. New York, McGraw Hill.
Holden, N. J. (2002): Cross-Cultural Management. A Knowledge Management Perspective. London, Prentice Hall.
Holden, N. J./Kuznetsova, O./Fink, G. (2008): Russia's long struggle with Western terms of management and the concepts behind them. In: Tietze, S. (Hg.): International management and language. London, Routledge, 114–127.
Holden, N.J./Michailova, S./Tietze, S. (Hg.) (2015a): The Routledge Companion to Cross-Cultural Management. London, Routledge.
Holden, N. J./Michailova, S./Tietze, S. (2015b) : Philosophy, aims and composition, In: Holden, N. J./Michailova, S./Tietze, S (Hg.): The Routledge Companion to Cross-Cultural Management. London, Routledge, xlv.
Holzmüller, H. (1995): Konzeptionelle und methodische Probleme in der interkulturellen Management- und Marketingforschung. Stuttgart, Schäffer-Poeschel.
Hoopes, D. S. (1981): Intercultural communication concepts and the psychology of intercultural experience. In Pusch, M.D. (Hg.): Multicultural Education. A cross-cultural training approach. Chicago, Intercultural Press, 9–38.
Hoppe, M. H./Bhagat, R. S. (2007): Leadership in the United States of America: The leader as cultural hero. In Chhokar, J. S./Brodbeck, F. C./House, R. J. (Hg.): Culture and leadership across the world: The GLOBE book of in-depth studies of 25 societies. New York, Lawrence, 475–543.
House, R. J./Dorfmann/P.W./Javidan, M./Hanges, P. J./Sully de Luque, M. F. (2014): Strategic Leadership Across Cultures: Globe Study of CEO Leadership Behavior and Effectiveness in 24 Countries. Thousand Oaks, Sage.
House, R. J./Hanges, P. J./Javidan, M./Dorfman, P. W./Gupta, V. (Hg.) (2004): Culture, leadership and organizations: The GLOBE study of 62 societies. Thousand Oaks, Sage.
Hurrelmann, U. (Hg.) (1998): Handbuch der Sozialisationsforschung, Weihnheim/Basel, Beltz.
Hutchings, K./Weir, D. (2006): Guanxi and Wasta: A Comparison. In: Thunderbird International Business Review 48(1), 141–156.
Ibarra-Colado, E. (2006): Organization Studies and Epistemic Coloniality in Latin America: Thinking Otherness from the Margins. In: Organization 13(4), 463–488.
Inglehart, R. (1997): Modernization and Postmodernization. Princeton, Princeton University Press.

Inglehart, R. (1998): Modernisierung und Postmodernisierung. Kultureller, wirtschaftlicher und politischer Wandel in 43 Gesellschaften. Frankfurt a. M., Campus.

Inglehart, R./Baker, W. E. (2000): Modernization, cultural change and the persistance of traditional values. In: American Sociological Review 65(1), 19–51.

Inglehart, R./Welzel, C. (2005): Modernization, Cultural Change and Democracy. New Jersey, Princeton University Press.

Jack, G./Westwood, R. (2009): International and Cross-Cultural Management Studies. A Postcolonial Reading. London, Palgrave Macmillan.

Jammal, E. (2013): Aufwachen in der Welt. Reinbek, Lau-Verlag.

Javidan, M./House, R. J./Dorfman, P. W./Hanges, P. J./Luque, M. S. (2006): Conceptualizing and reasuring cultures and their consequences: a comparative review of GLOBE's and Hofstede's approaches. In: Journal of International Business Studies 37(6), 897–914.

Jehle, L./Hildebarndt, M./Meister, S. (2016): Leading in hyper-complexity. Oxfordshire, Libri.

Johnson, J. D./Tuttle, F. (1989): Problems in Intercultural Research. In: Asante, M. K./ Gudykunst, W. B. (Hg.): Handbook of International and Intercultural Communication. London, Sage Publications, 1989, 461–483.

Joly, A. (2004): Fiefs et entreprises en Amérique latine. Québec, PUL.

Kabatek, J. (1997): Zur Typologie sprachlicher Interferenzen. In: Moelleken, P./Weber, P. (Hg.): Neue Forschungsarbeiten zur Kontaktlinguistik. Bonn, Dümmler, 232–241.

Kamdem, E. (2002): Management et interculturalité en Afrique. Expérience camarounaise. Paris, Harmattan/PUL.

Kamdem, E./Ikellé, R. (2016): Pratiquer la sociologie au Cameroun. Du paradigme du Grand partage à l'émergence de la socio-anthropologie. Sociologies pratiques 32 (2), 91–104.

Kammhuber, S. (2000): Interkulturelles Lernen und Lehren. Wiesbaden, Springer.

Kammhuber, S. (2017): Globalisierung – Kulturelle Vielfalt – Interkulturelles Lernen. In: Frey, D./Bierhoff, H.W. (Hg.): Kommunikation, Interaktion und Soziale Gruppenprozesse. Göttingen, Hogrefe, 407–440.

Kammhuber, S./Schroll-Machl, S. (2007): Möglichkeiten und Grenzen der Kulturstandardmethode. In: Thomas, A./Kammhuber, S./Schroll-Machl, S. (Hg.): Handbuch Interkulturelle Kommunikation und Kooperation, Göttingen, Vandenhoeck & Ruprecht, 19–23.

Karambolage (2010): Die Kulissen von arte vom 28. November 2010. Abgerufen 04.02.2018 (https://sites.arte.tv/karambolage/de/karambolage-spezial-die-kulissen-von-arte-karambolage).

Karasz, A./Singelis, T. M. (2009): Qualitative and Mixed Methods Research in Cross-Cultural Psychology. In: Journal of Cross-Cultural Psychology 40(6), 909–916.

Kashubskaya-Kimpelainen, E./Festing, M./Maletzky, M./Frank, F. (2009): Encadrer des équipes russes. In: Expansion Management Review 134, 74–87.

Kedia, B./Bhagat, R. (1988): Cultural constraints on transfer of technology across nations: Implications for research in international and comparative management. In: Academy of Management Review 13(4), 559–571.

Keller, E. v. (1982): Management in fremden Kulturen. Ziele, Ergebnisse und methodische Probleme der kulturvergleichenden Managementforschung. Bern/Stuttgart, Haupt.

Kieser, A./Walgenbach, P. (2007): Organisation. Stuttgart, Schäffer Poeschl.

Kieser, A./Walgenbach, P. (2010): Organisation. Stuttgart, Schäffer-Poeschl.

Kim, Y. Y. (1988): Communication and cross-cultural adaptation: An integrative theory. Philadelphia: Multilingual Matters.

Kinast, E.-U. (1998): Evaluation Interkultureller Trainings. Lengerich, Pabst.

Kinast, E.-U. (2003a): Interkulturelles Training: In: Thomas, A./Kinast, E.-U./Schroll-Machl, S. (Hg.): Handbuch Interkulturelle Kommunikation und Kooperation. Göttingen, Vandenhoeck & Ruprecht, 181–203.

Kinast, E.-U. (2003b): Interkulturelles Coaching. In: Thomas, A./Kinast, E.-U./Schroll-Machl, S. (Hg.): Handbuch Interkulturelle Kommunikation und Kooperation, Göttingen, Vandenhoeck & Ruprecht, 217–226.

King, P. M./Baxter Magolda, M. B. (2005): A developmental model of intercultural maturity. In: Journal of College Student Development 46(6), 571–592.

Kirkman, B. L./Lowe, K. B./Gibson, C. B. (2006): A quarter century of »Culture's Consequences«: A review of empirical research incorporating Hofstede's cultural values framework. In: Journal of International Business Studies 37(3), 285–320.

Kirkman, B. L./Lowe, K. B./Gibson, C. B. (2017): A retrospective on Culture's Consequences: The 35-year journey. In: Journal of International Business Studies 48(1), 12–29.

Kirkpatrick, D. (1998): Evaluating Training Programs: The Four Levels. San Francisco, Berrett-Koehler.

Kitching, J. (1967): Why Do Mergers Miscarry?. In: Harvard Business Review 45(6), 84–101.

Kleinberg, M. J. (1994): »The crazy group«: Emergent culture in a Japanese–American binational work group. In: Beechler, S./Bird, A. (Hg.): Research in international business and international relations 6 (Special Issue), 1–45.

Klitmøller, A./Lauring, J. (2013): When global virtual teams share knowledge: Media richness, cultural difference and language commonality. In: Journal of World Business, 48 (3), 398–406.

Kluckhohn, C. (1953): Universal categories of culture. In: Kroeber, A. L. (Hg.): Anthropology Today. Chicago, University of Chicago Press, 507–524.

Kluckhohn, F. R./Strodtbeck, F. L. (1961): Variations in Value Orientations. Westport, Greenwood Press.

Knapp, K./Knapp-Potthoff, A. (1990): Interkulturelle Kommunikation. In: Zeitschrift für Fremdsprachenforschung (1), 62–93.

Kochan, T./Bezrukova, K./Ely, R./Jackson, S./Joshi, A./Jehn, K./Leonard, J./Levine, D./Thomas, D. (2003): The effects of diversity on business performance: Report of the diversity research network. In : Human Resource Management 42, 321.

Kogut, B./Singh, H. (1988): The Effect of National Culture on the Choice of Entry Mode. Journal of International Business Studies 19(3), 411–432.

Kohls, R. (1994): On becoming a Foreigner. In: Luce, F. (Hg.): The French-Speaking world. Lincolnwood, NTC, 42–56.

Kohls, R. (1996): Survival Kit for Overseas Living. Yarmouth, Intercultural Press.

Kolb, D. (1984): Experiential Learning: experience as the source of learning and development. Englewood Cliffs, Prentice-Hall.

Köppel, P. (2007): Konflikte und Synergien in multikulturellen Teams – Virtuelle und face to face Kooperation. Wiesbaden, Deutscher Universitätsverlag.

Korine, H./Asakawa, K./Gomez, P.-Y. (2002): Partnering with the unfamiliar: Lessons from the case of Renault and Nissan. In: Business Strategy Review 13(2), 41–50.

Kostova, T. (1999): Transnational Transfer of Strategic Organizational Practices: A Contextual Perspective. In: Academy of Management Review 24(2), 308–324.

Kostova, T./Roth, K. (2002): Adoption of an organizational practice by subsidiaries of multinational corporation: Institutional and relational effects. In: Academy of Management Journal 45(1), 215–233.

Krishnan, H. A./Miller, A./Judge, W. Q. (1997): Diversification and Top Management Team Complementarity: Is Performance Improved by Merging Similar or Dissimilar Teams? In: Strategic Management Journal 18(5), 361–374.

Kriz, W. C. (2004): Planspielmethoden. In: Reinmann, G./Mandl, H. (Hg.): Psychologie des Wissensmanagements. Perspektiven, Theorien und Methoden. Göttingen, Hogrefe, 359–368.

Kroeber, A. L./Kluckhohn, C. (Hg.) (1954): Culture. A Critical Review of Concepts and Definitions. New York, Random House.

Kuckartz, U. (2014): Mixed Methods. Methodologie, Forschungsdesigns und Analyseverfahren. Wiesbaden, Springer.

Kuhn, T. S. (1976): Die Struktur wissenschaftlicher Revolutionen. Frankfurt a. M., Suhrkamp.

Kühnel, P. (2014): Kulturstandards – woher sie kommen und wie sie wirken. In: Interculture Journal 13(22), 57–78.

Kulich, S. J. (2012): Reconstructing the histories and influences of 1970 intercultural leaders: Prelude to biographies. In: International Journal of Intercultural Relations 36(6), 744–759.

Kumar, B. N. (1995): Interkulturelles Management. In: Corsten, H./Reiß, M. (Hg.): Handbuch Unternehmensführung. Wiesbaden, Gabler, 684–692.

Kunda, G. (1992): Engineering Culture: control and commitment in a high-tech corporation. Philadelphia, Temple University Press.

Kupka, B. (2008): Creation of an instrument to assess intercultural communication competence for strategic international human resource management. Otago, New Zealand, Unpublished doctoral dissertation, University of Otago.

Kutschker, M./Schmid, S. (2011): Internationales Management. München, Olenbourg.

Ladmiral, J.-./Lipiansky, E. M. (1989): La communication interculturelle. Paris, Armand Colin.

Lagerström, K./Andersson, M. (2003): Creating and sharing knowledge within a transnational team – the development of a global business system. Journal of World Business 38(2), 84–95.

Landis, D./Bennett, J./Bennett, M. (Hg.) (2004): Handbook of intercultural training. London, Sage.

Landis, D./Bhagat, R. D. (Hg.) (1996): Handbook of Intercultural Training. Thousand Oaks: Sage.

Läpple, D. (1991): Essay über den Raum. Für ein gesellschaftswissenschaftliches Raumkonzept. In: Häußermann, H./Ipsen, D./Krämer-Badoni, T. (Hg.): Stadt und Raum. Soziologische Analysen. Pfaffenweiler: Centaurus, 157–207.

Larivière, V./Haustein, S./Mongeon, P. (2015): The Oligopoly of Academic Publishers in the Digital Era. In: PLOS ONE 10(6), 1–15.

Lau, C.-M./Mc Mah, G. C./Woodman, R. W. (1996): An international comparison of organization development practices. The USA and Hong Kong. In: Journal of Organizational Change Management 9(2), 4–19.

Laurent, A. (1983): The cultural diversity of western conceptions of management. In: International Studies of Management and Organization 13(1–2), 75–96.

Lee, Y-T. (2010) : Home versus host – identifying with either, both or neither? The relationship between dual cultural identities and intercultural effectiveness. In: International Journal of Cross-Cultural Management 10(1), 55–76.

Leeds-Hurwitz, W. (1990): Notes in the history of intercultural communication: The Foreign Service institute and the mandate for intercultural training. In: The Quarterly Journal Of Speech, 76(3), 262–281.

Leenen, R. (2007): Interkulturelle Trainings: Psychologische und pädagogische Ansätze. In: Straub, J./Weidemann, A./Weidemann,D. (Hg.): Handbuch Interkulturelle Kommunikation und Kompetenz. Stuttgart, Metzler, 773–784.

Lervik, J. E. (2008): Knowledge Management and Knowledge Transfer in Multinational Enterprises. Cultural and Institutional Perspectives. In: Smith, P. B./Peterson, M.F./Thomas, D.C. (Hg.) Handbook of Cross-Cultural Management Research. Thousand Oaks, Sage, 301–317.

Leslie, D./Rantisi, N. M. (2011): Creativity and Place in the Evolution of a Cultural Industry: the Case of Cirque du Soleil. In: Urban Studies 48(9), 1771–1787.

Levinthal, D. A./March, J.G. (1981): A Model of Adaptive Organizational Search. In: Journal of Economic Behavior and Organization 2, 307–333.

Lewis, M. (2000): Exploring paradoxes: Toward a more comprehensive guide. In: Academy of Management Review 25(4), 760–777.

Lewis, M. W./Kelemen, M. L. (2002): Multi-paradigm inquiry: Exploring organizational pluralism and paradox, Human Relations 55 (2), 251–275.

Lievegoed, B. C. (1974): Organisation im Wandel. Die praktische Führung sozialer Systeme in der Zukunft. Bern/Stuttgart.

Linstead, S. (1994): Objectivity, Reflexivity, and fiction: Humanity, Inhumanity, and the Science of the Social. In: Human Relations 47(11), 1321–1346.

Liu, H./Baker, C. (2014). White Knights: Leadership as the heroicisation of whiteness. In: Leadership 12(4), 420–448.

Locke, R. (1989): Management and Higher Education since 1940. The influence of America and Japan on West Germany, Great Britain and France. Cambridge, Cambridge University Press.

Lonner, W./Adamopoulos, J. (1997): Culture as antecedent to behavior. In: Berry, J/Poortinga, Y./Pandey, J. (Hg.): Handbook of cross-cultural psychology. Theory and Method. Needham Heights: Allyn and Bacon, 43–83.

Lord, R. G./Maher, K. J. (1991): Leadership and information processing: Linking perceptions and performance. Boston, Unwin Hyman.

Lowe, S./Magala, S./Hwang, K.-S. (2012): All we are saying, is give theoretical pluralism a chance. In: Journal of Organizational Change Management 25(5), 752–74.

Lu, L.-T. (2012): Etic or Emic? Measuring Culture in International Business Research. In: International Business Research 5(5), 109–115.

Ludwig, B. (2006): Interkulturelle Organisationsentwicklung. Lernen und Kommunizieren aussystemtheoretisch-konstruktivistischer Perspektive. Saarbrücken: VDM Verlag Dr. Müller.

Luhmann, N. (1984): Soziale Systeme. Grundriß einer allgemeinen Theorie. Frankfurt a. M., Suhrkamp.

Luo, Y./Huang, Y./Wang, S. L. (2011): Guanxi and Organisational Performance: A Meta-Analysis. In: Management and Organization Review 8(1): 139–72.

Lüsebrink, H.-J. (2005): Interkulturelle Kommunikation. Stuttgart/Weimar, Metzler.

Lüsebrink, H.-J. (2012): Interkulturelle Kommunikation. Interaktion. Fremdwahrnehmung. Kulturtransfer. Stuttgart, Metzler.

Lutz, D. (2009): African ›Ubuntu‹ Philosophy and Global Management. In: Journal of Business Ethics 84(3), 313–28.

Maanen, J. v. (1988): Tales of the Field: on writing ethnography. Chicago, University of Chicago Press.

Maanen, J. v. (2011): Ethnography as Work: Some Rules of Engagement. In: Journal of Management Studies 48(1), 218–234.

Maclean, M./Harvey, C./Press, J. (2006): Business elites and corporate governance in France and the UK, Basingstoke, Palgrave Macmillan.

Maddux, W./Leung, A. K./Chiu, C./Galinsky, A. (2009): Toward a More Complete Understanding of the Link Between Multicultural Experience and Creativity. In: American Psychologist 64(2), 156–158.

Mahadevan, J. (2008): Globale Ingenieurskultur – Mythos oder Realität?. In: Rösch, O. (Hg.): Technik und Kultur. Berlin, News & Media, 84–102.

Mahadevan, J. (2009): Redefining Organizational Cultures: An Interpretative Anthropological Approach to Corporate Narratives. In: Forum Qualitative Sozialforschung FQS 10(1), Art. 44.

Mahadevan, J. (2011): Engineering culture(s) across sites: Implications for cross-cultural management of emic meanings. In: Primecz, H./Romani, L./Sackmann, S. (Hg.): Cross-cultural management in practice: Culture and negotiated meanings. Cheltenham, Edward Elgar, 89–100.

Mahadevan, J. (2012): Are engineers religious? An interpretative approach to cross-cultural conflict and collective identities. In: International Journal of Cross Cultural Management, 12(1), 133–149.

Mahadevan, J. (2015): Caste, purity, and female dress in IT India: Embodied norm violation as reflexive ethnographic practice. In: Culture and Organization 21(5), 366–385.

Mahadevan, J. (2016): Leveraging the Benefits of Diversity and Biculturalism through Organizational Design.In: Barmeyer, C./Franklin, P. (Hg.) (2016): Intercultural Management. A Case-based Approach to Achieving Complementarity and Synergy. New York, Palgrave Macmillan, 256–271.

Mahadevan, J. (2017): A very short, fairly interesting and reasonably cheap book about Cross-Cultural Management. London, Sage.

Maletzky, M. (2010): Kulturelle Anpassung als Prozess interkultureller Strukturierung. Eine strukturationstheoretische Betrachtung kultureller Anpassungsprozesse deutscher Auslandsentsendeter in Mexiko. München, Rainer Hampp.

Maletzky, M. (2014): Die Generierung von Interkultur – eine strukturationstheoretische Betrachtung. In: Moosmüller, A./Möller-Kiero, J. (Hg.): Interkulturalität und kulturelle Diversität. Münster, Waxmann, 83–103.

Malin, N. (Hg.) (2000): Professionalism, Boundaries and the Workplace. Oxford, Blackwell.

Malinowski, B. (1922): Argonauts of the Western Pacific: an account of native enterprise and adventure in the archipelagos of Melanesian New Guinea. London, Routledge & Kegan Paul.

March, J. G. (1991): Exploration and Exploitation in Organizational Learning. In: Organization Science 2(1) 71–87.

March, J. G./Simon, H. A. (1958): Organizations. New York, Wiley.

Margolis, J. D./Walsh, J. P. (2003): Misery loves companies. Rethinking social initiatives by business. In: Administrative Science Quarterly 48(2), 268–305.

Marrone, J. A./Tesluk, P. E./Carson, J. B. (2007): A multilevel investigation of antecedents and consequences of team member boundary-spanning behavior. In: The Academy of Management Journal 50(6), 1423–1439.

Marschan-Piekkari, R./Welch, C. (Hg.) (2004): Handbook of qualitative research methods for international business. Cheltenham, Edward Elgar.

Marschan-Piekkari, R./Welch, D./Welch, L. (1999): In the shadow: The impact of language on structure, power and communication. In: International Business Review 8(4), 421–440.

Martin, J. (2002): Organizational culture. Mapping the terrain. Thousand Oaks/London/New Delhi, Sage.
Maslow, A. (1954): Motivation and personality. New York, Harper & Row.
Maslow, A. (1964): Synergy in the society and in the individual. In: Journal of Individual Psychology, 20 (2), 153–164.
Maslow, A./Honigmann, J./Mead, M. (1970): Synergy: some notes of Ruth Benedict. In: American Anthropologist 72(2), 320–333.
Matthes, J. (2000): Wie steht es um die interkulturelle Kompetenz der Sozialwissenschaften?. In: IMIS-Beiträge (15), 13–30.
Maurice, M./Sellier, F./Silvestre, J.-J. (1982): Politique d'éducation et organisation industrielle en France et en Allemagne. Paris, Presses univ. de France.
Maurice, M./Sellier, F./Silvestre, J.-J. (1986): The Social Foundations of Industrial Power. A Comparison of France and Germany. Cambridge, MIT Press.
Maurice, M./Sellier, F./Silvestre, J.-J. (1992): Analyse sociétale et cultures nationales. Réponse à Philippe d'Iribarne. In: Revue française de sociologie 33(1), 75–86.
Maurice, M./Sorge, A. (Hg.) (2000): Embedding Organizations. Societal analysis of actors, organizations and socio-economic contexts. Amsterdam, John Benjamin.
Maurice, M./Sorge, A./Warner, M. (1980): Societal differences in organizing manufacturing units: a comparison of France, West Germany, and Great Britain. In: Organization Studies, 1(1), 59–86.
Mauss, M. (1924–1925): Essai sur le don. Forme et raison de l'échange dans les sociétés archaïques. Extrait de l'Année Sociologique, seconde série, tome I. In: Mauss, M. (2012): Essai sur le don. Forme et raison de l'échange dans les sociétés archaïques. Paris, PUF, 30–186.
Mayer, C.-H. (2006): Trainingshandbuch Interkulturelle Mediation und Konfliktlösung. Münster: Waxmann.
Mayntz, R. (1963): Soziologie der Organisation. Hamburg, Rowohlt.
Mayrhofer, U. (2017): Management interculturel. Comprendre et gérer la diversité culturelle. Paris, Vuibert.
Maznevski, M. L./Chudoba, K. M. (2000): Bridging Space Over Time: Global Virtual Team Dynamics and Effectiveness. In: Organization Science, 11(5), 473–492.
Maznevski, M. L./DiStefano, J. J. (2000): Global leaders are team players: Developing global leaders through membership on global teams. In: Human Resource Management, 39(2–3), 195–208.
Maznevski, M. L./DiStefano, J. J./Gomez, C. B./Noorderhaven, N. G./Wu, P.-C. (2002): Cultural dimensions at the individual level of analysis. In: International Journal of Cross-Cultural Management 2 (3) 275–295.
Maznevski, M. L/Canney Davison, S./Barmeyer, C. (2005): Management von virtuellen Teams. In: Stahl, Günter K./Mayrhofer, Wolfgang/Kühlmann, Torsten M. (Hg.): Internationales Personalmanagement. München, Rainer Hampp, 91–114.
McSweeney, B. (2009): Dynamic Diversity: Variety and Variation Within Countries. In: Organization Studies, 30(9), 933–957.
Mendenhall, M.E./Reiche, B.S./Bird, A./Osland, J. (2012): Defining the »global« in global leadership. In: Journal of World Business 47(4) 493–503.
Méndez García, M. D. C./Pérez Cañado, M. L. (2005): Language and power: raising awareness of the role of language in multicultural teams. In: Language and intercultural communication 5(1), 86–104.

Metzger, W. (1999): Gestalt-Psychologie. Ausgewählte Werke aus den Jahren 1950 bis 1982. Frankfurt a. M., Waldemar Kramer.

Miles, R.E./Snow, C. C./Meyer, A. D./Coleman, H. J. (1978): Organizational strategy, structure, and process. In: Academy of Management Review 3(3), 546–562.

Milliken, F./Bartel, C./Kurtzberg, T. (2003): Diversity and creativity in work groups. In: Nijstad, B./Paulus, P. B. (Hg.): Group creativity: Innovation through collaboration. Oxford, University Press, 32–62.

Milliken, F./Martins, L. (1996): Searching for Common Threads: Understanding the Multiple Effects of Diversity in Organizational Groups. In: Academy of Management Review 21(2) 402–433.

Mills, A. J. (2002): Studying the gendering of organizational culture over time: concerns, issues and strategies. In: Gender, Work and Organizations 9(3), 286–307.

Minkov, M. (2011): Cultural Differences in a Globalizing World. Bingley, Emarald.

Minkov, M./Hofstede, G. H. (2011): The evolution of Hofstede's doctrine. In: Cross-Cultural Management – An International Journal 18(1), 10–20.

Mintzberg, H. (1973): The nature of managerial work. New York: Harper & Row.

Mintzberg, H. (1983): Power in and around Organizations, Prentice Hall, Englewood Cliffs.

Mintzberg, H. (2001): The Yin and the Yang of Managing. In: Organizational Dynamics 29 (1), 306–312.

Mohamed, A. A./Mohamad, S. (2011): The effect of wasta on perceived competence and morality in Egypt. In. Cross Cultural Management 18 (4), 412–425.

Möhn, D./Pelka, R. (1984): Fachsprachen. Eine Einführung. In: Germanistische Arbeitshefte 30, Tübingen: Niemeyer.

Moore, A. M./Barker, G. G. (2012): Confused or multicultural: Third culture individuals' cultural identity. In : International Journal of Intercultural Relations, 36, 553–562.

Moore, F. (2011a): Holistic ethnography: Studying the impact of multiple national identities on post-acquisition organizations. In: Journal of International Business Studies 42(5), 654–671.

Moore, F. (2011b): On a clear day you can see forever: Taking a holistic approach to ethnographic case studies in international business. In: Piekkari, R./Welch, C. (Hg.): Rethinking the Case Study in international Business and Management Research, Cheltenham, Edward Elgar, 323–341.

Moosmüller, A. (2004): Das Kulturkonzept der Interkulturellen Kommunikation aus ethnologischer Sicht. In: Lüsebrink, H.-J. (Hg.): Konzepte der Interkulturellen Kommunikation. St.Ingbert, 45–67.

Moosmüller, A. (Hg.) (2007a): Interkulturelle Kommunikation. Konturen einer wissenschaftlichen Disziplin. Münster, Waxmann.

Moosmüller, A. (2007b): Interkulturelle Kommunikation aus ethnologischer Sicht. In: Moosmüller, A. (Hg.): Interkulturelle Kommunikation. Konturen einer wissenschaftlichen Disziplin. München, Waxmann, 13–49.

Moosmüller, A./Schönhut, M. (2009): Intercultural Comptence in German Discourse. In: Deardorff, D. K. (Hg.): The SAGE Handbook of Intercultural Competence. Thousand Oaks, Sage, 209–232.

Moran, R./Harris, P. (1983): Managing Cultural Synergy. Houston, Gulf Publishing Co.

Morgan, G. (1980): Paradigms, metaphors, and puzzle solving in organization theory. In: Administrative Science Quarterly 25, 605–622.

Mughan, T. (2015): Language and languages: moving from the periphery to the core. In: Holden, N./Michailova, S./Tietze, S. (Hg.): The Routledge Companion to Cross-cultural Management. London, Routledge, 79–84.

Müller-Jacquier, B. (2000): Linguistic Awareness of Cultures. Grundlagen eines Trainingsmoduls. In: Bolten, J. (Hg.): Studien zur internationalen Unternehmenskommunikation. Leipzig, Popp, 20–49.

Müller-Jacquier, B. (2004): ›Cross-cultural‹ versus interkulturelle Kommunikation. Methodische Probleme der Beschreibung von Inter-Aktion. In: Lüsebrink, H.-J. (Hg.): Konzepte Interkultureller Kommunikation. St. Ingbert, Röhrig, 69–113.

Müller, B.-D. (1993a): Interkulturelle Wirtschaftskommunikation. München, Iudicium.

Müller, B.-D. (1993b): Interkulturelle Kompetenz. Annäherung an einen Begriff. In: Jahrbuch 287. Deutsch als Fremdsprache 19, 63–76.

Müller, S./Gelbrich, K. (2004): Interkulturelles Marketing. München, Vahlen.

Münch, R. (1986): Die Kultur der Moderne. Frankfurt a. M., Suhrkamp.

Nakata, C. (2009): Beyond Hofstede. Culture Frameworks for Global Marketing and Management. Houndmills, Palgrave Macmillan.

Nakhle, S. F./Davoine, E. (2016): Transferring codes of conduct within a multinational firm. The case of Lebanon. In: EuroMed Journal of Business 11(3), 1–19.

Nathan, G. (2015): A non-essentialist model of culture Implications of identity, agency and structure within multinational/multicultural organizations. International Journal of Cross Cultural Management, 15(1), 101–124.

Navas, M./García, M. C./Sánchez, J./Rojas, A. J./Pumares, P./Fernández, J. S. (2005): Relative acculturation extended model (RAEM): New contributions with regard to the study of acculturation. In: International Journal of Intercultural Relations 29(1), 21–37.

Nazarkiewicz, K. (2018): Was ist interkulturelles Coaching? 20 Jahre und (k)ein bisschen Klarheit. In: Organisationsberatung, Supervision, Coaching, 25, 21–39.

Ng, K.-Y./Earley, P. C. (2006): Culture + Intelligence: Old Constructs, New Frontiers. In: Group & Organization Management 31(1), 4–19.

Ngunjiri, F. W. (2010): Lessons in spiritual leadership from Kenyan women. Journal of Educational Administration 48 (6), 755–768.

Niclós, J. V. (2001): Tres culturas, tres religiones: convivencia y diálogo entre judíos, cristianos y musulmanes en la Península Ibérica. Salamanca, Editorial San Esteban.

Nkomo, S. (2011): A postcolonial and anti-colonial reading of African' leadership and management in Organization studies: tensions, contradictions and possibilities. In: Organisation 18(3), 365–386.

Norris, P./Inglehart, R. (2009): Cosmopolitan communications: Cultural diversity in a globalized world. New York, Cambridge University Press.

Norris, P./Inglehart, R. (2012): Sacred and Secular: Religion and Politics Worldwide. Cambridge, Cambridge University Press.

North, D. (1990): Institutions, institutional change and economic performance. Cambridge: Cambridge University Press.

O'Reilly, C./Arnold, M. (2005): Interkulturelles Training in Deutschland. Theoretische Grundlagen, Zukunftsperspektiven und eine annotierte Literaturauswahl. Frankfurt a. M., IKO.

Ojiako, U./Mashele, T./Chipulu, M. (2014): Ubuntu within the South African construction industry. In: Management, Procurement and Law 167(2), 83–90.

Oleschko, S./Olfert, H. (2014): Interkomprehensionsorientierung zur Anerkennung sprachlicher Vielfalt. In: Ferraresi, G./Liebner, S. (Hg.): SprachBrückenBauen. 40. Jahrestagung des Fachverbandes Deutsch als Fremd- und Zweitsprache an der Universität Bamberg 2013. Göttingen, Universitätsverlag, 47–60.

Opitz, C. (2005): Zum aktuellen Stellenwert des Doktortitels unter den Vorständen deutscher Großunternehmen: Eine Signaling-Perspektive. In: Die Unternehmung 59(3), 281–294.

Osterhammel, J./Petersson, N. (2012): Geschichte der Globalisierung. München, Beck.
Otte, M. (1990): Komplementarität. In: Sandkühler, H. (Hg.): Europäische Enzyklopädie zu Philosophie und Wissenschaften. Band 2. Hamburg, Felix Meiner, 847–849.
Otten, M. (2007): Profession und Kontext. Rahmenbedingungen der interkulturellen Kompetenzentwicklung. In: Otten, M./Scheitza, A./Cnyrim, A. (Hg.): Interkulturelle Kompetenz im Wandel. Band 1: Grundlagen, Konzepte, Diskurse. Frankfurt a. M., IKO, 57–89.
Otten, M./Geppert, J. (2009): Mapping the Landscape of Qualitative Research on Intercultural Communication. A Hitchhiker's Guide to the Methodological Galaxy. In: Forum Qualitative Sozialforschung/Forum: Qualitative Social Research 10(1).
Özbilgin, M./Tatli, A. (2008): Global diversity management. An evidence based approach. New York: Palgrave Macmillan.
Özdemir, H. (2015): Als OE-Pioniere in China. Ein Organisationsentwicklungsprozess in einem deutsch-chinesischen Unternehmen. In: OrganisationsEntwicklung 34(2), 69–76.
Paige, R. M./Jacobs-Cassuto, M./Yershova, Y.A./DeJaeghere, J. (2003): Assessing intercultural sensitivity. An empirical analysis of the Hammer and Bennett Intercultural Development Inventory. In: International Journal of Intercultural Relations 27(4), 467–486.
Palazzo, B. (2002): U.S.-American and German Business Ethics: An Intercultural Comparison. In: Journal of Business Ethics 41(3), 195–216.
Parsons, R. (2008): We are all stakeholders now: The influence of western discourses of »community engagement« in an Australian Aboriginal community. In: Critical perspectives on international business 4(2/3), 99–126.
Parsons, T. (1937): The Structure of Social Action. New York, Free Press.
Parsons, T. (1951): The Social System. New York, Free Press.
Parsons, T. (1952): The Social System, New York, Free Press.
Parsons, T./Shils, E. (1951/1991): Toward a General Theory of Action: Theoretical Foundations for the Social Sciences. London, Routlegde.
Pateau, J. (1998): Ingenieure und Techniker: Bildungssysteme und ihre Auswirkungen auf deutsch-französische Industriekooperationen. In: Barmeyer, C./Bolten, J. (Hg.): Interkulturelle Personalorganisation. Sternenfels/Berlin, Wissenschaft & Praxis, 11–31.
Pedersen, P. (2004): 110 Experiences for Multicultural Learning. Washington, APA.
Peltokorpi, V. (2015): Language-oriented human resource management practices in multinational companies. In: Holden, N./Michailova, S./Tietze, S. (Hg.): The Routledge Companion to Cross-Cultural Management. London, Routledge, 161–169.
Perlitz, M. (1993): Internationales Management. Stuttgart, Gustav Fischer.
Perlmutter, H. (1969): The Tortuous Evolution of the Multinational Corporation. In: Columbia Journal of World Business 4(1), 9–18.
Peterson, M. F./Søndergaard, M. (2012): The Foundations of Cross Cultural Management. In: Revista Psicologia: Organizações e Trabalho 12(1), 17–32.
Peterson, M. F./Søndergaard, M. (Hg.) (2008): Foundations of Cross-Cultural Management. Los Angeles, Sage.
Phillips, M./Sackmann, S. (2015): Cross-Cultural management rising. In: Holden, N./Michailova, S./Tietze, S. (Hg.): The Routledge Companion to Cross-Cultural Management. London/New York, Routledge, 8–18.
Piber, H./Kalcher, T. (2007): Integrale Organisationsentwicklung. Das Trigon Konzept der Organisationsentwicklung im Lichte der »Theory of Everything« von Ken Wilber. In: Ballreich, R./Fröse, M./Piber, H. (Hg.): Organisationsentwicklung und Konfliktmanagement. Bern, Haupt, 155–194.

Piekkari, R. (2006): Language effects in multinational corporations: A review from an international human resource management perspective. In: Stahl, G. K./Björkman, I. (Hg): Handbook of research in international human resource management. Cheltenham/Northampton, Edward Elgar, 536–550.

Piekkari, R. (2008): Language and careers in multinational corporations. In: Tietze, S. (Hg.): International Management and Language. London, Routledge, 128–137.

Piekkari, R./Vaara, E./Tienari, J./Säntti, R. (2005): Integration or disintegration? Human resource implications of a common corporate language decision in a cross-border merger. In: The International Journal of Human Resource Management 16(3), 330–344.

Piekkari, R./Welch, C. (Hg.) (2011): Rethinking the case study in international business and management research. Cheltenham, Edward Elgar.

Piekkari, R./Welch, C./Paavilainen, E. (2009): The case study as disciplinary convention: Evidence from international business journals. In: Organizational Research Methods 12(3), 567–89.

Piekkari, R./Welch, D./Welch, L. S. (2014): Language in international business: The multilingual reality of global business expansion. Cheltenham/Northampton, Edward Elgar.

Pike, K. (1954): Language in relation to a unified theory of the structure of human behavior. Den Haag, Mouton.

Pilhofer, K. (2011): Cultural knowledge. A critical perspective on the concept as a foundation for respect for cultural differences. Hamburg, Diplomica.

Pollock, D./Reken, R. v./Pfüger, G. (2003): Third Culture Kids: Aufwachsen in mehreren Kulturen. Marburg, Francke.

Pondy, L. R./Frost, P. J./Morgan, G./Dandridge, T. (Hg.) (1983): Organizational Symbolism. Greenwich, JAI.

Popper, K. (2007): Logik der Forschung. Berlin, Akademie.

Porter, M. E. (1985): Competitive Advantage. New York, Free Press.

Porter, M. E. (1987): From competitive advantage to corporate strategy. In: Harvard Business Review 65(3), 43–59.

Prasad, A. (2009): Contesting hegemony through genealogy. Foucault and cross cultural management research. In: International Journal of Cross Cultural Management 9(3), 359–369.

Prasad, A. (2015): Beyond positivism. Towards paradigm pluralism in cross-cultural management research. In: Holden, N./Michailova, S./Tietze, S. (Hg.): The Routledge Companion to Cross-Cultural Management. London/New York, Routledge, 198–207.

Primecz, H./Mahadevan, J./Romani, L. (2016): Why is cross-cultural management scholarship blind to power relations? Investigating ethnicity, language, gender and religion in powerladen contexts. In: International Journal of Cross Cultural Management 16 (2), 127–136.

Primecz, H./Romani, L./Sackmann, S. (2009): Cross-Cultural Management Research. Contributions from Various Paradigms. In: International Journal of Cross Cultural Management 9(3), 267–274.

Primecz, H./Romani, L./Sackmann, S. (Hg.) (2011): Cross-Cultural Management in Practice. Culture and Negotiated Meanings. Cheltenham, Edward Elgar.

Primecz, H./Romani, L./Topçu, K. (2015): A multi-paradigm analysis of cross-cultural encounters. In: Holden, N./Michailova, S./Tietze, S. (Hg.): The Routledge Companion to Cross-Cultural Management. London/New York, Routledge, 431–439.

Przyborski, A./Wohlrab-Sahr, M. (2014): Auswertung. In: Qualitative Sozialforschung. Ein Arbeitsbuch. München, Oldenbourg.

Pugh, A. J. (2013): What good are interviews for thinking about culture? Demystifying interpretive analysis. In: American Journal of Cultural Sociology 1(1), 42–68.

Pusch, M. (2004): Intercultural Training in historical perspective. In: Landis, D./Bennett, J./Bennett, M. (Hg.): Handbook of intercultural training. London, Sage, 13–36.

Quinn, R. E. (1988): Beyond rational management: Mastering the paradoxes and competing demands of high performance. San Francisco, Jossey-Bass.

Rathje, S. (2006): Interkulturelle Kompetenz – Zustand und Zukunft eines umstrittenen Konzepts. In: Zeitschrift für Interkulturellen Fremdsprachenunterricht 11(3), 1–21.

Rathje, S. (2007a): Intercultural competence: The status and future of a controversial concept. In: Language and Intercultural Communication 7(4), 254–266.

Rathje, S. (2007b): Interkulturelles Consulting. In: Straub, J./Weidemann, A./Weidemann, D. (Hg.): Handbuch Interkulturelle Kommunikation und Kompetenz. Stuttgart, Metzler, 800–808.

Rathje, S. (2010): Gestaltung von Organisationskultur. Ein Paradigmenwechsel. In: Barmeyer, C./Bolten, J. (Hg.): Interkulturelle Personal- und Organisationsentwicklung. Sternenfels, Wissenschaft & Praxis, 15–30.

Ray, P./Anderson, S. R. (2000): The Cultural Creatives: How 50 Million Are Changing The World. New York, Harmony Books.

Reckwitz, A. (2017): Die Gesellschaft der Singularitäten. Frankfurt a. M., Suhrkamp.

Redding, G. (2005): The thick description and comparison of societal systems of capitalism. In: Journal of International Business Studies 36(2), 123–155.

Reid, E. (2013): Models of Intercultural Competences in Practice. In: International Journal of Language and Linguistics 1(2), 44–53.

Reiter-Palmon, R./Wigert, B./de Vreede, T. (2012): Team creativity and innovation: The effect of group composition, social processes, and cognition. In: Mumford, M. (Hg.): Handbook of Organizational Creativity. Amsterdam, Elsevier.

Renwick, G. W. (1981): Evaluation. Some practical guidelines. In: Pusch, M. D. (Hg.): Multicultural Education. A cross-cultural training approach. Chicago, Intercultural Network, 205–255.

Riad, S. (2005): The Power of »Organizational Culture« as a Discursive Formation in Merger Integration. In: Organization Studies 26(10), 1529–1554.

Richter, A./Niewiem, S. (2009): Knowledge transfer across permeable boundaries: An empirical study of clients' decisions to involve management consultants. In: Scandinavian Journal of Management 25(3), 275–288.

Riiser, S. (2010): National Identity and the West-Eastern Divan Orchestra. In: Music and Arts in Action 2(2), 19–37.

Ringeisen, T./Genkova, P./Schubert, S. (2016): Interkulturalität als Diversity-Dimension in der Arbeitswelt. In: Genkova, P./Ringeisen, T. (Hg.): Handbuch Diversity Kompetenz: Gegenstandsbereiche. Wiesbaden, Springer, 45–61.

Rodermann, M. (1999): Strategisches Synergiemanagement. Wiesbaden, Deutscher Universitäts-Verlag.

Rogers, E./Hart, W./Miike, Y. (2002): Edward T. Hall and The History of Intercultural Communication: The United States and Japan. Keio Communication Review 24, 3–26.

Romani, L. (2008): Relating to the Other: paradigm interplay for cross-cultural management research. Saarbrücken, LAP.

Romani, L./Primecz, H./Topçu, K. (2011a): Paradigm Interplay for Theory Development. A Methodological Example With the Kulturstandard Method. In: Organizational Research Methods 14(3), 432–455.

Romani, L./Sackmann, S./Primecz, H. (2011b): Culture and negotiated meanings: the value of considering meaning systems and power imbalance for cross-cultural management. In: Primecz, H./Romani, L./Sackmann, S. (Hg.): Cross-Cultural Management in Practice. Culture and Negotiated Meanings. Northampton, Edward Elgar, 1–18.

Romani, L./Szkudlarek, B. (2013): The Struggles of the Interculturalists: Professional Ethical Identity and Early Stages of Codes of Ethics Development. In: Journal of Business Ethics 112, 1–19.

Ronen, S./Shenkar, O. (1985): Clustering Countries on attitudinal dimensions: a review and synthesis. In: Academy of Management Review 10(3), 435–454.

Rosenberg, M. J./Hovland, C. I. (1960): Cognitive, affective, and behavioural components of attitudes. In: Hovland, C. I./Rosenberg, M. J. (Hg.): Attitude Organisation and Change: An Analysis of Consistency Among Attitude Components. New Haven, Yale University Press, 1–14.

Rosenstiel, L. v. (2009): Führung von Mitarbeitern: Handbuch für erfolgreiches Personalmanagement. Stuttgart, Schäffer-Poeschel.

Rosinski, P. (2003): Coaching across cultures. New Tools for Leveraging National, Corporate & Professional Differences. London/Boston, Nicholas Brealey.

Roth, J. (2006): Interkulturelle Lernmaßnahmen heute: Neue Realitäten – neue Konzepte. In: Götz, K. (Hg.) Interkulturelles Lernen/Interkulturelles Training. München/Mering, Rainer Hampp. 115–134.

Roth, K. (2004): Kulturwissenschaften und Interkulturelle Kommunikation: Der Beitrag der Volkskunde zur Untersuchung interkultureller Interaktionen. In: Lüsebrink, H.-J. (Hg.): Konzepte der Interkulturellen Kommunikation. Theorieansätze und Praxisbezüge in interdisziplinärer Perspektive. St.Ingbert, Röhrig Universitätsverlag, 115–143.

Sachseneder, C. (2013): Wege aus der Silo-Mentalität. Bereichskulturen und bereichsübergreifende Kommunikation im Produktentstehungsprozess eines Automobilzulieferers – Eine Fallstudie. Passau, Stutz.

Sackmann, S. A. (2004): Erfolgsfaktor Unternehmenskultur. Wiesbaden, Gabler.

Sackmann, S. A./Phillips, M. E. (2004): Contextual Influences on Culture Research: Shifting Assumptions for New Workplace Realities. In: International Journal of Cross Cultural Management 4(3), 370–390.

Sackmann, S. A./Romani, L./Primecz, H. (2011): Culture and negotiated meaning: implications for practitioners. In: Primecz, H./Romani, L./Sackmann, S. (Hg.) (2011): Cross-Cultural Management in Practice. Culture and Negotiated Meanings. Cheltenham, Edward Elgar, 139–154.

Said, E. (1978): Orientalism. New York, Pantheon.

Saint-Léger, G./Beeler, B. (2012): Emergence d'une culture négociée dans le cadre des projets ERP. In: Management & Avenir 53(3), 54–71.

Salk, J. E. (1997): Partners and other strangers: cultural boundaries and cross-cultural encounters in international joint venture teams. In: International Studies of Management and Organization 26(4), 48–72.

Salk, J. E./Brannen, M. Y. (2000): National Culture, Networks, and Individual Influence in a Multinational Management Team. In: The Academy of Management Journal 43(2), 191–202.

Samovar, L. A./Porter, R. E. (Hg.) (1991): Intercultural Communication. Belmont, Wadsworth.

Saussois, J.-M. (1994): Henri Fayol, ou l'invention du Directeur Général salarié. In: Bouilloud, J.-P./Lecuyer, B.-P. (Hg.): L'invention de la gestion. Histoire et pratiques. Paris, L'Harmattan, 45–52.

Saussure, F. de (1913/1995): Cours de linguistique générale. Paris, Payot.
Schein, E. H. (1986): Organizational Culture and Leadership. San Francisco, Jossey-Bass.
Schein, E. H. (2000): Organisationsentwicklung: Wissenschaft, Technologie oder Philosophie? In: Trebesch, K. (Hg.): Organisationsentwicklung. Konzepte, Strategien, Fallstudien. Stuttgart, Klett-Cotta, 19–32.
Scheitza, A. (2007): Interkulturelle Kompetenz: Forschungsansätze, Trends und Implikationen für interkulturelle Trainings. In: Otten, M./Scheitza, A./Cnyrim, A. (Hg.): Interkulturelle Kompetenz im Wandel. Band 1. Grundlagen, Konzepte, Diskurse. Frankfurt a. M., IKO, 91–120.
Scherer, A. G. (1997): Zum Theorienpluralismus im Strategischen Management – Das Inkommensurabilitätsproblem und Perspektiven zu seiner Überwindung. In: Kahle, E. (Hg.): Betriebswirtschaftslehre und Managementlehre. Selbstverständnis – Herausforderungen – Konsequenzen. Wiesbaden, Gabler, 55–97.
Scherm, M. (1998): Synergie in Gruppen – mehr als eine Metapher? In: Ardelt-Gattinger, E./Lechner, H./Schlögl, W. (Hg.): Gruppendynamik. Anspruch und Wirklichkeit der Arbeit in Gruppen. Göttingen, Verlag für Angewandte Psychologie, 62–70.
Schirm, R./Schoemen, J. (2011): Evolution der Persönlichkeit. Die Grundlagen der Biostrukturanalyse. Luzern, IBSA.
Schirrmacher, T. (2005): Die Entdeckung der Komplementarität, ihre Übertragung auf die Theologie und ihre Bedeutung für das biblische Denken. In: Professorenforum-Journal 6(3), 3–11.
Schlie, H.-W. (2011): Interkulturelle Kommunikation in einer deutsch-französischen Organisation. Der Europäische Kulturkanal ARTE. In: Barmeyer, C./Genkova, P./Scheffer, J. (Hg.): Interkulturelle Kommunikation und Kulturwissenschaft. Grundbegriffe, Wissenschaftsdisziplinen, Kulturräume. Passau, Stutz, 519–532.
Schmid, B./Messmer, A. (2005): Systemische Personal-, Organisations- und Kulturentwicklung. Köln, Edition Humanistische Psychologie.
Schmid, S. (1996): Multikulturalität in der internationalen Unternehmung. Wiesbaden, Gabler.
Schmid, S./Möller, H. (2018): Interkulturelles Coaching. In: Organisationsberatung, Supervison Coaching 25, 1–4.
Schmid, S./Oesterle, M.-J. (2009): Internationales Management als Wissenschaft – Herausforderungen und Zukunftsperspektiven. In: Oesterle, M.-J./Schmid, S. (Hg.): Internationales Management. Forschung, Lehre, Praxis. Stuttgart, Schäffer-Poeschel, 4–36.
Schneider, S./Barsoux, J.-L. (1997): Managing across borders. London, Prentice Hall.
Schneider, S./Barsoux, J.-L./Stahl, G. K. (2014): Managing across cultures (3rd ed.). London, Pearson Financial Times Prentice Hall.
Scholz, C. (2000): Personalmanagement. Informationsorientierte und verhaltenstheoretische Grundlagen. München, Vahlen.
Scholz, C. (2014a): Personalmanagement. Informationsorientierte und verhaltenstheoretische Grundlagen. München, Vahlen.
Scholz, C. (2014b): Generation z: Wie sie tickt, was sie verändert und warum sie uns alle ansteckt. Weinhein, Wiley.
Scholz, C./Stein, V. (2003): Internationale Virtuelle Teams: »Against all odds!«. In: Holtbrügge, D. (Hg.): Management Multinationaler Unternehmungen. Festschrift zum 60. Geburtstag von Martin K. Welge. Heidelberg: Physika, 233–246.
Scholz, C./Stein, V. (2005): Identitätsbildung in Internationalen Virtuellen Teams (IVTs). In: Scholz, Christian (Hg.): Identitätsbildung: Implikationen für globale Unternehmen und Regionen. München – Mering, Hampp, 87–103.

Scholz, C./Stein, V. (2013): Interkulturelle Wettbewerbsstrategien. Göttingen, Vandenhoeck & Ruprecht.

Schreyögg, G. (2003): Organisation. Grundlagen moderner Organisationsgestaltung. Wiesbaden, Gabler.

Schreyögg, G. (2012): Grundlagen der Organisation. Wiesbaden, Gabler.

Schultz, M./Hatch, M. J. (1996): Living With Multiple Paradigms the Case of Paradigm Interplay in Organizational Culture Studies. In: Academy of Management Review 21(2), 529–557.

Schurz, G. (2014): Koexistenz und Komplementarität rivalisierender Paradigmen. Analyse, Diagnose und kulturwissenschaftliches Fallbeispiel. In: Kornmesser, S./Schurz, G. (Hg.): Die multiparadigmatische Struktur der Wissenschaften. Wiesbaden, Springer, 47–62.

Schwartz, S. H. (1992): Universals in the content and structure of values. Theoretical advances and empirical tests in 20 countries. In: Advances in Experimental Social Psychology 25, 1–65.

Schwartz, S. H. (2006): A Theory of Cultural Value Orientations: Explication and Applications. In: Comparative Sociology 5(2–3), 137–182.

Schwartz, S. H. (2011): Studying Values: Personal Adventure, Future Directions. In: Journal of Cross-Cultural Pychology (42)2, 307–319.

Scott, W.R. (2008): Institutions and Organizations. Los Angeles, Sage.

Segal, J.-P. (2009): Efficaces ensemble. Un défi français. Paris, Seuil.

Seny Kan, K. A./Apitsa, S. M./Adegbite, E. (2015): African management: concept, content and usability. In: Society and Business Review 10(3), 258–79.

Sharpe, D. R. (2005): Contributions of critical realist ethnography in researching the multinational organisation. Paper presented at the 4 th International Critical Management Studies Conference, Cambridge, 4–6 th July 2005.

Shenkar, O. (2001): Cultural Distance Revisited: Towards a More Rigorous Conceptualization and Measurement of Cultural Differences. In: Journal of International Business Studies 32(3), 519–535.

Shuang, L./Volcic, Z./Gallois, C. (2011): Introducing Intercultural Communication. Los Angeles, Sage.

Sidani, Y. M. (2008): Ibn Khaldun of North Africa: an AD 1377 theory of leadership. In: Journal of Management History 14(1), 73–86.

Sievers, B. (1977): Organisationsentwicklung als Problem. In: Sievers, B. (Hg.): Organisationsentwicklung als Problem. Stuttgart, Klett-Cotta, 10–31.

Sigger, D./Polak, J. B./Pennink, B. J. W. (2010): »Ubuntu« or »Humanness« as a management concept: Based on empirical results from Tanzania. Groningen, Centre for Development Studies.

Silva, E./Wright, D./Warde, A. (2009): Using mixed methods for analysing culture: The Cultural Capital and Social Exclusion project. In: Cultural Sociology 3(2), 299–316.

Simmel, G. (1908): Exkurs über den Fremden. In: Simmel, G. (Hg.): Soziologie. Untersuchungen über die Form der Vergesellschaftung. Berlin, Duncker & Humblot, 509–512.

Simon, F. B. (2006): Einführung in die Systemtheorie und Konstruktivismus. Heidelberg, Carl-Auer.

Simon. F. B. (2015): Einführung in die (System-)Theorie der Beratung. Heidelberg, Carl-Auer.

Smith, P. B./Andersen, J. A./Ekelund, B./Graversen, G./Ropo, A. (2003): In search of Nordic management styles. In: Scandinavian Journal Management 19(4), 491–507.

Smith, P. B./Bond, M. H. (1998): Social Psychology across cultures. Harlow, Prentice Hall, Pearson Education.

Smith, P. B./Peterson, M. F./Schwartz, S. H. (2002): Cultural values, sources of guidance, and their relevance to managerial behavior: a 47-nation study. In: Journal of Cross-Cultural Psychology 33(2), 188–208.

Smith, P. B./Peterson, M. F./Thomas, D. C. (2008): The Handbook of Cross-Cultural Management Research. Los Angeles, Sage.

Smola, K. W./Sutton, C. D. (2002): Generational differences: revisiting generational work values for the new millennium. In: Journal of Organizational Behavior 23(4), 363–382.

Søderberg, A.-M. (2015): Recontextualising a strategic concept within a globalising company: a case study on Carlsberg's ›Winning Behaviours‹ strategy. In: The International Journal of Human Resource Management 26(2), 231–257.

Søderberg, A.-M./Holden, N. J. (2002): Rethinking cross-cultural management in a globalising business world. In: International Journal of Cross Cultural Management 2(1), 103–121.

Sorge, A. (2004a): Cross-National Differences in Human Resources and Organizations. In: Harzing, A.-W./Ruysseveld, J. v. (Hg.): International Human Resource Management. Los Angeles/London/New Delhi/Singapore, Sage, 117–140.

Sorge, A. (2004b): Kulturvergleichende Organisationsforschung. In: Schreyögg, G./Werder, A. v. (Hg.): Handwörterbuch Unternehmensführung und Organisation. Stuttgart, Schäffer-Poeschl, 716–723.

Sorge, A. (Hg.) (2009): Internationalisierung. Gestaltungschance statt Globalisierungsschicksal. Berlin, Edition Sigma.

Spencer-Oatey, H./Franklin, P. (2009): Intercultural Interaction. A multidisciplinary approach to Intercultural Communication. London, Palgrave Macmillan.

Spitzberg, B. H. (1989): Issues in the development of a theory of interpersonal competence in the intercultural context. In: International Journal of Intercultural Relations 13(3), 241–268.

Spitzberg, B. H./Changnon, G. (2009): Conceptualizing Intercultural Competence. In: Deardorff, D. K. (Hg.): The SAGE Handbook of Intercultural Competence. Thousand Oaks, Sage, 2–52.

Stahl, G. K./Brannen, M. Y. (2013): Building Cross-Cultural Leadership Competence: An Interview With Carlos Ghosn. In: Academy of Management Learning & Education 12(3), 494–502.

Stahl, G. K./Maznevski, M./Voigt, A./Jonsen, K. (2010): Unraveling the effects of cultural diversity in teams: A meta-analysis of research on multicultural work groups. In: Journal of International Business Studies 41(4), 690–709.

Stahl, G. K./Miska, C./Lee, H. J./De Luque, M. S. (2017): The upside of cultural differences: Towards a more balanced treatment of culture in cross-cultural management research. In: Cross Cultural & Strategic Management 24(1), 2–12.

Stahl, G. K./Tung, R. L. (2015): Towards a more balanced treatment of culture in international business studies: The need for positive cross-cultural scholarship. In: Journal of International Business Studies 46(6), 391–414.

Stahl, G. K./Voigt, A. (2008): Do Cultural Differences Matter in Mergers and Acquisitions? A Tentative Model and Examination. In: Organization Science 19(1), 160–176.

Stein, M. I. (1960): Volunteers for peace. New York, Wiley.

Stein, V. (2006): European (Virtual) Team-Building: From Optimism to Efficiency. In: Scholz, C./Zentes, J. (Hg.): Strategic Management. New Rules for Old Europe. Wiesbaden, Gabler, 203–225.

Stein, V. (2010): Interkulturelle Kreativität. In: Barmeyer, C. I./Bolten, J. (Hg.): Interkulturelle Personal- und Organisationsentwicklung. Methoden, Instrumente und Anwendungsfälle. Sternenfels/Berlin, Wissenschaft und Praxis, 65–77.

Stein, V. (2014): Integration in Organisationen. Revision intrasystemischer Instrumente und Entwicklung zentraler Theoreme. München/Mering, Rainer Hampp.

Sternberg, R. J. (1997): The Concept of Intelligence and Its Role in Lifelong Learning. In: American Psychologist 52(10), 1030–1037.

Stewart, R./Barsoux, J.-L./Kieser, A./Ganter, H.-D./Walgenbach, P. (1994): Managing in Britain and Germany. London/New York, Palgrave Macmillan.

Stocking, G. W. (1966): Franz Boas and the Culture Concept in Historical Perspective. In: American Anthropologist 68(4), 867–882.

Storti, C. (2001): The Art of Crossing Cultures. Boston/London, Nicholas Brealey.

Straub, J. (2007): Kompetenz. In: Straub, J./Weidemann, A./Weidemann, D. (Hg.): Handbuch Interkulturelle Kommunikation und Kompetenz. Stuttgart/Weimar, Metzler, 35–46.

Straub, J./Weidemann, A./Weidemann, D. (Hg.) (2007): Handbuch Interkulturelle Kommunikation und Kompetenz. Stuttgart/Weimar, Metzler.

Strauss, A. L. (1978): Social Negotiations: Varieties, Contexts, Processes and Social Order. San Francisco, Jossey-Bass.

Strauss, A. L. (1982): Interorganizational negotiation. In: Urban Life 11(3), 350–368.

Strauss, A. L. (1987): Qualitative Analysis for Social Scientists. Cambridge, Cambridge University Press.

Strauss, A. L. (1993): Continual permutations of action. New York, Aldine de Gruyter.

Strauss, A. L./Corbin, J. (1994): Grounded theory methodology. An overview. In: Denzin, N. (Hg.): Handbook of qualitative research. London, Sage, 273–85.

Strohschneider, S. (2010): Planspiele und Computersimulationen. In: Weidemann, A./Straub, J./Nothagel, S. (Hg.): Wie lehrt man Interkulturelle Kompetenz? Bielefeld, Transkript, 241–264.

Stüdlein, Y. (1997): Management von Kulturunterschieden. Phasenkonzept für internationale strategische Allianzen. Wiesbaden, Deutscher Universitätsverlag.

Stumpf, S. (1999): Wann man von Synergie in Gruppen sprechen kann: Eine Begriffsanalyse. In: Gruppendynamik 30(2), 191–206.

Stumpf, S. (2005): Synergie in multikulturellen Arbeitsgruppen. In: Stahl, G./Mayrhofer, W./ Kühlmann, T. (Hg.): Internationales Personalmanagement. Neue Aufgaben, neue Lösungen. München/Mering, Rainer Hampp, 115–144.

Stumpf, S./Michel, T./Sokolowski, M./Wenzl, A. (2003): Training interkultureller Kompetenz mit dem Verhaltensplanspiel Atlanticon. In: Wirtschaftspsychologie aktuell 10(2), 47–53.

Tafel, K. (2009): Slavische Interkomprehension: eine Einführung. Tübingen, Gunter Narr.

Tange, H./Lauring, J. (2009): Language management and social interaction within the multilingual workplace. In: Journal of Communication Management 13(3), 218–232.

Taylor, C. (2009): Multiculturalism and the ›politics of recognition‹. An essay. Princeton, Princeton University Press.

Tempel, A./Wächter, H./Walgenbach, P. (2005): Multinationale Unternehmen und internationales Personalmanagement. Eine vergleichende institutionalistische Perspektive. In: Zeitschrift für Personalforschung 19(2), 181–202.

Tenzer, H./Pudelko, M. (2016): Media choice in multilingual virtual teams. In: Journal of International Business Studies 47(4), 427–452.

Tenzer, H./Pudelko, M./Harzing, A.-W. (2014): The impact of language barriers on trust formation in multinational teams. In: Journal of International Business Studies 45(5), 508–535.

Terjesen, S. (2005): Senior women managers' transition to entrepreneurship: Leveraging embedded career capital. In: Career Development International 10(3), 246–259.

Terlutter, R./Diehl, S./Mueller, B. (2006): The GLOBE study – applicability of a new typology of cultural dimensions for cross-cultural marketing and advertising research. In: Terlutter, R./Diehl, S. (Hg.): International Advertising and Communication. Wiesbaden, DUV Gabler, 419–438.

Thomas, A. (2003a): Kultur und Kulturstandards. In: Thomas, A./Kinast, E.-U./Schroll-Machl, S. (Hg.): Handbuch Interkulturelle Kommunikation und Kooperation. Göttingen: Vandenhoeck & Ruprecht, 19–31.

Thomas, A. (2003b): Das Eigene, das Fremde, das Interkulturelle. In: Thomas, A./Kinast, E.-U./Schroll-Machl, S. (Hg.): Handbuch Interkulturelle Kommunikation und Kooperation. Band 1: Grundlagen und Praxisfelder. Göttingen, Vandenhoeck & Ruprecht, 44–59.

Thomas, A. (2003c): Psychologie interkulturellen Lernens und Handelns. In: Thomas, A. (Hg.): Kulturvergleichende Psychologie. Eine Einführung. Göttingen, Hogrefe, 433–485.

Thomas, A. (2003d): Interkulturelle Kompetenz. Grundlagen, Probleme und Konzepte. In: Erwägen Wissen Ethik (EWE), Diskussionseinheit: Interkulturelle Kompetenz – Grundlagen, Probleme und Konzepte 14 (1), 137–150.

Thomas, A. (2003e): Replik. Von der Komplexität interkultureller Erfahrungen und der Kompetenz, mit ihr umzugehen. In: Erwägen Wissen Ethik (EWE), Diskussionseinheit: Interkulturelle Kompetenz – Grundlagen, Probleme und Konzepte 14 (1), 221–228.

Thomas, A. (2004): Kulturverständnis aus der Sicht der interkulturellen Psychologie: Kultur als Orientierungssystem und Kulturstandards als Orientierungshilfen. In: Lüsebrink, H.-J. (Hg.): Konzepte Interkultureller Kommunikation. St. Ingbert, Röhrig Universitätsverlag, 145–156.

Thomas, A. (2011): Das Kulturstandardkonzept. In: Dreyer, W./Hößler, U. (Hg.): Perspektiven interkultureller Kompetenz. Göttingen, Vandenhoeck & Ruprecht, 97–124.

Thomas, D. C. (2008): Cross-Cultural Management. Essential Concepts. Los Angeles, Sage.

Thomas, D. C./Fitzsimmons, S.R. (2008): Cross-Cultural Skills and Abilities. From Communication Competence to Cultural Intelligence. In: Smith, P.B./Peterson, M.F./Thomas, D.C. (Hg.): The Handbook of Cross-Cultural Management Research. Thousand Oaks, Sage, 201–215.

Thomas, D. C./Peterson, M. F. (2015): Cross-Cultural Management. Essential concepts. Thousand Oaks, Sage.

Thomas, K. W./Kilmann, R. H. (1974): Thomas-Kilmann Conflict Mode Instrument. Tuxedo NY, Xicom.

Tietze, S. (2004): Spreading the management gospel–in English. In: Language and intercultural communication 4(3), 175–189.

Tietze, S. (2008): International Management and Language. London, Routledge.

Tietze, S./Dick, P. (2013): The Victorious English Language: Hegemonic Practices in the Management Academy. In: Journal of Management Inquiry 22(1), 122–134.

Ting-Toomey, S. (1999): Communicating across cultures. New York: Guilford.

Tjitra, H. W. (2001): Synergiepotenziale und interkulturelle Probleme: Chancen und Herausforderungen am Beispiel deutsch-indonesischer Arbeitsgruppen. Wiesbaden, Gabler.

Todd, E. (1990): L'invention de l'Europe. Paris, Seuil.

Tréguer-Felten, G. (2017): The role of translation in the cross-cultural transferability of corporate codes of conduct. In : International Journal of Cross Cultural Management 17(1) 137–149.

Treichel, D./Mayer, C.-H. (Hg.) (2011): Lehrbuch Kultur. Lehr- und Lernmaterialen zur Vermittlung kultureller Kompetenzen. Münster, Waxmann.

Triandis, H. C. (1972): The Analysis of Subjective Culture. New York, Wiley.

Triandis, H. C. (1976): Interpersonal Behavior. Monterey, Brooks/Cole.

Triandis, H. C. (1995): Individualism and collectivism. Boulder, Westview Press.

Trompenaars, F. (1993): Riding the Waves of Culture Understanding Cultural Diversity in Business. London, Economist Books.

Trompenaars, F. (2003): Did the pedestrian die? Chichester, Capstone.

Trompenaars, F./Hampden-Turner, C. (1997): Riding the Waves of Culture. London, Nicholas Brealey.

Trompenaars, F./Hampden-Turner, C. (2004): Managing People Across Cultures. Chichester, Capstone.

Tuckman, B. W. (1965): Developmental sequence in small groups. In: Psychological Bulletin 63(6), 384–399.

Tuckman, B. W./Jensen, M. A. (1977): Stages of small-group development revisited. In: Group and Organization Studies 2(4), 419–427.

Tung, R. L./Verbeke, A. (2010): Beyond Hofstede and GLOBE: Improving the quality of cross-cultural research. In: Journal of International Business Studies 41(8), 1259–1274.

Urban, S./Mayrhofer, U. (2011): Management International: Des pratiques en mutation. Paris, Pearson.

Usunier, J.-C. (1992): Commerce entre cultures. Paris, Presses Universitaires de France.

Usunier, J.-C. (1998): International and Cross-Cultural Management Research. London, Sage.

Vaara, E./Tienari, J./Piekkari, R. (2005): Language and the Circuits of Power in a Merging Multinational Corporation. In: Journal of Management Studies 42, 595–623.

Vecchi, D. D. (2014): Company-Speak: An Inside Perspective on Corporate Language. In: Global Business and Organizational Excellence 33(2), 64–74.

Verma, G./Mallick, K. (1988): Problems in Cross-Cultural Research. In: Verma, G./Bagley, C. (Hg.): Cross-Cultural Studies of Personality, Attitudes and Cognition. Basingstoke, Palgrave Macmillan, 97–107.

Waal, K. van der (2009): Getting going. Organizing ethnographic fieldwork. In: Ybema, S./ Yanow, D./Wels, H./Kamsteeg, F. (Hg.): Organizational Ethnography. Studying the complexities of Everyday Life. London, Sage, 21–39.

Wächter, H./Müller-Camen, M. (2002): Co-determination and strategic integration in German firms. In: Human Resource Management Journal 12(3), 76–87.

Wächter, H./Peters, R. (Hg.) (2004): Personalpolitik amerikanischer Unternehmen in Europa. München/Mehring, Rainer Hampp.

Waldman, D./Luque, M. de/Washburn, N. (2006): Cultural and leadership predictors of corporate social responsibility values of top management: A GLOBE study of 15 countries. In: Journal of International Business Studies 37(6), 823–837.

Walgenbach, P. (1994): Mittleres Management. Aufgaben – Funktionen – Arbeitsverhalten. Wiesbaden, Gabler.

Wang, J. (2010): Applying western organization development in China: lessons from a case of success. In: Journal of European industrial training 34(1), 54–69.

Watzlawick, P. (1976): Wie wirklich ist die Wirklichkeit? Wahn, Täuschung, Verstehen. München/Zürich, Piper.

Waxin, M.-F./Barmeyer, C. (Hg.) (2008): Gestion des Ressources Humaines Internationales. Paris, Editions de Liaisons.

Weber, M. (1904): Die »Objektivität« sozialwissenschaftlicher und sozialpolitischer Erkenntnis. In: Archiv für Sozialwissenschaft und Sozialpolitik 19(1), 22–87.

Weber, M. (2006): Religion und Gesellschaft: Gesammelte Aufsätze zur Religionssoziologie Frankfurt a. M., Zweitausendeins.

Weber, R. A./Camerer, C. F. (2003): Cultural conflict and merger failure: An experimental approach. In: Management Science 49(4), 400–415.

Weick, K. E. (1995): Sensemaking in organizations. Thousand Oaks, Sage.

Welch, C./Piekkari, R./Plakoyiannaki, E./Paavilainen-Mäntymäki, E. (2011): Theorising from case studies: Towards a pluralist future for international business research. In: Journal of International Business Studies 42(5), 740–62.

Welch, D. E./Welch, L. S. (2008): The importance of language in international knowledge transfer. In: Management International Review 48(3), 339–360.

Welge, M. K./Holtbrügge, D. (1998): Internationales Management. Landsberg/Lech, Moderne Industrie.

Welsch, W. (2005): Auf dem Weg zu transkulturellen Gesellschaften. In: Allolio-Näcke, L./ Kalscheuer, B./Manzeschke, A. (Hg.): Differenzen anders denken. Frankfurt a. M., Campus, 314–341.

Westwood, R. (2006): International business and management studies as an orientalist discourse. A postcolonial critique. In: Critical perspectives on international business 2(2), 91–113.

Westwood, R./Jack, G. (2008): The US commercial-military-political complex and the emergence of international business and management studies. In: Critical perspectives on international business 4(4), 367–388.

Whitley, R. (1992a): Business systems in East Asia: firms, markets and societies. London, Sage.

Whitley, R. (1992b): European Business Systems. Firms and Markets in their National Contexts. London, Sage.

Whitley, R. (1999): Divergent capitalism. The social structuring and change of business systems. Oxford, Oxford University Press.

Whitley, R. (2007): Business systems and organizational capabilities. The institutional structuring of competitive competences. Oxford, Oxford University Press.

Wiener, N. (1952): Mensch und Menschmaschine. Kybernetik und Gesellschaft. Frankfurt a. M., Metzner.

Wilke, H. (1993): Systemtheorie. Eine Einführung in die Grundprobleme der Theorie sozialer Systeme. Stuttgart, UTB.

Willmott, H. (1993): Strength is ignorance; slavery is freedom: managing culture in modern organizations. In: Journal of Management Studies 30(4), 515–552.

Wimmer, A. (2005): Kultur als Prozess: Zur Dynamik des Aushandelns von Bedeutungen. Wiesbaden, VS Verlag für Sozialwissenschaften.

Winch, G. M./Clifton, N./Millar, C. (2000): Organization and management in an Anglo-French-Consortium: The case of Transmanche-Link. In: Journal of Management Studies 37(7), 663–665.

Winter, S. (1990): Survival, selection, and inheritance in evolutionary theories of organization. In: Singh, J. V. (Hg.): Organizational evolution: New directions. Newbury Park, Sage, 269–297.

Witt, M. A./Redding, G. (2009): Culture, Meaning, and Institutions: Executive rationale in Germany and Japan. In: Journal of International Business Studies 40(5), 859–885.

Wolf, E. R. (1982): Europe and the People without History. Berkeley, University of California Press.

Woodside, A. (2010): Case Study Research. Theory, Methods, Practice. London, Emerald.

World Values Survey (o. J.): Worldvaluessurvey.org.

Yagi, N./Kleinberg, J. (2011): Boundary work: An interpretive ethnographic perspective on negotiating and leveraging cross-cultural identity. In: Journal of International Business Studies 42(5), 629–653.

Yanow, D. (2009): Organizational ethnography and methodological angst: myths and challenges in the field. In: Qualitative Research in Organizations and Management: An International Journal 4(2), 186–99.

Ybema, S. B. (1997): Telling tales: Contrasts and commonalities within the organization of an amusement park-confronting and combining different perspectives. In: Sackmann, S. (Hg.): Cultural complexity in organizations: Inherent contrasts and contradictions. London, Sage, 160–186.

Ybema, S. B./Byun, H. (2009): Cultivating cultural differences in asymmetric power relations. International Journal of Cross-Cultural Management 9(3), 339–58.

Yin, R. K. (2009): Case Study Research: Design and Methods. London, Sage.

Yousfi, H. (2010): Culture and trust in international contractual relationships, a French Lebanese cooperation. In: Saunders, M./Skinner, D./Dietz, G./Gillespie, N./Lewicki, R. J. (Hg.): Organisational Trust: A Cultural Perspective. Cambridge, Cambridge University Press, 227–254.

Zander, L./Mockaitis, A. I./Butler, C. L. (2012): Leading global teams. In: Journal of World Business 47(4), 592–603.

Zander, L./Romani, L. (2004): When nationality matters. A study of departmental, hierarchical, professional, gender and age-based employee groupings' leadership preference across 15 countries. In: International Journal of Cross Cultural Management 4(3), 291–315.

Zanoni, P./Janssens, M. (2004): Deconstructing differences: the rhetoric of human resource managers »diversity discourses«. In: Organization Studies 25(1), 55–74.

Zeira, Y./Harari, E. (1977): Third-Country Managers in Multinational Corporations. In: Personnel Review 6(1), 32–37.

Zeutschel, U. (1999): Interkulturelle Synergie auf dem Weg: Erkenntnisse aus deutsch/US-amerikanischen Problemlösegruppen. In: Gruppendynamik 30(2), 131–160.

Zimmermann, A./Sparrow, P. (2007): Mutual Adjustment Processes in International Teams. In: International Studies of Management & Organization 37(3), 65–88.

Zølner, M. (2013): Corporate Language and Corporate Talk. Implications for Learning at Headquarters. In: Toombs, L. (Hg.): Academy of Management Proceedings. Briar Cliff Manor, Academy of Management, 161–166.

Zorzi, O. (1999): Gaijin, Manager, Schattenspieler: eine Ethnographie Schweizer Expatriates in Japan. Dissertation Universität St. Gallen. Bamberg/Zündorf, Difo-Druck.